普通高等教育"十一五"国家级规划教材

普通高等学校计算机教育"十三五"规划教材

计算机
网络安全基础
（第 5 版）

THE BASIS OF COMPUTER NETWORK SECURITY
(5ᵗʰ edition)

袁津生 吴砚农 ◆ 主编

U0276599

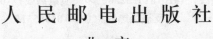

人民邮电出版社

北京

图书在版编目（CIP）数据

计算机网络安全基础 / 袁津生，吴砚农主编. -- 5
版. -- 北京：人民邮电出版社，2018.2（2024.6重印）
普通高等学校计算机教育"十三五"规划教材
ISBN 978-7-115-47621-0

Ⅰ. ①计… Ⅱ. ①袁… ②吴… Ⅲ. ①计算机网络－
安全技术－高等学校－教材 Ⅳ. ①TP393.08

中国版本图书馆CIP数据核字（2017）第319430号

内 容 提 要

　　计算机网络安全是全社会都关注并亟待解决的一个大问题。本书主要介绍如何保护自己的网络以及网络系统中的数据不被破坏和窃取，如何保证数据在传输过程中的安全，如何避免数据被篡改以及维护数据的真实性等内容。

　　本书重点讲述与计算机系统安全有关的一些基础知识，如安全级别、访问控制、数据加密、网络安全和数据安全等。

　　本书可作为高等院校计算机相关专业的教材，也可作为计算机网络的系统管理人员、安全技术人员的相关培训教材或参考书。

◆ 主　　编　袁津生　吴砚农
　　责任编辑　邹文波
　　责任印制　沈　蓉　彭志环

◆ 人民邮电出版社出版发行　　北京市丰台区成寿寺路 11 号
　　邮编　100164　　电子邮件　315@ptpress.com.cn
　　网址　http://www.ptpress.com.cn
　　三河市君旺印务有限公司印刷

◆ 开本：787×1092　1/16
　　印张：22.5　　　　　　　　2018 年 2 月第 5 版
　　字数：607 千字　　　　　　2024 年 6 月河北第16次印刷

定价：54.00 元

读者服务热线：(010)81055256　印装质量热线：(010)81055316
反盗版热线：(010)81055315

计算机网络技术无疑是当今世界最为激动人心的高新技术之一。它的出现和快速发展，尤其是互联网的迅速成长，正在把一个世界连接成一个整体，"世界"这一概念也正在变小。网络在迅速发展的同时也改变着人们的传统生活方式，给人们带来了新的工作、学习以及娱乐的方式。

但是，在网络技术进步的同时，计算机网络安全也越来越引起世界各国的关注。随着计算机在人类生活各领域中的广泛应用，计算机病毒也被不断地产生和传播，计算机遭到非法入侵，重要资料丢失或被破坏，由此造成网络系统的瘫痪等，已给各个国家以及众多公司造成巨大的经济损失，甚至危及国家和地区的公共安全。可见计算机系统的安全问题关系到人类的生活与生存，我们必须给予充分的重视并设法解决。

编写本书的目的是帮助网络系统管理员在这个千变万化的网络世界中保护自己的网络以及网络系统中的数据，也就是说保护"数据"不被毁坏或窃取；同时本书还着重介绍了计算机安全的一些基础知识，如安全级别、访问控制、病毒、加密等。

目前，大多数高等院校都开设了计算机网络安全方面的课程。为了使本书跟上时代的步伐和更好地适应教师的教学工作和学生的学习，编者经过 4 年多的实践和教学循环，对第 4 版的部分内容进行了修订。修正了原书中一些过时的论述，增加了近几年来计算机网络安全领域发展的最新内容，希望对读者学习网络安全的相关知识有所帮助。

本书第 3 版为普通高等教育"十一五"国家级规划教材，并被教育部评为"普通高等教育精品教材"，受到全国各地许多高校师生的认可。第 5 版在保证原书结构不变的基础上，对内容进行了修订和扩充，并加强了理论性。具体调整如下。

（1）在第 2 章中增加了"网络安全风险管理及评估"的相关内容。

（2）重写了第 5 章中"计算机病毒的清除"一节的内容。

（3）在第 7 章中增加了"计算机网络取证技术"的相关内容。

（4）在第 8 章中增加了"移动互联网安全"和"云计算安全"的相关内容。

经过修订后，书中的内容更加完善，也更便于读者进行自学。同时也满足了目前高速发展的网络和安全技术的需要。

本书是编者基于多年的教学经验，参考若干资料整理而成的。在编写过程中，对基本概念、基础知识的介绍力求作到简明扼要；各章相互配合又自成体系，并附有小结和习题。为配合教学，本书还配有电子课件，可从人邮教育社区（www.ryjiaoyu.com）下载。建议本课程为 40 学时，其中讲课 30 学时，上机和课堂讨论 10 学时。学生应具备系统导论、操作系统、计算机网络和 C 语言的预备知识。

　　第 5 版的修订工作由袁津生、吴砚农、李群、段利国、王龙、闫俊伢共同完成，最后由袁津生统稿。其中，袁津生编写第 1 章，吴砚农编写第 2 章，李群编写第 3 章，段利国编写第 4 章、第 5 章，王龙编写第 6 章、第 7 章，闫俊伢编写了第 8 章、第 9 章。全书的修订还得到了众多老师的指导和帮助，在此一并表示感谢。

　　由于编写时间仓促，编者水平有限，书中难免有错误和不当之处，敬请读者批评指正。

袁津生

2018 年 1 月

目 录 CONTENTS

01 第1章 网络基础知识与因特网

计算机网络技术（Computer Network Technology）是当今世界最为激动人心的高新技术之一，它涉及计算机、通信、电子、自动化、光电子和多媒体等诸多学科。它的出现和快速发展，特别是因特网的迅猛发展正在使世界逐渐成为一个整体。

网络是建设信息高速公路和现代化信息社会的物质及技术基础，它的迅速发展使世界更加绚丽多彩。

本章将介绍网络参考模型、网络互连设备、局域网技术、广域网技术、TCP/IP基础以及因特网提供的主要服务等内容。

1.1 网络参考模型

在各种类型计算机之间进行信息传递是比较困难和麻烦的。20 世纪 80 年代初期，国际标准化组织（ISO）认识到，需要一个网络模式来帮助厂商实现网络间的相互操作，于是在 1984 年发表了著名的开放系统互连（OSI）参考模型。这种模式是学习网络技术的最好的工具。

1.1.1 分层通信

在 OSI 参考模型中，将整个通信功能划分为 7 个层次。每一层的目的是向相邻的上一层提供服务，并且屏蔽服务实现的细节。模型设计成多层，像是在与另一台计算机对等层通信。实际上，通信是在同一计算机的相邻层之间进行的。7 个层次自上到下分布，并具有不同的功能，每一层都按照一组协议来实现某些网络功能。7 个层次之间的问题相对独立，而且易于分开解决，也无需过多地依赖于外部信息。

（1）应用层

应用层是 OSI 参考模型的最高层。它是应用进程访问网络服务的窗口。这一层直接为网络用户或应用程序提供各种各样的网络服务，它是计算机网络与最终用户间的界面。应用层提供的网络服务包括文件服务、打印服务、报文服务、目录服务、网络管理以及数据库服务等。

（2）表示层

表示层保证了通信设备之间的互操作性。该层的功能使得两台内部数据表示结构都不同的计算机（例如，一台设备使用某种编码，而另一台设备却使用另一种编码）能实现通信。它提供了一种对不同控制码、字符集和图形字符等的解释，而这种解释是使两台设备都能以相同方式理解相同的传输内容所必需的。表示层还负责为安全性引入的数据提供加密与解密，以及为提高传输效率提供必需的数据压缩及解压缩等功能。

（3）会话层

会话层是网络对话控制器，它建立、维护和同步通信设备之间的交互操作，保证每次会话都正常关闭而不会突然断开，使用户被挂起在一旁。会话层建立和验证用户之间的连接，包括口令和登录确认；它也控制数据的交换，决定以何种顺序将对话单元传送到传输层，以及在传输过程的哪一点需要接收端的确认。

（4）传输层

传输层负责整个消息从信源到信宿（端到端）的传递过程，同时保证整个消息无差错、按顺序地到达目的地，并在信源和信宿的层次上进行差错控制和流量控制。

（5）网络层

网络层负责数据包经过多条链路，由信源到信宿的传递过程，并保证每个数据包能够成功和有效率地从出发点到达目的地。为实现端到端的传递，网络层提供了两种服务：线路交换和路由选择。线路交换是在物理链路之间建立临时的连接，每个数据包都通过这个临时链路进行传输；路由选择是选择数据包传输的最佳路径。在这种情况下，每个数据包都可以通过不同的路由到达目的地，然后在目的地重新按照原始顺序组装起来。

（6）数据链路层

数据链路层从网络层接收数据，并加上有意义的比特位形成报文头和尾部（用来携带地址和其他控制信息）。这些附加信息的数据单元称为帧。数据链路层负责将数据帧无差错地从一个站点送到下一个相邻站点，即通过数据链路层协议在物理链路上实现可靠的数据的传输。

（7）物理层

物理层是 OSI 参考模型的最低层，它建立在物理通信介质的基础上，作为系统和通信介质的接口，用来实现数据链路实体间透明的比特（bit）流传输。为建立、维持和拆除物理连接，物理层规定了传输介质的机械特性、电气特性、功能特性和过程特性。

在上述 7 层中，上 5 层一般由软件实现，而下面的两层是由硬件和软件共同实现的。

1.1.2　信息格式

信息在各层间的格式变化如图 1-l 所示。

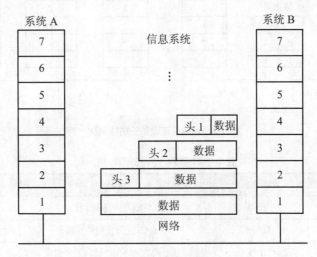

图 1-1　信息在各层之间的传递

在图 1-1 中，系统 B 的第 n 层（$n<7$）是如何知道系统 A 的第 n 层所做的处理呢？第 n 层将其请求作为控制信息，放在传送信息前面、被称为"头"的里面，当对方的第 n 层读到该头时，便可还原信息。

1.2　网络互连设备

网络互连设备是实现网络互连的关键，它们有 4 种主要的类型：中继器、网桥、路由器以及网关，这些设备在实现局域网（LAN）与 LAN 的连接中相对于 OSI 参考模型的不同层。中继器在 OSI 参考模型的第一层建立 LAN 对 LAN 的连接，网桥在第二层，路由器在第三层，网关则在第四至第七层。每种网络互连设备提供的功能与 OSI 参考模型规定的相应层的功能一致，但它们都可以使用所有低层提供的功能。

各种网络互连设备在 OSI 参考模型 7 层中的位置如图 1-2 所示，其作用如表 1-1 所示。

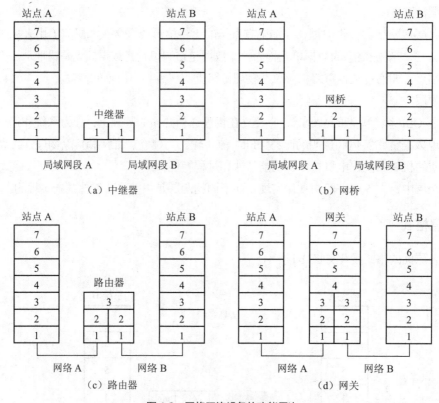

图 1-2 网络互连设备的功能层次

表 1-1 网络互连设备的作用

OSI 层次	互连设备	作用	寻址功能
物理层	中继器	在电缆段间复制比特	无地址
数据链路层	网桥	在 LAN 之间存储转发帧	MAC 地址
网络层	路由器	在不同的网络间存储转发分组	网络地址
传输层及以上	网关	提供不同体系间互连接口	

下面分别介绍 4 种主要类型的网络互连设备。

1.2.1 中继器和集线器

因特网中最简单的设备是中继器（Repeater），它的作用是放大电信号，提供电流以驱动长距离电缆。它工作在 OSI 参考模型的最低层（物理层），因此只能用来连接具有相同物理层协议的 LAN。对于数据链路层以上的协议来讲，用中继器互连起来的若干段电缆与单根电缆之间并没有差别（除了有一定的时间延迟）。中继器主要用于扩充 LAN 电线段（Segment）的距离限制。如粗线以太网，由于收发器只能提供 500m 的驱动能力，而 MAC（介质访问控制）协议的定时特性允许粗线以太网电缆最长为 2.5km。这样在每隔 500m 的网段之间就要利用中继器来连接。值得注意的是，中继器不具备检查错误和纠正错误的功能，因此错误的数据经中继器后仍被复制到另一电缆段。另外，中继器还会引入时延。使用中继器时应注意以下两点。

① 用中继器连接的以太网不能形成环路。

4

② 必须遵守 MAC 协议定时特性，即不能用中继器将电缆段无限连起来。例如，一个以太网上最多有 4 个中继器，连接 5 个电缆段。

灵活利用中继器，可以让总线型以太网适用多种布线结构变化。如一幢办公大楼分成多层，如果用逐层电缆绕线，不但浪费电缆，而且出故障时查找也不方便。如果用一根垂直的电缆穿过大楼，每层用中继器引入一水平电缆连起来则十分方便，这种配置一般垂直电缆用粗线，水平电缆用细电缆。

集线器（Hub）的工作原理与中继器类似，只是它能对更多的设备进行中继。注意，绝大多数集线器只能以双绞线介质连接，而中继器主要用同轴电缆进行连接。有些集线器只是集中连接的简单硬件设备（称作被动集线器）；有些则是复杂的电子部件，它们对到达各个物理位置的信息流进行监视和控制（称作主动集线器）。

1.2.2　网桥

网桥（Bridge）是一种在数据链路层实现互连的存储转发设备，它独立于高层设备，或者说与高层协议无关。它在两个局域网段之间对链路层帧进行接收、存储与转发，它把两个物理网络（段）连接成一个逻辑网络，使这个逻辑网络的行为看起来就像一个单独的物理网络一样。网桥通过数据链路层的逻辑链路控制子层（LLC）来选择子网路径。它接受完整的链路层帧，并对帧进行校验，然后查看介质存取控制层（MAC）的源地址和目的地址以决定该帧的去向。网桥在转发一帧前可以对其作一些修改，如在帧头加入或删除一些字段。由于网桥与高层协议无关，原则上网桥可以互连，如 DEC 网、TCP/IP 网或 XNS 网络。不过在实际应用中，网桥只有连接协议一致才能使用，如两个 802.X 网络，只有当它们都采用相同的网络操作系统才有价值；如果高层协议不一样，即便用网桥连接起来，应用程序也不能交换信息。

与上面介绍的中继器相比，网桥具有以下特点。

① 可以实现不同类型的 LAN 互连，而中继器只能实现以太网段间的相连。例如，用网桥可以把以太网和令牌环网（Token Ring）连起来。

② 利用网桥可以实现大范围局域网的互连。由于中继器受 MAC 定时特性的限制，一般只能将 5 段以太网连接起来，且不能超过一定的距离。但网桥工作在数据的链路层，不受 MAC 定时特性的限制，可以连接的网络跨度（距离）几乎是无限制的。

③ 利用网桥可以隔离错误帧，提高网络性能，而用中继器互连的以太网区段，随着用户数的增加，总线冲突加大，必将大大降低网络的性能。其原因在于：中继器只是简单地将信号从这一段电缆复制到另一段电缆，并不管这些信号的错与对，也不管有没有复制的必要。但网桥则不同，它收到一个帧后，先读取地址信息，以决定是将其复制转发还是丢弃，如果网桥连接的是以太网的话，网桥将判断收到的帧的目的地址是在发送帧的同一段还是在另一段。如果目的地址在本段网络，就不需要复制和转发，从而减轻了网络的压力，保证了多网络性能的稳定。此外，当以太网上的某一个工作站出现问题时，不会使整个网络的运行停顿。可见，网桥在此起到隔离故障的作用。

④ 网桥的引入可进一步提高网络的安全性，尤其是对局域网。因为局域网采用的是广播式通信方式，当一个工作站发送信息时，网络上的各个工作站点都可以收到。这对于银行或财务部门的网络来说是极不安全的，保密问题在此时就显得十分突出。因此，可采用网桥将一些重要部门的网络电缆与其他不相关部门的网络隔离开来，这将有助于加强网络的安全保密性能。

1.2.3 路由器

路由器（Router）是局域网和广域网之间进行互连的关键设备，通常的路由器都具有负载平衡、阻止广播风暴、控制网络流量以及提高系统容错能力等功能。一般来说，路由器多数都可支持多种协议，提供多种不同的物理接口，从而使不同厂家、不同规格的网络产品之间，以及不同协议的网络之间可以进行非常有效的网络互连。

路由器与网桥的最大差别在于网桥实现网络互连是在数据链路层，而路由器实现网络互连是在网络层。在网络层上实现网络互连需要相对复杂的功能，例如，路由选择，多路重发以及出错检测等均在这一层上用不同的方法来实现。与网桥相比，路由器的异构互连能力、阻塞控制能力和网段的隔离能力等都更强。此外，由于路由器能够隔离广播信息，从而可以将广播风暴隔离在局部的网段之内。

路由器有以下几个主要功能。

① 在网络间截获发送到远地网络段的网络层数据报文，并转发出去。

② 为不同网络之间的用户提供最佳的通信路径。为了实现这项功能，路由器要按照某种路由信息协议查找路由表。路由表中列出了整个因特网中包含的各个节点，以及节点间的路径情况和与它们相关的传输开销。如果到指定的节点有一条以上的路径，则基于预先确定的规则，使用最小时间算法或最优路径算法调节信息传输路径。如果某一网络路径发生了故障或堵塞，路由器可以为其选择另一条冗余路径，以保证网络的畅通。

③ 隔离子网，抑制广播风暴。任何子网中的广播包都将截止于路由器，因为路由器并不转发广播信息包。

④ 维护路由表，并与其他路由器交换路由信息，这是网络层数据报文转发的基础。

⑤ 数据报的差错处理，拥挤控制（网络流量控制）。

⑥ 利用网际协议，可以为网络管理员提供整个网络的有关信息和工作情况，以便于对网络进行有效管理。

⑦ 可进行数据包格式的转换，实现不同协议、不同体系结构网络的互连。例如，路由器可以用TCP/IP 把以太网连到 X.25 网络上。一般来说，局域网和广域网的互连必须通过路由器才能实现。

路由器与网桥相比，它们之间最重要的一个区别就是：网桥独立于高层协议，它把几个物理网络连起来后提供给用户的仍然是一个逻辑网络，用户根本不知道有网桥存在；路由器则利用 IP 将网络分成几个逻辑子网，每个子网仍有各自独立的网络地址，是完全独立的自治域。

对于不同规模的网络，路由器所起的作用有所不同。

在主干网上，路由器的主要作用是路由选择。主干网上的路由器必须知道到达所有下层网络的路径。这需要维护庞大的路由表，并对连接状态的变化做尽可能迅速的反应。路由器的故障将会导致严重的信息传输问题。

在地区网中，路由器的主要作用是网络连接和路由选择，即连接下层各个基层网络单位——园区网，同时负责下层网络之间的数据转发。

在园区网内部，路由器的主要作用是分隔子网。早期的因特网基层单位是局域网，其中所有主机处于同一个逻辑网络中。随着网络规模的不断扩大，局域网演变成以高速主干和路由器连接的多个子网所组成的园区网。其中，各个子网在逻辑上独立，而路由器是唯一能够分隔它们的设备，它负责子网间的报文转发和广播隔离，在边界上的路由器则负责与上层网络的连接。

1.2.4 网关

网关（Gateway）实现的网络互连发生在网络层之上，它是网络层以上的互连设备的总称。对于网络体系结构差异比较大的两个网络，从原理上来讲，在网络层以上实现网络互连是比较方便的。

对于局域网和广域网而言，下面三层的结构差异比较大，它们之间的耦合是十分复杂甚至是不可能实现的，因而习惯上多数情况都采用网关进行网络互连。

网络互连的层次越高，代价就会越大，效率也越低，但是能够互连差别更大的异构网。目前，典型的网络结构通常是由一个主干网和若干段子网组成，主干网与子网之间通常选用路由器进行连接，子网内部往往有若干个局域网，这些局域网之间采用中继器或网桥来进行连接。校园网、公用交换网、卫生网络和综合业务数字网络等，一般都采用网关进行互连。

网关通常由软件来实现，网关软件运行在服务器上或一台计算机上，以实现不同体系结构的网络之间或局域网与主机之间的连接。

网关连接的是不同体系的网络结构，它只可能针对某一特定应用而言，不可能有通用网关，所以有用于电子邮件的网关，用于远程终端仿真的网关等各种用途的网关。不管哪一种网关，都是在网络层以上进行协议转换的。

1.3 局域网技术

目前，流行的局域网主要有 3 种：以太网、令牌环网和 FDDI（光纤分布式数据接口）。本节对这 3 种局域网技术作简单介绍。

1.3.1 以太网和 IEEE 802.3

以太网是由施乐公司于 20 世纪 70 年代开发的，IEEE 802.3 发表于 1980 年，它是以以太网作为技术基础的。如今以太网和 IEEE 802.3 占据了局域网市场的最大份额，而以太网通常指所有采用载波监听多路访问/冲突检测（CSMA/CD）的局域网，包括 IEEE 802.3。

以太网和 IEEE 802.3 是两项较为相似的网络技术，它们都隶属于 CSMA/CD LAN，也都隶属于广播网络，换句话说，网络上所有的站点都能监听到网络上的所有数据帧，而不管它们自己是否是数据帧的目标站点；每个站点都必须通过检查接收到的数据帧来判断它自身是否为数据帧的目标站点，如果是，则将数据帧传至当前站点的更高协议层做进一步的处理。

从某种意义上说，以太网和 IEEE 802.3 之间也存在着细微的差别，以太网提供的服务与 OSI 参考模型的物理层和数据链路层一致，而 IEEE 802.3 仅仅规定了物理层和数据链路层的信道访问部分，并没有定义逻辑链路控制协议，这些协议的物理实现可以是主机内的接口卡或者是主机内的主电路板上的电路。

1. 物理连接

IEEE 802.3 规定了几种不同类型的物理层，而以太网仅仅定义了一种物理层，每一种 IEEE 802.3 物理层协议都有一个概括它们自身特点的名称。

以太网和 IEEE 802.3 10Base 5 的各个方面都极为相似，这两个协议所采用的拓扑结构都是总线型的，用连接电缆将末端网络站点和实际的网络传输媒介连接起来。在以太网中，这种连接电缆叫作收发器电缆，它与直接连接在物理网络媒介上的收发器设备连接。IEEE 802.3 的配置与以太网基本类似，仅仅在一些名称上稍有差别，如收发器被称作介质连接单元（MAU），连接电缆被称作连接单元接口（AUI）。在这两种情况下，连接电缆连接在末端网络站点接口板（或接口电路）上。

2. 数据帧格式

以太网和 IEEE 802.3 的帧格式如图 1-3 所示。

以太网和 IEEE 802.3 的帧格式的开始是一个 7 字节字段，被称为前同步码。它的作用是通知接收端站点有数据帧到达。前同步码中的内容为互相交替的 "0" 和 "1"。

图 1-3 所示的数据帧格式中的 SOF 为数据帧开始的定界标志，其长度为 1 个字节。目标地址和源地址字段的长度均为 6 个字节，它们通常包含在以太网和 IEEE 802.3 接口卡的硬件中。源地址通常是单节点的地址，而目标地址则可以是单节点组成节点的地址，也可以是具有广播性质的全部节点的地址。

以太网

7 字节	1 字节	6 字节	6 字节	2 字节	46～1 500 字节	4 字节
前同步码	SOF	目标地址	源地址	类型	数据	FCS

IEEE 802.3

7 字节	1 字节	6 字节	6 字节	2 字节	46～1 500 字节	4 字节
前同步码	SOF	目标地址	源地址	长度	802.3 头和数据	FCS

FCS：数据帧检查顺序

图 1-3　以太网和 IEEE 802.3 的帧格式

在以太网的数据帧中，类型字段具有两个字节，在物理层和数据链路层对数据帧所作的处理结束之后，该字段指明应该接收数据的上层协议；在 IEEE 802.3 的数据帧中，源地址字段之后是两个字节长的长度字段，它指明在该字段和数据帧检查顺序（FCS）字段之间所包含的数据的字节数。

在类型/长度字段之后是数据帧中的实际数据，在物理层和数据链路层对数据帧所作的处理结束之后，这些数据才被传送给上层协议。对于以太网而言，接收数据的上层协议用类型字段指定；对于 IEEE 802.3 来说，接收数据的上层协议必须在数据帧的数据部分内部加以定义，如果数据帧中包含的数据不足 64 个字节，就需插入相应的默认填补字节以使数据帧的大小达到 64 个字节。

数据帧检查顺序（FCS）字段中包含有循环冗余校验（CRC）值。CRC 值开始时是由发送数据帧的设备来确定的，然后通过接收数据帧设备的重新计算确定数据帧在传输过程中是否发生损坏。

1.3.2　令牌环网和 IEEE 802.5

令牌环网由 IBM 公司于 20 世纪 70 年代开发，至今仍是 IBM 的主要局域网技术。IEEE 802.5 规范几乎完全等同于或兼容于令牌环网。

1. 令牌的传递

令牌环网的介质接入控制机制采用的是分布式控制模式的循环方法。令牌环网传递网络的主要特点是在网络上传递一个比较小的特殊格式的数据帧，即令牌。令牌本身并不包含信息，仅控制信道的使用，确保在同一时刻只有一个节点能够独占信道。如果网络上的某个节点拥有令牌，就表示它拥有传输数据的权力。如果一个接到令牌的网络站点没有数据需要传递时，令牌就被简单地传递到下一个网络站点。每个站点都在允许的最大时间范围内将令牌保留在手中。

令牌在工作中有"闲"和"忙"两种状态。"闲"表示令牌没有被占用，即网中没有计算机在传送信息；"忙"表示令牌已被占用，即网中有信息正在传送。一个站点需要传输信息时，必须首先检测到"闲"令牌，将它置为"忙"的状态，并在该令牌后面传送数据，然后将这些信息发送给在令牌环路中的下一个站点。当信息帧沿着令牌环路传输时，网络中不存在其他令牌，这样，其他想要传输信息的站点必须等待令牌的到来，因此，令牌环网中通常不会发生冲突现象。

信息帧将沿着令牌环路循环传递，直到它最后到达预定目的站点为止。目标站点复制信息帧中的有关信息留作进一步的处理，然后信息帧继续沿着令牌环路向前传输。当最终到达发送站点时就会被取下，发送站点检查返回的帧，以判断它是否已经被目标站点发现和复制。

令牌环网中的任何站点在传输令牌之前都可以计算令牌传递信息所需要的最大时间，这是它与以太网不一样的地方。

2. 物理连接

令牌环网中的站点可以直接与多站访问部件（MultiStation Access Unit，MSAU）相连。MSAU能用电缆连接起来形成一个较大的环。MSAU 之间是通过电缆直接连接起来的，MSAU 又通过下控电缆与网络站点相连。MSAU 中也包括了从环中移去网络站点所需要的旁路中继。

3. 优先级

令牌环网中拥有高优先权的网络站点可以较频繁地使用网络资源。

网络站点优先权决定了它能够俘获令牌的概率，只有网络站点的优先权等于或高于令牌包含的优先权值时，该网络站点才能俘获令牌；一旦令牌被俘获且被设置成信息帧时，在令牌沿环的下一轮循环过程中，只有优先权值高于当前传输站点的优先权值的网络站点才能有权使用令牌；当新的令牌产生时，它包含的优先权值比当前传输站点的优先权值还要高；如果某一网络站点提高了它自己的优先权值，在数据传输完成后必须将优先权值恢复到改变以前的状态。

令牌环的数据帧有两个控制优先权的字段，即优先字段和保留字段。

4. 错误管理机制

令牌环网采用多种机制来检测和恢复网络中产生的错误。通常，它选择网络上某一个站点作为整个网络的监视器，其主要作用是作为网络上其他站点的定时信息中心并执行一系列令牌环网的维护功能，包括将网上无休止的、连续的数据帧从环上移去，并产生一个新的令牌。

在令牌环网中采用信令指示的算法可以检测和恢复网络中出现的某些类型的故障。信令指示帧定义了错误的大致范围，包括错误发生的网络站点，它与最近的上游邻近网络站点及两站点之间可能发生的所有故障。

1.3.3　光纤分布式数据接口

光纤分布式数据接口（FDDI）标准是由美国国家标准化组织（ANSI）制定的在光缆上发送数字信号的一组协议。它规定了传输速率为 100Mbit/s、采用令牌传递方式和使用光纤作为介质的双环

LAN。FDDI 规范说明中定义了物理层和数据链路层的介质访问部分，按照 OSI 参考模型的分层要求，它与 IEEE 802.3 和 IEEE 802.5 非常相似。

FDDI 技术最重要的特征之一就是采用光纤作为传输介质，其优点包括安全性、可靠性以及传输速率等方面，较传统的介质要好得多。

FDDI 技术所定义的光纤类型有两种：即单模光纤和多模光纤。单模光纤在同一时刻仅允许单一模式的光进入光纤，而多模光纤在同一时刻允许多种模式的光进入光纤。由于多种模式的光进入光纤的角度有所不同，因此它们在光纤中传播的距离也有所不同，因而到达相同的目标所需要的时间也有一定的差别；而单模光纤能够以更大的带宽和更高的传输速率在光纤中传输信息。基于上述特性，单模光纤通常应用于建筑物之间的连接，而多模光纤则应用于建筑物内部的连接。在发送设备中，单模光纤传输系统采用激光束，而多模光纤传输系统采用发光二极管（LED）。

FDDI 使用了比令牌环更复杂的方法访问网络。和令牌环一样，也需在环内传递一个令牌，而且允许令牌的持有者发送 FDDI 帧。和令牌环不同，FDDI 网络可在环内传送几个帧。这可能是由于令牌持有者同时发出了多个帧，而非在等到第一个帧完成环内的一圈循环后再发出第二个帧。

令牌接受了传送数据帧的任务以后，FDDI 令牌持有者可以立即释放令牌，把它传给环内的下一个站点，无需等待数据帧完成在环内的全部循环。这意味着，第一个站点发出的数据帧仍在环内循环的时候，下一个站点就可以立即开始发送自己的数据。

1. FDDI 标准

FDDI 的规范说明包括下列 4 个单独部分。

① 介质访问控制（MAC）：定义访问介质的方式，包括数据帧的格式、令牌的处理、地址的选择、计算循环冗余检测值的算法以及错误的恢复机制等。

② 物理层协议（PHY）：规定数据编码和解码过程，包括定时机制、组帧和解帧过程以及其他的一些功能。

③ 物理层介质（PHM）：定义传输介质的有关物理特性，包括光纤链路、电源的电压、位错误率、光纤的成分和相关的连接设备。

④ 站点管理（SMT）：定义 FDDI 站点的配置、环的配置及环的控制特性，包括站点的插入和移去、站点的初始化、错误的隔离和恢复以及统计数据的采集和编排等功能。

2. 物理连接

FDDI 规定采用双环连接，其中一个环作为主环，通常用于数据传输；另一个作为副环，作为备份。双环上数据的传输是互为反向的。

站点与 FDDI 双环之间的连接有两种方式：其一，站点只连接在单环上，这种站点称为 B 类型站点或单连接站点（SAS）；其二，站点连接在两个环上，这种站点被称作为 A 类型站点或多连接站点（DAS）。SAS 通过集线器与 FDDI 双环的主环连接，集线器可同时为多台 SAS 站点提供连接装置，且能保证任何 SAS 站点出错或断电时都不会影响到 FDDI 的双环连接。

FDDI 技术支持网络带宽的实时分配，使之能够适用于多种不同类型的应用要求，与此同时，FDDI 也定义了两个数据传输方式：即同步和异步数据传输方式。同步传输时使用总带宽为 100Mbit/s 中的一部分，其余带宽则由异步传输来使用。同步带宽通常分配给具有连续传输能力的站点，如具有传输音频和视频等类型数据的站点，其他的站点则异步地使用余下的网络带宽。

1.4　广域网技术

计算机网络按照其覆盖的地理范围进行分类，可以很好地反映不同类型网络的技术特征。由于网络覆盖的地理范围不同，它们所采用的传输技术也不同，因而形成了不同的网络技术特点与网络服务功能。

按覆盖的地理范围进行分类，计算机网络可以分为以下 3 类。

（1）局域网（LAN）

局域网用于将有限范围内（如一个实验室、一幢大楼或一个校园）的各种计算机、终端与外部设备互连成网。局域网按照采用的技术、应用范围和协议标准的不同可以分为共享局域网与交换局域网。局域网技术发展迅速，应用日益广泛，是计算机网络中最活跃的领域之一。

（2）城域网（MAN）

城市地区网络常简称为城域网。城域网是介于广域网与局域网之间的一种高速网络。城域网设计的目标是要满足几十公里范围内的大量企业、机关和公司的多个局域网互连的需求，以实现大量用户之间的数据、话音、图形和视频等多种信息的传输功能。

（3）广域网（WAN）

广域网也称为远程网，它所覆盖的地理范围从几十公里到几千公里。广域网覆盖一个国家、地区或横跨几个洲，形成国际性的远程网络。广域网的通信子网主要使用分组交换技术。广域网的通信子网可以利用公用分组交换网、卫星通信网和无线分组交换网，它将分布在不同地区的计算机系统互连起来，达到资源共享的目的。

区分局域网技术和广域网技术的关键是网络的规模。广域网能按照需要连接地理距离较远的许多站点，每个站点内有许多计算机。例如，广域网应能连接一个大公司分布于数千平方公里内几十个不同地点的办公室或工厂的所有计算机。另外还必须使大规模网络的性能达到相当的水平，否则也不能称之为广域网。也就是说，广域网不仅仅只是连接许多站点中的许多计算机，它还必须有足够的性能，使得大量计算机之间能同时通信。

1.4.1　广域网基本技术

1. 包交换

包交换又称为分组交换。20 世纪 60 年代，美国高级研究计划署（Advanced Research Projects Agency，ARPA）首先提出了包交换（Packet-Switched）网的概念。这种网络的思想是将数据分成一些小块，这些块称为包。

在这种类型的网络中，并不是每条导线只有一个连接，而是在每条导线的末端有专门的机器接受不连续的数据块（包），并沿着导线每次一起发送数据块，先发送的数据块先到达。这些机器称为交换机（Switch），目前更普遍的是使用路由器（Router）。不管什么时候，只要一个节点有数据要发送，它就将数据置入大小离散的包中，然后发送到路由器。路由器确定所要到达的目的地，并将它发送到该目的地。如果两台路由器之间的导线忙，则路由器将包放入队列中，并一直保持在队列中，直到线路释放并可以重新发送包为止。

广域网中基本的电子交换机称为包交换机（Packet Switch），因为它把整个包从一个站点传送到另一个站点。从概念上说，每个包交换机是一台小型的计算机，有处理器和存储器以及用来收发包的输入/输出设备。现代高速广域网中的包交换机由专门的硬件构成，早期广域网中的包交换机则由执行包交换任务的普通计算机构成。有两种输入/输出接口的包交换机：一种用来连接其他包交换机，另一种用来连接计算机。第一种接口具有较高的速度，它通过数字线路连接另一个包交换机。第二种接口具有较低的速度，用以连接一台计算机。包交换机硬件的细节取决于广域网技术和所需的网络速度。几乎所有的点对点通信方式都在广域网中应用，包括租用数据线路、光纤、微波和卫星频道等。许多广域网设计都允许客户选择连接方式。

2. 广域网的构成

包交换机是广域网的基本组成部分。广域网由一些互连的包交换机构成，并由此连接计算机。其他的交换机或其他的连接可在需要时加入以扩展广域网。

一组交换机相互连接构成广域网。一台交换机通常有多个输入/输出接口，能形成多种不同的拓扑结构并连接多台计算机。广域网交换机间的互连和每台交换机连接的容量都根据预期流量而定，并提供冗余以防故障发生。包交换机间的连接速度通常比包交换机与计算机间的连接速度要快。

3. 存储转发

广域网不像共享局域网一样在一个给定时间内只允许一对计算机交换数据帧，它允许许多计算机同时发送数据包。广域网包交换系统的基本模式是存储转发（Store and Forward）交换。为完成存储转发功能，包交换机必须在存储器中对包进行缓冲。存储操作是在包到达时执行的。包交换机的输入/输出硬件把一个包副本放在存储器中并通知处理器（如使用中断），然后进行转发（Forward）操作。处理器检查包，决定应将它送到哪个接口，并启动输出硬件设备以发送包。

使用存储转发模式的系统能使包以硬件所容许的最快速度在网络中传送。更重要的是，如果有许多包都必须送到同一输出设备，包交换机能将包一直存储在存储器中，直到该输出设备空出。例如，考虑包在一个网络中传输，假设站点 1 中的两台计算机几乎同时发出一个包到站点 2 中的某一台计算机，这两台计算机都把包发送给交换机。每个包到达时，交换机中的输入/输出硬件便把包放在存储器中并通知处理器，处理器检查每个包的目的地址并知道包都发往站点 2。当一个包到达时，如果站点 2 的出口正好空闲，处理器立即开始发送；如果站点 2 的出口正忙，处理器则把包放在和该出口相关的队列中。一旦发送完一个包，该出口就从队列中提取下一个包并开始发送。

4. 物理编址

从连网的计算机的角度来看，广域网的操作类似于局域网。每种广域网技术都精确定义了计算机在收发数据时使用的数据帧格式，并为连到广域网上的每台计算机分配了一个物理地址。当发送数据帧到另外一台计算机时，发送者必须给出目的计算机的物理地址。

许多广域网使用层次地址方案，使得转发效率更高。层次地址方案把一个地址分成几部分，最简单的层次地址方案把一个地址分为两部分：第一部分表示包交换机，第二部分表示连到该交换机上的计算机。例如，用一对十进制整数来表示一个地址，连到包交换机 6 上端口 4 的计算机的地址为[6,4]。在实际应用中是用一个二进制数来表示地址：二进制数的一些位表示地址的第一部分，其他位则表示第二部分。由于每个地址用一个二进制数来表示，用户和应用程序可将地址看成一个整数而不必知道这个地址是分层的。

5. 下一站转发

包交换机必须选择一条路径来转发包。如果包的目的地是一台直接相连的计算机，包交换机就将包发往该计算机。如果包的目的地是另一个包交换机上的计算机，包应通过该交换机进行高速连接转发。要做出这种选择，包交换机就要使用包中的目的地址。

包交换机不必保存怎样到达所有可能目的地的完整信息。相反，一个给定的交换机仅包含为使该包最终到达目的地应发送的下一站的信息。下一站信息可以制成一张表，表中每一项列出了一个目的地址以及对应的下一站。当向前转发包时，交换机检查包的目的地址，搜索与之相匹配的项，然后将该包发往项中所标出的下一站。

6. 源地址独立性

交换机在转发分组时，只与分组的目的地址有关，与分组的源地址以及分组在到达交换机之前所经过的路径无关。数据包在到达某一特定的交换机之前，下一站转发并不依赖于包的源地址，也不依赖于所走过的路径。相反，下一站仅依赖于包的目的地址。这个概念被称为源地址独立性（Source Independence）。

生活中下一站转发的许多例子都显示了源地址独立性。一般地，在机场转飞机也是源地址独立的例子，因为旅客在机场上乘坐哪一次班机并不依赖于他是从哪个地方来的。也就是说，如果有两个旅客分别从上海和哈尔滨来到北京，都要飞往德国的慕尼黑，两个人也许会乘坐同一班飞机去慕尼黑。更进一步地，假如有一个北京的本地居民乘汽车来到机场，他和乘飞机的旅客看到的航班表是一样的。

源地址独立性使得计算机网络中的转发变得更紧凑、更有效。所有沿同样路径转发的包只需要一张路径表，转发不需要源地址信息，只要从包中检查出目的地址就可以了，这样共用一个单一的机制就完成了相同的转发。

7. 层次地址与路由的关系

存储下一站信息的表通常称为路由表（Routing Table），转发一个包到下一站的过程称为路由（Routing）。在网络转发中，我们将地址分为网络地址和主机地址，称为两段式层次地址。两段式层次地址的优越性可在路由表中明显地体现出来。仅使用层次地址的第一部分地址来转发包有两个重要的实际意义。第一，因为路由表可用索引建立而不用搜索列表，从而减少了转发包所需的计算时间；第二，整个路由表可用目的交换机而不用目的计算机来表示，从而大大缩小了路由表的规模。规模的缩小对一个有许多计算机连接到包交换机的大型广域网而言具有实际意义。实际上，如果有近千台计算机连接到每台包交换机上，那么简化后的路由表只有完整路由表的千分之一大小。

除了最后的包交换外，两段式层次地址方案使得转发时仅使用第一部分地址。当包到达目的计算机所连的包交换机时，交换机才检查第二部分地址并选择目的计算机。

8. 广域网中的路由

当有另外的计算机连入广域网时，广域网的容量必须能相应扩大。当有少量计算机加入时，可通过增加输入/输出接口硬件或更快的 CPU 来扩大单个交换机的容量。这些改变能适应网络小规模的扩大，更大的扩大就需要增加包交换机。这使得建立一个具有较大可扩展性的广域网成为可能，因为可不增加计算机而使交换容量增加。特别是在网络内部，可加入包交换机来处理负载，这样的交换机无需连接计算机。我们称这些包交换机为内部交换机（Interior Switch），而把与计算机直接连接的交换机称为外部交换机（Exterior Switch）。

为使广域网能正确地运行，内、外部交换机都必须有一张路由表，并且都能转发包。路由表中的数据必须符合以下条件。

① 完整的路由。每个交换机的路由表必须包含所有可能目的地的下一站的信息。

② 路由优化。对于一个给定的目的地而言，交换机路由表中下一站的值必须是指向目的地的最短路径。

1.4.2　广域网协议

目前，常用的广域网协议主要的有：SDLC 协议及其派生协议、点对点协议、分组交换 X.25 和帧中继。本节对这几个广域网协议作简单介绍。

1. SDLC 协议及其派生协议

同步数据链路控制（SDLC）协议是由 IBM 公司于 20 世纪 70 年代中期研究开发成功的，当时主要用于 IBM 的系统网络体系结构（SNA）环境中。它基于同步机制采用了面向二进制位的操作方法，较同步面向字符协议和同步面向字节协议具有更高的效率、更好的灵活性，以及更快的速度。

在 SDLC 协议开发完成后，ISO 对 SDLC 协议作了一定的修改，形成了高层数据链路控制（HDLC）协议；国际电信联合会分会 ITU-T 通过对 SDLC 协议的修改，形成了链路访问过程（LAP）和平衡电路访问过程（LAPB）；IEEE 通过修改 SDLC 协议形成了目前在 LAN 领域中非常流行的 IEEE 802.2。如今，在 WAN 中 SDLC 协议仍然是主要的链路层协议。

（1）SDLC 协议

SDLC 协议支持各种各样的链路类型和网络拓扑结构，包括点对点链路、环型拓扑和总线型拓扑、半双工和全双工传输设备，以及电路交换和包交换网络。

SDLC 协议通常设有两种类型的站点，即主动型站点和从动型站点。主动型站点控制从动型站点的所有操作，它根据预先制定的顺序轮流查询所有从动型站点，以便让从动型站点根据需要传输数据。通过对网络的设置，主动型站点也可以建立、终止和管理数据链路，而从动型站点接受主动型站点的控制，它仅能向主动型站点发送信息，而且必须得到主动型站点的许可后才能进行。

SDLC 协议的主动型站点与从动型站点的连接可以根据下面几种基本的配置方式进行连接。

① 点对点连接仅包含两个站点，一个主动型站点和一个从动型站点，这两个站点通过点对点的方式连接起来。

② 多点连接包含一个主动型站点和多个从动型站点，所有的从动型站点串联地连接起来，主动型站点与第一个和最后一个从动型站点连接起来形成一个环型的拓扑关系，其余的从动型站点根据主动型站点的请求互相之间传递信息。

③ 集线式连接包含一个主动型站点和多个从动型站点，再加上一个输出通道和一个输入通道。主动型站点通过输出通道与所有从动型站点进行通信，从动型站点通过输入通道与主动型站点进行通信。主动型站点通过输入通道连接每一个从动型站点，最后形成一个链。

SDLC 协议的数据帧格式如图 1-4 所示。

由图 1-4 可知，SDLC 协议的数据帧也有一个唯一的标志模式（Flag）对其进行界定。地址字段（Address）通常包括有涉及当前通信的从动型站点的地址，但不包含主动型站点的地址。这是因为主动型站点既可以是通信的源站点，也可以是目标站点，更因为对于所有的从动型站点来说，主动型站点的地址是已知的。

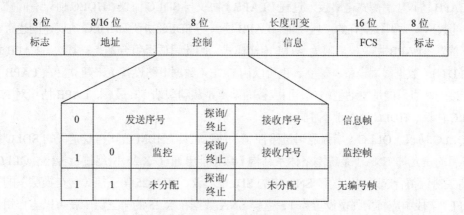

图 1-4 SDLC 协议的数据帧格式

控制字段（Control）有 3 种不同的格式，具体决定于 SDLC 协议的数据帧的类型。3 种类型的 SDLC 协议的数据帧如下。

① 信息帧。信息帧传递上层信息和一些控制信息。

② 监控帧。监控帧提供必要的控制信息，它可以请求和挂起数据传输进程，报告传输状态，确认信息的接收与否，监控帧中不含信息字段。

③ 无序帧。无序帧是无顺序的，用于控制传输的目的，包括初始化从动型站点。有些无编号帧中包含信息字段。

帧检查顺序（FCS）字段位于结束标志字段（Flag）前，其内容通常是循环冗余校验（CRC）计算的余数。如果计算结果与接收到的 FCS 字段的内容不一致，则说明数据帧在传输过程中发生了错误。

（2）SDLC 派生协议

SDLC 协议经过不同标准化机构的修改形成了一系列派生的协议，这些协议包括 HDLC、LAPB 和 QLLC 协议。

① HDLC 协议。高层数据链路控制（HDLC）协议与 SDLC 协议较为类似，它们的数据帧格式相同，数据帧中每个字段所提供的功能也完全一样，都支持同步的全双工操作。HDLC 协议与 SDLC 协议的不同之处有三点：其一，HDLC 协议有一个 32 位的检查选项；其二，HDLC 协议不支持环型连接和集线式连接等配置方式；其三，SDLC 协议仅支持一种传输模式，而 HDLC 协议可支持如下 3 种传输模式。

• 正常应答模式（Normal Response Mode，NRM）。在这种传输模式中，从动型站点不能与主动型站点通信，除非主动型站点授予了有关权限。

• 异步应答模式（Asynchronous Response Mode，ARM）。这种传输模式允许从动型站点在没有接收到主动型站点的许可之前与它进行通信。

• 异步平衡模式（Asynchronous Balance Mode，ABM）。在这种传输模式中引入了组合站点的概念，组合站点就是它既可以用作主动型站点，也可以用作从动型站点，具体情况需根据当前的环境而定。在 ABM 中，所有的 ABM 通信发生在多个组合站点之间，任何组合站点在没有其他组合站点允许的情况下都能初始化数据通信过程。

② LAPB 协议。平衡式链路接入过程（LAPB）协议与 SDLC 协议、HDLC 协议有同样的数据格式、同样的数据帧类型和同样的字段功能。LAPB 协议与 SDLC 协议、HDLC 协议之间也存在一些不同之处。首先，LAPB 协议仅局限为 ATM 传输模式，因此只适于组合站点；其次，LAPB 协议电路既可以由 DTE（数据终端设备）建立，也可以由 DCE（数据电路设备）来建立。在 LAPB 协议中，初始化连接的站点只能是主动型站点，而应答的站点是从动型站点；最后，LAPB 协议对 P/F 位的利用与 SDLC 协议、HDLC 协议都不相同。

③ QLLC 协议。QLLC（增强逻辑链路控制）协议是具有 IBM 公司自身定义的 SDLC 协议的改进版，其目的是允许 SNA（系统网络体系结构）数据能够通过 X.25 网络进行传输。QLLC 协议与 X.25 中有关协议组合起来可以代替 SNA 中的 SDLC 协议，在 X.25 第三层（包交换层）的通用格式标识（GFI）字段中应将增强位设置为 1，这样 SNA 数据在 X.25 的第三层中就可以当作用户数据来传输。

2. 点对点协议

（1）点对点协议（PPP）的组成

PPP 提供了一种点对点链路传输数据报文的方法。PPP 主要包括下列 3 部分内容。

① 通过串行链路封装数据报文的方法；PPP 以 HDLC 协议作为基础来通过点对点链路封装数据报文。

② 使用链路控制协议（LCP）建立、配置和测试数据链路的连接。

③ 采用网络控制协议（NCP）建立和配置不同的网络层协议。PPP 能同时采用多种不同的网络层协议。

（2）PPP 的帧格式

PPP 采用 ISO 的 HDLC 过程的原理、术语和数据格式。PPP 的数据帧格式如图 1-5 所示。

1 字节	1 字节	1 字节	2 字节	可变	2 或 4 字节
标志	地址	控制	协议	数据	FCS

图 1-5　PPP 的数据帧格式

PPP 中有关字段的意义分别描述如下。

① 标志字段（Flag）表示数据帧的开始和结束的单字节字段，该字段的内容为二进制序列 01111110。

② 地址字段（Address）是单字节的地址字段，包含的内容为表示标准广播地址的二进制序列 11111111。PPP 不赋值单个的站点地址。

③ 控制字段（Control）用于表示用户数据的传输是采用无序帧的方式进行，而且还提供逻辑链路控制（LLC）的无连接设施，包含二进制序列 00000011 的单字节字段。

④ 协议字段（Protocol）长度为两个字节，用于说明封装在数据帧的数据字段中的协议类型。

⑤ 数据字段（Data）的长度是可变的，它包含所需的数据报文，其结束位置位于整个数据帧结束前的两个字节处，余下的两个字节为帧控制顺序（FCS）字段。数据字段缺省的最大长度为 1 500

个字节，但在实现时也可以规定为其他的数据值。

⑥ 帧控制顺序（FCS）字段为 16 个二进制位，即两个字节，但根据有关的规定，在实现时 FCS 的长度也可为 32 个二进制位，即 4 个字节。

（3）点对点的链路控制协议

PPP 技术中的链路控制协议（LCP）提供用于建立、配置、维护和关闭点对点连接的方法，与其他类型的网络协议类似，LCP 也有自己的数据帧格式，通常情况下有以下 3 种协议帧。

① 链路建立帧，用于建立和配置数据链路。

② 链路关闭帧，用于关闭数据链路。

③ 链路维护帧，用于管理和维护数据链路。

3.　分组交换 X.25

X.25 是一组协议，它规定了广域网如何通过公用数据网进行连接，是一个真正的国际化标准。

X.25 定义的是数据终端设备（DTE）和数据电路设备（DCE）之间的接口标准。DTE 主要指用户终端或主机设备等，而 DCE 通常指调制解调器、分组交换机或其他与公用数据网连接的端口等。

X.25 的功能说明可以与 OSI 参考模型下三层对应起来。X.25 的第三层（网络层）描述了分组的格式和交换的过程；X.25 的第二层（即数据链路层）是通过链路平衡访问（LAPB）实现的；X.25 的第一层（即物理层）定义了 DTE 和 DCE 之间的物理介质，如图 1-6 所示，其中第二层和第三层可参考 OSI 中的 ISO7776（LAPB）和 ISO8208（X.25 分组层）。

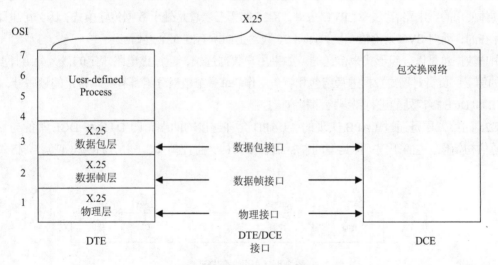

图 1-6　X.25 和 OSI 参考模式

在 DTE 之间的端对端通信是通过一种被称为虚拟电路的双向机制实现的。虚拟电路可以是永久性的，也可以是可切换的，前者被命名为永久性虚电路（PVC），后者被称为交换虚电路（SVC）。

虚电路一旦被建立，DTE 通过正确的虚电路将分组发送给 DCE，然后由 DCE 将分组发送到连接的另一端。DCE 观察虚电路的数目，以便决定通过 X.25 网络的哪一条路由传输分组。X.25 的第三层协议规定在所有与目标 DCE 相关的 DTE 中进行多路选择，然后将分组传递到正确的 DTE。

（1）数据帧格式

由图 1-7 可知，X.25 数据帧的第三层分组由一个分组头字段和用户数据字段组成；第二层分组由帧的控制字段和帧的寻址字段、帧检查顺序（FCS）字段组成；第一层是比特位流。

（2）协议分析

X.25 第三层分组的头字段由一个通用格式标识符（GFI）、一个逻辑通道标识符（LCI）和一个分组类型标识符（PTI）组成。一个字节长的 GFI 用于指明分组头的通用格式，LCI 用于标识虚拟电路，其长度为 3 个字节，PTI 主要用于区分 X.25 的 17 种分组类型。

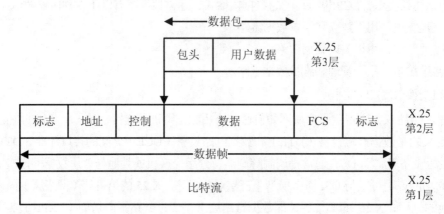

图 1-7　X.25 分组和格式

X.25 在第三层使用了 3 个虚电路操作过程：建立会话、传输数据和消除会话。这 3 个过程的执行与具体使用的虚电路有关。对 PVC 来讲，X.25 的第三层总是处于数据传输模式，因为虚电路是永久性存在的；而对 SVC 则恰恰相反，即 X.25 包含上面所有的 3 个过程。

用户数据总是以分组形式来传送的。如果用户数据过长，超过虚电路规定的最大分组长度，则 X.25 的第三层负责对用户数据进行组包和解包工作。每一个数据分组都有一个特定的顺序号，所以，在 DTE 和 DCE 接口处能进行错误检测和流量控制。

X.25 的第二层是通过 LAPB 实现的。LAPB 允许连接的两端，即 DTE 和 DCE 都能与另一方进行通信初始化。它采用 3 种类型的帧：信息帧（I）、监控帧（S）和无序帧（U）。其格式如图 1-8 所示。

1字节	1字节	1字节	可变	2字节	1字节
标志	地址	控制	数据	FCS	标志

图 1-8　LAPB 帧的格式

X.25 的第一层使用 X.21 的物理层协议，大致与 RS-232 串口协议相当，其最高速率为 19.2kbit/s，DTE 和 DCE 之间的最大距离为 15m。

4. 帧中继

帧中继能够为高速的基于帧的突发数据业务提供有效的和高性能的数据通信手段，因而流行得很快。

帧中继与 X.25 一样，在数据网络中只是关于接口标准的定义，它只定义数据以何种格式提交给帧中继网络进行传输。

作为用户和网络之间的接口标准，帧中继提供一种统计复用手段，使同一物理链路上可以有多个逻辑会话（称为虚电路），它提供了对带宽的灵活有效的利用。

（1）帧的格式

帧中继网络中数据帧格式如图 1-9 所示。

一个帧包含两个字节的头、一个用户数据区域和两个字节的 CRC。头的组成如下。

① 数据链路连接标识（DLCI），唯一地确定到达目的地的路径。DLCI 的长度为 10 位。

② 向前阻塞通知（FECN）位和向后阻塞通知（BECN）位，允许帧中继网络通知连入的设备网络发生了阻塞。

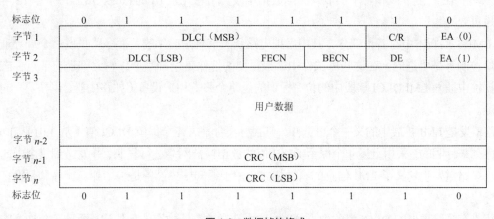

图 1-9　数据帧的格式

③ 丢弃（DE）位，用于通知网络该帧可以被丢掉，这通常发生在网络阻塞时。

④ 命令/响应（C/R）位，目前未用到。

⑤ 扩展地址（EA）位，在扩充地址时使用。

数据域可以转载任意类型的数据；CRC 用于检查传输时的错误。整个帧的长为 5～4 096 个字节。

（2）信令协议

帧中继网络中目前有 3 种信令协议在使用：本地管理接口（LMI）、ITU-T 标准 Q.922 和 ANSI 标准 T1.617。

上述 3 种信令协议都使用相同的基本握手机制，由状态查询帧和响应状态帧组成。

① 本地管理接口（LMI）。

使用 LMI 的目的如下。

● 提供一种确保外部设备与网络之间连接正常的方法，这可通过设备与网络定期交换 keep alive 信息实现。

● 通知用户设备 PVC 的增加、删除或状态改变。

● 在每个 PVC 上提供简单的 XON/XOFF 流控机制。

LMI 信息格式如图 1-10 所示，在 LMI 信息中，基本的协议包头与通常的数据帧完全一样，实际的 LMI 信息从 4 个命令字节开始，其后是一系列可变长的信息元素（IE）。第一个命令字节的格式与 LAPB 的无序信息帧指示器相同，即将结束位（P/F）设置为零；第二个命令字节是协议区分标志，通常设置为指示 LMI 的值；第三个命令字节（即调用引用标志）通常设置为零；第四个命令字节是信息类型字段。在 LMI 信息格式中定义了两种类型的信息——状态查询信息和网络状态信息，前者的作用是允许用户设备查询网络的有关状态，而后者用来应答状态查询信息。

1 字节	2 字节	1 字节	1 字节	1 字节	1 字节	可变	2 字节	1 字节
标志	LMI DLCI	无序信息帧指示器	协议区分标志	调用引用标志	信息类型	信息元素	FCS	标志

图 1-10 LMI 信息格式

在 4 个命令字节之后是若干个连续的信息元素（IE）字段，每一个 IE 字段包含一个单字节的 IE 标识符，一个 IE 长度字段和若干字节的实际数据字段。信息元素 IE 的总的长度和每一个 IE 字段的长度都是可变的。

在 LMI 扩展版本中有若干部分，其中虚拟电路状态信息是必须的，而多路重发、全局寻址和简单的流量控制等是可选的。在这些可选件中，最重要的选件是全局寻址，它允许带有节点标志符。用户数据帧中插入 LMI DLCI 字段中的位，标识的是单个终端用户设备（如路由器、网桥等）的全局有效地址。

多路重发是 LMI 扩展中的又一个可选件，其目标集合是由 4 个保留 DLCI 值（从 1 019～1 022）组成的序列来标明的，采用上述 4 个保留 DLCI 值的数据帧被网络进行复制，并发送到集合中的所有出口点。多路重发也定义了 LMI 信息的有关格式，用于通知用户设备是否增加、删除和替换多路重发的目标集合。

使用带有多路重发的 DLCI 值的数据帧时，路由选择信息能被有效地传递，而且还允许这些信息发送给特定的路由器集合，如所有位于主干线上的路由器。

② Q.922。

Q.922 是 LAPD（Link Access Protocol Dchannel）的一个增强版本。在 D 通道上的所有传输都以 LAPD 帧的形式进行，这些帧在用户设备和 ISDN 交换部件之间进行交换。D 通道支持 3 种应用：控制信令、分组交换和遥测。在 Q.922 中定义了在端点用户之间实际信息传送所使用的用户协议 LAPF（Link Access Procedure for Frame-Mode Bearer Services）。帧中继仅仅使用了 LAPF 的核心功能。

③ T1.617。

T1.617 标准主要完成对不同的局域网协议进行不同处理的工作，因此在每个帧传输时需要携带某种指示，以标识所使用的高层协议。

④ 信令协议交换过程。

帧中继设备和帧中继网络之间的信令交换过程分为短状态交换（一般每 10s 一次）和长状态交换（一般几分钟一次），其交换过程如图 1-11 所示。

在图 1-11 中，网络事件（如永久虚电路（PVC）的增加、删除、修改及出错）将在下一个长状态交换中报告。

⑤ 用户至网络接口（UNI）。

UNI 适用于帧中继 DTE 向帧中继网络查询它所连接的 PVC 信息。

⑥ 网络至网络接口（NNI）。

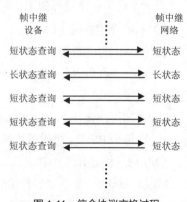

图 1-11 信令协议交换过程

在两个网络间配置管理和控制信息，需要一个双向信令协议，该协议定义于 ITU-T 标准 Q.933 和 ANSI 标准 TI.018。原始 LMI 不支持选项 NNI。

NNI 与 PVC 的处理有所不同，一条 PVC 只能表示在同一个网络中的两个节点的连接，如两个节点分别位于两个网络中并需要相互通信，那么，应分别在两个网络内部建立两个节点与其 NNI 节点的 PVC，然后在两个网络的 NNI 节点之间连接这两条 PVC 即可。

（3）阻塞的防止

信息帧通过网络时，会由于声音、数据或其他帧中继传输而发生阻塞。阻塞通常发生在以下位置。

① 网络入口，如数据以高于网络接受能力的速率发送给网络。

② 网络节点，由于其他传输要求分享公共带宽。

③ 网络出口，如多个传送源向同一端口发送数据，而超过该端口的处理能力。

帧中继采用如下几个方面的手段处理阻塞。

① 本地管理接口（LMI）提供一种基于 PVC 的简单流控机制。当缓冲区将要满时，可向外部设备发出一个 LMI 信息（RNR 位置 1），要求停发数据；当缓冲区空时，则发送另一个 LMI 信息（RNR 位置 0）通知外部设备，允许发送数据。

② 直接阻塞通知，向外部设备报告阻塞。如果用户设备在某一时间段内收到的帧有 50%以上是向前直接阻塞通知（FECN）位，它应将其输出下降到当前值的 87.5%；如不到 50%，则应提高输出 6.25%。

1.5　TCP/IP 基础

TCP/IP 是一组通信协议的代名词，是由一系列协议组成的协议簇。它本身指两个协议集：传输控制协议（TCP）和因特网协议（IP）。TCP/IP 最早由美国国防高级研究计划局在其 ARPANET 上实现，已有几十年的运行经验。由于 TCP/IP 一开始用来连接异种机环境，再加上工业界的很多公司都支持它，特别是在 Unix 环境，TCP/IP 已成为其实现的一部分；因特网的迅速发展，使 TCP/IP 已成为事实上的网络互连标准。

1.5.1　TCP/IP 与 OSI 参考模型

因特网协议簇不仅包括第三、四层协议（TCP/IP），还包括一些很普遍的常用的应用程序（如 E-mail、终端仿真以及文件传输等）的规格说明。TCP/IP 与 OSI 参考模型的对应关系如表 1-2 所示。

表 1–2　TCP/IP 和 OSI 参考模型的对应关系

TCP/IP	OSI 参考模型
FTP, TELNET, SMTP, RPC, RLOGIN, SNMP, DNS, TFTP, BOOTP, HTTP	应用层
TCP, UDP	传输层
IP(ICMP, IGMP), (ARP, RARP)	网络层

图 1-12 中显示了 TCP/IP 的主要协议之间的相关性。图中每个封闭的多边形对应了一个协议，并且位于它所直接使用的协议之上。如 SMTP 依赖于 TCP，而 TCP 依赖于 IP。下面对图 1-12 做一些解释。

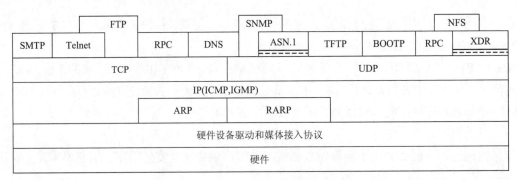

图 1-12 TCP/IP 的主要协议之间的相关性

最低层代表了硬件所提供的所有协议，该层包括所有硬件控制协议，其范围从媒体接入到逻辑链路分配。可以假设这层包括了任何分组传送系统，只需 IP 就可以用它来传送报文。

第二层列出了 ARP 和 RARP。当然，不是所有的计算机或网络技术都要使用它们。ARP 常用于以太网，而 RARP 一般用得比较少。其他的地址绑定协议划归在这层，但没有被广泛使用。

第三层包含了 IP。它还含有所要求的因特网控制信息协议（ICMP），用于处理差错和控制信息，以及可选的因特网组管理协议（IGMP）。应当注意，IP 是唯一横跨整个层的协议。所有的低层协议都把得到的信息交付给 IP，同时，所有的高层协议都必须使用 IP 向外发送报文。IP 直接依赖于硬件层，因为在使用 ARP 绑定地址后，它需要使用硬件链路或接入协议来传送报文。

TCP 和 UDP 构成传输层。图中的应用层显示了各种应用协议之间的复杂的相关性，例如，FTP 使用 Telnet 所定义的虚拟网络终端来完成它的控制连接的通信，还使用 TCP 构成数据连接。所以，FTP 同时依赖于 Telnet 和 TCP。域名系统（DNS）同时使用 TCP 和 UDP 通信，所以 DNS 依赖于两者。NFS 依赖于外部数据表示（XDR）协议和远端过程调用（RPC）协议。RPC 出现了两次，这是因为它既可使用 UDP 又可使用 TCP。

简单网络管理协议（SNMP）依赖于抽象语法表示（ASN.1），并且使用 UDP 发送报文。由于外部数据表示（XDR）和 ASN.1 只是描述语法约定和数据表示，它们涉及 UDP 和 TCP，所以，图 1-12 中在 ASN.1 和 XDR 的下方有一个带点的区域，表示它们不依赖于 UDP 层。

与 OSI 参考模型不同，TCP/IP 不是人为制定的标准，而是产生于网络之间的研究和实践应用中，虽然稍作修改后，OSI 参考模型也可用于描述 TCP/IP，但这只是形式而已，两者内部细节的差别是很大的。

1. TCP/IP 的层次结构

TCP/IP 由 4 个层次组成，包括应用层、传输层、网络层和网络接口层。

（1）应用层

应用层向用户提供一组常用的应用程序，例如，文件传输程序、电子邮件程序等。严格说来，TCP/IP 只包含 OSI 参考模型的下三层，应用程序不能作为 TCP/IP 的一部分。就上面提到的常用应用程序，TCP/IP 制定了相应的协议标准，所以也把它们作为 TCP/IP 的内容。事实上，用户完全可以在传输层之上，建立自己的专用程序，这些专用程序要用到 TCP/IP，但它们并不属于 TCP/IP。

（2）传输层（TCP 和 UDP）

传输层提供应用程序间的通信，提供了可靠的传输（UDP 提供不可靠的传输）。为了实现可靠性，传输层要进行收发确认；若数据包丢失则进行重传、信息校验等。

（3）网络层（IP）

网络层负责数据包的寻径功能，以保证数据包能可靠地到达目标主机；若不能到达，则向源主机发送差错控制报文。网络层提供的服务是不可靠的，可靠性由传输层来实现。

（4）网络接口层

网络接口层是 TCP/IP 的最低层，负责接收 IP 数据包并通过网络发送这个 IP 数据包，或者从网络上接收物理帧，取出 IP 数据包，并把它交给 IP 层。网络接口一般是设备驱动程序，如以太网的网卡驱动程序等。

2. 两种分层结构比较

OSI 参考模型和 TCP/IP 模型两种分层的不同之处如下。

（1）TCP/IP 在实现上力求简单高效，如 IP 层并没有实现可靠的连接，而是把它交给了 TCP 层实现，这样保证了 IP 层实现的简练性。事实上有些服务并不需要可靠的面向连接服务，如在 IP 层加上可靠性控制，只能说是一种处理能力的浪费。OSI 参考模型在各层的实现上有所重复，而且会话层和表示层不是对很多服务都有用，无疑这种模型有些繁琐。

（2）TCP/IP 结构经历了几十年的实践考验，而 OSI 参考模型只是人们作为一种标准设计出来的；再则 TCP/IP 有广泛的应用实例支持，而 OSI 参考模型并没有。

1.5.2　网络层

网络层（IP 层）将所有低层的物理实现隐藏起来，它的作用是将数据包从源主机发送出去，并且使这些数据包独立地到达目的主机。在数据包传送过程中，即使是连续的数据包，也可能走过不同的路径，到达目的主机的顺序也会不同于它们被发送时的顺序。这是因为网上的情况是复杂的，随时可能有一些路径发生故障，或是网络的某处出现数据包的堵塞。在网络层，定义了一个标准的包格式和协议。该格式的数据包能被网上所有的主机理解和正确处理。在这一层，路由选择是非常重要的，这一层相当于 OSI 参考模型的网络层。从应用层到链路层数据的封装流程如图 1-13 所示。

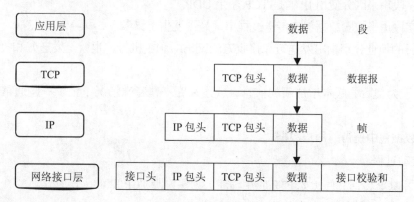

图 1-13　TCP/IP 数据流程

1. IP 数据包

一个 IP 数据包由包头和数据体两部分组成。IP 数据包的格式如图 1-14 所示。

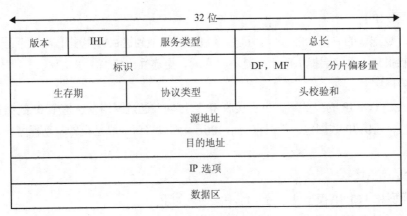

图 1-14　IP 数据包格式

版本字段表示所用 IP 的版本号。

IHL 字段指明数据包头部的全部长度，包括 20 个字节的固定部分和可变长部分。

服务类型字段指明需要协议栈的低层提供什么样的服务，不同的服务有着不同的可靠性和传输速率。

总长字段指出整个数据包的长度，包括包头和数据体的长度。一个数据包，最长为 65 535 个字节。

分片偏移量指出 IP 数据包中的数据在整个 TCP 数据包中的偏移。因为 IP 从 TCP 层收到 TCP 数据包后，总是先将过长的数据装配成几个 IP 数据包，再将它们依次发送出去。

在这种情况下，每一个 IP 数据包中都要携带信息，用以指明这一 IP 数据包中的数据及在源主机 TCP 数据包中的位置。目标主机将根据这些信息，在其 IP 层重新装配成一个完整的 TCP 数据包，交给目标主机的 TCP 层。

生存期字段限制了数据包的生存长短。IP 数据包每经过一个路由器，生存周期都要减 1；当减到 0 时，就丢弃这个包；同时，一个传送出错的信息被发往源主机。

协议类型字段用来区分使用 IP 的是 TCP 还是 UDP。

头校验和字段用来校验数据包在传送过程中，是否发生了错误。

源地址和目的地址分别指出发送方和接收方的网络号和主机号，也就是发送方和接收方的因特网地址。

IP 选项用于为其后的版本增加新的信息，或用来在一些特殊情况下记录一些通常很少用到的信息。

数据区为数据包中携带的用户数据。

2. 信息流动过程

下面以使用 TCP 传送文件（如 FTP 应用程序）为例说明 TCP/IP 的工作原理。

① 在源主机上应用层将一串字节流传给传输层。

② 传输层将字节流分成 TCP 段，加上 TCP 包头交给 IP 层。

③ IP 层生成一个包，将 TCP 段放入其数据域，并加上源主机和目的主机的 IP 地址。将 IP 数据包交给数据链路层。

④ 数据链路层在其帧的数据部分装入 IP 数据包，发往目的主机或路由器。

⑤ 在目的主机，数据链路层将数据链路层帧头去掉，将 IP 数据包交给互联网层。

⑥ IP 层检查 IP 包头，如果包头中的校验和与计算出来的不一致，则丢弃该包。

⑦ 如果校验和一致，IP 层去掉 IP 包头，将 TCP 段交给 TCP 层，TCP 层检查顺序号来判断是否为正确的 TCP 段。

⑧ TCP 层为 TCP 包头计算 TCP 包头和数据。如果 TCP 包头和数据不对，TCP 层丢弃这个包，若对，则向源主机发送确认信息。

⑨ 在目的主机，TCP 层去掉 TCP 包头，将字节流传给应用程序。

于是目的主机收到了源主机发来的字节流，就像直接从源主机发来的一样。

实际上每向下一层，数据便多加了一个报头，而这个报头对上层来说是透明的，上层根本感觉不到下面报头的存在。假设物理网络是以太网，上述基于 TCP/IP 的文件传输（FTP）应用打包过程便是一个逐层封装的过程，当到达目的主机时，则从下而上去掉包头。

3. IP 地址

在因特网中，每一台主机都有一个唯一的地址，网关常常有不止一个的地址。地址由网络号和主机号两部分组成，这种组合是唯一的，以使每一个 IP 地址表示因特网中的唯一一台主机。所有的 IP 地址都是 32 位。

IP 地址分为五类，平常使用的是 A、B 和 C 三类地址，它们的格式如表 1-3 所示。

表 1-3 IP 地址的分类

地址类型	地址形式
A	N.H.H.H
B	N.N.H.H
C	N.N.N.H

表 1-3 中，N 指网络号，H 指主机号。N 和 H 都是大于 0 小于 256 的整数。由于 A 类地址第一字节的最高位为 0，用来表示地址为 A 类地址，因此，A 类地址只可以表示 1~126 个网络，每个网络有 16 000 000 多台主机。0 和 127 则有特殊用处。

B 类和 C 类 IP 地址第一字节的最高两位用于表示地址的类型，因此，B 类 IP 地址的第一字节的范围为 128~191，共可以表示 16 382（64×256）个网络，每个网络有 64 000 多台主机。C 类 IP 地址的第一字节的范围为 192~222，有 200 多万个网络，每个网络最多有 254 台主机。

D 类地址称为多目的广播地址，即将分组的一个复制投递给每个目的地。

IP 地址作为一种紧俏资源，由 NIC（网络信息中心）分配。在国内，由中国科学院网络中心及其授权机构进行分配。

当一个网络内有太多的主机时，会给管理带来许多困难，且使网络的设置复杂而易于出错。在许多情况下，一个 A 类或 B 类地址的一个网络号，对应了很多的主机，一个组织或公司常常用不了。另一方面，C 类地址一个网络只有 254 个主机号，又显得太少。

为此，在实际中，常常将一个较大的网络分成几个部分，每一部分称为一个子网。在外部，这几个子网依然对应一个完整的网络号。划分的办法是将地址的主机号部分进一步划分成子网号和主机号两部分。

当两台主机通信时，需要比较两台主机的 IP 地址，判断这两台主机是否在同一子网内。如果在同一子网内，则数据包可以直接发给那台主机，否则，就要发向网关所在的主机。这些问题可通过设置正确的网络掩码来解决。网络掩码就是对应于网络号和子网号为二进制 1、主机号部分为 0 的字符串。可以通过 ipconfig 命令看一下自己所在的网络号、网络掩码等情况。

IP 地址除了标识一台主机外，还有几种具有特殊意义的特殊形式。

① 广播地址

主机号部分是全 1 的 IP 地址用于本网段内广播，叫作广播地址。所谓广播，指同时向网上所有主机发送报文。

② 有限广播地址

广播地址包含一个有效的网络号和主机号，技术上称为直接广播（Directed Broadcasting）地址。在网络上的任何一点均可向其他任何网络进行直接广播，但直接广播有一个缺点，就是要知道信宿网络的网络号。

有时需要在本网络内部广播，但又不知道本网络的网络号。TCP/IP 规定，32 比特全为"1"的 IP 地址用于本网广播，该地址叫作有限广播地址（Limited Broadcast Address）。

③ "0"地址

网络号为 0 的 IP 地址指同一个网络内的主机。IP 地址是 0.0.0.0，在主机引导时使用，其后不再用。

④ 回送地址

A 类网络地址 127 是一个保留地址，用于网络软件测试以及本地进程间通信，叫作回送地址（Loop Back Address）。无论什么程序，一旦使用回送地址发送数据，协议软件立即返回，不进行任何网络传输。TCP/IP 规定：含网络号 127 的分组不能出现在任何网络上；主机和网关不能为该地址广播任何寻径信息。发向 127.0.0.1 的地址的数据包，被立刻放到本机的输入队列里，常用于调试网络软件。

由以上规定可以看出，主机号全"0"全"1"的地址在 TCP/IP 中有特殊含义，不能用作一台主机的有效地址。

4. 子网掩码

IP 标准规定：每一个使用子网的网点都选择一个 32 位的位模式，若位模式中的某位置 1，则对应 IP 地址中的某位为网络地址中的一位；若位模式中的某位置 0，则对应 IP 地址中的某位为主机地址中的一位。例如位模式：

11111111 11111111 11111111 00000000

中，前三个字节全 1，代表对应 IP 地址中最高的 3 个字节为网络地址；后一个字节全 0，代表对应 IP 地址中最后一个字节为主机地址。这种位模式叫作子网模（Subnet Mask）或"子网掩码"。

为了使用的方便，常常使用"点分整数表示法"来表示一个 IP 地址和子网掩码，例如，B 类地址子网掩码（11111111 11111111 11111111 00000000）为：255.255.255.0。

（1）子网掩码与 IP 地址

子网掩码与 IP 地址结合使用，可以区分出一个网络地址的网络号和主机号。

例如，有一个 C 类地址为：192.9.200.13，其默认的子网掩码为：255.255.255.0，则它的网络号和主机号可按如下方法得到。

① 将 IP 地址 192.9.200.13 转换为二进制数为：

11000000 00001001 11001000 00001101

② 将子网掩码 255.255.255.0 转换为二进制数为：

11111111 11111111 11111111 00000000

③ 将两个二进制数逻辑与（AND）运算后得出的结果即为网络部分：

11000000 00001001 11001000 00001101 AND 11111111 11111111 11111111 00000000

=11000000 00001001 11001000 00000000

结果为 192.9.200.0，即网络号为 192.9.200.0。

④ 将子网掩码取反再与 IP 地址逻辑与（AND）后得到的结果即为主机部分：

11000000 00001001 11001000 00001101 AND 00000000 00000000 00000000 11111111

=00000000 00000000 00000000 00001101

结果为 0. 0. 0. 13，即主机号为 13。

（2）子网划分与实例

根据以上分析，建议按以下步骤和实例定义子网掩码。

① 要划分的子网数目转换为 2 的 m 次方。如要分 8 个子网，$8=2^3$。

② 取上述要划分子网数的 2 的 m 次方的幂。如 2^3，即 $m=3$。

③ 上一步确定的幂 m 按高序占用 m 位主机地址后转换为十进制。如 m 为 3 则是 11100000，转换为十进制 224，即为最终确定的子网掩码。如果是 C 类网，则子网掩码为 255.255.255.224；如果是 B 类网，则子网掩码为 255.255.224.0；如果是 A 类网，则子网掩码为 255.224.0.0。

在这里，子网个数与占用主机地址位数有如下等式成立：$2^m=n$。其中，m 表示占用主机地址的位数；n 表示划分的子网个数。

根据这些原则，将一个 C 类网络分成 4 个子网。若我们用的网络号为 192.9.200，则该 C 类网内的主机 IP 地址就是 192.9.200.1～192.9.200.254（因为全"0"和全"1"的主机地址有特殊含义，不作为有效的 IP 地址），现将网络划分为 4 个部分，按照以上步骤：

$4=2^2$，取 2^2 的幂，即 2，则二进制数为 11，占用主机地址的高序位即为 11000000，转换为十进制为 192。这样就可确定该子网掩码为 255.255.255.192，4 个子网的 IP 地址范围分别如表 1-4 所示。

表 1–4　具有 4 个子网的 IP 地址的划分

二进制	十进制
① 11000000 00001001 11001000 00000001～11000000 00001001 11001000 00111110	192.9.200.1～192.9.200.62
② 11000000 00001001 11001000 01000001～11000000 00001001 11001000 01111110	192.9.200.65～192.9.200.126
③ 11000000 00001001 11001000 10000001～11000000 00001001 11001000 10111110	192.9.200.129～192.9.200.190
④ 11000000 00001001 11001000 11000001～11000000 00001001 11001000 11111110	192.9.200.193～192.9.200.254

表 1-5 列出了 A、B 和 C 三类网络子网数目与子网掩码的转换表，以供参考。

表1–5　子网数目与子网掩码的转换表

A 类			
子网数目	占用位数	子网掩码	子网中主机数
2	1	255. 128. 0. 0	8 388 606
4	2	255. 192. 0. 0	4 194 302
8	3	255. 224. 0. 0	2 097 150
16	4	255. 240. 0. 0	1 048 574
32	5	255. 248. 0. 0	524 286
64	6	255. 252. 0. 0	262 142
128	7	255. 254. 0. 0	131 070
256	8	255. 255. 0. 0	65 534
B 类			
子网数目	占用位数	子网掩码	子网中主机数
2	1	255. 255. 128. 0	32 766
4	2	255. 255. 192. 0	16 382
8	3	255. 255. 224. 0	8 190
16	4	255. 255. 240. 0	4 094
32	5	255. 255. 248. 0	2 046
64	6	255. 255. 252. 0	1 022
128	7	255. 255. 254. 0	510
256	8	255. 255. 255. 0	254
C 类			
子网数目	占用位数	子网掩码	子网中主机数
2	1	255. 255. 255. 128	126
4	2	255. 255. 255. 192	62
8	3	255. 255. 255. 224	30
16	4	255. 255. 255. 240	14
32	5	255. 255. 255. 248	6
64	6	255. 255. 255. 252	2

5. IP 欺骗问题及解决方法

盗用 IP 不但是因为 IP 不够用，而且也是为了做一些非法的活动，例如，冒充另外的主机去攻击别人的主机。

要冒充不在同一网段的一台主机的 IP，虽然可以发出 IP 数据包（需要超级用户权限），但却接收不到回应的信息。这是因为网关不会将这些数据包转入这个网段内。

相比之下，冒充同一网段内的主机比较方便。在 Windows 操作系统中，改一改 IP 地址和掩码就可以了。在 Unix 里改这些信息则比较麻烦，需要编程才可以。编程可以伪造大多数使用 IP 的数据包。

如果两台主机同时使用了同一个 IP 地址，当它们都开机时，系统会报告 IP 冲突。通常是先开机的有效，可以继续使用这个 IP 地址。但如果是 Unix 和 Windows 冲突，失败的总是 Windows，不论谁先开机。

为了获取访问权限，入侵者创建有欺骗性的源 IP 地址的数据包。这种方法利用了基于 IP 地址的认证应用程序的特点，并可能导致入侵者获取非授权访问的权限，甚至获取对目标系统的 root 访问权限。要注意的是，该攻击方法即使在返回包不能到达入侵者的情况下，也可以得逞。

可能遭受该方法攻击的情况有支持多内部接口到外部网络的路由器、在内部网络支持子网并有两个网络接口的路由器和代理程序使用源 IP 地址认证系统的代理防火墙。

易受 IP 欺骗技术攻击的服务有 Sun RPC&NFS、BSD Unix "r" 命令、X Windows 和其他使用源 IP 地址作为认证的应用程序。

解决 IP 欺骗技术攻击的方法有以下两个。

（1）检查

使用 netlog 之类的网络监视软件来监视数据包，查看外部接口上的数据包，它上面有局域网中的源和目标 IP 地址。如果能找到这种数据包，系统很有可能就处于受攻击的状态。

另一个检查 IP 欺骗的方法是比较内部网络不同系统间的进程账号日志。如果 IP 欺骗攻击了一个系统，就可以在受攻击的系统上得到一个日志项，里面显示对应的远程访问。在源机器上，将没有对应的初始化该远程访问的记录项。

（2）防止

解决 IP 欺骗技术的最好方法是安装过滤路由器，不允许包含内部网络地址的数据包通过该路由器。此外，在发出的数据包中，应该过滤掉源地址与内部网络地址不同的数据包，这样可以防止源于内部网络的 IP 欺骗攻击。

6. 网络层的其他协议

因特网控制信息协议（Internet Control Message Protocol，ICMP）用来传送一些关于网络和主机的控制信息。如目标主机是不可到达的、路由的重定向等。常用的 Ping 命令就使用了 ICMP。Echo Request 是 Ping 发向目标主机的，而 Echo Reply 是由接收的主机发向源主机的。

地址解析协议（Address Resolution Protocol，ARP）用来将 IP 地址映射成相应的主机 MAC 地址。在局域网内两主机通信时，通常需要知道目标主机的物理地址。执行 arp 命令，可以看到 IP 地址和物理地址的一些对应关系，例如：

$arp -a

Net to Media Table

Device	IP Address	Mask	Flags	Phys Addr
1e0	11.22.44.190	255.255.255.255		00:20:af:3b:bb:8f
1e0	11.22.44.159	255.255.255.255		00:60:97:a8:a8:42
1e0	11.22.31.157	255.255.255.255		08:00:3e:30:4d:6e

反向地址解析协议（Reverse Address Resolution Protocol，RARP）用来将物理地址映射成 32 位的 IP 地址。该协议多用于无盘工作站启动时，因为无盘工作站只知道自己的物理地址，还需要利用 RARP 得到一个 IP 地址。

1.5.3 传输层

1. TCP

TCP/IP 的传输层对应于 OSI 参考模型的传输层。在这一层定义了两个协议，第一个是 TCP，即传输控制协议，它是一个可靠的、面向连接的协议。它允许在因特网上两台主机间进行信息的无差错传输。它将收到的很长的字节流分段，依次传送给网络层。在目标主机端，TCP 接收进程将收到的信息重新装配成源主机 TCP 层发送的形式，交给应用层。TCP 还进行流量控制，以避免数据发送过快，使速度较慢的主机不致于因为过多的数据到达而发生堵塞。

在网络传输中，为了保证数据在网络中传输得正确、有序，使用了"连接"这个概念。一个 TCP 连接是指：在传输数据之前，先要传送三次握手信号，以便双方为数据的传送做好准备。这就好像在发送传真之前，先要拨通对方的电话一样。若没有连接就好像信封里装的是要发送的数据，往邮筒里一扔，也不管对方是否收到。三次握手信号传送完毕之后，才开始传送数据。发送的每一个数据包都有编号，接收方每收到一个数据包后，都要向发送方发送信息，表示确实收到了该数据包。如果发送的数据包在信道上出错，或者丢失，则发送方要重新发送这一数据包。发送完毕，通信的双方还要一起释放该连接。

2. UDP

传输层的第二个协议是 UDP，即用户数据报协议。使用该协议时，源主机有数据就发送出去。它不管发送的数据包是否到达目标主机，数据包是否出错，收到数据包的主机也不会告诉发送方是否正确收到了数据，因此，这是一种不可靠的数据传输方式。

TCP 和 UDP 各有优缺点。面向连接的方式（TCP）可靠，但是，在通信过程中，传送了许多与数据无关的信息，降低了信道的利用率，常用于对数据可靠性要求比较高的应用。现在的许多应用层的服务，底层使用的都是 TCP，也就是面向连接的服务；无连接方式（UDP）不可靠，但因为不用传输许多与数据本身无关的信息，所以速率快。常用于一些实时的服务，也用于一些对差错不敏感的应用（如声音丢失一些数据，并不妨碍人对音乐的收听）；图像丢失一些数据，人眼几乎不能分辨这些差别。

3. 服务器进程

在一台主机上，常常同时运行着多个服务器进程。当与这台主机通信时，不但要指出通信的主机地址，还要指明是同这台主机上的哪个服务器通信。通常是用端口号来标识主机上这些不同的服务器。

下面是一份 Unix 中的服务文件，它说明了这台 Unix 主机能够向外界提供哪些服务。

```
#
# Network services, Internet style
#
ftp          21/tcp
telnet       23/tcp
smtp         25/tcp          mail
time         37/tcp          timeserver
time         37/udp          timeserver
```

以上是服务文件中的一段。文件中的第一列是服务的名称，第二列是服务对应的端口号及所使用的协议，第三列是服务的别名。

从文件中可以看出，FTP 服务使用的端口 21，使用的协议是 TCP；而系统的时间服务，则使用的是端口 37。

端口号是一个 16 位的数，因此，端口号可以为 1~65 535。在实际中，Unix 操作系统也提供了相当多的服务。服务的数量是如此之多，如果它们全部运行时，不但会产生大量的进程，而且从 CPU

到内存，会占用大量的资源。由于 Unix 是分时系统，即使没有外来的服务请求，它们也会被操作系统在时间片中执行到。

为了解决这个矛盾，人们可以选择让服务进程总是处于执行状态或者当有了来自客户程序的请求时才执行。在许多 WWW 服务器的主机中，HTTPD 进程，也就是 WWW 的服务进程就总是在执行，等待来自客户程序的服务请求。这时候，它是一个并发的服务进程。当有许多请求到来时，它就生成许多新的进程。

另外一种方式是只运行一个服务进程，就是 inetd 进程。在系统启动时，它就开始运行，直到系统关闭。

```
$ps -ef l grep inetd
   root  101 1 0 10:09:52?  0:01/usr/sbin/inetd -s
```

可以看出，inetd 进程是一个由 1 号进程启动执行，并具有 root 权限的进程。

inetd 进程监听各个端口，当有外部的请求时，它根据请求要求的端口号，查阅服务文件，得到相应的端口号名称，然后在 Unix 操作系统的 inetd.conf 文件中，找到端口号所对应的服务进程（这种进程也称为守护进程）。启动该进程，处理来自客户程序的服务请求。而 inetd 进程在启动完该进程之后，又在端口上监听，等待下一个服务请求。

以下是 Unix 操作系统的 inetd.conf 文件的一部分。

```
#
# To re-configure the running inetd process, edit this file, then
# send the inetd process a SIGHUP.
#
# Syntax for socket-based Internet services.
#<service_name> <socket_type><proto><flags><user><server_pathname><args>
#
# Syntax for TLI-based Internet services.
#
# <service_name> tli <proto><flags><user><server_pathname><args>
#
# Ftp and telnet are standard Internet services.
#
ftp      stream  tcp nowait   root     /usr/sbin/in.ftpd    in.ftpd
telnet   stream  tcp nowait   root     /usr/sbin/in.telnetd in.telnetd
#
# T named serves the obsolete IEN-116 name server protocol.
#
name     dgram   udp wait     root     /usr/sbin/in.tnamed  in.tnamed
```

从这份文件可知，inetd 进程收到来自端口 23 的服务请求后，查阅服务文件，知道该服务的名称为 telnet，于是，它在 inetd.conf 文件中找到 telnet 所在的一行。在这一行中，telnet 是服务的名字，该服务使用的是 TCP，数据是以一种位流的方式传送。服务进程的执行是在 root 权限下执行。该服务进程在文件系统的/usr/sbin/目录下，进程的文件名为 in.telnetd。值得注意的是，在 Unix 操作系统中，服务进程的名字几乎都是以字母"d"结束。因此，在"杀"进程时，对这类进程应当谨慎，然而许多攻击者也将自己的非法进程命名为 xxd，冒充守护进程，以免被系统管理员杀死。

1.5.4　应用层

TCP/IP 的应用层有很多协议，下面简单介绍一下最常用的 4 种协议。

Telnet，即虚终端服务，它是用得较多的一类应用层协议。它允许一台主机上的用户登录到另一台远程主机，并在远程主机中工作，而用户当前所使用的主机就像远程主机的一个终端（包括键盘、鼠标、显示器和一个支持虚终端协议的应用程序）。

FTP，即文件传输协议，它提供了一个有效的途径，将数据从一台主机传送到另一台主机。文件传输有文本模式和二进制模式。文本模式用来传输文本文件，并实现一些格式转换。例如，在 Unix 操作系统中，换行符只有一个 ASCII 码（0x0d），而在 DOS 中，换行符由两个 ASCII 码（0x0d,0x0a）组成，FTP 在传输中，要进行这种转换。在二进制传输模式时，如传输图像文件、压缩文件和可执行文件时，则不进行转换。用户可以向 FTP 服务器传输文件，即上载文件，也可以从 FTP 服务器向自己所在的主机传输文件，即文件的下载。

SMTP，即简单邮件传输协议，它是一组用于由源地址到目的地址传送邮件的规则，由它来控制信件的中转方式。SMTP 协议帮助每台计算机在发送或中转信件时找到下一个目的地。通过 SMTP 协议所指定的服务器，我们就可以把 E-mail 寄到收信人的服务器上了。

HTTP，即超文本传输协议，用来在 WWW 服务器上取得用超文本标记语言书写的页面。在因特网上，无论是公司、学校还是个人，都可以将自己的信息做成 HTML 的页面。其他用户使用 Netscape 或 Microsoft Internet Explorer 这些浏览器，便可以方便地访问这些页面。

1.6　因特网提供的主要服务

本节将概括地介绍因特网的一些标准服务，这些服务开始都是由 Unix 操作系统提供的，现在大部分服务在 Windows 上也都实现了。应当注意的是，基本上每一种协议都有其安全性问题，系统管理员在进行设置时都应当参照相应的手册认真地进行设置，以免给黑客留下可乘之机。

1.6.1　远程终端访问服务

远程终端访问（Telnet）是一种因特网远程终端访问标准。它能够真实地模仿远程终端，但是不具有图形功能，它仅提供基于字符应用的访问。Telnet 允许为任何站点上的合法用户提供远程访问权，而不需要做特殊约定。

Telnet 并不是一种非常安全的服务，虽然在登录时要求用户认证。由于 Telnet 发送的信息都未加密，所以它容易被网络监听。只有当远程机和本地站点之间的网络通信安全时，Telnet 才是安全的。这就意味着在因特网上 Telnet 是不安全的，现在有一种安全的登录客户程序，然而应用得并不多，主要是因为这在服务器端要有相应的服务器程序。

除了 Telnet，还有几种能用于远程终端访问和执行的程序，如 rlogin、rsh 和 on，在受托的环境里使用这些程序，允许用户远程登录而无需重新输入口令。它们登录的主机相信用户所用的主机已对其用户做过认证。但是使用上述这几个命令是特别不安全的，容易受到 IP 欺骗和名字欺骗以及其他欺骗技术的攻击。托管主机模式不适合在因特网上使用。事实上，因为地址信任非常不安全，所以不要相信它们说是来自哪个主机的数据包。

在没有防火墙保护的网络内使用 rlogin 和 rsh 是可以的，这取决于企业内部的安全措施。然而，on 依靠客户机程序进行安全检查，每个人都可以假冒客户机而回避检查，因此，on 是很不安全的，即便在设有防火墙的局域网内使用（它能让任何一个用户以其他用户的名义运行任何一个命令）。

1.6.2　文件传输服务

文件传输协议（FTP）是为进行文件共享而设计的因特网标准协议。通常情况下使用匿名 FTP，这使没有得到全部授权访问 FTP 服务器的远程用户可以传输能够被共享的文件。如果运行 FTP 服务器，用户就可能在未经允许登录的情况下取得存放在系统中一个分离的公共区域中的文件，并可能取得系统中的任何东西。站点上的匿名 FTP 区可能存有机构的文件档案、软件、图片以及其他类型的信息，这些信息是人们需得到的，或是希望共享的。

使用匿名 FTP，用户可用"匿名"用户名登录 FTP 服务器。通常情况下匿名 FTP 要求用户提供完整的 E-mail 地址作为响应。然而在大多数站点上，这个要求不是强制性的，只要它看起来像个 E-mail 地址（例如，它是否包含@符号），匿名 FTP 不对口令做任何的校验。

要确保匿名 FTP 服务器只能存取允许存取的信息，不允许外人存取本机的其他资料，如私人资料等。

如果不希望外界阅读的文件，最好不给匿名的 FTP 区提供文件。可能的话就采用其他传输方式。否则，可使用改进的 FTP 服务器。

好的 FTP 服务器应提供了如下适用于匿名 FTP 服务器的功能。

① 更好更完善的日志，它可记录、装载、下载或传送它的每个命令。

② 提供路径的信息，当用户访问那个路径时，为用户显示关于路径内容的有关信息。

③ 能对用户分类。

④ 对某类用户可加以限制，如限制同时访问服务器的匿名用户的个数，此限制可按天什么时间或某周哪一天进行调整。使用这些限制能控制 FTP 服务器的负荷。

⑤ 在传输文件时，具有压缩和自动处理文件的能力。

⑥ 非匿名 chroot 访问。只需限制对机器访问的用户，这就允许建立一个特别账号访问一些文件。对匿名用户来说，如不给他们随意访问他人磁盘的能力，他们就无法看到这些文件。

无论使用何种 FTP 守护程序，都将面临一个特殊的问题，即匿名 FTP 区具有可写路径（通常为 incoming）。站点经常为 FTP 区提供空间，以便外部用户能用它上载文件。可写路径是非常有用的，但也有其不完美的地方。因为这样的可写路径一旦被发现，就会被因特网上的"地下"用户用作"仓库"和非法资料的集散地。网上很多盗版软件包和黄色影像文件就是通过这种方式传播的。

当非法传播者发现一个新站点时，一般是建立一个隐藏路径，在此路径下存入他们的文件，或黄色图像文件。他们给路径起个无害的而且隐蔽的名字，例如：".. "（两个点两个空格）。通常，检查匿名 FTP 区时，很少会注意到这样的文件名。因为以"."开头的文件和路径常被 Unix 中的"ls"命令忽视，除非给这个命令加以特殊显示参数或在这个命令根账号下运行，才能显示出来。

怎么才能保护匿名 FTP 区不受此类滥用的干扰呢？下面介绍的一些方法可以解决这个问题。

① 确保入站路径只可写。如果使用 Unix 机作为堡垒主机，最明智的方法就是使"入口"路径只可写（路径权限 773 或 733，也就是 rwxrwx-wx 或 rwx-wx-wx），确保这个路径的所有者为某个用户而不是"FTP"用户。如果状态是 773 而不是 733，那也要确保这个路径的组号是其他某个组而不是默认的"FTP"登录组。

这种方法所做的仅仅是保证人们不能看这个顶层路径下的内容。但是这个路径下的子路径还是可以被看到，如果他们之间互相约定好文件名进行交流，他们仍能访问在顶层路径下自己建立的路径和文件。所以，这种方法并不是非常有效。

② 取消创建子路径和某些文件的权力。在匿名 FTP 服务器上取消以特殊字符创建路径和文件的权力，可通过配置文件或者修改服务器源码来实现。

这种方法不是阻止人们在提供的可写路径上载资料，而是简单地使人们更难隐藏文件，或更难逃脱监督。即使是这样，也要每天检查可写区（查看文件内容，不只是看文件名），确保所有文件及其内容是属于允许范围之内的。

③ 预定装载，也就是在装载文件与路径时必须经预先安排。这些站点通过建立隐含的可写子目录，使入侵者看不到这些子目录。

对 FTP 服务器来讲，假设使用 Unix 操作系统，其步骤如下。

- 建立一个"入口"路径。
- 建立一个子目录，起个"秘密"的名字，就像所选的口令字一样，不易被人猜到。
- 使带有秘密名的子目录可写。
- 使父目录（入口路径）状态为只可执行（状态 111，即 --x--x--x）。

例如：

```
tulip#   cd        ~ftp/pub
tulip#   mkdir     incoming
tulip#   cd        incoming
tulip#   mkdir     23_free
tulip#   chmod     a+w  23_free
tulip#   cd        ..
tulip#   chmod     a=x  incoming
```

用户只有知道它像口令一样难猜的路径名（假设预先告诉了他们）后，才能往可写路径装载文件。如需要，可以建立任意多个这样的秘密的子路径，并可随时改名、删除。如在站点建立 FTP 工作区顶层索引，应该确保索引文件中不含这些秘密路径。最简单的实现方法是做个 FTP 用户登录执行索引命令，以使它和某个匿名 FTP 具有相同的权限。

④ 文件及时转移。把上载到可写路径下的文件及时转移到另外一个只有特权用户才能看到的地方，这些被转移的文件只有经过重新检查才能被允许放到公用路径下供人下载。这可以通过写一个很小的 Shell 程序，然后把这个 Shell 程序作为一个 cron 作业来做到。

1.6.3 电子邮件服务

电子邮件（E-mail）是最流行和最基本的网络服务之一。它的危险性相对小些，但并不是没有风险。伪电子邮件是常有的，它可能会对用户进行某种欺骗以达到某种目的，如冒充管理员要求更改为指定的口令。接收的电子邮件耗费磁盘空间，而且可能存在潜在的侵袭服务，邮件炸弹就是通过往信箱里送入大量的邮件而达到这种攻击的目的。以前的邮件侵袭往往是数据驱动的，如在某些智能终端上阅读邮件会执行系统的某些命令，现在这种侵袭并不多见。但是自从有了 MIME 格式电子邮件系统，电子邮件现在能够携带各种各样的程序，这些程序运行时无法控制，有可能会破坏系统或偷窃信息。目前这种危害是人们最担心的一种危害。

简单邮件传输协议（SMTP）是收发电子邮件的一种因特网标准协议。一般来说，SMTP 本身不存在安全问题，但 SMTP 服务器则可能有安全问题。发送邮件给用户所用的程序通常也应当能被任何一个接收邮件的用户所运行，这就使它得到广泛的应用，同时也为侵袭者提供了目标。

Unix 操作系统中最常用的 SMTP 服务软件是 sendmail。由于 sendmail 的功能强大和程序的复杂性，其中任何一个版本都存在相应的缺陷，这使得它曾经受过一些干扰，最著名的就是全世界都知道的因特网蠕虫程序。然而，许多可用的替换软件并不比 sendmail 强。它们很少受侵袭是因为它们不很流行，而不是因为它们足够安全。有些程序例外，设计时明显考虑到了安全问题，但这些软件并不满足所有的、任意格式邮件的收发要求。综合看来，在安全的站点上，sendmail 还是最好的。

1.6.4 WWW 服务

WWW 即 World Wide Web，中文称为环球信息网，也简称为 Web，两者实际上是同一含义。创建 WWW 是为了解决因特网上的信息传递问题，WWW 创建以前，几乎所有的信息发布都是通过 E-mail、FTP、Archie 和 Gopher 实现的。

1. WWW

WWW 是因特网上 HTTP 服务器的集合体。Web 使用超文本技术链接 Web 文档，其中包括文本、图片、话音文件、视频文件以及其他格式的文件，可用任何方式搜索文档信息，超文本传输提供在因特网上从一个文档到另一个文档的导航功能。不管文档存放在哪里，用户可以很简单地从一个文档过渡到另一个文档，只要用鼠标单击由 HTTP 链接定义好的某个词或图片就可以了。

HTTP 是 WWW 中的一个主要应用协议，它为用户提供存取 Web 标准页面的描述语言。它提供基本的文本格式功能（包括插入图片），以及允许把超文本和其他服务器或文件链接起来。

Web 浏览器和服务器难以保证安全。Web 的实用性在很大程度上是基于它的灵活性，正是由于这种灵活性使它不易控制。Web 浏览器依赖于外部程序，一般称为"查看程序"（包括 plug-in 和 ActiveX），用它来处理浏览器不能识别的数据类型。目前浏览器能识别的基本数据类型有 HTML、普通文本、JPEG 和 GIF 图片。应非常小心地选择所要配备的查看程序，以免它带来什么危险。

因为 HTML 文档很容易与其他服务器上的文档链接，所以人们很难弄清楚某个文档是属于谁的。新用户可能不会注意到他们何时从站点的内部文档跑到了外部文档上，他们就会盲目地相信外部文档，因为他们认为自己正在使用内部文档。

大多数 Web 服务器相当安全，因为它们是相对独立的。可是，它们也能调用外部程序，这些程序并不安全。与对待各种新服务器一样，要谨慎地对待服务器的功能扩展。

2. Gopher

Gopher 是一个面向菜单、基于文本的工具，它能帮助用户在因特网上查找信息。Gopher 服务器上的信息是以菜单方式管理的，用户可以根据某菜单选择某项。每一项可能是一个文件、一张表格或一个子菜单。有许多不同的 Gopher 客户机，Gopher 客户机和服务器使用一种可扩展数据方案，与 Web 客户机和服务器一样，因此面临许多同样的安全问题。

3. WAIS

广域信息服务（WAIS）就是用户提出一个简单的请求（通常是一个关键字或短语），WAIS 服务器即送来一个包含这些关键字的文档列表，以及相对于每个文档的得分。这个得分反映了关键字被提到的次数和文档的长度。文档列表返回时按得分多少排序，最相关的文档被排在第一位。为了高效快捷地查询，服务器可以对其上的所有文档按内容进行全面检索。可以通过 WAIS 协议客户机访问 WAIS 服务器或用 Web 浏览器访问提供 HTTP-WAIS 网关的站点。

4. Archie

Archie 是因特网的一项服务，用来查找匿名 FTP 服务器上的文件名的目录索引。Archie 服务器通常用 Telnet 和 E-mail 提供服务，此外，还有专用 Archie 客户机。使用专用 Archie 客户机不会给服务器带来沉重的负担。与 WAIS 一样，Archie 也可通过提供 HTTP-Archie 网关的站点访问 Web 浏览器。全世界大约只有 20 个 Archie 服务器，一个原因是因为运行 Archie 服务器需要大量资源，另一个原因是它要按一定的规则在网上做大量查询才能得到可用的 FTP 文件。

与 HTTP 和 Gopher 相比，WAIS 和 Archie 很少受到干扰，因为它们不返回任意类型的数据。运行服务器是有风险的，执行这些协议的服务器，包括 WAIS 和 Archie，它们可接收任何查询信息，必须确信它们不会产生不良后果。

1.6.5 DNS 服务

DNS 服务是将域名和 IP 地址相互映射到一个分布式数据库，能够使人更方便地访问因特网，而不用去记住能够被机器直接读取的 IP 数字串。在因特网早期阶段，网上的每个站点都能保留一个主机列表，其中列有相关的每个机器的名字和 IP 地址。随着联网的主机的增加，使每个站点都保留一份主机列表就不现实了，也很少有站点能够那样做。一方面是如果这样做的话，主机列表会非常大，另一方面是当其他机器改变名字和地址的对应时，主机列表不能及时修改，这两方面的原因都导致主机列表不易修改。取而代之的是使用域名服务（DNS），DNS 允许每个站点保留自己的主机信息，也能查询其他站点的信息。DNS 本质上不是一个用户级服务，但它是 SMTP、FTP 和 Telnet 的基础，实际上其他的服务都用到它，因为用户愿意使用名字而不是那些难记的 IP 数字。而许多匿名 FTP 服务器还要进行名字和地址的双重验证，否则不允许从客户机登录。

一般来说，一个企业网都必须使用和提供名字服务，以便加入因特网。然而，提供 DNS 服务的主要风险是可能泄露内部机器信息。在 DNS 的数据库文件中往往会包含一些主机信息的记录，这些信息如果不加以保护是很容易被外界知道的，也很容易给攻击者提供一些有用信息，如机器所用的操作系统等。

对那些建立了伪 DNS 服务器的入侵者，可以通过以下两种方法组合来解决。

（1）使用 IP 地址（而不是主机名）来认证所需的更安全的服务（防止名字欺骗技术）。

（2）为保证最安全的服务，要认证用户而不是主机名，因为 IP 地址也不可靠（防止 IP 欺骗技术）。

1.6.6 网络管理服务

有许多种服务软件用来管理和维护网络，然而大多数用户并不直接使用这些服务软件，但对网络管理员来说，这些软件是很重要的工具。这里并不介绍专用的网络管理系统，只是介绍一些 Unix 操作系统本身带有的一些网络管理命令。

ping 和 traceroute 是两种常用的网络管理工具。它们以前是在 Unix 上执行的，但现在却在几乎所有与因特网连接的平台上执行。它们没有自己的协议，只使用因特网控制信息协议（ICMP）。

ping 只用于测试主机的连通性，它判断能否对一个给定的主机收发数据包，通常还得到一些附加信息，如收发数据包的往返时间有多长。运行命令"ping ns.cnc.ac.cn"可以得到下面的信息：

```
PING ns.cnc.ac.cn: (159.226.1.1): 56 data bytes
64 bytes from 159.226.1.1: icmp_seq=0 ttl=252 time=11 ms
64 bytes from 159.226.1.1: icmp_seq=1 ttl=252 time=3 ms
64 bytes from 159.226.1.1: icmp_seq=2 ttl=252 time=5 ms
64 bytes from 159.226.1.1: icmp_seq=3 ttl=252 time=3 ms
```

这些信息表明本地和 ns.cnc.ac.cn 这台机器是连通的，并且连接时间的大概范围也给出了（如 11ms，3ms，5ms）。

traceroute 不仅判别是否能与一个给定的主机建立联系（以及它能否应答），而且还给出收发数据包的路径，这对分析和排除本站点与目标站点之间的故障是很有用的。如运行命令"traceroute ns.cnc.ac.cn"会得到下面的结果：

```
traceroute to ns.cnc.ac.cn(159.226.1.1), 30 hops max, 40 byte packets
(159.226.41.190)          1 ms    1 ms    1 ms
159.226.41.62      (159.226.41.62)   2 ms    2 ms    6 ms
159.226.250.4      (159.226.250.4)   6 ms    6 ms    6 ms
ns.cnc.ac.cn       (159.226.1.1)     3 ms    *       6 ms
```

上面的显示结果表明从本地到 ns.cnc.ac.cn 途中要经历 3 个站点：159.226.41.190，159.226.41.62 和 159.226.250.4。

ping 和 traceroute 不需要专用的服务程序（即守护进程），可以使用数据包过滤器防止在站点上收发数据包，但通常是不必要的，使用 ping 或 traceroute 出站没有风险，入站风险也不大。危险的是，它们能被用来确定内部网上有哪些主机，可作为侵袭的第一步。因此，许多站点阻止或限制相关的数据包入站。

简单网络管理协议（SNMP）是为集中管理网络设备（路由器、网桥、集中器、集线器及其一些扩展设备甚至主机）而设计的一种协议，SNMP 管理站可用 SNMP 从网络设备上查询信息，也可用来控制网络设备的某些功能（启动或关闭某个接口或设置参数等）。同时利用 SNMP，网络设备也可以向 SNMP 管理站提供紧急信息（例如，掉线信息，某条网线出现大量错误等）。使用 SNMP 的主要安全问题是别人可能控制并重新配置网络设备以达到他们的目的。

1.7 小结

本章的内容很多，涉及的知识面很广，可以分门别类、有重点地掌握。

1. 网络参考模型 OSI

网络参考模型 OSI 分为 7 个层次，自下到上分别是物理层、数据链路层、网络层、传输层、会话层、表示层和应用层。

2. 网络互连设备

网络互连可在 4 个不同的层次上进行，相应地可采用中继器（Repeater）、网桥（Bridge）、路由器（Router）和网关（Gateway）实现。对它们的选择要视具体的应用特点与网络的性能而定。

中继器目前主要用于扩展局域网的连接距离，用中继器连接起来的网段与单一网段的网络没有什么不同。用中继器连接多个网段要受 MAC 定时特性的限制，通常不能超过 5 个网段。

网桥主要用于连接两个寻址方案兼容的局域网，即同一类型的局域网。例如：两个以太网、两个令牌环网或以太网和令牌环网。用网桥连接起来的局域网不受 MAC 定时特性的限制，理论上可达全球范围。如果将局域网连入因特网后还希望局域网保持自己完全独立的域控制能力，就不能用网桥，因为用网桥连接起来的多个局域网以因特网的观点来看只是一个网络，即它们只有一个网络地址。

路由器是因特网中使用最广泛的设备。用路由器连接起来的多个网络，它们仍保持各自的实体地位不变，即它们各自都有自己独立的网络地址。

凡是需要将局域网连入因特网，又想保持局域网独立性的场合都可使用路由器。在大型因特网中，路由器也被用来构成网络核心的主干。

网关用于实现不同体系结构网络之间的互连，它可以支持不同协议之间的转换，实现不同协议网络之间的通信和信息共享。

3. 局域网技术

目前，流行的局域网主要有以下 3 种。

① 以太网。采用载波监听多路访问/冲突检测（CSMA/CD）的技术。

② 令牌环网。采用在网络上传递一个比较小的数据帧，即令牌的技术。

③ FDDI（光纤分布式数据接口）。采用令牌传递方式，以及使用光纤作为介质的双环局域网技术。

4. 广域网技术

广域网基本技术主要包括包交换、存储转发、广域网的构成和广域网的物理编址等。目前，常用的广域网协议主要有以下 4 种。

① SDLC 协议。其支持各种各样的链路类型和网络拓扑结构，包括点对点链路、环型拓扑和总线型拓扑、半双工和全双工传输设备，以及电路交换和包交换网络。

② 点对点协议。提供了一种点对点链路传输数据报文的方法。

③ 分组交换 X.25。它是一组协议，它规定了广域网如何通过公用数据网进行连接，它是一个真正的国际化标准。

④ 帧中继。它提供一种统计复用手段，使同一物理链路上可以有多个逻辑会话（称为虚电路），它提供了对带宽的灵活有效的利用。

5. TCP/IP 基础

因特网协议（IP）和传输控制协议（TCP）是因特网协议簇中最为有名的两个协议，其应用非常广泛，它能够用于任何相互连接的计算机网络系统之间的通信，对局域网（LAN）和广域网（WAN）都有非常好的效果。

在因特网中，每一台主机都有一个唯一的地址，地址由网络号和主机号两部分组成。地址是唯一的，以使每一个 IP 地址表示因特网中的唯一一台主机。所有的 IP 地址都是 32 位。

6. 因特网提供的主要服务

因特网提供的主要服务有远程终端访问（Telnet）服务、文件传输（FTP）服务、电子邮件（E-mail）服务、WWW 服务、DNS 服务和网络管理服务等。

习　题

1. 举出使用分层协议的两个理由。

2. 有两个网络，它们都提供可靠的面向连接的服务，一个提供可靠的字节流，另一个提供可靠的比特流，两者是否相同？为什么？

3. 举出 OSI 参考模型和 TCP/IP 参考模型的两个相同的方面和两个不同的方面。

4. TCP 和 UDP 之间的主要区别是什么？

5. 网桥、路由器和网关的主要区别是什么？

6. 分析路由器的作用及适用场合？

7. 因特网提供的主要服务有哪些？

8. 电子邮件的头部主要包括哪几部分（写出最重要的 3 个）？

9. 接入因特网需要哪些设备和条件？

10. 用路由器连接起来的网络和用网桥连接起来的网络其本质区别是什么？

11. 将一个 C 类网络分成 8 个子网，若我们用的网络号为 202.204.125。试写出网络划分的方法和子网掩码。

02 第2章 网络安全概述

　　"安全"一词在字典中被定义为"远离危险的状态或特性"和"为防范间谍活动或蓄意破坏、犯罪、攻击或逃跑而采取的措施"。随着经济信息化的迅速发展，计算机网络对安全的要求越来越高。尤其自 Internet/Intranet 应用发展以来，网络安全已经涉及国家主权等许多重大问题。随着"黑客"工具技术的日益发展，使用这些工具所需具备的各种技巧和知识的门槛在不断降低，造成全球范围内"黑客"行为的泛滥，从而导致了一个全新战争形式的出现，即网络安全技术的大战。

　　本章主要从网络安全的含义、网络安全的特征、威胁网络安全的因素、网络安全的关键技术以及网络安全的安全策略等几个方面进行讨论，并给出网络安全的分类和解决的方案。

2.1　网络安全基础知识

2.1.1　网络安全的含义

网络安全从本质上来讲就是网络上的信息安全，它涉及的领域相当广泛，这是因为在目前的公用通信网络中存在着各种各样的安全漏洞和威胁。从广义来说，凡是涉及网络上信息的保密性、完整性、可用性、真实性和可控性的相关技术和理论，都是网络安全所要研究的领域。下面给出网络安全的一个通用定义。

网络安全是指网络系统的硬件、软件及其系统中的数据受到保护，不因偶然的或者恶意的原因而遭到破坏、更改或泄露，系统连续、可靠、正常地运行，网络服务不中断。

从用户（个人、企业等）的角度来说，他们希望涉及个人隐私或商业利益的信息在网络上传输时受到机密性、完整性和真实性的保护，避免其他人或对手利用窃听、冒充、篡改和抵赖等手段对用户的利益和隐私造成损害和侵犯，同时也希望当用户的信息保存在某个计算机系统上时，不受其他非法用户的非授权访问和破坏。

从网络运行和管理者的角度来说，他们希望对本地网络信息的访问、读写等操作受到保护和控制，避免出现病毒、非法存取、拒绝服务和网络资源的非法占用及非法控制等威胁，制止和防御网络"黑客"的攻击。

对安全保密部门来说，他们希望对非法的、有害的或涉及国家机密的信息进行过滤和防堵，避免其通过网络泄露，避免由于这类信息的泄密对社会产生危害，对国家造成巨大的经济损失，甚至威胁到国家安全。

从社会教育和意识形态角度来讲，网络上不健康的内容，会对社会的稳定和人类的发展造成阻碍，必须对其进行控制。

因此，网络安全在不同的环境和应用中会得到不同的解释。总体来说，网络安全包含以下的内容。

① 运行系统安全，即保证信息处理和传输系统的安全。包括计算机系统机房环境的保护，法律、政策的保护，计算机结构设计上的安全性考虑，硬件系统的可靠安全运行，计算机操作系统和应用软件的安全，数据库系统的安全，电磁信息泄露的防护等。它侧重于保证系统正常的运行，避免因为系统的崩溃和损坏而对系统存储、处理和传输的信息造成破坏和损失，避免由于电磁泄漏，产生信息泄露，干扰他人（或受他人干扰），本质上是保护系统的合法操作和正常运行。

② 网络上系统信息的安全。包括用户口令鉴别、用户存取权限控制、数据存取权限、方式控制、安全审计、安全问题跟踪、计算机病毒防治和数据加密等。

③ 网络上信息传播的安全，即信息传播后的安全，包括信息过滤等。它侧重于防止和控制非法、有害的信息进行传播后的后果。避免公用通信网络上大量自由传输的信息失控。本质上是维护道德、法则或国家利益。

④ 网络上信息内容的安全，即我们讨论的狭义的"信息安全"。它侧重于保护信息的保密性、真实性和完整性。避免攻击者利用系统的安全漏洞进行窃听、冒充和诈骗等有损于合法用户的行为。本质上是保护用户的利益和隐私。

显而易见，网络安全与其所保护的信息对象有关。本质是在信息的安全期内保证其在网络上流动时或者静态存放时不被非授权用户非法访问，但授权用户却可以访问。显然，网络安全、信息安全和系统安全的研究领域是相互交叉和紧密相连的。

计算机网络安全的含义是通过各种计算机、网络、密码技术和信息安全技术，保护在公用通信网络中传输、交换和存储信息的机密性、完整性和真实性，并对信息的传播及内容具有控制能力。网络安全的结构层次包括：物理安全、安全控制和安全服务。

可见，计算机网络安全主要是从保护网络用户的角度来进行的，是针对攻击和破译等人为因素造成的对网络安全的威胁。我们不涉及网络可靠性、信息的可控性、可用性和互操作性等领域。

2.1.2　网络安全的特征

网络安全应具有保密性、完整性、可用性和可控性4个方面的特征。

① 保密性指信息不泄露给非授权的用户、实体或过程，或供其利用的特性。

② 完整性指数据未经授权不能进行改变的特性，即信息在存储或传输过程中保持不被修改、不被破坏和丢失的特性。

③ 可用性指可被授权实体访问并按需求使用的特性，即当需要时应能存取所需的信息。网络环境下拒绝服务、破坏网络和有关系统的正常运行等都属于对可用性的攻击。

④ 可控性指对信息的传播及内容具有控制能力。

2.1.3　网络安全的威胁

计算机网络的发展，使信息的共享应用日益广泛与深入。但是信息在公共通信网络上存储、共享和传输，会被非法窃听、截取、篡改或毁坏，而导致不可估量的损失。尤其是银行系统、商业系统、管理部门、政府或军事领域对公共通信网络中的存储与传输的数据安全问题更为关注。如果因为安全因素使得信息不敢放进因特网这样的公共网络，那么办公效率及资源的利用率都会受到影响，甚至使得人们丧失了对因特网及信息高速公路的信赖。

制订一个有效的网络安全规划，第一步是评估系统连接中所表现出的各种威胁。与网络连通性相关的有3种不同类型的安全威胁。

（1）非授权访问（Unauthorized Access）

没有预先经过同意，就使用网络或计算机资源被看作非授权访问，如有意避开系统访问控制机制，对网络设备及资源进行非正常使用，或擅自扩大权限，越权访问信息。它主要有以下几种形式：假冒、身份攻击、非法用户进入网络系统进行违法操作、合法用户以未授权方式进行操作等。评估这些威胁将涉及受到影响的用户数量和可能被泄露的信息的机密性。

（2）信息泄露（Disclosure of Information）

指造成将有价值的和高度机密的信息暴露给无权访问该信息的人的所有问题。对信息泄露威胁的评估取决于可能泄密的信息类型。具有严格分类的信息系统不应该直接连接因特网，但还有一些其他类型的机密信息不足以禁止系统连接网络。私人信息、健康信息、公司计划和信用记录等都具有一定程度的机密性，必须给予保护。

（3）拒绝服务（Denial of Service）

拒绝服务是指故意攻击网络协议实现的缺陷，或直接通过野蛮手段耗尽被攻击对象的资源，目的是让目标计算机或网络无法提供正常的服务或资源访问，使目标系统、服务系统停止响应甚至崩溃。这些服务资源包括网络带宽、文件系统空间容量、开放的进程或者允许的连接。这种攻击会导致资源匮乏，无论计算机的处理速度多快、内存容量多大、网络带宽的速度多快都无法避免这种攻击带来的后果。

当然，网络威胁并不是对计算机安全性的唯一威胁，拒绝服务也不是唯一的原因。天灾人祸（对系统具有合法访问权的人所造成的）也是很严重的。对于网络安全性已经有了大量的对策，因而考虑这一问题已成为一件流行的事情，但由于火灾而损失的计算机时间比由于网络安全性而损失的时间更多。同样，由授权用户的失误而泄露的数据多于非授权入侵而泄露的数据。

很多传统的（非网络）安全威胁是由物理安全计划部分处理的，千万不要忘记给网络设备和电缆提供一个合适的物理安全等级。需要说明的是，在物理安全性方面的投资应该以用户对其威胁的实际评估为基础。

2.1.4　网络安全的关键技术

从广义上讲，计算机网络安全技术主要有以下几种。

① 主机安全技术。

② 身份认证技术。

③ 访问控制技术。

④ 密码技术。

⑤ 防火墙技术。

⑥ 安全审计技术。

⑦ 安全管理技术。

为了实现网络安全，我们应进行深入的研究，开发出自己的网络安全产品，以适应我国信息化对网络安全的需要。

2.1.5　网络安全策略

网络安全最重要的任务，就是制定一个网络安全策略。制定的安全策略就决定了一个组织机构怎样来保护自己。一般来说，策略包括两部分内容：总体的策略和具体的规则。总体的策略用于阐明公司安全政策的总体思想，而具体的规则用于说明什么活动是被允许或被禁止的。

为了能制定出有效的安全策略，制定者一定要懂得如何权衡安全性和方便性，并且这个政策应和其他的相关问题保持相互一致。安全策略中要阐明技术人员应向策略制定者说明的网络技术问题，因为网络安全策略的制定并不只是涉及高层管理者，工程技术人员也在其中起着很重要的作用。

整体安全策略制定了一个组织机构的战略性安全指导方针，并为实现这个方针分配必要的人力和物力。一般是由管理层的官员，如组织机构的领导者和高层领导人员来主持制定这种政策以建立该组织机构的计算机安全计划和其基本框架结构。它的作用如下。

① 定义这个安全计划的目的和在该机构中涉及的范围。

② 把任务分配给具体的部门和人员以实现这种计划。

③ 明确违反该政策的行为及其处理措施。

上面的安全政策一般是从一个很宽泛的角度来说明的，涉及公司政策的各个方面，和系统相关的安全策略正好相反，一般根据整体政策提出对一个系统具体的保护措施。总体性政策不会说明一些很细的问题，如允许哪些用户使用防火墙代理，或允许哪些用户用什么方式访问因特网，这些问题由和系统相关的安全策略说明。这种政策更着重于某一具体的系统，而且更为详细。实施安全策略应注意以下几个问题。

① 全局政策不要过于繁琐，不能只是一个决定或方针。

② 安全政策一定要真正地执行，而不是一张给审查者、律师或顾客看的纸。例如，一个公司制定了一项安全政策，规定公司每个职员都有义务保护数据的机密性、完整性和可用性。这个政策以总裁签名的形式发放给每个雇员，但这不等于政策就可以改变雇员的行为，使他们真正地按政策所说的那样做。关键是应该分配责任到各个部门，并分配足够的人力和物力去实现它，甚至去监督它的执行情况。

③ 策略的实施不仅仅是管理者的事，而且也是技术人员的事。例如，一个网络管理员为了保证系统安全决定禁止用户共享账号，并且得到了领导的批准。但他没有向领导说明为什么要禁止共享账号，因为领导并不真正地理解这个政策，结果导致用户也不能理解，而且他们在不共享账号的情况下，不知道怎样共享文件，所以用户会忽略这个政策。

网络安全策略应包括如下内容。

① 网络用户的安全责任。该策略可以要求用户每隔一段时间就改变其口令；使用符合一定准则的口令；执行某些检查，以了解其账户是否被别人访问过等。重要的是，凡是要求用户做到的，都应明确地定义。

② 系统管理员的安全责任。该策略可以要求在每台主机上使用专门的安全措施、登录标题报文、监测和记录过程等，还可列出在连接网络的所有主机中不能运行的应用程序。

③ 正确利用网络资源，规定谁可以使用网络资源，它们可以做什么，它们不应该做什么等。如果用户的单位认为电子邮件文件和计算机活动的历史记录都应受到安全监视，就应该非常明确地告诉用户。

④ 检测到安全问题时的对策。该策略规定当检测到安全问题时应该做什么？应该通知谁？这些都是在紧急的情况下容易忽视的事情。

连接因特网就会带来一定的安全责任，在 RFC 1281 文档中，为用户和网络管理员提供了如何以一种保密和负责的方式使用因特网的准则。阅读 RFC 就可了解在安全策略文件中应包括哪些信息。

安全规划（评估威胁、分配安全责任和编写安全策略等）是网络安全性的基本模块，但一个规划必须实现以后才能发挥它的作用。

实现网络安全，不但靠先进的技术，而且也得靠严格的安全管理，法律约束和安全教育。

① 先进的网络安全技术是网络安全的根本保证。用户对自身面临的威胁进行风险评估，决定其所需要的安全服务种类，选择相应的安全机制，然后集成先进的安全技术，形成一个全方位的安全系统。

② 严格的安全管理。各计算机网络使用机构、企业和单位应建立相应的网络安全管理办法，加强内部管理，建立合适的网络安全管理系统，建立安全审计和跟踪体系，提高整体网络安全意识。

③ 制订严格的法律、法规。计算机网络是一种新生事物，因为很多网络行为无法可依，无章可循，所以客观上也导致网络上计算机犯罪处于无序状态。面对日趋严重的网络犯罪，必须建立与网络安全相关的法律、法规，使非法分子慑于法律，不敢轻举妄动。

2.2　威胁网络安全的因素

2.2.1　威胁网络安全的主要因素

计算机网络安全受到的威胁包括："黑客"的攻击、计算机病毒和拒绝服务攻击（Denial of Service Attack）。

目前黑客的行为正在不断地走向系统化和组织化。黑客在网络上经常采用的攻击手法，是利用 Unix 操作系统提供的 Telnet Daemon、FTP daemon 和 Remote Exec Daemon 等默认账户进行攻击。另外，也采用 Unix 操作系统提供的命令"Finger"与"Rusers"收集的信息不断地提高自己的攻击能力；利用 Sendmail 采用 Debug、Wizard、Pipe、假名及 Ident Daemon 进行攻击；利用 FTP 采用无口令访问进行攻击；利用 NFS 进行攻击；通过 Windows NT 的 135 端口进行攻击；通过 Rshwith host、Equiv+、Rlogin、Rex Daemon 以及 X window 等方法进行攻击。

拒绝服务攻击是一种破坏性攻击，如电子邮件炸弹，这类攻击使用户在很短的时间内会收到大量的邮件，严重影响到系统的正常业务展开，系统功能丧失，甚至使网络系统瘫痪。

1. 威胁的类型

网络安全存在的威胁主要表现在以下几个方面。

① 非授权访问。这主要是指对网络设备以及信息资源进行非正常使用或超越权限使用。

② 假冒合法用户。主要指利用各种假冒或欺骗的手段非法获得合法用户的使用权，以达到占用合法用户资源的目的。

③ 破坏数据完整性。

④ 干扰系统的正常运行，改变系统正常运行的方向，以及延时系统的响应时间。

⑤ 病毒破坏。

⑥ 通信线路被窃听等。

2. 操作系统的脆弱性

无论哪一种操作系统，其体系结构本身就是一种不安全的因素。由于操作系统的程序是可以动态连接的，包括 I/O 的驱动程序与系统服务都可以用打补丁的方法升级和进行动态连接。这种方法，该产品的厂商可以使用，"黑客"也可以使用，而这种动态连接也正是计算机病毒产生的温床。因此，这种使用打补丁与渗透开发的操作系统是不可能从根本上解决安全问题的，"黑客"对 Unix 操作系统采用的攻击手法就很能说明这个问题。但是，操作系统支持的程序动态连接与数据动态交换是现代系统集成和系统扩展的必备功能，因此，这是矛盾的两个方面。

操作系统不安全的另一个原因在于它可以创建进程，即使在网络的节点上同样也可以进行远程的进程的创建与激活，而被创建的进程具有可以继续创建进程的权限。再加上操作系统支持在网络上传输文件，在网络上能加载程序，二者结合起来就构成可以在远端服务器上安装"间谍"软件的条件。如果把这种"间谍"软件以打补丁的方式"打"到合法用户上，尤其是"打"在特权用户上，那么，系统进程与作业监视程序根本监测不到"间谍"的存在。

在 Unix 与 Windows 中的 Daemon 软件实质上是一些系统进程，它们通常总是在等待一些条件的出现，一旦有满足要求的条件出现，程序便继续运行下去。这样的软件正好被黑客利用，并且 Daemon 具有与操作系统核心层软件同等的权力。

网络操作系统提供的远程过程调用（RPC）服务以及它所安排的无口令入口也是黑客的通道。

这些不安全因素充分暴露了操作系统在安全性方面的脆弱性，对网络安全构成了威胁。

3. 计算机系统的脆弱性

计算机系统的脆弱性主要来自操作系统的不安全性，在网络环境下，还来源于通信协议的不安全性。美国对计算机安全规定了级别，有关安全级别在后面将详细讨论。有的操作系统属于 D 级，这一级别的操作系统根本就没有安全防护措施，它就像一个门窗大开的屋子，如 DOS 和 Windows 98 等操作系统就属于这一类，它们只能用于一般的桌面计算机，而不能用于安全性要求高的服务器。Unix 操作系统和 Windows 2003 Server 操作系统达到了 C2 级别，主要用于服务器上。但这种系统仍然存在着安全漏洞，因为这两种操作系统中都存在超级用户（root 在 Unix 中，Administrator 在 Windows 2003 Server 中），如果入侵者得到了超级用户口令，整个系统将完全受控于入侵者。现在，人们正在研究一种新型的操作系统，在这种操作系统中没有超级用户，也就不会有超级用户带来的问题。现在很多系统都使用静态口令来保护系统，但口令还是有很大的被破解的可能性，而且不好的口令维护制度会导致口令被人窃取。口令丢失也就意味着安全系统的全面崩溃。

世界上没有能长久运行的计算机，计算机可能会因硬件或软件故障而停止运转，或被入侵者利用并造成损失。硬盘故障、电源故障和芯片主板故障都是人们应考虑的硬件故障问题，软件故障则可出现在操作系统中，也可能出现在应用软件之中。

4. 协议安全的脆弱性

当前，计算机网络系统使用的 TCP/IP、FTP、E-mail 以及 NFS 等都包含着许多影响网络安全的因素，存在许多漏洞。众所周知，Robert Morries 在 VAX 机上用 C 编写的一个 GUESS 软件，它能根据对用户名的搜索猜测机器密码口令，从 1988 年 11 月开始在网络上传播以后，几乎每年都给因特网造成上亿美元的损失。

黑客通常采用 Sock、TCP 预测或远程访问（RPC）进行直接扫描等方法对防火墙进行攻击。

5. 数据库管理系统安全的脆弱性

由于数据管理系统（DBMS）对数据库的管理是建立在分级管理的概念上的，因此，DBMS 的安全性也可想而知。另外，DBMS 的安全必须与操作系统的安全配套，这无疑是 DBMS 一个先天的不足之处。

6. 人为的因素

网络系统都离不开人的管理，但目前缺少安全管理员，特别是高素质的网络管理员。此外，还缺少网络安全管理的技术规范、定期的安全测试与检查以及安全监控。更加令人担忧的是，许多网络系统已使用多年，但网络管理员与用户的注册、口令等还是处于默认状态。

2.2.2　各种外部威胁

单台计算机的威胁相对而言比较简单，而且包括在网络系统的威胁中，所以在这里只讨论网络系统的威胁。网络系统的威胁是极富挑战性的，因为在网络系统中可能存在许多种类的计算机和操作系统，所以采用统一的安全措施是很不容易的，而对网络进行集中安全管理则是一种好的方案。

1. 物理威胁

物理安全是指用以保护计算机硬件和存储介质的装置和工作程序，不被他人窃取。常见的物理安全问题有偷窃、废物搜寻和间谍活动等。物理安全是计算机安全最重要的方面。

与打字机和家具同样，办公计算机也是偷窃行为的目标。但是不同于打字机和家具，计算机偷窃行为的损失可能数倍于被偷设备的价值。通常，计算机里存储的数据价值远远超过计算机本身，因此，必须采取严格的防范措施以确保计算机不会失窃。入侵者可能会像小偷一样潜入机房，偷取计算机里的机密信息，也可能化装成计算机维修人员，趁管理人员不注意，进行偷窃。当然也有可能是内部职员偷窃他不应看的信息，并把信息卖给商业竞争对手。

废物搜寻就像是一名拾荒者，但这种人搜寻的是一些机密信息。某些时候，用户可能会把一些打印错误的文件扔入废纸篓中，而没有对其做任何安全处理，如不把这些文件焚毁，那么这些文件就有可能落入那些"拾荒者"手中。

间谍活动同样也是人们不能忽视的一种威胁，现在商业间谍很多，而且一些商业机构可能会为击败对手而采取一些不道德的手段，有时政府也有可能卷入这种间谍活动之中。

2. 网络威胁

计算机网络的使用对数据安全造成了新的威胁。首先，在网络上存在着电子窃听。分布式计算机的特征是各种分立的计算机通过一些媒介相互通信，而且局域网一般是广播式的，也就是说，人人都可以收到发向任何人的信息，只要把网卡模式设置成混合模式（Promiscuous）即可。当然也可以通过加密来解决这个问题，但现在强大的加密技术还没有在网络上广泛使用，况且加密也是有可能被破解的。

其次，在拨号入网中，通过调制解调器存在的安全漏洞，入侵者就可能通过电话线入侵到用户网络之中。

最后，在因特网上存在着很多冒名顶替的现象，而这种冒名顶替的形式也是多种多样的，如一个公司可能会谎称一个站点是他们的公司站点，在通信中，有的人也可能冒充别人或冒充从另一台机器访问某站点。

3. 身份鉴别

身份鉴别是计算机判断是否有权使用它的一种过程。身份鉴别普遍存在于计算机系统之中，实现的形式也有所不同，有的可能十分强大，有的却比较脆弱，口令就是一种比较脆弱的鉴别手段，但因为它实现起来简单，所以还是被广泛采用。

口令圈套是靠欺骗来获取口令的手段，是一种十分聪明的诡计。有人会写出一个代码模块，运行起来像登录屏幕一样，并把它插入登录过程之前，这样用户就会把用户名和口令告知这个程序，这个程序会把用户名和口令保存起来。除此之外，该代码还会告诉用户登录失败，并启动真正的登录程序，这样用户就不容易发现这个诡计。

另一种得到口令的方式是用密码字典或其他工具软件来破解口令，有些选用的口令十分简单，如一个人的生日、名字或单词，这样就很容易被强行破解。所以，如果用户是一个系统管理员，则应对用户的口令进行严格审查，并用工具来检查口令是否妥当。

4. 编制程序

病毒是一种能进行自我复制的代码，它可以像生物病毒一样传染别的完好的程序。它具有一定的破坏性，破坏性小的只是显示一些烦人的信息，而破坏性大的则可能会让整个系统瘫痪。现在，因特网上有很多种类的病毒，这些病毒在网络间不断传播，严重危害因特网的安全。它可能通过不同的方式，如下载的软件、Java Applet 程序、Active X 程序和电子邮件等，进入用户的系统。

5. 系统漏洞

系统漏洞也被称为陷阱，它通常是由操作系统开发者有意设置的，这样他们就能在用户失去了对系统的所有访问权时仍能进入系统，这就像汽车上的安全门，平时不用，在发生灾难或正常门被封死的情况下，人们可以使用安全门逃生。例如，VMS 操作系统中隐藏了一个维护账号和口令，这样软件工程师就可以在用户忘掉了自己的账号和口令时进入系统进行维修。又如，一些 BIOS 有万能密码，维护人员用这个口令就可以进入计算机。

广为使用的 BSD TCP/IP 中存在着很多安全漏洞，一些服务天生就是不安全的，如 "r" 开头的一些应用程序，如 rlogin、rsh 等。Web 服务器的 Includes 功能也存在着安全漏洞，入侵者可利用它执行一些非授权的命令。

许多安全漏洞都源于代码，有些时候人们做一些攻击代码来测试系统安全性，大多时候黑客可以用一些代码摧毁一个站点，因为许多操作系统和应用程序都存在安全漏洞。例如，一个 CGI 程序的漏洞可能会被入侵者利用，由此可以获得系统的口令文件。

2.2.3 防范措施

安全措施有许多种形式。将操作系统设置成阻止用户读取未经批准的数据。安全措施也许是计算机用户的工作步骤，也许以报警和日志的形式告诉管理员在什么时候有人试图闯入或者闯入成功。安全措施也包括在雇员接触秘密数据前，对他们进行广泛的安全检查。最后，安全措施也许以物理安全形式存在，比如门上锁和建立报警系统以防偷窃。

在安全环境中，许多类型互相加强，如果一层失败，则另一层将防止或者最大限度地减少损害。建立协议和判断决定于特定组织的数据安全需求的量和花费，下面是一些较为具体的建议。

1. 用备份和镜像技术提高数据完整性

"备份"的意思是在另一个地方制作一份复制文件，这个复制文件或备份将保留在一个安全的地方，一旦失去原件就能使用该备份。应该有规律地进行备份，以避免用户由于硬件的故障而导致数据的损失。提高可靠性是提高安全的一种方法，它可以保障今天存储的数据明天还可以使用。这类事件中的破坏者可能是个有故障的芯片或者是电源失效，甚至还有火灾。备份将提供安全保障。

备份对于防范人为的破坏也至关重要。如果计算机中数据的唯一复制文件已经备份，就可以在另一台计算机上恢复。如果计算机黑客攻破计算机系统并删掉所有文件，备份后就能把它们恢复。

但是，备份也存在潜在的安全问题。备份数据也是间谍偷窃的目标，因为它们含有秘密信息的精确复制文件。由于备份存在着安全漏洞，一些计算机系统允许用户的特别文件不进行系统备份，这种方法是在存储在计算机上的数据已经有了一个备份的情况下进行的。

备份系统是最常用的提高数据完整性的措施，备份工作可以手工完成，也可以自动完成。现有的操作系统，如 Netware、Windows 和许多种类的 Unix 操作系统都自带备份系统，但这种备份系统比较初级。如果对备份要求高，就应购买一些专用的备份系统。

镜像就是两个部件执行完全相同的工作，若其中一个出现故障，则另一个系统仍可以继续工作，这种技术一般用于磁盘子系统之中。在这种技术中，两个系统是等同的，两个系统都完成了一个任务，才视为这个任务真正完成了。

2. 防治病毒

定期检查病毒并对引入的 U 盘或下载的软件和文档加以安全控制，最起码应在使用前对 U 盘进行病毒检查，及时更新杀毒软件的版本，注意病毒流行动向，及时发现正在流行的病毒，并采取相应的措施。

3. 安装补丁程序

及时安装各种安全补丁程序，不要给入侵者以可乘之机，因为系统的安全漏洞传播很快，若不及时修正，后果难以预料。现在，一些大公司的网站上都有这种系统安全漏洞说明，并附有解决方法，用户可以经常访问这些站点以获取有用的信息。

4. 提高物理安全

保证机房的物理安全，即使网络安全或其他安全措施再好，如果有人闯入机房，那么什么措施都不管用了。实际上有许多装置可以确保计算机和计算机设备的安全，例如，用高强度电缆在计算机的机箱穿过。注意，在安装这样一个装置的时候，要保证不损害或者妨碍计算机的操作。

5. 构筑因特网防火墙

这是一种很有效的防御措施，但一个维护很差的防火墙也不会有很大的作用，所以还需要一个有经验的防火墙维护人员。虽然防火墙是网络安全体系中极为重要的一环，但并不是唯一的一环，也不能因为有防火墙就可以高枕无忧。

防火墙不能防止内部的攻击，因为它只提供了对网络边缘的防卫。内部的人员可能滥用访问权，由此导致的事故占全部事故的一半以上。

防火墙也不能防止恶意的代码：病毒和特洛伊木马。特洛伊木马是一个破坏程序，它把自己伪装起来，让管理员认为这是一个正常的程序。现在的宏病毒传播速度更快，并且可以通过 E-mail进行传播，Java 程序的使用也为病毒的传播带来了方便。虽然现在有些防火墙可以检查病毒和特洛伊木马，但这些防火墙只能阻挡已知的病毒程序，这就可能让新的特洛伊木马溜进来。而且，特洛伊木马不仅来自网络，也可能来自 U 盘，所以，应制定相应的政策，对接入系统的 U 盘给予严格的检查。

如果一个公司不制定信息安全制度，如把信息分类并作标记，用口令保护工作站，实施反毒措施，以及对移动介质的使用情况进行跟踪等，即使拥有再好的防火墙也没有用。有些公司在连接局域网前不做好计算机安全的防护措施，当他们把局域网连入因特网时，就不能保证局域网的安全了。

6. 仔细阅读日志

仔细阅读日志，可以帮助人们发现被入侵的痕迹，以便及时采取弥补措施，或追踪入侵者。对可疑的活动一定要进行仔细的分析，如有人在试图访问一些不安全的服务的端口，利用 Finger、TFTP或用 Debug 的手段访问用户的邮件服务器，最典型的情况就是有其他人多次企图登录到用户的机器上，但多次失败，特别是试图登录到因特网上的通用账户。

7. 加密

对网络通信加密，以防止网络被窃听和截取，对绝密文件更应实施加密。

8. 提防虚假的安全

虚假的安全不是真正的安全，表面上经常被人们错认为是安全的，直到发现了系统被入侵并遭到了破坏，才知道系统本身的安全是虚假的。利用虚假安全更新引诱用户下载木马或病毒已经是一种常见的攻击手法。

一个虚假安全的例子是利用微软正式发布例行安全更新几个小时之后，互联网上就会出现包含虚假安全更新的电子邮件。例如发布一个虚假的补丁，它声称可以修复 IE、Outlook Express 以及 Outlook 中存在所有已知漏洞。如果用户下载了这一虚假安全补丁，就会感染木马或病毒。

虚假安全的另一个典型例子是把门的钥匙放在防盗门的门垫下。防止窃贼从这里进入这所房子的唯一方法是窃贼不知道有一个隐藏的钥匙和它的位置，即钥匙的安全是虚假的。如果进入这所房子的窃贼，把钥匙放回它原来的地方，就没有人知道窃贼是如何进入的。如果这个家庭改变了隐藏钥匙的地点，窃贼需要做的是再找到它。所以，提高安全水平的方法，取决于每一个使用钥匙的家庭成员如何处理隐藏的钥匙。

第三个虚假安全的例子是一个用户用 Word 来编辑她的个人信件。为了隐藏信件，她把它们命名为如 M1.DAT、M2.DAT……并且在每个文件上保留了前三页办公备忘录，备忘录后面隐藏她的私人信件。一旦她的系统被入侵，就没有一封信件是安全的了。

2.3 网络安全分类

根据中国国家计算机安全规范，计算机的安全大致可分为以下 3 类。

① 实体安全，包括机房、线路和主机等的安全。

② 网络与信息安全，包括网络的畅通、准确以及网上信息的安全。

③ 应用安全，包括程序开发运行、I/O 和数据库等的安全。

网络信息安全可分为以下 4 类。

① 基本安全类。

② 管理与记账类。

③ 网络互连设备安全类。

④ 连接控制。

基本安全类包括访问控制、授权、认证、加密以及内容安全。

访问控制是一种隔离的基本机制，它把企业内部与外界以及企业内部的不同信息源隔离。但是，采用隔离的方法不是最终的目的。网络用户利用网络技术，特别是利用因特网技术的最终目的是在保证安全的前提下提供方便的信息访问，这就是对授权的需求。在授权的同时，有必要而且是非常有必要对授权人的身份进行有效的识别与确认，这就是认证的需求。此外，为了保证信息不被篡改、窃听，必须对信息包括存储的信息和传输中的信息予以加密，同时，为了实施对进出企业网的流量进行控制，就需要解决内容安全的问题了。

管理与记账类安全包括安全策略的管理、实时监控、报警以及企业范围内的集中管理与记账。

网络互连设备包括路由器、通信服务器和交换机等，网络互连设备安全正是针对上述这些互连设备而言的，它包括路由安全管理、远程访问服务器安全管理、通信服务器安全管理以及交换机安全管理等。

连接控制类包括负载均衡、可靠性以及流量管理等。

2.4 网络安全解决方案

网络安全系统实际上是一组用于控制网络之间信息流的部件。这种网络安全系统根据本单位规定的安全策略，准许或拒绝网络通信。

由于网络安全范围的不断扩大，如今的网络安全不再是仅仅保护内部资源的安全，还必须提供附加的服务。例如：用户确认、通过保密甚至于安全管理传统的商务交易机制（订货和记账等）。

2.4.1 网络信息安全模型

网络信息安全系统并非局限于通信保密、对信息加密功能要求等技术问题，它是涉及方方面面的一项极其复杂的系统工程。一个完整的网络信息安全系统至少包括以下 3 类措施，并且三者缺一不可。

① 社会的法律政策，企业的规章制度及网络安全教育。

② 技术方面的措施，如防火墙技术、防病毒、信息加密、身份确认以及授权等。

③ 审计与管理措施，包括技术措施与社会措施。

在实际应用中，主要有实时监控、提供安全策略改变的能力以及对安全系统实施漏洞检查等措施。

图 2-1 所示为网络信息安全模型图。

该网络信息安全模型中的政策、法律、法规是安全的基石，它是建立安全管理的标准和方法。

第二部分为增强的用户认证，它是安全系统中属于技术措施的首道防线。用户认证的主要目的是提供访问控制。用户认证方法按其层次的不同可以根据以下 3 种情况提供认证。

图 2-1 网络信息安全模型图

① 用户持有的证件，如大门钥匙、门卡等。

② 用户知道的信息，如密码。

③ 用户特有的特征，如指纹、声音和视网膜扫描等。

授权主要是为特许用户提供合适的访问权限，并监控用户的活动，使其不越权使用。

加密主要满足如下的需求。

① 认证。识别用户身份，提供访问许可。

② 一致性。保证数据不被非法篡改。

③ 隐密性。保证数据不被非法用户查看。

④ 不可抵赖。使信息接收者无法否认曾经收到的信息。

　　加密是信息安全应用中最早使用的一种行之有效的手段之一，数据通过加密可以保证在存取与传送的过程中不被非法查看、篡改和窃取等。在实际使用过程中，利用加密技术至少需解决如下问题。

　　① 钥匙的管理，包括数据加密钥匙、私人证书和私密等的保证分发措施。

　　② 建立权威的钥匙分发机制。

　　③ 数据加密传输。

　　④ 数据存储加密等。

　　在网络信息模型的顶部是审计与监控，这是系统安全的最后一道防线，它包括数据的备份。一旦系统出现了问题，审计与监控可以提供问题的再现、责任追查和重要数据恢复等保障。

　　图 2-1 所示的网络信息安全模型中的上述 5 个部分是相辅相成，缺一不可的。其中底层是保障上层的基础。

2.4.2　安全策略设计依据

　　在设计一个网络安全系统时，首要任务是确认该单位的需要和目标，并制定安全策略。安全策略需要反映出该单位同公用网络连接的理由，并分别规定对内部用户和公众用户提供的服务。当制定安全策略时，首先需要确定的最重要的原则是准许访问除明确拒绝以外的全部服务程序，还是拒绝访问除明确准许以外的全部服务程序。在建立安全策略时，这是最关键的，但往往又是容易被忽视的一步。准许访问除明确拒绝以外的全部服务程序，对大部分服务程序都很少干预。危及安全的服务程序可能被使用并已引发问题，直到管理人员明确加以禁止为止，安全问题颇为突出。而当安全策略是拒绝访问除明确准许以外的全部服务程序时，可能有新的有用的服务程序可供使用，用户无法得到，此时，用户需要将该新服务程序通知管理人员，对该程序进行鉴定后决定是否允许被使用。

　　在做出基本的决策之后，决定哪些服务程序向内部用户提供，哪些服务程序向外部网络用户提供使用。

　　安全策略设计还需要有监视安全的方式和实施策略的方式。

　　在设计安全策略和选择网络安全系统时，还需要考虑成本与易用性二者的平衡。这取决于所期望的安全程度和所选用的安全系统，可能需要额外的硬件，如路由器和专用主机，也可能需要特殊的软件，还可能需要安全专家进行系统编程和维护工作。其他需要考虑的因素是安全系统对生产率和服务利用率的影响。有的网络安全系统工具会降低网络速度；有的会限制或拒绝网络上一些有用的服务程序，如邮件和文件传输；有的则需要新软件分配给内部网络中每一台主机，给用户带来了诸多的不便。因此，网络安全系统应该被设计成一个透明的安全系统，这样才能为网络提供安全保护而不会对网络性能有重大的影响，也不会迫使用户放弃一些服务程序或迫使用户去学习某些新的服务程序。

　　在网络安全系统设计时，需要考虑的另一个重要因素是，对安全程度和复杂程度二者的平衡。在网络安全设计中，一个总的原则是：安全系统越复杂，就越容易遭到破坏，维护也越困难。而网络安全系统的复杂程度，由于下述因素而增加：增添和管理较多的网络，追加额外的硬件，增加筛选规则的数量。复杂的系统不容易进行正确的配置，从而可能导致发生安全问题。

　　总之，在制定网络安全策略时应当考虑如下因素。

① 对于内部用户和外部用户分别提供哪些服务程序。

② 初始投资额和后续投资额（新的硬件、软件及工作人员）。

③ 方便程度和服务效率。

④ 复杂程度和安全等级的平衡。

⑤ 网络性能。

2.4.3　网络安全解决方案

在实施一个网络安全策略时，可以使用多种方法，包括信息包筛选、应用网关（或中继器）以及非军事区的各种配置。这几个方法通常是组合使用，而更加先进的系统需另外采用加密手段来提高安全等级。

1. 信息包筛选

信息包筛选，是常驻于路由器或专用主计算机系统（通常在两个网络之间）的数据库规则，它审查网络通信并决定是否允许该信息通过（通常是从一个网络到另一个网络）。信息包筛选允许某些数据信息包通过而阻止另一些信息包的通行，这取决于信息包中的信息是否符合给定的准则。所给定的准则是一组逻辑规则（称作筛选规则），加到每一信息包上。筛选规则通知信息包筛，哪一些服务程序是允许使用的，例如，可能有一条规则是这样的：从上午 9 时到下午 5 时之间，允许主机 A 和 B 之间的全部 Telnet 信息通过。在传统的方式中，信息包筛获得每一信息包上的信息，局限于源 IP 地址和目的 IP 地址、信息包类型（TCP 或 UDP）及目的端口。由于它不能检查源端口，因而导致许多信息包筛效率不高。新型的更加有效的信息包筛选引擎能够由数据信息包提取更多的信息，因此，可以将一套更加完整的规则附加到进入的和发出的信息包上。然而，这种筛选能力的提高是以系统的成本和复杂程度的增加为代价的。

传统的信息包筛选工具具有以下特点：对于用户和应用程序来说，它们是快速的、透明的，相对地独立于协议之外；网络的全部信息都必须通过一个通信点（扼流点）。扼流点对于安全管理人员非常有用，因为它可以提供一个唯一界限分明的位置来监视和记录通信，并且实施安全策略。

大部分路由器都允许对进入的信息包或者发出的信息包进行筛选，也可以对两种信息包都进行筛选。另外，筛选可以在进入路由器的线路上或离开路由器的线路上进行，也可以在进入和离开路由器的线路上都进行，这与数据来自何处无关。在进入路由器的线路上对进入的信息包进行筛选的最重要的理由是防止地址欺骗（为了进行破坏，而在信息包上伪造一个虚构的地址），因为关键性的信息（例如，该信息包是由哪条线路上进入的）会在发出信息包筛上丢失。图 2-2 所示为在路由器中可以设置信息包筛的位置。

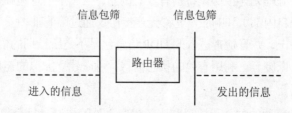

图 2-2　信息包筛在路由器中的位置

信息包筛既可以设置在连接两个网络（可靠网络和不可靠网络）的硬件路由器内，也可以设置于通用计算机系统或"主计算机"系统上。一个主计算机系统信息包筛，通常比作为路由器一部分的信息包筛更有能力，因为它没有路由器的局限性。目前大多数路由器不具备保存状态、执行记录的功能，而且，在路由器内的编程规则通常非常复杂。另外，在路由器中进行信息包筛选，会大大降低路由器的速度。

由于路由器是连接网络的主要设备，而且，往往配有基本的信息包筛选工具，所以，路由器是设置信息包筛的最常用的位置。

信息包筛无论是设置在路由器上还是设置在主计算机上，当安全管理人员制定安全策略时，复杂程度会成为关键性的问题。描述安全策略的规则，必须以正确的语法，使用正确的逻辑表达式和过滤准则，并且按照正确的次序书写。定义规则时的任何差错，都可能导致出现安全上的漏洞。组成一个信息包筛的规则的数量越多越复杂，则筛选有可能以不可预料的方式工作或者出现安全漏洞。例如，在规则本身中，有的规则可能互相矛盾。

规则1：允许来自主机A的全部信息通过。

规则2：截断来自主机A的全部通信。

这种类型的矛盾一旦发生，这两条规则可能被许多规则隔开，并且可能进入信息包筛而未被发现。另一个问题是由规则的次序产生的。如下。

规则1：从上午9时到下午5时之间，允许主机A和B之间的全部Telnet信息通过。

规则2：允许来自主机A的全部加密信息通过。

这两条规则并不矛盾，但是，可能会因为两条规则的"以允许范围"重叠而产生含义模糊的问题：规则是不是要求Telnet信息只需在上午9时到下午5时之间加密，而在其他时间不需要加密？还是相反？

评估这些规则的次序时，也可能由于大部分过滤器工具第一次得到符合的信息时就停止处理，而引发问题。如果首先评估规则1，那么，Telnet除了上午9时到下午5时之外都不允许通过；如果首先评估规则2，那么，允许全部的加密信息（包括Telnet）通过。

传统的信息包筛选工具，并不是提供简易的筛选技术规范机制，而是由人工输入许多行定义规则和规则集的代码。一旦就绪之后，管理人员往往没有把认定筛的技术条件已经规定得既正确又完整。其原因是不能自己检查差错、含糊不清和自相矛盾的问题。对这样一种信息包筛，管理人员只能在等待问题出现后再修正，不过，到那时可能为时已晚。增强型筛技术规格工具，可以在安装信息包筛之前进行上述的差错检查。

信息包筛的主要缺点是，不能保留有关已通过的信息包的详细信息。如果对有关信息包的信息能够加以记录和保存，例如，信息包来自何处，发往哪里，做了什么事等，就可以执行更加有效、安全的筛选。这一点对于处理无连接协议特别有效。例如，当一个信息包筛接收到UDP信息包时，它无法区别原始请求（来自内部）和响应。允许无连接协议通过筛的唯一安全方式是保留状态信息，记录下请求发生的实际情况，并且检查进入的UDP信息包是不是所预期的信息包。如果不是列在清单上的预期信息包，就予以废弃。利用有效的状态信息，可以建立虚拟的连接。

2. 应用中继器

信息包筛选利用一种普通的独立于协议和服务程序之外的机制进行全部通信的筛选作业，而应用中继器可以使未用的协议或服务专用软件提供每一项服务。通常，每一项服务程序和应用程序，例如：FTP、mail或者Telnet，需要安装在最终主机和网关主机上（这种主机起着可靠网络和不可靠网络之间的中继器作用）。图 2-3 所示是一种应用中继器的配置实例。当最终主机要求服务时，服务程序连接到堡垒主机，由堡垒主机依次向外连接。不转发来自内部网络中的 IP 信息包；全部发出的信息包都有应用中继器的地址，从而可以有效地隐藏内部网络的拓扑结构。

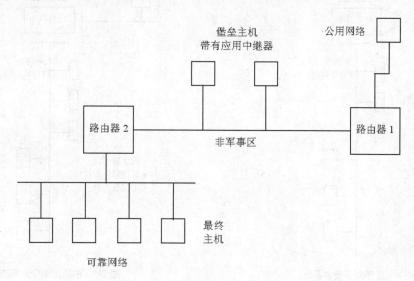

图 2-3　中继器配置的典型应用

应用中继器优于信息包筛之处是，没有复杂的规则集交互作用需要操作。各台主机上潜在的安全漏洞不会暴露出来，因为内部网络上的各台主机对于外部网络来说是隐藏的，而且，进入的信息和发出的信息便于在堡垒主机上进行记录和分析。使用堡垒主机来中继信息包，还可以隐藏内部网络的拓扑结构，当潜在的计算机窃贼盗用时，暴露的信息比较少。

应用中继器的缺点是每一种应用编写软件对于最终用户是不透明的。而且，它提供的应用软件和服务软件的数量，受到用于修改和维护这些软件的资源的限制，网络的速度也可能下降。一方面由于要进行额外的连接，另一方面也由于数据在最终主机和网关之间以及在网关和外部主机之间进行复制并返回。应用中继器对安全方面来说，内部主机不直接与外部主机对话，而在服务利用率和灵活性方面有所损失。从长远来看，由于安装、配置及需要维护的路由器和堡垒主机增多，应用中继器也会变得复杂起来。

堡垒主机本身可以设置于两个具有基本信息包筛选能力的路由器之间，以增强其安全性。图 2-3 所示的应用中继器就是设置于两个路由器之间自己的安全网络上。

图 2-3 所示的这种安全网络一般称为非军事区（DMZ）。DMZ 是一个设置堡垒主机的有用位置，而堡垒主机包含有各单位可以允许公用网络用户进行访问而又不危及内部网络安全的信息或者服务程序。

图 2-4 所示的网络具有最低限度的安全性。其中有两个网络（公用网络和内部网络）和两个接口需要进行管理，有一个具有最低限度的筛选工具（路由器），没有安全应用网关，没有记录工具。

图 2-5 所示的安全系统的安全程度略高于图 2-4 所示的网络。图 2-5 所示的网络中有一个 DMZ，应用中继器和供公共用户使用的信息可以保存在里面；有 3 个网络需要管理，有 3 个接口，没有关于抵达此安全网络的信息包的有效记录。这种方案只需一个硬件装置，成本相对比较便宜。

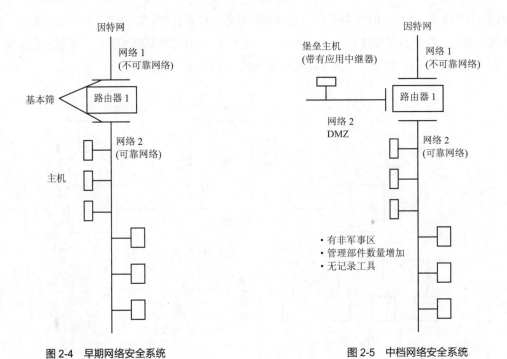

图 2-4 早期网络安全系统 　　　　　　　图 2-5 中档网络安全系统

　　图 2-6 所示的网络的安全程度更高，在到达内部网络之前需要通过两个路由器。在如图 2-6 所示的网络中，有一个 DMZ，用于安装应用中继器和存放供公共用户使用的信息；有 3 个网络和 4 个接口需要管理，需要两台设备进行记录，一台在 DMZ 内，另一台在内部网络内。然后，对两组数据进行比较，以获取有用的信息。由于路由器的价格比较贵，这种方案成本非常高。

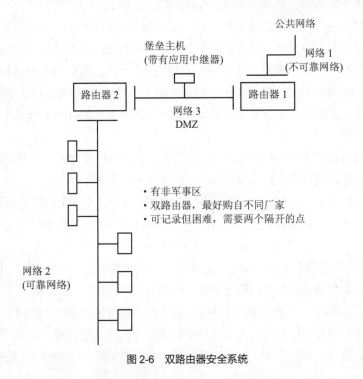

图 2-6 双路由器安全系统

图 2-7 所示的是最安全也是最复杂的传统网络安全方案。有 5 个网络和 3 个接口需要管理，有 3 个硬件装置（一个路由器和两个扼流点），有两台设备进行记录。对涉及的每一个网络来说，都必须从因特网服务提供者那里得到一个网络地址；应用中继器和供公众用户使用的信息可以设置在 DMZ 内并予以监视；记录在两个扼流点上进行。扼流点的主机由于没有路由器限制，可以提供应用程序级安全。

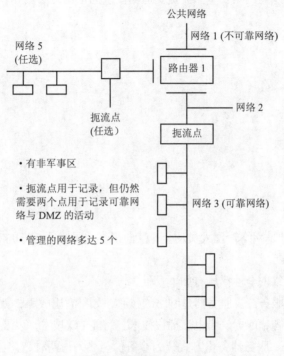

图 2-7　最高级安全系统

总之，系统安全等级越高，所提供的功能就越强，系统就会因为配置与管理的部件、硬件成本及潜在的额外维修人员的增加而变得更加复杂，维护成本也更加昂贵。

3. 保密与确认

一个增强的网络安全系统，可以提供保密和确认之类的特性，以防止非法入侵的行为发生。

"保密"可以保证当一个信息被送出后，只有预定的接收者能够阅读和加以解释。它可以防止窃听，并且允许在公用网络上安全地传输机密或者专用的信息。

"确认"意味着向信息（邮件、数据和文件等）的接收者保证发送者是该信息的拥有者，并且意味着数据在传输期间不会被修改。

除了安全、保密以及确认外，一个综合的网络安全系统可以为自动联机记账、发订单以及完成其他传统的商务任务提供各种工具。

2.4.4　网络安全性措施

网络安全是一个涉及多方面的问题，是一个极其复杂的系统工程；它不仅仅局限于通信保密，而且局限于对信息的加密等功能要求。通常，要建立一个完整的网络安全系统，至少应该包括以下 3

个方面的内容。

（1）建立、健全社会的法律、法规以及企业的规章制度和安全教育等外部软件环境。

（2）技术方面的措施，如网络防毒、信息加密、存储通信、授权、认证以及防火墙技术。

（3）审计和管理措施，这方面措施同时也包含了技术与社会措施。其主要措施有实时监控系统的安全状态、提供实时改变安全策略的能力和对现有的安全系统实施漏洞检查等。

下面是建议采用的可以为网络安全系统提供适当安全的常用方法。

（1）修补系统漏洞。

（2）病毒检查。

（3）加密。

（4）执行身份鉴别。

（5）防火墙。

（6）捕捉闯入者。

（7）直接安全。

（8）空闲机器守则。

（9）废品处理守则。

（10）口令守则。

上述方法中的后 4 种是网络管理人员及企业其他工作人员必须遵守的守则，其余部分是能够在系统上实现的。

此外，可以采取的网络安全性措施有如下几种。

（1）选择性能优良的服务器。服务器是网络的核心，如果它出故障，就意味着整个网络的瘫痪。因此，要求的服务应具有容错能力、带电热插拔技术、智能 I/O 技术，以及具有良好的扩展性。

（2）采用服务器备份。服务器备份方式分为冷备份与热备份两种，热备份方式由于实时性好，可以保证数据的完整性和连续性，得到了广泛采用。

（3）对重要网络设备、通信线路备份。通信故障就意味着正常工作无法进行，所以，对于交换机、路由器以及通信线路最好都要有相应的备份措施。

2.4.5　因特网安全管理

因特网是全球范围内的开放的分布式互联网络系统。由于它具有非常丰富的资源以及使用时价格低廉，因特网作为一种信息交流的渠道已被国际社会接受。然而，由于在因特网上信息传输的广域性和网络协议的开放性，导致它比现在任何一种网络系统具有更易被攻击的不安全因素。因特网上所使用的 TCP/IP，其 IP 地址空间的不足，安全性能差，网络管理机制薄弱是它先天的致命弱点。此外，因特网是共享资源的，信息的存储与处理都需要传输，这就大大增加了网络受攻击的可能性。因此，在因特网上运行的多种复杂类型的计算机网络系统、信息处理系统以及各类数据库系统应该而且必须得到保护。

综上所述，如何在这样一个全球化的开放的分布式环境中，保证信息安全和网络安全已成为因特网应用中最为关键的问题之一。

1.　应解决的安全问题

因特网安全问题的涉及面很广，既有技术问题，又有信息安全管理机构与信息安全的策略、法律、技术、经济以及道德规范的问题。网络安全是相对而言的，世上不存在绝对的安全，通常所称的安全是指一定程度上的网络安全，它是根据实际的需要和自身所具备的条件所能达到的安全程度而定的。安全要求越高，系统所具备的安全功能就越多，其安全程度也越高，同时，对网络性能的影响也越大。因此，网络安全政策及其实施，对不良信息的过滤，防止黑客的入侵，防止外界有害信息的入侵与散布，预防病毒感染，保证电子交易的安全性，确认网上交易双方的身份，保证在交易过程不出现欺诈行为。并证明其合法性以及保证电子现金、支票和信用卡号码等机密数据在传输过程中不被窃取等，都是亟待解决的问题。

因特网的安全问题是各国政府与网络专家共同关注的。随着因特网在世界范围的迅速普及与发展，各国政府都在制定各种法律、法规和采用各种技术措施来防止网络系统不安全因素的产生以减少损失。所以，加强法律法规建设，依法取缔网上有害信息，严格控制提供因特网的服务机构，是打击各种利用因特网进行的犯罪活动的有效措施。

2. 对因特网的安全管理措施

安全管理的目的是利用各种措施来支持安全政策的实施，这需从安全立法、加强管理和发展安全技术着手。

（1）因特网安全保密遵循的基本原则

维护因特网的安全，需要遵循如下的基本原则。

① 根据面临的安全问题，决定安全的策略。

② 根据实际需要综合考虑，适时地对现有策略进行适当的修改，每当有新的技术产生时就要补充相应的安全策略。

③ 构造企业内部网络，在 Intranet 和 Internet 之间设置"防火墙"以及实施相应的安全措施，如在 IP 地址分配上使用双轨制。

（2）完善管理功能

加强管理，采用法律、法规和守法规范来有效地防止因特网犯罪。为此，建立和完善相应的法律和网络法规是十分必要的。此外，还需加强网络管理和网络监控能力，完善和加强因特网网络服务中心的工作，改善系统管理，将网络的不安全性降至最低。

加强审计工作，把有关安全的信息记录下来，并对其进行跟踪，把从中所得到的信息进行分析并生成报告，从而防止威胁安全的潜在隐患的发生。

建立相应的规章制度，网络服务器和数据库要放在安全的地方，并做好备份工作，加强内部防范，明确数据保密范围。建立人员许可证制度、操作方式规范以及安全管理责任制等。

（3）加大安全技术的开发力度

在加强信息安全体系结构标准化研究的同时，研究开发安全保密技术，特别是加强数据加密、鉴别、密钥管理、访问控制数据完整性及安全审计等标准化研究和技术研究，及时安排防火墙、监控、安全密钥管理、公钥、智能化过滤、广域网容错、服务器和客户服务器的容错、智能化鉴别和访问控制、数据密码和安全认证协议、安全保密设备和信息内容筛选等技术有关的项目研究与开发。

2.4.6　网络安全的评估

评估网络是否安全时不仅需考虑其手段，还要考虑该网络所采取的各种安全措施、物理防范措施等。

　　对一个商用内部网络，如果要真正做到安全，仅仅依赖于防范的措施是远远不够的。从某种意义上来说，对网络系统来说，内部管理的重要性并不亚于外部防范。所以唯有将外部防范措施和内部管理综合起来一起评估，才能得出该网络系统是否真正安全的结论。

　　一般来说，网络系统的安全措施应包括以下 3 个主要的目标。

　　① 对存取的控制。

　　② 保持系统和数据的完整。

　　③ 能够对系统进行恢复和对数据进行备份。

　　对于一个信息系统只强调建设是远远不够的，更为重要的是信息系统建成以后，即在系统使用时的安全问题。对于网络的安全问题更应事先防范。

　　对一个网络系统在进行评估之前，首先需要弄清楚下列问题。

　　① 确定单位内部是否已经有了一套有关网络安全的方案，如果有的话，将所有有关的文档汇总；如果没有应当尽快制定。

　　② 对已有的网络安全方案进行审查。

　　③ 确定与网络安全方案有关的人员，并确定对网络资源可以直接存取的人或单位（部门）。

　　④ 确保所需要的技术能使网络安全方案得以落实。

　　⑤ 确定内部网络的类型，因为网络类型的不同会直接影响到安全方案接口的选择。

　　⑥ 如果需要接入因特网则需要仔细检查联网后可能出现的影响网络安全的事项。

　　⑦ 确定接入因特网的方式，是拨号接入还是专线接入。

　　⑧ 确定单位内部能提供因特网访问的用户，并明确因特网接入用户是固定的还是移动的。

　　⑨ 是否需要加密，如果需要加密，必须说明要求的性质，例如，是对国内的还是对国外的，以便使安全系统的供应商能够做出正确的反应。

　　网络的安全问题有时并非网络所有者完全清楚的，在此情况下，可以请第三方，例如，网络安全评估的中介机构或有关专家来完成对网络安全的评估，这样可以使自己对所处的环境有一个更加清醒的认识，把未来的可能发生的风险降到最低。

　　总之，在应用任何一套安全系统之前，一定要先制定方案，而且将前期的工作尽量做得细致，这样，投入就会减少，其实际效果也会更好。

　　网络的安全问题是在通往信息化社会的进程中无可避免的，研究和解决这些问题已经超越了单纯的技术问题，因而，对这些所谓的"网络安全"的"技术问题"进行系统的研究，无疑具有重要而又深远的意义。

2.5　网络安全风险管理及评估

　　网络安全是由网络安全技术与网络安全管理共同参与保护工作而实现的，网络安全技术的保护作用在于对网络安全保护采取的有效技术措施，而网络安全管理的作用主要在于对网络安全技术实施与运行过程中进行科学管理，促使网络安全技术发挥最大作用。

　　网络安全风险管理指的是识别、评估和控制网络系统安全风险的总过程，它贯穿整个系统开发的生命周期，其过程可以分为风险评估与风险消除两个部分。

　　网络安全风险评估就是对网络自身存在的脆弱性状况、外界环境可能导致网络安全事件发生的可能性以及可能造成的影响进行评价。网络风险评估涉及诸多方面，为及早发现安全隐患并采取相应的加固方案，运用有效的网络安全风险评估方法可以作为保障信息安全的基本前提。网络安全的风险评估主要用于识别网络系统的安全风险，对计算机的正常运行具有重要的作用。如何进行网络安全的风险评估是当前网络安全运行关注的焦点。

2.5.1　网络安全风险管理

网络安全风险管理是一种策略的处理过程，即在如何处理风险的多种安全策略中选择一个最佳的过程，以及决定风险管理做到什么程度的过程。风险管理的主要步骤有：确定风险管理的范围和边界、建立安全风险管理方针、建立风险评价准则、实施风险评估及风险处置。

1. 确定风险管理的范围和边界

我们应从以下方面考虑如何确定网络安全风险管理的范围和边界。

（1）业务范围：主要包括关键业务及业务特性描述（业务、服务、资产和每一个资产的责任范围与边界等的说明）。

（2）物理范围：一般根据所界定的业务范围和组织范围内所需要使用的建筑物、场所或设施进行界定。

（3）资产：业务流程所涉及的所有软件资产、物理资产、数据资产、人员资产及服务资产等。

（4）技术范围：信息与通信技术和其他技术的边界。

企业只有明确网络安全的风险管理范围，才能够有的放矢。

2. 建立安全风险管理方针

安全风险管理方针应由公司管理层建立，应明确单位网络系统安全风险的管理意图和宗旨方向；安全方针应考虑到单位业务和应遵循的法律法规要求及规定的安全义务；应明确信息安全的目标，信息安全目标一般采用定性和定量的描述，应明确目标的测量方法、测量的证据和测量的周期；信息安全方针制定完毕后，应由单位主管领导批准，并通过培训、宣传、会议等内部沟通渠道使单位全体员工得以理解，为方针的实现做出努力。

3. 建立风险评价准则

风险评价准则是评价风险重要程度的依据，应与信息安全风险管理方针保持一致。

4. 实施风险评估

风险评估主要包含风险分析、风险评价。实施风险评估前，我们应确定风险评估的目标、风险评估的范围，组建适当的评估团队和实施团队，进行系统的调研，确定风险评估的方法和依据。

针对重要的信息资产我们应识别其面临的威胁和威胁所利用的脆弱性。我们从人为因素和环境因素去考虑造成威胁的因素。人为因素分为恶意和非恶意两种，环境因素包括自然界不可抗因素和其他物理因素。脆弱性识别是风险评估的重要环节，它主要从技术和管理两个方面进行。脆弱性识别的方法主要有问卷调查、人工核查、文档审阅及采用技术手段（如工具检测、渗透性测试等）。信息安全的风险评价是将评估的风险与风险评估的准则进行比较以确定风险的等级，根据风险的等级再确定相应的风险处置方式和优先级。

5. 风险处置

一般风险处置的方式有降低风险、避免风险、转移风险和接受风险。对于风险的处置我们应针对识别的风险制定风险处置计划，主要包括时间、角色、职责分配、资金等的安排。风险处置的目的是为了降低企业的业务风险，所以在制定处置方式时我们要对风险发生所带来的损失和处置风险所花的成本进行平衡，防止得不偿失的情况出现。

2.5.2 网络安全风险评估

网络安全风险评估是一个系统工程，其评估体系受到主观和客观、确定和不确定、自身和外界等多种因素的影响。尤其当网络承载了用户极为重要的信息资产时，这些安全风险将会给国家、社会、企业和个人带来极大的安全隐患。因此，网络安全风险评估是网络安全防护体系中的重要组成部分。

网络安全风险评估的主要工作就是评估网络信息的价值、判别网络系统的脆弱性、判断网络系统中潜在的安全隐患，并测试网络安全措施、建立风险预测机制以及评定网络安全等级，以评估整个网络系统风险的大小。

1. 网络安全风险评估关键技术

在网络安全风险评估中，最常用的技术手段就是网络扫描技术。网络扫描技术不仅能够实时监控网络动态，而且还可以将相关的信息自动收集起来。近年来，网络扫描技术的使用越来越广泛和频繁，相对于原有的防护机制来说，网络扫描技术可以使网络安全系数有效地提升，从而明显地降低网络安全风险。网络扫描技术作为一种主动出击的方式，能够主动地监测和判断网络安全隐患，并第一时间进行处理和调整，能对恶意攻击起到一个预先防范的作用。

另外，网络漏洞扫描也是一种比较常用而有效的安全扫描技术。通常这种技术分为两种手段，一种是首先扫描网络端口，得出相应的信息之后，对比原有的安全漏洞数据库，以此推测出是否存在网络漏洞；另外一种就是直接进行网络测试，获取网络漏洞信息。这就是说，采取黑客的方式对网络进行攻击，在攻击有效的情况下，就可以得出网络安全的漏洞信息。通过这两种方式获取到安全漏洞信息之后，应针对这些漏洞信息及时地对网络安全进行相应的处理和维护，使网络端口保持安全的状态。

2. 建立网络安全风险评估指标体系

网络安全风险评估指标体系是网络安全风险评估体系的重要组成部分，也是反映评估对象安全属性的指示标志。该指标体系是根据评估目标和评估内容的要求构建的一组反映网络应对风险水平的相关指标。设置网络安全风险指标体系的基本原则如下。

动态性原则：网络安全风险的指标体系要体现出动态性，能够使相关部门适时、方便地掌握本区域网络安全的第一手资料，从而使各项指标的制订建立在科学的基础上。

科学性原则：网络安全风险指标体系要能科学地反映本区域网络安全的基本状况和运行规律。

可比性原则：所选指标能够对网络安全状况进行横向与纵向的比较。

综合性原则：要综合反映出本区域网络安全的风险状况，综合性评价就是指对总体中的各个体的多方面标志特征的综合评价。

可操作性原则：指标体系具有资料易得、方法直观和计算简便的特点，因而要求具有操作上的可行性。

目前网络安全风险评估的理论标准在国际上较为流行的有 ISO/IEC 13335（IT 安全管理指南）、

BS 7799-1（基于风险管理的信息安全管理体系）、AS/NZS 4360（风险管理标准）等。

3. 实现网络系统风险评估的流程

（1）识别威胁和判断威胁发生的概率

为真正达到风险评估的目的，在进行风险评估时，应明确指出系统所面临的各种威胁及各种威胁发生的可能性，同时还应指出系统存在的弱点。

在进行风险评估时，哪些威胁需要考虑，很大程度上依赖于定义的评估范围和方法。为了能够进行更为集中的评估，应该对那些可能产生威胁的细节给予特别的关注。识别威胁的过程有利于改进网络管理和及时发现漏洞，这些改进的措施在一定程度上将减少威胁的危险性。

另外，应对现存的网络安全措施进行评测，检验它是否能够起到足够的安全防护作用。传统威胁的数据可能不存在，可能存在并有助于测定概率。同时，网络技术方面的经验和具体操作方面的知识对检测威胁发生的概率是更有价值的。

（2）测量风险

测量风险是说明各种敌对行为在一个系统或应用中发生的可能性及发生的概率。这个处理过程的结果应该指出资产所面临的危险程度。这个结果非常重要，因为它是选择防护措施和缓解风险决策的基础。依靠特定的技术或方法，以定性、定量、一维空间、多维空间或这些方式的组合形式完成测定任务。风险测定过程应包含采用的风险评估方法，风险测量中最关键的因素之一是，测量中所使用的特种方法能够被那些需要选择防护措施和缓解风险的决策人所理解，并让他们明白测量风险的重要性。

（3）风险分析结果

风险分析结果可以用典型的定量法和定性法进行描述。定量法可用于描述预计的金钱损失量，比如按年计算的预计损失量或单次发生的损失量。定性法是描述性质的，通常用高、中、低或用 1~10 等级等形式来表示。

2.5.3 网络安全工程

网络安全工程是一项系统工程，要通过循序渐进的过程来实现。首先，应该对现有的网络安全状况进行较为彻底的检查和评估，根据对当前网络安全技术进行的综合分析，制定安全目标。并在此基础上，提出一套较为系统、切实可行的工程实施方案，同时制定安全管理制度。

1. 安全检测与评估

安全检测与评估是保障网络安全的重要措施，它能够把不符合要求的设备或系统拒之门外，同时发现实际运行网络上的问题。但安全检测和评估是一项复杂的课题，需要从各个不同的方面去分析研究。应重点做好以下 3 方面的工作。

（1）把自动检测、网络管理和运行维护、技术支持有机地结合起来。

（2）重视网络互连和互连操作实验。

（3）把安全检测与评估和安全技术研究结合起来。

2. 制定安全目标

在安全检测与评估的基础上制定相应的安全目标。安全目标与网络安全的重要性和投资效益有直接的关系，在可能的情况下，应达到以下 3 项安全目标。

（1）完整性是指信息在存储或传输时不被破坏，杜绝未经授权的修改。

（2）可靠性是指信息的可信度，包括信息的完整性、准确性和发送人的身份验证等方面，也包括有用信息不被破坏。

（3）可用性是指合法用户的正常请求能及时、正确、安全地得到服务或回应。

为实现制定的安全目标，建立全新网络安全机制是必要的，必须重点从以下 5 个方面考虑。

（1）网络攻击实时分析和响应。这是实时的攻击特征识别和其他可疑的网络事件监控，包括病毒、探测行为和系统访问控制机制的未授权的修改。实时监控使管理者能够快速发现未授权的黑客行为，并且通过多种反攻击技术进行响应，从简单的通知系统管理员到切断连接。

（2）网络误操作分析和响应。这是对内部网络资源的误操作的实时监控。误操作是与违规使用系统和资源的行为相联系的。自动响应行为包括拒绝访问、警告信息、发送 E-mail 消息给相应的管理员等。

（3）安全漏洞分析和响应。它包含自动频繁地对网络组件根据策略进行扫描，检查不可接受的与安全相关的漏洞情况，还要自动检测与设置和管理相关的漏洞。漏洞检测导致大量的用户定义的响应，包括自动修改、分派 E-mail（修改行为）和警告通知。

（4）配置分析和响应。它包括快速自动地对基于性能的配置参数进行扫描。

（5）风险形势的分析和响应。它包括攻击事件和漏洞条件的自动分析，这超出了基本的检测和响应能力。它要求将响应建立在对各个方面分析的基础上，如资产价值、攻击概况和漏洞情况等。分析支持实时技术的修改和对策（如拒绝访问、诱骗、迷惑等）来应付动态的风险情况。

3. 网络安全实施

这里主要是对信息的传输安全、网络安全、内部信息安全和安全管理来说明。

（1）传输安全

信息在跨公网传输时，面临着被窃取的危险，比如线路传输信号侦听、搭线窃听、非法接入和窃取数据文件等形式的攻击，因此，要对传输的内容进行端到端的加密。建议通过链路加密机方式实现端到端的加密，链路加密机对应用系统具有透明性，而且管理维护相对容易。

（2）网络安全

为保证网络层安全，主要需要加强系统安全、防黑客攻击和网络防病毒等系统的建设。

① 系统安全。主要是对操作系统、数据库、防火墙、Web 系统的安全配置及其版本升级和补丁修补等。对各种操作系统和防火墙、路由器、数据库等产品进行安全配置，对有些使用起来比较复杂的设备，可以在厂家技术人员的指导下，完成系统的安全配置。有些操作系统可以采用专门的操作系统配置工具进行配置，也可使用操作系统安全性能增强工具，进一步提高系统的安全性。

② 防攻击系统。通过防火墙和入侵检测手段来实现。为了保证整个系统和内部通信网的安全，同时达到网络分隔的目的，建议在网络边界加装防火墙，并根据安全监控系统提供的线索随时加以修改。入侵检测系统一般是基于网段来进行部署的。

③ 防病毒系统。随着因特网技术的发展、企业网络环境的日趋成熟和企业网络应用的增多，病毒的感染、传播能力和途径也由原来的单一、简单变得复杂、隐蔽，尤其是网络环境为病毒的传播和泛滥提供了最适宜的温床。

要防止病毒入侵，首要的做法是安装合适的防病毒软件，更重要的是要尽可能的全面覆盖，任何一台没有安装防病毒软件的主机都可能成为病毒传播的基地。另外，还建议安装个人防火墙软件，并且注意给操作系统和浏览器及时安装必要的补丁。

（3）信息安全

在允许的情况下，建立一套内部的 CA 系统，采用非对称密钥的加密方式，确保授权用户对相应信息的访问，并防止未授权用户的非法访问和对信息的篡改。

除此之外，还可建立一套主机防护系统，从文件、注册表、网络通信等各个方面进行防护，其主要功能表现如下。

① 通过对文件的打开、读、写、重命名和删除进行控制，拒绝非法用户的访问，从而达到保护文件的目的。

② 保护注册表的键不被打开、创建或删除，注册表的值不被查询、读取或修改。通过这些控制措施可以保护应用的正常运行。

③ 保护网络通信主要是禁止用户的计算机被非法用户访问。

（4）建立统一的安全管理系统

建立面向管理层和决策层、与网络规模相适应的统计、分析、管理和决策系统。对所有的安全软件/工具进行统一管理，使各种软件/工具能够协同工作。通过统计分析发现具有共性的问题和潜在的问题，以不断完善和巩固安全防卫系统。

在安全管理系统中，还应建立和维护（实时更新）完整详细的文档系统。包括网络设备和服务器的网络结构、IP 地址、操作系统版本、应用软件的种类及数量、服务对象和范围、策略和配置等，以便集中管理和对意外事件做出紧急响应。安全管理是网络安全的关键，所以应建立相应的安全管理机构。

4. 人员培训

要实现网络安全，必须要有全局性的整体网络安全策略，同时要制定严格有效的规章制度、完善的技术和管理规范，做到有章可循、有法可依，确保全网所有相关人员都能严格执行各项安全规章制度，并保证工作人员交接的延续性。在网络安全的各因素中，人是最根本、最重要的，所以必须经常对行政和技术人员有针对性地进行安全知识和技能培训。

2.6　小结

1. 网络安全基础知识

网络安全是指网络系统的硬件、软件及其系统中的数据受到保护，不会因为偶然或者恶意的原因而遭到破坏、更改或窃取，系统连续、可靠、正常地运行，网络服务不中断。

计算机网络安全的含义是通过各种计算机、网络、密码技术和信息安全技术，保护在公用通信网络中传输、交换和存储的信息的机密性、完整性和真实性，并对信息的传播及内容具有控制能力。网络安全的结构层次包括物理安全、安全控制和安全服务。

网络安全应具有保密性、完整性、可用性和可控性 4 个方面的特征。

计算机网络安全技术主要有主机安全技术、身份认证技术、访问控制技术、密码技术、防火墙技术、安全审计技术和安全管理技术。

网络安全性策略应包括以下 4 个方面。

① 网络用户的安全责任。

② 系统管理员的安全责任。

③ 正确利用网络资源。

④ 检测到安全问题时的对策。

2. 威胁网络安全的因素

计算机网络安全受到的威胁主要有"黑客"的攻击、计算机病毒和拒绝服务攻击。

在安全环境中建议采用以下措施。

① 用备份和镜像技术提高数据完整性。

② 防治病毒。

③ 安装补丁程序。

④ 提高物理安全。

⑤ 构筑因特网防火墙。

⑥ 仔细阅读日志。

⑦ 加密。

⑧ 提防虚假的安全。

3. 网络安全分类

根据中国国家计算机安全规范，计算机的安全大致可分为以下 3 类。

① 实体安全，包括机房、线路和主机等。

② 网络与信息安全，包括网络的畅通、准确以及网上信息的安全。

③ 应用安全，包括程序开发运行、I/O 和数据库等的安全。

网络信息安全可分为以下 4 类。

① 基本安全类。

② 管理与记账类。

③ 网络互连设备安全类。

④ 连接控制类。

4. 网络安全解决方案

在实施一个网络安全策略时，可以使用多种方法，包括信息包筛选、应用网关（或中继器）及非军事区的各种配置等。

要构建一个完整的网络安全系统，至少应该采取以下 3 类措施。

① 建立完善社会的法律、法规及企业的规章制度和增强对整个社会的安全教育。

② 技术方面的措施。

③ 审计和管理措施。

5. 网络安全风险管理及评估

网络安全风险管理指的是识别、评估和控制网络系统安全风险的总过程。风险管理通过度量风险以及选择经济有效的安全控制来增强系统的安全性。

网络风险评估就是对网络自身存在的脆弱性状况、外界环境可能导致网络安全事件发生的可能性以及可能造成的影响进行评价。网络安全的风险评估主要用于识别网络系统的安全风险，对保障计算机的正常运行具有十分重要的意义。

习　题

1. 网络安全的含义是什么?
2. 网络安全有哪些特征?
3. 什么是网络安全的最大威胁?
4. 网络安全主要有哪些关键技术?
5. 如何实施网络安全的安全策略?
6. 如何理解协议安全的脆弱性?
7. 数据库管理系统有哪些不安全因素?
8. 解释网络信息安全模型。
9. 对因特网进行安全管理需要哪些措施?
10. 简述信息包筛选的工作原理。

03 第3章 计算机系统安全与访问控制

由于计算机和信息产业的快速成长以及人们对网络和全球通信的日益重视，维护计算机安全变得日益重要。然而，计算机的安全一般来说是较为脆弱的。

本章主要讨论计算机的安全级别以及有关计算机系统安全的问题，然后针对这些问题提供一些解决方案。

3.1　什么是计算机安全

计算机安全的主要目的是保护计算机资源免受毁坏、替换、盗窃和丢失。这些计算机资源包括计算机设备、存储介质、软件、计算机输出材料和数据。

计算机作为一种高性能的机器和其他任何高性能的机器一样，都不可能长久地运行下去，这也包括计算机部件。计算机部件中可能会发生的一些电子和机械故障，主要有以下 6 种。

① 磁盘故障。

② I/O 控制器故障。

③ 电源故障。

④ 存储器故障。

⑤ 介质、设备和其他备份故障。

⑥ 芯片和主板故障等。

此外，软件出错、文件损坏、数据交换错误和操作系统错误等也是影响计算机安全的重要因素。

为了保证计算机系统的安全，防止非法入侵对系统的威胁和攻击，制定正确的政策、策略和对策非常重要。要根据系统安全的需求和可能进行的系统安全保密设计，在安全设计的基础上，采取适当的技术组织策略和对策。为此，首先需要明确计算机系统的安全需求。

1. 计算机系统的安全需求

计算机系统的安全需求就是要保证在一定的外部环境下，系统能够正常、安全地工作。也就是说，它是为保证系统资源的保密性、完整性、安全性、服务可用性、有效性和合法性、信息流保护，为维护正当的信息活动，而建立和采取的组织技术措施和方法的总和。

（1）保密性

广义的保密性是指保守国家机密，或是未经信息拥有者的许可，不得非法地将该保密信息泄露给非授权人员。狭义的保密性则是指利用密码技术对信息进行加密处理，以防止信息泄露。这就要求系统能对信息的存储、传输进行加密保护，所采用的加密算法要有足够的保密强度，并有有效的密钥管理措施。在密钥的产生、存储分配、更换、保管、使用和销毁的全过程中，密钥要难以被窃取，即使被窃取了也无法被他人使用。此外，还要能防止因电磁泄露而造成的失密。

（2）安全性

安全性标志着一个信息系统的程序和数据的安全保密程度，即防止非法使用和访问的程度，可分为内部安全和外部安全。内部安全是由计算机系统内部实现的；而外部安全是在计算机系统之外实现的。

外部安全包括物理实体（设备、线路和网络等）安全、人事安全和过程安全 3 个方面。物理实体安全是指对计算机设备与设施加建防护措施，如防护围墙、增加保安人员、终端上锁和安装防电磁泄漏的屏蔽设施等；人事安全是指对有关人员参与信息系统工作和接触敏感性信息是否合适，是否值得信任的一种审查；过程安全包括某人对计算机设备进行访问、处理的 I/O 操作、装入软件、连接终端用户和其他的日常管理工作等。

（3）完整性

完整性标志着程序和数据的信息完整程度，使程序和数据能满足预定要求。它是防止信息系统内程序和数据不被非法删改、复制和破坏，并保证其真实性和有效性的一种技术手段。完整性分为软件完整性和数据完整性两个方面。

软件完整性是为了防止复制或拒绝动态跟踪，而使软件具有唯一的标识；为了防止修改而使软件具有的抗分析能力和完整性手段，对软件进行加密处理。

数据完整性是所有计算机信息系统以数据服务于用户为首要要求，保证存储或传输的数据不被非法插入、删改、重发或被意外事件破坏，保持数据的完整性和真实性。尤其是那些要求保险性极高的信息，如密钥、口令等。

（4）服务可用性

服务可用性是指对符合权限的实体能提供优质服务，是适用性、可靠性、及时性和安全保密性的综合表现。可靠性即保证系统硬件和软件无故障或无差错，以便在规定的条件下执行预定算法。可用性即保证合法用户能正确使用而不拒绝执行或访问。

（5）有效性和合法性

信息接收方应能证实它所收到的信息内容和顺序都是真实的，应能检验收到的信息是否过时或为重播的信息。信息交换的双方应能对对方的身份进行鉴别，以保证收到的信息是由确认的对方发送过来的。

有权的实体将某项操作权限给予指定代理的过程叫授权。授权过程是可审计的，其内容不可否认。信息传输中信息的发送方可以要求提供回执，但是不能否认从未发过任何信息并声称该信息是接收方伪造的；信息的接收方不能对收到的信息进行任何的修改和伪造，也不能抵赖收到的信息。

在信息化的全过程中，每一项操作都有相应实体承担该项操作的一切后果和责任。如果一方否认事实，公证机制将根据抗否认证据予以裁决；而每项操作都应留有记录，内容包括该项操作的各种属性，并保留必要的时限以备审查，防止操作者推卸责任。

（6）信息流保护

网络上传输信息流时，应该防止有用信息的空隙之间被插入有害信息，避免出现非授权的活动和破坏。采用信息流填充机制，可以有效地防止有害信息的插入。广义的单据、报表和票证也是信息流的一部分，其生成、交换、接收、转化乃至存储、销毁都需要得到相应的保护。特殊的安全加密设备与操作也需要加强保护。

2. 计算机系统安全技术

计算机系统安全技术涉及的内容很多，尤其是在网络技术高速发展的今天。从使用的角度出发，大体包括以下几个方面：实体硬件安全技术、软件系统安全技术、数据信息安全技术、网络站点安全技术、运行服务（质量）安全技术、病毒防治技术、防火墙技术和计算机应用系统的安全评价。其核心技术是加密技术、病毒防治技术以及计算机应用系统的安全评价。其中有的方面或内容要涉及相应的标准。

（1）实体硬件安全技术

计算机实体硬件安全技术主要是指为保证计算机设备及其他设施免受危害所采取的措施。计算机实体包含了计算机的设备、通信线路及设施（包括供电系统、建筑物）等。所受的危害包括地震、水灾、火灾、飓风、雷击、电磁辐射和泄露等。采取的措施包括了各种维护技术及相应的高可靠性、高安全的产品等。

（2）软件系统安全技术

软件系统安全主要是保证所有计算机程序和文档资料，免遭破坏、非法复制和非法使用，同时也应包括操作系统平台、数据库系统、网络操作系统和所有应用软件的安全；软件安全技术包括口令控制、鉴别技术，软件加密、压缩技术，软件防复制、防跟踪技术。软件安全技术还包括掌握高安全产品的质量标准，选用系统软件和标准工具软件、软件包。另外，对于自己开发使用的软件建立严格的开发、控制和质量保障机制，保证软件满足安全保密技术标准要求，确保系统安全运行。

（3）数据信息安全技术

数据信息技术主要是指为保证计算机系统的数据库、数据文件和所有数据信息免遭破坏、修改、泄露和窃取；为防止这些威胁和攻击应采取的一切技术、方法和措施。其中包括对各种用户的身份识别技术，口令、指纹验证技术，存取控制技术和数据加密技术，以及建立备份、紧急处置和系统恢复技术，异地存放、妥善保管技术等。

（4）网络站点安全技术

网络站点安全技术是指为了保证计算机系统中的网络通信和所有站点的安全而采取的各种技术措施，除了包括近年兴起的防火墙技术外，还包括报文鉴别技术、数字签名技术、访问控制技术、压缩加密技术和密钥管理技术等，为保证线路安全、传输安全而采取的安全传输介质技术，如网络跟踪、监测技术，路由控制隔离技术和流量控制分析技术等。

此外，为了保证网络站点的安全，还应该学会正确选用网络产品，包括防火墙产品、高安全的网络操作系统产品，以及有关国际、国家和部门的协议、标准。

（5）运行服务安全技术

计算机系统应用在互利互惠的互联网时代，绝大多数用户之间是相互依赖、相互配合的服务关系，计算机系统运行服务安全主要是安全运行的管理技术。它包括系统的使用与维护技术，随机故障维护技术，软件可靠性、可维护性保证技术，操作系统故障分析处理技术，机房环境监测维护技术，系统设备运行状态实测、分析记录等技术。以上技术的实施目的在于，及时发现运行中的异常情况、及时报警、及时提示用户采取措施或进行随机故障维修和软件故障的测试与维修，或进行安全控制与审计。

（6）病毒防治技术

计算机病毒威胁计算机系统安全问题已成为一个重要的问题。要保证计算机系统的安全运行，除了运行服务安全技术措施外，还要专门设置计算机病毒检测、诊断和消除设施，并采取成套的、系统的预防方法，以防止病毒的再入侵。计算机病毒的防治涉及计算机硬件、计算机软件、数据信息的压缩和加密解密技术。

（7）防火墙技术

防火墙是介于内部网络或 Web 站点与互联网之间的路由器或计算机，目的是提供安全保护，控制谁可以访问内部受保护的环境，谁可以从内部网络访问互联网。互联网的一切业务，从电子邮件到远程终端访问，都要受到防火墙的鉴别和控制。防火墙技术已成为计算机应用安全保密技术的一个重要分支。

（8）计算机应用系统的安全评价

不论是网络的安全保密技术，还是站点的安全技术，其核心问题都是系统的安全评价。计算机应用系统的安全性是相对的，很难得到一个绝对安全保密的系统。而且为了得到一个相对安全保密的系统，必须付出足够的代价，需要在代价、威胁与风险之间做出综合平衡。不同的系统、不同的任务和功能、不同的规模和不同的工作方式对计算机信息系统的安全要求是不同的。为此，在系统开发之前和系统运行中都需要一个安全保密评价标准，作为安全保密工作的尺度。

3. 计算机系统安全技术标准

随着社会对计算机安全问题的迫切关注，一批技术标准正在加紧研究制订中。我国已经出台的有《金融电子化系统标准化总体规范》等标准。国际标准化组织在 ISO7498-2 中描述的开放系统互连 OSI 安全体系结构的 5 种安全服务项目有：

① 认证（Authentication）；

② 访问控制（Access Control）；

③ 数据保密（Data Confidentiality）；

④ 数据完整性（Data Integrity）；

⑤ 抗否认（Non-reputation）。

为了实现以上服务，制定了 8 种安全机制，它们分别是：

① 加密机制（Enciphrement Mechanisms）；

② 数字签名机制（Digital Signature Mechanisms）；

③ 访问控制机制（Access Control Mechanisms）；

④ 数据完整性机制（Data Integrity Mechanisms）；

⑤ 认证机制（Authentication Mechanisms）；

⑥ 通信业务填充机制（Traffic Padding Mechanisms）；

⑦ 路由控制机制（Routing Control Mechanisms）；

⑧ 公证机制（Notarization Mechanisms）。

尽管上述所列清单并不详尽，但这些主要的问题都在计算机安全的讨论之中。

3.2 安全级别

根据美国国防部开发的计算机安全标准——可信任计算机标准评价准则（Trusted Computer Standards Evaluation Criteria），一些计算机安全级别被用来评价计算机系统的安全性。TCSEC 共定义了四类 7 级可信计算机系统准则，即 D、C1、C2、B1、B2、B3、A。银行业一般都使用满足 C2 级或更高级别的计算机系统。

1. D 级

D 级是最低的安全级别，拥有这个级别的操作系统就像一个门户大开的房子，任何人都可以自由进出，是完全不可信的。对于硬件来说，没有任何保护措施，操作系统容易受到损坏，没有系统访问限制和数据访问限制，任何人不需任何账户就可以进入系统，不受任何限制就可以访问他人的数据文件。

属于这个级别的操作系统有 DOS、Windows 98 和 Apple 的 Macintosh System 7.1。

2. C1 级

C 类有两个安全子级别：C1 和 C2。C1 级，又称选择性安全保护（Discretionary Security Protection）系统，它描述了一种典型的用在 UNIX 操作系统上的安全级别。这种级别的系统对硬件有某种程度的保护，如用户拥有注册账号和口令，系统通过账号和口令来识别用户是否合法，并决定用户对程序和信息拥有什么样的访问权，但硬件受到损害的可能性仍然存在。

用户拥有的访问权是指对文件和目标的访问权。文件的拥有者和超级用户（root）可以改变文件中的访问属性，从而对不同的用户给予不同的访问权。例如，让文件拥有者具有读、写和执行的权力，给同组用户读和执行的权力，而给其他用户予以读的权力。

另外，许多日常的管理工作由超级用户来完成，如创建新的组和新的用户。超级用户拥有很大的权力，所以它的口令一定要保存好，不要几个人共享。

C1 级保护的不足之处在于用户能直接访问操作系统的超级用户。C1 级不能控制进入系统的用户的访问级别，所以用户可以将系统中的数据任意移走，他们可以控制系统配置，获取比系统管理员允许的更高权限，如改变和控制用户名。

3．C2 级

除了 C1 级包含的特性外，C2 级别为有控制的存取保护。在访问控制环境中，C2 级具有进一步限制用户执行某些命令或访问某些文件的权限，而且还加入了身份认证级别。另外，系统对发生的事件加以审计，并写入日志当中，如什么时候开机，用户在什么时间从哪个地址登录等，通过查看日志，就可以发现入侵的痕迹，如多次登录失败，也可以大致推测出可能有人想强行闯入系统。审计除了可以记录下系统管理员执行的活动以外，还加入了身份认证级别，这样就可以知道谁在执行这些命令。审计的缺点在于它需要额外的处理时间和磁盘空间。

使用附加身份认证就可以让一个 C2 级系统用户在不是超级用户的情况下有权执行系统管理任务。身份认证可以用来确定用户是否能够执行特定的命令或访问某些核心表，例如，当用户无权浏览进程表时，若执行了 PS 命令就只能看到自己的进程。

授权分级使系统管理员能够对用户进行分组，授予他们访问某些程序或分级目录的权限。

另一方面，用户权限能够以个人为单位授权对某一程序所在目录进行访问。如果其他程序和数据也在同一目录下，那么用户也将自动获得访问这些信息的权限。

能够达到 C2 级的常见操作系统有：

① UNIX 操作系统；

② Novell 3.x 或更高版本的操作系统；

③ Linux 操作系统；

④ Windows NT、Windows 2000 Server 操作系统。

4．B1 级

B 类属强制保护，要求系统在其生成的数据结构中带有标记，并要求提供对数据流的监视。B 类中有 3 个级别，B1 级即标识安全保护（Labeled Security Protection），是支持多级安全（如秘密和绝密）的第一个级别，这个级别说明处于强制性访问控制之下的对象，系统不允许文件的拥有者改变其许可权限。

安全级别存在保密、绝密级别，在计算机中有"搞特务活动"的成员，如国防部和国家安全局计算机系统。在这一级，对象（如磁盘区和文件服务器目录）必须在访问控制之下，不允许拥有者更改他们的权限。

B1 级的计算机系统安全措施视操作系统而定。政府机构和防御承包商们是 B1 级计算机系统的主要拥有者。典型的代表是 AT&T System V 操作系统，它是 Solaris 系统的前身。

5．B2 级

B2 级，又被称为结构保护（Structured Protection），它要求计算机系统中所有的对象都要加上标签，而且给设备（磁盘、磁带和终端）分配单个或多个安全级别。B2 级除满足 B1 要求外，还要实行强制控制并进行严格的保护，这个级别支持硬件保护。它是提供较高安全级别对象与较低安全级别对象通信的第一个级别。例如，可信任的 Xenix 系统。

6. B3 级

B3 级又称安全域级别（Security Domain），使用安装硬件的方式来加强域的安全，例如，内存管理硬件用于保护安全域免遭无授权访问或其他安全域对象的修改。B3 级是 B 类中的最高子类，提供可信设备的管理和恢复，即使计算机崩溃，也不会泄露系统信息。例如，Honeywell Federal Systems XTS-200 操作系统。

7. A 级

A 级又称验证设计（Verity Design），是当前橙皮书的最高级别，它包括了一个严格的设计、控制和验证过程。与前面所提到的各级别一样，该级别包含了较低级别的所有特性。设计必须是经过数学验证的，而且必须进行秘密通道和可信任分布的分析。可信任分布（Trusted Distribution）的含义是，硬件和软件在物理传输过程中已经受到保护，防止安全系统被破坏。

3.3 系统访问控制

访问控制是对进入系统的控制，如经常在工作站或终端上所使用的 Logon (login) User ID、Password。它的作用是对需要访问系统及其数据的人进行识别，并检验其合法身份。对一个系统进行访问控制的常用方法是：

① 合法的用户名（用户标识）；

② 设置口令。

如果用户名和口令是正确的，则系统允许其对系统进行访问；如果不正确，则不能进入系统。有些系统只要求用户输入口令，而大多数的系统则要求同时输入用户标识和口令。

可以实现访问控制的方法，除了上述介绍的使用用户标识与口令之外，还可以采用较为复杂的物理识别设备，如访问卡、钥匙或令牌。生物统计学系统是一种颇为复杂、昂贵的访问控制方法，它基于某种特殊的物理特征对人进行唯一性识别，如指纹等。

3.3.1 系统登录

1. UNIX 操作系统登录

UNIX 操作系统是一个可供多个用户同时使用的多任务、分时的操作系统,任何一个想使用 UNIX 操作系统的用户，必须先向该系统的管理员申请一个账号，然后才能使用该系统。因此，账号就成为用户进入系统的合法"身份证"。

成功申请账号后，还需要有终端设备，这样才可以登录系统。但是为了防止非法用户盗用别人的账号使用系统，对每一个账号还必须有一个只有合法用户才知道的口令。在登录时，借助于账号和口令就可以把非法用户拒之门外。

这种安全性是基于这样的一个假设：用户的口令是安全的。但在实际应用中用户的账号有可能在网上被截取，被密码字典强行破解，或被泄露，那么这种安全系统将彻底失效。

UNIX 操作系统为了防止这一防线被突破，采取了许多强制性的措施。例如，规定口令的长度不得少于若干个字符（一般是 6 个）；口令不能是一个普通单词或其变形；口令中必须含有某些特殊字符；经过一段时间后必须更改口令等。这些措施只是减少密码被猜中的可能性，并不能解决根本性问题，关键还是在于用户是否能够对口令进行合理的保护。

假如用户的密码被盗用，用户怎么才能知道这一点呢？如果数据文件被修改或删除，用户是可以发现的，但若入侵者只是偷看了一些机密文件，那么用户怎样才知道呢？为了防止这些问题发生，绝大多数 UNIX 操作系统在用户登录成功或不成功时都会记录这次登录操作，在下次登录时将把这一情况告诉用户，例如：

```
Last Login: Sun Sep 2  14:30 on console
```

如果用户发现和实际情况不符合，例如，在信息所说的那段时间并没有用户登录到机器上，或者在信息中的时间里用户并没有登录失败而信息却说登录失败，这就说明有人盗用了机器的账号，这时用户就应立刻更改口令，否则将会受到更大损失。

但即使提供了这种辅助方法仍然不够。因为很多用户尤其是初学者或安全意识不强的用户不会去注意这个信息，也不会去刻意记下自己上次登录的情况。所以若要增强系统的安全，管理员应对用户进行安全意识培训。如果忽略了人为的因素，即使系统再安全，整个系统的安全也会因为一个成员的失误而受到重大破坏。

当用户从网络上或控制台上试图登录系统时，系统会显示一些关于系统的信息，如系统的版本信息等，然后系统会提示用户输入账号。当用户输入账号时，所输入的账号会显示在终端上，之后系统就会提示用户输入密码，用户所键入的密码不会显示在终端上，这是为了防止被他人偷看。若用户从控制台登录，则系统控制登录的进程会用密码文件来核实用户，若用户是合法的，则该进程就会变成一个 Shell 进程，这时用户就可以输入各种命令了，否则显示登录失败信息，再重复上面的登录过程。

系统也可以这样设置，如果用户 3 次登录都失败，则系统自动锁定，不让用户再继续登录，这也是 UNIX 操作系统防止入侵者闯入的一种方式。若用户从网络上登录，则账号和密码可能会被人劫持，因为很多系统的账号和密码在网上是以明文的形式传输的。除此之外，远程登录和控制台登录区别不大。

除了通过控制台和网络访问 UNIX 主机系统外，UNIX 操作系统还支持匿名的 UUCP 访问方式，它和 Windows NT 操作系统中的远程访问服务 RAS 相似，UUCP 是一种 UNIX 环境下的拨号访问方式。

为了加强拨号访问的安全性，需要通过一台支持身份认证的服务器来提供访问。在这种方式下，用户在被允许访问系统之前，必须由终端服务器证实为合法的。因为没有口令文件可以从服务器上窃取，所以攻击终端服务器就变得更加困难了。

2. UNIX 账号文件

UNIX 账号文件/etc/passwd 是登录验证的关键，该文件包含所有用户的信息，如用户的登录名称、口令、用户标识号、组标识号、用户起始目标等信息。该文件的拥有者是超级用户，只有超级用户才有写的权限，而一般用户只有读取的权限。

下面来看看/etc/passwd 文件中有哪些内容，例如：

```
#cat /etc/passwd
root:!:0:0::/:/bin/ksh
daemon:!:1:1::/etc:
bin:!:2:2::/bin:
```

```
sys:!:3:3::/usr/sys:
adm:!:4:4::/var/adm:
uucp:!:5:5::/usr/lib/uucp:
guest:!:100:100::/home/guest:
nobody:!:4294967294294967294:4294967294::/:
lpd:!:9:4294967294::/:
nuucp:*:6:5:uucp login user:/var/spool/uucppublic:/usr/sbin/uucp/uucico
netinst:*:200:1::/home/netinst:/usr/bin/ksh
zhang:!:208:1::/home/zhang:/usr/bin/ksh
wang:!:213:1::/home/wang:/usr/bin/ksh
```

该文件是一个典型的数据库文件，每一行分 7 个部分，每两个部分之间用冒号分开，其每行的含义如下。

（1）登录名称

这个名称是在"login:"后输入的名称，它在同一系统中应该是唯一的，其长度一般不超过 8 个字符。

登录名称中可以有数字和字母，其中字母必须是小写，否则大写的登录名称会使系统认为所有的终端只能处理大写字母，这样它会把所有的输入和输出均转化为大写。

在网络环境下，管理员应让同一个用户在不同机器上的登录名称均相同，这样会给用户带来操作的方便性，不用记录那么多登录名称，另一方面对管理员来说也容易进行管理。

如果系统中提供了电子邮件服务，那么请注意，不要把用户的登录名设置成某个系统的邮件别名，否则新加入的用户将永远不能收到邮件，因为发给他的邮件会转发给那个名字相同的其他用户。

（2）口令

口令对系统的安全性是至关重要的，事实上只有用户的口令才是真正使用系统的"通行证"。因为普通用户对/etc/passwd 文件只有读取的权力，所以口令这一项是以加密的形式存放的，以防止他人盗取用户的口令。在 BSD 系统中，加密的口令就放在/etc/passwd 的第二个域中，在 SVR4 系统中，则引入了一个专门的文件/etc/shadow，而/etc/passwd 中的第二个位置处就是一个 X。/etc/passwd 对于普通用户是可读的，而/etc/shadow 则只是对 root 用户是可读的，这样就加强了口令文件的安全性。

（3）用户标识号

在系统的外部，系统用一个登录名标识一个用户，但在系统内部处理用户的访问权限时，系统用的是用户标识号。这个用户标识号是一个整数，从 0 到 32 767。在用户的进程表中有一项就是用户标识号，这样就可以表明哪个用户拥有这个过程，根据用户的权限来进行进程的访问。

系统的用户可分为两大类，一类是管理性用户，另一类则是普通用户。系统中的管理性用户是生成系统时自动加入的，随着系统的不同，这些用户的数量、名称以及与之匹配的标识号也不尽相同。这类用户负责的是系统某一方面的管理工作，使用 bin 账号的是大多数系统命令文件的拥有者，而使用 sys 账号的则是/dev/kmem、/dev/mem 和/dev/swap 这些有关系统进程存储空间的文件的拥有者。在这类用户中有一个极为特殊的用户 root，其用户标识号为 0，并拥有整个系统中最高的权限，可进行任何操作，如加载文件系统、改动系统时间和关闭机器等，而这些操作对于一般用户来说是不允许的。

普通用户是在系统生成后由管理员添加到系统中的，这类用户的标识号一般从 10 开始向上分配，在系统的内部，用户标识号占用 2 字节，因此最大用户标识号应该是 32 767。

标识号和登录名是不一样的，在一个系统中几个不同的用户可以具有相同的用户标识号，这样在系统内部看来这些用户都是同一个用户，但在登录时却仍要使用不同的名称和口令。

（4）组标识号

在第四个域中记录的是用户所在组的组标识号，将用户分组是 UNIX 操作系统对权限进行管理的一种方式。例如，要给用户某种访问权限，则可以对组进行权限分配，这样会带来很大的方便。每一个用户应该属于某一个组，早期的系统中一个用户只能属于某一个组，而在后来的 BSD 系统中，一个用户则可以同时属于多达 8 个用户组。

组的名称、组标识和其他信息放在另一个系统文件/etc/group 中，与用户标识号一样，组标识号也是一个 0 到 32 767 之间的整数。

（5）用户起始目标

这个域用来指定用户的 Home 目录，当用户登录到系统之中就会处在这个目录下。

在大多数系统中，管理人员将在某个特定的目录中建立各个用户的主目录，用户主目录的名称，一般是这个用户的登录名，各用户对自己的主目录拥有读、写和执行的权力，其他用户对该目录的访问则可以根据具体情况来加以设置。

如果在/etc/passwd 文件中没有指定用户的起始目录，则用户在系统中登录时，系统将会提示：

```
no home directory
```

这时有些系统可能会拒绝用户登录到系统中，若允许用户登录该系统，这时用户的起始目录将是根目录 “/”。

3. 注册的 Shell

UNIX 操作系统中有很多的 Shell 程序，如/bin/sh（Bourne Shell）、/bin/csh（C Shell）和/bin/ksh（Koru Shell）等程序，每种 Shell 程序都具有各自不同的特点，但其基本的功能是相同的。Shell 程序是一种能够读取输入命令并设法执行这些命令的特殊程序，它是大多数用户进程的父进程。

许多系统允许用户改变其 Shell 程序，如在 Sun OS 或 BSD 系统中可以使用 Chsh（Chang Shell）程序。当然登录成功后，在提示符后输入 Shell 的命令名称也是可以的。例如，如果用户注册的 Shell 程序是 Bourne Shell 程序，但用户希望使用 C Shell 程序，那么可以输入：

```
$ /bin/csh
```

这样 Shell 解释程序就改变为 C Shell 程序，但要注意的是，C Shell 程序是原 Shell 程序的一个子进程，原 Shell 进程仍然存在着。当用户退出 C Shell 程序时，控制权会交给原 Shell 程序而不会从系统中退出，只有用户退出最后一个 Shell 程序后，用户才会退出系统。如果用户没有退出系统就离开机器，这时极有可能会有人趁机破坏。

4. Windows XP 操作系统登录的概念

Windows XP 操作系统的登录主要有以下 4 种类型。

（1）交互式登录

交互式登录就是用户通过相应的用户账号（User Account）和密码在本机进行登录。在交互式登录时，系统会首先检验登录的用户账号类型，是本地用户账号（Local User Account），还是域用户账号（Domain User Account），再采用相应的验证机制。因为不同的用户账号类型，其处理方法也不同。采用本地用户账号登录，系统会通过存储在本机 SAM 数据库中的信息进行验证；采用域用户账号登录，系统则通过存储在域控制器的活动目录中的数据进行验证。如果该用户账号有效，则登录后可以访问整个域中具有访问权限的资源。

（2）网络登录

如果计算机加入工作组或域，当要访问其他计算机的资源时，就需要 “网络登录” 了。如登录名称为 Yuan 的主机时，输入该主机的用户名称和密码后进行验证。这里需要注意的是，输入的用户账号必须是对方主机上的，而非自己主机上的用户账号。

（3）服务登录

服务登录是一种特殊的登录方式。平时，系统启动服务和程序时，都是先以某些用户账号进行登录后运行的，这些用户账号可以是域用户账号、本地用户账号或系统账号。采用不同的用户账号登录，其对系统的访问、控制权限也不同，而且，用本地用户账号登录，只能访问到具有访问权限的本地资源，不能访问到其他计算机上的资源，这点和"交互式登录"类似。

（4）批处理登录

批处理登录一般用户很少用到，通常被执行批处理操作的程序所使用。在执行批处理登录时，所用账号要具有批处理工作的权限，否则不能进行登录。

强制性登录和使用 Ctrl + Alt + Del 组合键启动登录过程的好处如下。

① 强制性登录过程用以确定用户身份是否合法，确定用户的身份从而确定用户对系统资源的访问权限。

② 在强制性登录期间，挂起对用户模式程序的访问，便可以防止有人创建或偷窃用户账号和口令的应用程序。例如，入侵者可能会模仿一个 Windows 2003 Server 的登录界面，然后让用户进行登录从而获得用户登录名和相应的密码。使用 Ctrl + Alt + Del 组合键会造成用户程序被终止，而真正的登录程序可以由 Ctrl + Alt + Del 组合键启动，这就是为什么能阻止这种欺骗行为产生。

③ 强制登录过程允许用户具有单独的配置，包括桌面和网络连接，这些配置在用户退出时自动保存，在用户登录后自动调出。这样，多个用户可以使用同一台机器，并且仍然具有他们自己的专用设置。用户的配置文件可以放在域控制器上，这样用户在域中任何一台机器登录都会有相同的界面和网络连接设置。

5. 登录中使用的组件

在 Windows XP 操作系统的登录过程中，使用了如下的组件。

（1）Winlogon.exe

Winlogon.exe 是"交互式登录"时最重要的组件，它是一个安全进程，负责的工作是：加载其他登录组件；提供同安全相关的用户操作图形界面，以便用户能进行登录或注销等相关操作；根据需要，给 GINA 发送必要信息。

（2）图形化识别和验证

图形化识别和验证（Graphical Identification and Authentication，GINA）包含几个动态数据库文件，被 Winlogon.exe 所调用，为其提供能够对用户身份进行识别和验证的函数，并将用户的账号和密码反馈给 Winlogon.exe。在登录过程中，"欢迎屏幕"和"登录对话框"就是 GINA 显示的。

（3）本地安全授权服务

本地安全授权（Local Security Authority，LSA）服务，是 Windows 系统中一个相当重要的服务，所有安全认证相关的处理都要通过这个服务。它从 Winlogon.exe 中获取用户的账号和密码，然后经过密钥机制处理，并和存储在账号数据库中的密钥进行对比，如果对比的结果匹配，LSA 就认为用户的身份有效，允许用户登录计算机。如果对比的结果不匹配，LSA 就认为用户的身份无效，用户就无法登录计算机。

（4）SAM 数据库

SAM（Security Account Manager）安全账号管理器是一个被保护的子系统，它通过存储在计算机注册表中的安全账号来管理用户和用户组的信息。可以把 SAM 看成一个账号数据库。对于没有加入域的计算机来说，它存储在本地，而对于加入域的计算机，它存储在域控制器上。

如果用户试图登录本机，那么系统会使用存储在本机上的 SAM 数据库中的账号信息与用户提供的信息进行比较；如果用户试图登录到域，那么系统会使用存储在域控制器中上的 SAM 数据库中的账号信息与用户提供的信息进行比较。

（5）Net Logon 服务

Net Logon 服务主要和 NTLM（NT LAN Manager，Windows NT 的默认验证协议）协同使用，用户验证 Windows NT 域控制器上的 SAM 数据库上的信息与用户提供的信息是否匹配。NTLM 协议主要用于实现与 Windows NT 的兼容性而保留的。

（6）KDC 服务

Kerberos 密钥发布中心（Kerberos Key Distribution Center，KDC）服务主要与 Kerberos 认证协议协同使用，用于在整个活动目录范围内对用户的登录进行验证。该服务要在 Active Directory 服务启动后才能生效。

（7）Active Directory 服务

如果计算机加入 Windows 2003 域中，则需启动该服务以支持 Active Directory（活动目录）功能。

6. 登录过程

成功地登录到本机的过程有以下 7 个步骤。

① 用户首先按 Ctrl+Alt+Del 组合键。

② Winlogon 检测到用户按 SAS 键，就调用 GINA，由 GINA 显示登录对话框，以便用户输入账号和密码。

③ 用户输入账号和密码，确定后，GINA 把信息发送给 LSA 进行验证。

④ 在用户登录到本机的情况下，LSA 会调用 Msv1_0.dll 这个验证程序包，将用户信息处理后生成密钥，同 SAM 数据库中存储的密钥进行对比。

⑤ 如果对比后发现用户有效，SAM 会将用户的安全标识（Security Identifier，SID），用户所属用户组的 SID，和其他一些相关信息发送给 LSA。

⑥ LSA 将收到的 SID 信息创建安全访问令牌，然后将令牌的句柄和登录信息发送给 Winlogon.exe。

⑦ Winlogon.exe 对用户登录稍作处理后，完成整个登录过程。

成功地登录到域的过程有以下 9 个步骤。

① 用户首先按 Ctrl+Alt+Del 组合键。

② Winlogon 检测到用户按下 SAS 键，就调用 GINA，由 GINA 显示登录对话框，以便用户输入账号和密码。

③ 用户选择所要登录的域并填写账号与密码，确定后，GINA 将用户输入的信息发送给 LSA 进行验证。

④ 在用户登录到本机的情况下，LSA 将请求发送给 Kerberos 验证程序包。通过散列算法，根据用户信息生成一个密钥，并将密钥存储在证书缓存区中。

⑤ Kerberos 验证程序向 KDC（Key Distribution Center，密钥分配中心）发送一个包含用户身份信息和验证预处理数据的验证服务请求，其中包含用户证书和散列算法加密时间的标记。

⑥ KDC 接收到数据后，利用自己的密钥对请求中的时间标记进行解密，通过解密的时间标记是否正确，就可以判断用户是否有效。

⑦ 如果用户有效，KDC 将向用户发送一个票据授予票据（Ticket-Granting Ticket，TGT）。该 TGT（AS_REP）将对用户的密钥进行解密，其中包含会话密钥、该会话密钥指向的用户名称、该票据的最大生命期以及其他一些可能需要的数据和设置等。用户所申请的票据在 KDC 的密钥中被加密，并附着在 AS_REP 中。在 TGT 的授权数据部分包含用户账号的 SID 以及该用户所属的全局组和通用组的 SID。注意，返回到 LSA 的 SID 包含用户的访问令牌。票据的最大生命期是由域策略决定的。如果票据在活动的会话中超过期限，用户就必须申请新的票据。

⑧ 当用户试图访问资源时，客户系统使用 TGT 从域控制器上的 Kerberos TGS 请求服务票据（TGS_REQ），然后 TGS 将服务票据（TGS_REP）发送给客户。该服务票据是使用服务器的密钥进行加密的。同时，SID 被 Kerberos 服务从 TGT 复制到所有的 Kerberos 服务包含的子序列服务票据中。

⑨ 客户将票据直接提交到需要访问的网络服务上，通过服务票据就能证明用户的标识和针对该服务的权限，以及服务对应用户的标识。

如果用户设置了"安全登录"，在 Winlogon 初始化时，会在系统中注册一个安全警告序列（Secure Attention Sequence，SAS）。SAS 是一组组合键，默认情况下为 Ctrl+Alt+Delete。它的作用是确保用户交互式登录时输入的信息被系统所接受，而不会被其他程序所获取。所以使用"安全登录"进行登录，可以确保用户的账号和密码不会被黑客盗取。

在 Winlogon 注册了 SAS 后，就调用 GINA 生成 3 个桌面系统，在用户需要的时候使用，它们分别如下。

（1）Winlogon 桌面

用户在进入登录界面时，就进入了 Winlogon 桌面。而我们看到的登录对话框，只是 GINA 负责显示的。

（2）用户桌面

用户桌面就是我们日常操作的桌面，它是系统最主要的桌面系统。用户需要提供正确的账号和密码，成功登录后才能显示"用户桌面"。而且，不同的用户，Winlogon 会根据注册表中的信息和用户配置文件来初始化用户桌面。

（3）屏幕保护桌面

屏幕保护桌面就是屏幕保护，包括"系统屏幕保护"和"用户屏幕保护"。在启用了"系统屏幕保护"的前提下，用户未进行登录并且长时间无操作，系统就会进入"系统屏幕保护"；而对于"用户屏幕保护"来说，用户要登录后才能访问，不同的用户可以设置不同的"用户屏幕保护"。

7. 安全标识符

安全标识符（SID）在安全系统上标识一个注册用户的唯一名字，它可以用来标识一个用户或一组用户。它和 UNIX 操作系统的用户标识号相同，安全性标识符是用于系统内部的，在存取令牌和 ACL（Access Control List）内使用。与 UNIX 操作系统中的用户标识号不同的是，SID 不是一两个字节的整数，而是一长串数字，例如：

```
S-1-5-21-76965814-1898335404-322544488-1001
```

一个 SID 是统计上面的唯一数值，也就是说，用于代表一个用户的 SID 值在以后应该永远不会被另一个用户使用，所有的 SID 用一个用户信息、时间、日期和域信息的结合体来创建。用 SID 标识用户的结果是，在同一台计算机上，可以多次创建相同的用户账户名，而每一个账户名都有唯一的 SID。例如，用 John 建立一个账号，然后删去这个账号，并为 John 建立一个新的账号，即使两次的用户名相同，新账号和老账号不会有相同的可访问资源，每次用户登录到系统上时，便生成了用户的存取令牌，并且在登录后不再更新。所以如果用户想获得另一个账户的存取权限，他就必须退出系统并重新以另一个账户进行登录。UNIX 操作系统在这方面要比 Windows 操作系统更方便，用户可以在登录后将自己的身份改变成另一个账号的身份，如 root 账号的身份。

3.3.2　身份认证

身份认证（Identification and Authentication）可以定义为，为了使某些授予许可权限的权威机构满意，而提供所要求的用户身份验证的过程。

在大多数系统中，用户在他们被允许注册之前必须为其账号指定一个口令，口令的目的就是认证该用户就是他声明的那个人。换句话说，口令充当了认证用户身份的机制，但口令很有可能被窃取，他人就会假扮用户。所以，除了口令之外，人们开始研究和使用更为可靠和复杂的认证技术，下面将对身份认证作一个简单的讨论。

认证方式可分以下 3 类，可以是下面的一种，也可以是几种的联合使用。

1. 用生物识别技术进行鉴别

在计算机安全系统中所说的生物识别技术通常是指某些对人而言是唯一的特征，其中包括指纹手印、声音图像、笔迹甚至人的视网膜血管图像等被用于满足各种不同要求的安全系统中。这种识别技术只用于控制访问极为重要的场合，用于极为仔细地识别人员。

指纹是一种已被接受的用于唯一地识别一个人的方法。指纹图像对每一个人来说都是唯一的，不同的人有不同的指纹图像，它能够被存储在计算机中，用以进入系统时进行匹配识别。在某些复杂的系统中，甚至能够识别指纹是否属于一个真正活着的人。

手印是又一种被用于读取整个手而不仅仅是手指的特征和特性。一个人将其手按在手印读入器的表面上，同时，该手印与存放在计算机中的手印图像进行比较，最终确认是否是同一个人的手印。

声音图像对每一个人来说也是各不相同的。这是因为每一个人说话时都有唯一的音质和声音图像，即使两个人说话声音相似也如此。识别声音图像的能力使人们可以基于某个短语的发音对人进行识别，而且正确率比较高，通常只有当声音发生了大的变化，如感冒、喉部疾病等才会出现错误。我国司法部门已经开始使用声音图像对人进行识别。

笔迹或签名不仅包括字母和符号的组合方式，也包括了签名时某些部分用力的大小，或笔接触纸的时间长短和笔移动中的停顿等细微的差别。对于笔迹的分析由一支生物统计笔或板设备进行，可将书写特征与存储的信息相对比。

视网膜扫描是用红外线检查人眼各不相同的血管图像。这种方式相对于其他生物识别技术来说具有一定的危险性，甚至可能使被扫描的人失明，所以很少使用。

2. 用所知道的事进行鉴别

用所知道的事进行鉴别，口令可以说是其中的一种方法，但口令容易被偷窃，于是人们发明了一种一次性口令机制。这种机制要求用户提供一些由计算机和用户共享的信息，如用户的名字和生日，或其他一些特殊信息。计算机每次会根据一个种子值、一个迭代值和该短语信息计算出一个口令，其中种子值和迭代值是发生变化的，所以每次计算出的口令也不一样，这样即使入侵者通过窃听手段得到密码也不能闯入系统。

3. 使用用户拥有的物品进行鉴别

智能卡（Smart Card）就是一种根据用户拥有的物品进行鉴别的手段。智能卡是由一个微处理器、输入和输出端口以及几 KB 的闪存构成。用户必须拥有这些设备中的一个，以便能够注册到系统，这种身份认证是基于"用户知道某些事"。当计算机要求输入口令时，主计算机向用户提示一个从智能卡获得的值，有时主计算机给用户一些必须输入到智能卡中的信息。智能卡进行鉴别后显示一个回应，也必须输入到计算机中。如果接受，则建立对话。一些智能卡显示一个随时间变化的数字，但是它是与计算机上的身份认证软件同步进行的。

一些认证系统组合以上这些机制，加智能卡要求用户输入个人身份证号码（PIN），这种方法就结合了拥有物品（智能卡）和知晓内容（PIN）两种机制。例如，大学开放实验室的认证系统。每个学生都拥有一张上机卡，上机卡上有标识该学生的条形码，当学生进入开放实验室时需要刷卡，这是基于拥有物品（智能卡）的认证。然后，当用户要登录到一台计算机上时，需要输入账号和密码，这就是基于知晓内容的认证。这种方法的好处是入侵者必须拥有两样东西才能闯入用户的计算机，而在大多数情况下他只能得到其中之一。拥有的物品很容易被偷出，知晓的内容如密码也可能会在网络上被窃听到，但很少有人能同时得到两者。除此之外，自动取款机 ATM 也是利用这种组合方式。

3.3.3 系统口令

口令是访问控制的简单而有效的方法，只要口令保持机密，非授权用户就无法使用该账号。尽管如此，由于它只是一个字符串，一旦被别人知道了，就不能保证系统的安全了。因此，系统口令的维护不只是管理员一个人的事情，系统管理员和普通用户都有义务保护好口令，下面将讨论用户应怎样来选择和保护自己的口令。

1. 选择安全的口令

口令的选择是至关重要的，一个有效的口令是不容易被黑客破解的。系统管理员可以通过警告、消息和广播告诉用户什么样的口令是最有效的口令。另外，依靠系统中的安全模块，系统管理员能对用户的口令进行强制性修改，例如，设置口令的长度，防止用户使用简易口令或长时间使用同一个口令。

但什么是"有效"的口令呢？它是短还是长，容易还是难理解，用什么窍门和技术可以创建最有效的口令？最有效的口令是用户很容易记住但"黑客"很难猜到或破解的。考虑一个八位数的随机字符的各种组合大约有 3×10^{12} 种，就算是借助于计算机进行尝试也要花几年的时间。但一个容易猜测的口令很容易被密码字典所破解。

很多计算机用户经常会使用一些他人能够轻易猜出的口令，如用户的姓名、生日或孩子的姓名和狗的名字等，使用名字缩写、喜欢的书或电视节目的名字也不安全。

口令仅仅是一个简单的字符串，但口令同时又是至关重要的，一旦被他人窃取，就无法为系统提供任何安全的保障，因为它是进入系统的第一道防线。因此，对口令的选择千万不能马虎了事，用户需要尽可能地选择安全的口令。此外，口令的保密也是非常重要的。

网络管理员和系统用户必须为每个用户（账户）建立一个口令和用户标识，而用户必须建立"安全"的口令对自己进行自我保护。当口令的安全受到威胁时，必须立即更换口令。对于某些重要的部门，如银行等，其口令应该定期更换。

口令是进行访问控制的一种行之有效的方法，为此，在建立口令时最好遵循如下的规则。

① 选择长的口令，口令越长，黑客破解的成功率就越低。大多数系统接受 5～8 个字符串长度的口令，还有一些系统允许更长的口令，长口令可以增加安全性。

② 口令最好包括英文字母和数字的组合。

③ 不要使用英语单词，因为很多人喜欢使用英文单词作为口令，口令字典收集了大量的口令，有意义的英语单词在口令字典出现的概率比较大。有效的口令是由那些自己知道但不广为人知的首字母缩写组成的，例如，"I am a student" 能用来产生口令 "iaas"，用户可以轻易记住或推出该口令，但其他人却很难猜到。入侵者经常使用 finger 或 ruser 命令来发现系统上的账号名，然后猜测对应的口令。如果入侵者可以读取 passwd 文件，他们会将口令文件传输到其他机器并用"猜口令程序"来破解口令。这些程序使用庞大的词典搜索，而且运行速度很快——即使在速度很慢的机器上。对于口令不加任何防范的系统，这种程序就可以很容易地破解出用户的口令。

④ 若用户访问多个系统，则不要使用相同的口令。如果这样，一个系统出了问题则另一个系统也就不安全了。只使用一个口令这是用户常犯的错误，因为多个口令不容易记，于是只选一个口令。例如，用户可能有多个存折，但是这些存折的密码是一样的，那么，一旦一个账户被破解了，其他几个也就不保险了。

⑤ 不要使用名字，自己、家人和宠物的名字等，因为这些可能是入侵者最先尝试的口令。

⑥ 不要选择不易记忆的口令，这样会给自己带来麻烦，用户可能会把它放在什么地方，如计算机周围、记事本上，或者某个文件中，这样就会引起安全问题，因为用户不能肯定这些东西不会被入侵者看到，一些偶然的失误很可能泄露这些机密。

⑦ 使用 UNIX 安全程序，如 passwd+和 npasswd 程序来测试口令的安全性。

2. 口令的生命期和控制

用户应该定期更改自己的口令，如一个月换一次。如果口令被盗就会引起安全问题，经常更换口令可以有效地减少损失。假设，一个人偷了用户的口令，但并没有被发觉，这样给用户造成的损失是不可估计的。比如两个星期更换一次口令就比一直保留原有口令的损失要小。在一些系统中，如 UNIX 操作系统，管理员可以为口令设定生命期（Password Aging），这样当口令生命期结束时，系统就会强制要求用户更改系统密码。另外，有些系统会将用户以前的口令记录下来，不允许用户使用以前的口令而要求用户输入一个新的口令，这样就增强了系统的安全性。

在 UNIX 操作系统中，口令文件的第二项可以插入一个控制信息，该控制信息可以定义用户在修改口令之前必须经过的最小时间间隔和口令有效期满之前可以经历的最长时间间隔。

口令生命期控制信息保存在/etc/passwd 或/etc/shadow 文件之中，它位于口令的后面，通常用逗号分开，它的表示方式通常是以打印字符的形式出现，并表示以下信息：

① 口令有效的最大周数；

② 用户可以再次改变其口令必须经过的最小周数；

③ 口令最近的改变时间。

例如：

```
Chart: 2ALNSS48eJ/GY, A2: 210: 105: /usr/chart: /bin/sh
```

口令已被设置了生命期，"A"值定义了口令到期前的最大周数，"2"值定义了用户能够再次更改口令前必须经过的最小周数。通过查表，就可以知道"A"代表12周，而"2"代表4周。用户每次注册时，系统就会检查该口令的生命期是否结束，若到期则强制要求用户更改密码。通过使用其他值的组合就可以强制要求用户在下次登录时更改密码，也可以禁止用户更改密码，因为此文件只有管理员才有写的权限。

3. Windows XP账户的口令管理

在Windows XP系统中，当系统管理员创建了一个新的用户账户后，他就可以对用户的口令做出一些必要的规定，如图3-1所示。

图3-1 "账号规则"对话框

3.3.4 口令的维护

口令维护时应注意如下问题。

① 不要将口令告诉别人，也不要几个人共享一个口令，不要把它记在本子上或计算机周围。

② 不要用系统指定的口令，如root、demo和test等，第一次进入系统就修改口令，不要沿用系统提供给用户的默认口令，关闭掉UNIX操作系统配备的所有默认账号，这个操作也要在每次系统升级或系统安装之后来进行。

③ 最好不要用电子邮件传送口令，如果一定需要这样做，则最好对电子邮件进行加密处理。

④ 如果账户长期不用，管理员应将其暂停。如果雇员离开公司，则管理员应及时把他的账户消除，不要保留一些不用的账号，这是很危险的。

⑤ 管理员也可以限制用户的登录时间，例如，只有在工作时间，用户才能登录。

⑥ 限制登录次数。为了防止对账户多次尝试口令以闯入系统，系统可以限制登录企图的次数，这样可以防止有人不断地尝试使用不同的口令和登录名。

⑦ 最后一次登录，该方法报告最后一次系统登录的时间、日期，以及在最后一次登录后发生过

多少次未成功的登录企图。这样可以提供线索了解是否有人非法访问。

⑧ 通过使用简单文件传输协议（Trivial File Transfer Protocol，TFTP）获取口令文件。为了检验系统的安全性，通过 TFTP 命令连接到系统上，然后获取/etc/passwd 文件。如果用户能够完成这种操作，那么任何人都能获取用户的 passwd 文件。因此，应该去掉 TFTP 服务。如果必须要有 TFTP 服务，要确保它是受限访问的。

⑨ 一定要定期地查看日志文件，以便检查登录成功和不成功中所用的命令，一定要定期地查看登录未成功的消息日志文件，一定要定期地查看 Login Refused 消息日志文件。

⑩ 根据场所安全策略，确保除了 root 之外没有任何公共的用户账号。也就是说，一个账号的口令不能被两个或两个以上的用户知道。去掉 guest 账号，或者更安全的方法是，根本就不创建 guest 账号。

⑪ 使用特殊的用户组来限制哪些用户可以使用 su 命令来成为 root，例如：在 SunOS 下的 wheel 用户组。

⑫ 一定要关闭所有没有口令却可以运行命令的账号，如 sync。删除这些账号拥有的文件或改变这些账号拥有文件的拥有者。确保这些账号没有任何的 cron 或 at 作业。最安全的方法是彻底删除这些账号。

3.4 选择性访问控制

选择性访问控制（Discretionary Access Control，DAC）是基于主体或主体所在组的身份的，这种访问控制是可选择性的，也就是说，如果一个主体具有某种访问权，它就可以直接或间接地把这种控制权传递给其他的主体（除非这种授权是被强制型控制所禁止的）。

C1 安全级别开始时要求这种类型的访问控制，选择性访问控制的要求随着安全级别的升高而逐渐被加强，例如，B1 安全级别的选择性访问控制的要求就比 C1 安全级的更为严格。下面介绍 C2 级别的要求。

计算机保护系统的总和（Trusted Computing Base，TCB）应定义和控制对系统的用户和对象的访问，如文件、应用程序等。执行系统应允许用户通过用户名和用户组的方式来指定其他用户和用户组对它的对象的访问权，并且可以防止非授权用户的非法访问。执行系统还应能够控制一个单用户的访问权限。它还规定只有授权用户才能授予一个未授权用户对一个对象的访问权。

选择性访问控制被内置于许多操作系统中，是所有安全措施的重要组成部分。文件拥有者可以授予一个用户或一组用户访问权限。选择性访问控制在网络中有着广泛的应用，下面将着重介绍网络上的选择性访问控制的应用。

在网络上使用选择性访问控制应考虑以下几点。

① 用户可以访问什么程序和服务？

② 用户可以访问什么文件？

③ 谁可以创建、读或删除某个特定的文件？

④ 谁是管理员或"超级用户"？

⑤ 谁可以创建、删除和管理用户？

⑥ 用户属于什么组，以及相关的权利是什么？

⑦ 当使用某个文件或目录时，用户有哪些权利？

Windows 2003 Server 提供两种选择性访问控制方法来控制某人在系统中可以做什么，一种是安全级别指定，另一种是目录/文件安全。下面主要介绍安全级别指定。

安全级别指定机制根据用户在网络中的"位置"和"任务"提供一组不同的权力和责任。管理员（Administrator）拥有最广泛的权限，其他的用户只有有限的权限。下面是常见的安全级别内容介绍，其中也包括了一些网络权限。

① 管理员组享受广泛的权限，包括生成、清除和管理用户账户、全局组和局部组，共享目录和打印机，认可资源的许可和权限，安装操作系统文件和程序。

② 服务器操作员具有共享和停止共享资源、锁住和解锁服务器、格式化服务器硬盘、登录到服务器以及备份和恢复服务器的权限。

③ 打印操作员具有共享和停止共享打印机、管理打印机、从控制台登录到服务器以及关闭服务器等权限。

④ 备份操作员具有备份和恢复服务器、从控制台登录到服务器和关掉服务器等权限。

⑤ 账户操作员具有生成、取消和修改用户、全局组和局部组，不能修改管理员组或服务器操作员组的权限。

⑥ 复制者与目录复制服务联合使用。

⑦ 用户组可执行被授予的权限，访问有访问权限的资源。

⑧ 访问者组仅可执行一些非常有限的权限，所能访问的资源也很有限。

选择性访问控制不同于强制性访问控制（Mandatory Access Control，MAC）。MAC 实施的控制要强于选择性访问控制，这种访问控制是基于被访问信息的敏感性，这种敏感性是通过标签（Label）来表示的。强制性访问控制从 B1 安全级别开始出现，在安全性低于 B1 级别的安全级别中无强制性访问控制的要求。

3.5 小结

1. 计算机安全的主要目标

计算机安全的主要目标是保护计算机资源免受毁坏、替换、盗窃和丢失。

计算机系统安全技术包括：实体硬件安全技术、软件系统安全技术、数据信息安全技术、网络站点安全技术、运行服务（质量）安全技术、病毒防治技术、防火墙技术和计算机应用系统的安全评价。

OSI 安全体系结构的 5 种安全服务项目包括：鉴别、访问控制、数据保密、数据完整性和抗否认。

2. 安全级别

根据美国国防部开发的计算机安全标准，将安全级别由最低到最高划分为 D 级、C 级、B 级和 A 级，D 级为最低级别，A 级为最高级别。

3. 系统访问控制

系统访问控制是对进入系统的控制。其主要作用是对需要访问系统及其数据的人进行识别，并检验其合法身份。

一个用户的账号文件主要包含以下内容。

① 登录名称。

② 口令。

③ 用户标识号。

④ 组标识号。

⑤ 用户起始目标。

对一个用户身份认证的认证方式可分以下 3 类，可以是其中的一种，也可以几种联合使用。

① 用生物识别技术进行鉴别。

② 用所知道的事进行鉴别。

③ 用用户拥有的物品进行鉴别。

在建立口令时最好遵循如下的规则。

① 选择长的口令，口令越长，黑客猜中的概率就越低。大多数系统接受 5~8 个字符串长度的口令，还有一些系统允许更长的口令，长口令可以增加安全性。

② 最好的口令包括英文字母和数字的组合。

③ 不要使用英语单词。

④ 若用户可以访问多个系统，则不要使用相同的口令。

⑤ 不要使用名字，自己名字、家人的名字和宠物的名字等。

⑥ 不要选择不易记忆的口令，这样会给自己带来麻烦。

⑦ 使用 UNIX 安全程序来测试口令的安全性。

4. 选择性访问控制

选择性访问控制是基于主体或主体所在组的身份的，这种访问控制是可选择性的，也就是说，如果一个主体具有某种访问权，则它可以直接或间接地把这种控制权传递给别的主体。

习　题

1. 计算机系统安全的主要目标是什么？

2. 简述计算机系统安全技术的主要内容。

3. 计算机系统安全技术标准有哪些？

4. 访问控制的含义是什么？

5. 如何从 UNIX 操作系统登录？

6. 如何从 Windows XP 操作系统登录？

7. 怎样保护系统的口令？

8. 什么是口令的生命周期？

9. 如何保护口令的安全？

10. 建立口令应遵循哪些规则？

04

第4章　数据安全技术

　　影响计算机数据安全的因素有很多，包括人为的破坏、软硬件的失效，甚至是自然灾害等。数据库的安全性是指数据库的任何部分都不允许受到恶意侵害，或未经授权的存取与修改。数据库是网络系统的核心部分，有价值的数据资源都存放在其中，这些共享的数据资源既要面对必需的可用性需求，又要面对被篡改、损坏和窃取的威胁。

　　本章将从数据完整性、容错与网络冗余、网络备份系统和数据库的安全四方面来阐述如何保证计算机中数据的安全。

4.1　数据完整性简介

数据完整性是指数据的精确性和可靠性。它是防止数据库中存在不符合语义规定的数据和防止因错误信息的输入输出造成无效操作或错误信息而提出的。

数据完整性包括数据的正确性、有效性和一致性。

① 正确性。数据在输入时要保证其输入值与定义的类型一致。

② 有效性。在保证数据有效的前提下，系统还要约束数据的有效性。

③ 一致性。当不同的用户使用数据库时，应该保证他们取出的数据必须一致。

4.1.1　数据完整性

数据完整性分为 4 类：实体完整性（Entity Integrity）、域完整性（Domain Integrity）、参照完整性（Referential Integrity）和用户定义的完整性（User-defined Integrity）。

（1）实体完整性

实体完整性规定表的每一行在表中是唯一的实体，不能出现重复的行。表中定义的 UNIQUE PRIMARYKEY 和 IDENTITY 约束就是实体完整性的体现。

（2）域完整性

域完整性是指数据库表中的列必须满足某种特定的数据类型或约束。其中约束又包括取值范围、精度等规定。表中的 CHECK、FOREIGN KEY 约束和 DEFAULT、NOT NULL 定义都属于域完整性的范畴。

（3）参照完整性

参照完整性是指两个表的主关键字和外关键字的数据应对应一致。它确保了有主关键字的表中对应其他表的外关键字的行存在，既保证了表之间的数据的一致性，又防止了数据丢失或无意义的数据在数据库中扩散。参照完整性是建立在外关键字和主关键字之间或外关键字和唯一性关键字之间的关系上的。

（4）用户定义完整性

不同的关系数据库系统根据其应用环境的不同，往往还需要一些特殊的约束条件。用户定义的完整性即是针对某个特定关系数据库的约束条件，它反映某一具体应用所涉及的数据必须满足的语义要求。

数据完整性的目的就是保证计算机系统，或网络系统上的信息处于一种完整和未受损坏的状态。这意味着数据不会由于有意或无意的事件而被改变或丢失。数据完整性的丧失意味着发生了导致数据被丢失或被改变的事情。为此，首先应该检查导致数据完整性被破坏的常见的原因，以便采用适当的方法予以解决，从而提高数据完整性的程度。

一般来说，影响数据完整性的因素主要有 5 种：硬件故障、网络故障、逻辑问题、意外的灾难性事件和人为的因素。

1. 硬件故障

任何一种高性能的机器都可能发生故障，这也包括了计算机。常见的影响数据完整性的硬件故障有以下几种。

① 磁盘故障。

② I/O 控制器故障。

③ 电源故障。

④ 存储器故障。

⑤ 介质、设备和其他备份的故障。

⑥ 芯片和主板故障。

2. 网络故障

网络上的故障通常由以下问题引起。

① 网络接口卡和驱动程序的问题。

② 网络连接上的问题。

③ 辐射问题。

一般情况下，网络接口卡和驱动程序的故障对数据没有损坏，而仅仅是无法对数据进行访问。但是，当网络服务器上的网络接口卡发生故障时，服务器一般会停止运行，这就很难保证被打开的那些文件是否被损坏。

网络中传输的数据可以对网络造成很大的压力。对网络设备来说，例如，路由器和网桥中的缓冲区空间不够大就会出现操作阻塞的现象，从而导致数据包的丢失。相反，如果路由器和网桥的缓冲容量太大，由于调度如此大量的信息流所造成的延时极有可能导致会话超时。此外，网络布线上的不正确也可能影响到数据的完整性。

传输过程中的辐射可能给数据造成一定的损坏。控制辐射的办法是，采用屏蔽双绞线或光纤系统进行网络的布线。

3. 逻辑问题

软件也是威胁数据完整性的一个重要因素，由于软件问题而影响数据完整性有下列几种途径。

① 软件错误。

② 文件损坏。

③ 数据交换错误。

④ 容量错误。

⑤ 不恰当的需求。

⑥ 操作系统错误。

在这里，软件错误包括形式多样的缺陷，通常与应用程序的逻辑有关。

文件损坏是由于一些物理的或网络的问题导致文件被破坏。文件也可能由于系统控制或应用逻辑中一些缺陷而造成损坏。如果被损坏的文件又被其他的过程调用将会生成新的数据。

在文件转换过程中，如果生成的新的文件不具有正确的格式，也会产生数据交换错误。在软件运行过程中，系统容量如内存不够也是导致出错的原因。

任何操作系统都不是完美的，都有自己的缺点。另外，系统的应用程序接口（API）被第三方用来为用户提供服务，第三方根据公开发布的 API 功能来编写其软件产品，如果这些 API 工作不正常就会产生破坏数据的情况。

在软件开发过程中，需求分析、需求报告没有正确地反映用户要求做的工作，系统可能生成一些无用的数据。如果出错检查程序未能发现这一情况，程序就会产生错误的数据。

4. 灾难性事件

常见的灾难性事件有以下几种。

① 火灾。

② 水灾。

③ 风暴——龙卷风、台风、暴风雪等。

④ 工业事故。

⑤ 蓄意破坏/恐怖活动。

5. 人为因素

由于人类的活动对数据完整性所造成的影响是多方面的，它给数据完整性带来的常见的威胁包括以下几种。

① 意外事故。

② 缺乏经验。

③ 压力/恐慌。

④ 通信不畅。

⑤ 蓄意的报复破坏和窃取。

4.1.2　提高数据完整性的办法

提高数据完整性的可行的解决办法有两个方面的内容。首先，采用预防性的技术，防范危及数据完整性的事件的发生；其次，一旦数据的完整性受到损坏时应采取有效的恢复手段，恢复被损坏的数据。下面列出的是一些恢复数据完整性和防止数据丢失的方法。

① 备份。

② 镜像技术。

③ 归档。

④ 转储。

⑤ 分级存储管理。

⑥ 奇偶检验。

⑦ 灾难恢复计划。

⑧ 故障发生前的预前分析。

⑨ 电源调节系统。

备份是用来恢复出错系统或防止数据丢失的一种最常用的办法。通常所说的 Backup 是一种备份的操作，它是把正确、完整的数据复制到磁盘等介质上，如果系统的数据完整性受到了不同程度的损坏，可以用备份系统将最近一次的系统备份恢复到机器上去。

镜像技术是物理上的镜像原理在计算机技术上的具体应用，它所指的是将数据从一台计算机（或服务器）上原样复制到另一台计算机（或服务器）上。

镜像技术在计算机系统中具体执行时一般有以下两种方法。

① 逻辑地将计算机系统或网络系统中的文件系统按段复制到网络中的另一台计算机或服务器上。

② 严格地在物理层上进行：例如，建立磁盘驱动器、I/O 驱动子系统和整个机器的镜像。

在计算机及其网络系统中，归档有两层意思。其一，把文件从网络系统的在线存储器上复制到磁带或光学介质上以便长期保存；其二，在文件复制的同时删除旧文件，使网络上的剩余存储空间变大一些。

转储是指将那些用来恢复的磁带中的数据转存到其他地方。这是与备份的最大不同之处。

分级存储管理（Hierarchical Storage Management，HSM）与归档很相似，它是一种能将软件从在线存储器上归档到靠近在线存储上的自动系统，也可以进行相反的过程。从实际使用的情况来看，它对数据完整性比使用归档方法具有更多的好处。

奇偶校验提供一种监视的机制来保证不可预测的内存错误，防止服务器出错造成的数据完整性的丧失。

灾难给计算机网络系统带来的破坏是巨大的，而灾难恢复计划是在废墟上如何重建系统的指导性文件。

故障前预兆分析是根据部件的老化或不断出错所进行的分析。因为部件的老化或损坏需要有一个过程，在这个过程中，出错的次数不断增加，设备的动作也开始变得有点异常。因此，通过分析可判断问题的症结，以便做好排除的准备。

电源调节系统中的电源指的是不间断电源，它是一个完整的服务器系统的重要组成部分，当系统失去电力供应时，这种备用的系统开始运作，从而保证系统的正常工作。

除了不间断电源以外，电源调节系统还为网络系统提供恒定平衡的电压。因为，当负载变化时，电网的电压可能会有所波动，这样可能影响到系统的正常运行，因此，这种电源调节的稳压设备是很有价值的。

4.2　容错与网络冗余

备份对网络管理员来说应该是每天必须完成的工作，它的真正的目的是保证系统的可用性。要提高网络服务器的可用性应当配置容错和冗余部件来减少它们的不可用时间。当系统发生故障时，这些冗余配置的部件就可以介入并承担故障部件的工作。

4.2.1　容错技术的产生及发展

性能、价格和可靠性是评价一个网络系统的三大要素，为了提高网络系统的可靠性，人们进行了长期的研究，并总结了两种方法。一种叫作避错，试图构造一个不包含故障的"完美"的系统，其手段是采用正确的设计和质量控制尽量避免把故障引进系统，要完美地做到这一点实际上是很困难的。一旦系统出现故障，则通过检测和核实来消除故障的影响，进而自动地或人工地恢复系统。另一种叫作容错，所谓容错是指当系统出现某些指定的硬件或软件的错误时，系统仍能执行规定的一组程序，或者说程序不会因系统中的故障而中断或被修改，并且执行结果也不包含系统中故障所引起的差错。

容错的基本思想是在网络系统体系结构的基础上精心设计的，利用外加资源的冗余技术来达到消除故障的影响，从而自动地恢复系统或达到安全停机的目的。

人们对容错技术的研究开始很早，1952 年冯·诺依曼（Von.Neuman）在美国加利福尼亚理工学院做了 5 个关于容错理论研究的报告，他的精辟论述成为日后容错研究的基础。

最初，人们从用 4 个二极管进行串并联代替单个二极管工作可以提高可靠性这一事实中得到启发，研制出 4 倍冗余线路；从多数元件表决的结果较为可靠这一事实总结出三模冗余和 N 模冗余结构；在通信中发展起来的纠错码理论也被很快地吸收过来以提高信息传送、存储以及运算中的可靠性。20 世纪 60 年代末，出现了以自检、自修计算 STAR 为代表的容错计算机，标志着容错技术从理论上和实践上进入了一个新时期。

20 世纪 70 年代是容错技术研究蓬勃发展的时期，主要的成果有电话开关系统 ESS 系列处理机、软件实现容错的 SIFT 计算机、容错多重处理机 FTMP 和表决多处理机 C.vmp 等。

20 世纪 80 年代是 VLSI 和微计算机迅速发展和广泛应用的时代，容错技术的研究也随着计算机的普及而深入到整个工业界，许多公司生产的容错计算机，如 Stratus 容错机系列、IBM System 88 和 Tandem 16 等已商品化并进入市场。人们普遍认为，把容错作为每个数字系统的一个重要特征的时代已经到来，容错系统的结构已由单机向分布式系统发展。

随着计算机网络系统的进一步发展，网络可靠性变得越来越重要，其主要原因如下。

① 网络系统性能的提高，使系统的复杂性增加，服务器主频的加快，将导致系统更容易出错，为此，必须进行精心的可靠性设计。

② 网络应用的环境已不再局限于机房，这使系统更容易出错，因此，系统必须具有抗恶劣环境的能力。

③ 网络已走向社会，使用的人也不再是专业人员，这要求系统能够容许各种操作错误。

④ 网络系统的硬件成本日益降低，维护成本相对增高，则需要提高系统的可靠性以降低维护成本。

因此，容错技术将向以下几个方向发展。

① 随着超大规模集成电路（Very Large Scale Integration，VLSI）线路复杂性增高，故障埋藏深度增加，芯片容错将应运而生，动态冗余技术将应用于 VLSI 的设计和生产。

② 由于网络系统的不断发展，容错系统的结构将利用网络的研究，在网络中注入全局管理、并行操作、自治控制、冗余和错误处理是研究高性能、高可靠性的分布式容错系统的途径。

③ 对软件可靠性技术将进行更多的研究。

④ 在容错性能评价方面，分析法和实验法并重。

⑤ 在理论研究方面将提出一套容错系统的综合方法论。

4.2.2　容错系统的分类

容错系统的最终目标直接影响到设计原理和设计方案的选择，因而必须根据容错系统的应用环境的差别设计出不同的容错系统。

从容错技术的实际应用出发，可以将容错系统分成以下 5 种不同的类型。

（1）高可用度系统

可用度是指系统在某时刻可运行的概率。高可用度系统一般面向通用计算，用于执行各种各样无法预测的用户程序。因为这类系统主要面向商业市场，它们对设计都做尽量少的修改。

（2）长寿命系统

长寿命系统在其生命期中（通常在 5 年以上）不能进行人工维修，常用于宇宙飞船、卫星等控制系统中。长寿命系统的特点是必须具有高度的冗余，有足够的备件，能够经受得住多次出现的故障的冲击，冗余管理可以自动或遥控进行。

（3）延迟维修系统

这种系统与长寿命系统密切相关，它能够在进行周期性维修前暂时容忍已经发生的故障从而保证系统的正常运行。这类容错系统的特点是现场维修非常困难或代价昂贵，增加冗余比准备随时维修所付出的代价要少。例如，在飞机、轮船、坦克的运行中难以维修，通常都要在返回基地后才能进行维修。

通常，车载、机载和舰载计算机系统都采用延迟维修容错计算机系统。

（4）高性能计算系统

高性能计算系统（如信号处理机）对瞬时故障和永久故障（由复杂性引起）均很敏感，要提高系统性能，增加平均无故障时间和对瞬时故障的自动恢复能力，必须进行容错设计。

（5）关键任务计算系统

对容错计算要求最严的是在实时应用环境中，其中错误的出现可能危及人的生命或造成重大的经济损失。在这类系统中，不仅要求处理方法正确无误，而且要求从故障中恢复的时间最短，不致影响到应用系统的执行。

4.2.3　容错系统的实现方法

根据执行任务以及用户所能承受的投资能力的不同，实现容错系统的常用方法有以下几种。

1. 空闲备件

"空闲备件"，其意思是在系统中配置一个处于空闲状态的备用部件。该方法是提供容错的一条途径，当原部件出现故障时，该空闲备件就不再"空闲"，它就取代原部件的功能。这种类型的容错的一个简单例子是将一台慢速打印机连到系统上，只有在当前所使用的打印系统出现故障时才使用该打印机。

2. 负载平衡

负载平衡是另一种提供容错的途径，在具体的实现时使用两个部件共同承担一项任务，一旦其中的一个部件出现故障，另一个部件立即将原来由两个部件负担的任务全部承担下来，负载平衡方法通常使用在双电源的服务器系统中。如果一个电源出现了故障，另一个电源就承担原来两倍的负载。

在网络系统中常见的负载平衡是对称多处理。在对称多处理中，系统中的每一个处理器都能执行系统中的所有工作。这意味着，这种系统在不同的处理器之间竭尽全力保持负载平衡。由于这个原因，对称多处理能才在 CPU 级别上提供容错的能力。

3. 镜像

在容错系统中镜像技术是常用的一种实现容错的方法。在镜像技术中，两个部件要求执行完全相同的工作，如果其中的一个出现故障，另一个系统则继续工作。通常这种方法用在磁盘子系统中，两个磁盘控制器对同样型号的磁盘的相同扇区内写入完全相同的数据。

在镜像技术中，要求两个系统完全相同，而且两个系统都完成同一个任务。当故障发生时，系统将其识别出来并切换到单个系统操作状态。

事实证明，对磁盘系统而言镜像技术能很好地工作，但如果要实现整个系统的镜像是比较困难的。其原因是在两台机器上对内部总线传输和软件产生的系统故障等事件使用镜像技术是存在一定的难度的。

4. 复现

复现又称延迟镜像，它是镜像技术的一个变种。在复现技术中，需要有两个系统：辅助系统和原系统。辅助系统从原系统中接收数据，当原系统出现故障时，辅助系统就接替原系统的工作。利用这种方式用户就可以在接近出故障的地方重新开始工作。复现与镜像的主要不同之处在于重新开始工作以及在原系统上建立的数据被复制到辅助系统上时存在着一定的时间延迟。换句话来说，复现并非是精确的镜像系统。尽管如此，在高可用性系统中还使用复现技术的原因是可以减少网络数据的丢失。

复现系统如要代替原系统在网络系统充分发挥其作用，就必须复现原系统的安全信息和机制，包括用户 ID、登录初始化、用户名和其他授权过程。

5. 冗余系统配件

在系统中重复配置一些关键的部件可以增强故障的容错性。被重复配置的部件通常有如下几种：主处理器、电源、I/O 设备和通道。

采用冗余系统配件的措施有些必须在系统设计之时就得考虑进去，有的则可以在系统安装之后再加进去。

（1）电源

目前，在网络系统使用双电源系统已经较普遍，这两个电力供应系统应是负载平衡的，当系统工作时它们都为系统提供电力，而且，当其中的一个电源出现故障时，另一个电源就得自动地承担起整个系统的电力供应，以确保系统的正常运行。这样必须保证每一个供电系统都有独自承受整个负载的供电能力。

通常，在配有双电源系统的系统中，也可能配置其他的一些冗余部件，如网卡、I/O 卡和磁盘等。所有这些增加的冗余设备也都消耗额外的功率，同时，也产生了更多的热量。因此，必须考虑系统的散热问题，保证系统的通风良好。

（2）I/O 设备和通道

从内存向磁盘或其他的存储介质传输数据是一个很复杂的过程，而且，这个过程是非常频繁的。因此，这些存储设备故障率普遍都比较高。

使用冗余设备和 I/O 控制器可以防止出现设备故障而丢失数据，常用的方法是采用冗余磁盘对称镜像和冗余磁盘对称双联。前者是接在单个控制器上的，后者是连接在冗余控制器上的。双联较镜像具有更高的安全性能和处理速度，这是因为额外的控制器可以在系统的磁盘控制器发生故障时接替工作，并且两个控制器可以同时读入以提高系统的性能。

（3）主处理器

在网络系统中，虽然主处理器不会经常发生故障，但是，主处理器一旦发生故障，整个网络系统将处于崩溃状态。因此，为了提高系统的可靠性，在系统中可增加辅助 CPU。辅助 CPU 必须能精确地追踪原 CPU 的操作，同时又不影响其操作。实现的方法是在辅助处理器中应用镜像技术跟随原处理器的状态。如果原处理器出了故障，辅助处理器在内存存储器中已装载了必要的信息并能接过对系统的控制权。

对称多处理器在某种程度上提供了系统的容错性。例如，在双 CPU 机器中，如果其中一个 CPU 发生了故障，系统仍能在另一个 CPU 上运行。

6. 存储系统的冗余

存储子系统是网络系统中最易发生故障的部分。下面介绍实现存储系统冗余的最为流行的几种方法，即磁盘镜像、磁盘双联和冗余磁盘阵列。

（1）磁盘镜像

磁盘镜像是常见的，也是常用的实现存储系统容错的方法之一。使用这种方法时两个磁盘的格式需相同，即主磁盘和辅助磁盘的分区大小应当是一样的。如果主磁盘的分区大于辅助磁盘，当主磁盘的存储容量达到辅助磁盘的容量时就不再进行镜像操作了。

使用磁盘镜像技术对磁盘进行写操作时有些额外的性能开销。只有当两个磁盘都完成了对相同数据的写操作后才算结束，所用的时间较一个磁盘写入一次数据的要长一些。利用磁盘镜像技术对一个磁盘进行读数据操作时，另一个磁盘可以将其磁头定位在下一个要读的数据块处，这样，比起用一个磁盘驱动器进行读操作要快得多，其原因是等待磁头定位所造成的时间延迟减少了。

（2）磁盘双联

在镜像磁盘对中增加一个 I/O 控制器便称为磁盘双联。由于对 I/O 总线争用次数的减少而提高了系统的性能。I/O 总线实质上是串行的，而并非并行的，这意味着连在一条总线上的每一个设备是与其他设备共享该总线的，在一个时刻只能有一个设备被写入。

（3）冗余磁盘阵列

冗余磁盘阵列（RAID）是一种能够在不经历任何故障时间的情况下更换正在出错的磁盘或已发生故障的磁盘的存储系统，它是保证磁盘子系统非故障时间的一条途径。

RAID 的另一个优点是在其上面传输数据的速率远远高于单独在一个磁盘上传输数据时的速率。即数据能够从 RAID 上较快地读出来。

① RAID 级别。冗余磁盘阵列的实现有多种途径，这完全取决于它的种类、费用以及所需的非故障时间。目前所使用的 RAID 是以它的级别来描述的，共分 7 个级别，它们是：0 级 RAID、1 级 RAID、2 级 RAID、3 级 RAID、4 级 RAID、5 级 RAID 和 6 级 RAID。

0 级 RAID 并不是真正的 RAID 结构，没有数据冗余。RAID 0 连续地分割数据并并行地读/写于多个磁盘上。因此具有很高的数据传输率。但 RAID 0 在提高性能的同时，并没有提供数据可靠性，如果一个磁盘失效，将影响整个数据。因此，RAID 0 不可应用于数据可用性要求高的关键应用。

1 级 RAID 系统是磁盘镜像。RAID 1 通过数据镜像实现数据冗余，在两对分离的磁盘上产生互为备份的数据。RAID 1 可以提高读的性能，当原始数据繁忙时，可直接从镜像复制中读取数据。RAID 1 是磁盘阵列中费用最高的，但提供了最高的数据可用率。当一个磁盘失效时，系统可以自动地切换到镜像磁盘上，而不需要重组失效的数据。

从概念上讲，RAID 2 同 RAID 3 类似，两者都是将数据条块化分布于不同的硬盘上，条块单位为位或字节。然而 RAID 2 使用称为"加重平均纠错码"的编码技术来提供错误检查及恢复。这种编码技术需要多个磁盘存放检查及恢复信息，使得 RAID 2 技术实施更复杂。因此，在商业环境中很少使用。

3 级 RAID 系统在 4 个磁盘之间进行条状数据写入，它有专用的校验磁盘，即校验信息写入的第 5 个磁盘。在这类系统中，如果其中的一个磁盘损坏，可以将一个新的磁盘插入 RAID 插槽中，然后可以通过计算其余 3 个磁盘和校验磁盘上的数据重新在新的磁盘上建立数据。

　　4 级 RAID 系统同 RAID 2、RAID 3 一样，RAID 4、RAID 5 也同样将数据条块化并分布于不同的磁盘上，但条块单位为块或记录。RAID 4 使用一块磁盘作为奇偶校验盘，但每次写操作都需要访问奇偶盘，成为提高写操作效率的瓶颈，在商业应用中很少使用。

　　5 级 RAID 系统没有单独指定的奇偶盘，而是交叉地存取数据及奇偶校验信息于所有磁盘上。在 RAID5 上，读/写指针可同时对阵列设备进行操作，提供更高的数据流量。RAID 5 更适合于小数据块，随机读写的数据。RAID 3 与 RAID 5 相比，主要的区别在于 RAID 3 每进行一次数据传输，需涉及所有的阵列盘。而对于 RAID 5 来说，大部分数据传输只对一块磁盘操作，可进行并行操作。在 RAID 5 中有 "写损失"，即每一次写操作，将产生 4 个实际的读/写操作，其中两次读旧的数据及奇偶信息，两次写新的数据及奇偶信息。

　　6 级 RAID 系统与 RAID 5 相比，增加了第二个独立的奇偶校验信息块。两个独立的奇偶系统使用不同的算法，数据的可靠性非常高。即使两块磁盘同时失效，也不会影响数据的使用。但需要分配给奇偶校验信息更大的磁盘空间，相对于 RAID 5 有更大的 "写损失"。RAID 6 的写性能非常差，较差的性能和复杂的操作使得 RAID 6 很少使用。

　　② 校验。在上述几种 RAID 实现方法中除 1 级 RAID 和 0 级 RAID 系统不用校验外，其余都采用了校验磁盘。冗余磁盘阵列系统中使用异或算法建立写到磁盘上的校验信息。它是通过硬件芯片而不是处理存储空间来完成的。因此，具有相当快的计算速度。

　　校验的主要功能是当系统中某一个磁盘发生故障需要更换时，使用校验重建算法由其他磁盘上的数据重建故障磁盘上的数据。

　　RAID 控制器采用校验相类似的方法，可以在插入 RAID 插槽中的新的替换磁盘上重建丢失的数据，这种方法称校验重建。

　　校验重建是一种复杂的过程，重建进程需要记住它被中断时已经重建的磁道，记住这些磁盘都是同步运转的，写入操作必须同步进行。如果这时有新的数据需要更新写入磁盘，情况就会变得复杂。校验重建在重建开始时将会导致系统性能的大幅下降。

　　③ 设备更换。RAID 系统提供两种更换设备的方法：热更换和热共享。

　　热更换指在冗余磁盘阵列接入系统给系统提供磁盘 I/O 功能时，可以从其插槽中插入或拔出设备的能力。热共享设备是指在 RAID 系统的插槽中的一个额外的驱动器，它可以在任何磁盘出现故障时自动地被插入到 RAID 阵列中去（即热共享）。这种设备常用于安装了多个 RAID 阵列的 RAID 插槽中。

　　④ RAID 控制器。冗余磁盘阵列系统是由多个磁盘组成的一个系统，但是，从宿主主机的 I/O 控制器来看，RAID 系统仿佛是一个磁盘。在 RAID 系统中还有另一个控制器，它才是真正执行所有磁盘 I/O 功能的部件，它负责多种操作，其中包括写入操作时重建校验信息和校验重建的操作。RAID 系统的很多功能是由该控制来决定的。

　　冗余的 RAID 控制器能够提供容错，也能为冗余磁盘阵列系统提供容错的功能。

4.2.4　网络冗余

　　在网络系统中，作为传输数据介质的线路和其他的网络连接部件都必须有持续正常运行时间的备用途径。下面将讨论提高主干网和网络互连设备的可靠性的途径。

1. 主干网的冗余

主干网的拓扑结构应考虑容错性。网状的主干拓扑结构、双核心交换机和冗余的配线连接等，这些都是保证网络中没有单点故障的途径。

主干被用来连接服务器或网络上其他的服务设备。通常，这些主干都具有较高的网络速度才能使服务器发挥更强大的性能。因此，当为服务器提供网络服务时，如果它发生了故障，即使服务器仍能运行，但实际上已经不能用了，因为对其的访问被切断了。因此建议使用双主干网来保证网络的安全。

在使用双主干网络的网络系统中，如果原网络发生故障，辅助网络就会承担数据传输的服务。双主干的概念与网络拓外结构无关，双主干网络在具体实施时，对辅助网络最好是沿着与原网络不同的线路铺设。

2. 开关控制设备

在网络系统中，集线器、集中器都用作网段开关设备。在由开关控制的网络系统中，每一台机器与网络的连接都是通过一些开关设备实现的。在这些网络中，可以通过在设备之间提供辅助的高速连接来建立网络冗余。这种网络设备具有能精确地检测出发生故障段的能力，以及可用辅助路径分担数据流量。

网络开关控制技术是可以通过网络管理程序进行管理的。这意味着网络中部件故障发生时可以立即显示在控制程序的界面上，并且很快地对其响应。此外，开关控制可以通过对数据流量或误码率的分析提前发现出故障的网段。一旦发现数据流量有异常的情况或误码率超过了某一数值时，马上可以知道某一网络段将发生故障。

通常，网络开关控制设备都设计成模块式、可热插拔的电路板插件，这种设计的优点是当发现设备中某个电路板上的芯片损坏时，可立即用新的电路板来替换它。

开关控制设备使用了双电源和电池后备后，能够起到延长网络非故障时间的作用。

3. 路由器

路由器是网络系统中最为灵活的网络连接设备之一，它为网络中数据的流向指明方向。目前，在网络系统中大多数采用交换式路由器。交换式路由器支持 VRRP（虚拟路由冗余协议）和 OSPF（开放式最短路径）协议，前者用两个交换式路由器互为备份，后者用于旁路出故障的连接。

此外，交换式路由器通过复杂的队列管理机制来保证对时间敏感的应用（其数据流一般也是高优先级别的）优先被转发出目的端口。合理的队列管理机制也可以进行流量控制和流量整形，保证数据流不会拥塞交换机，同时获得平稳的数据流输出。交换式路由器的另一个功能是通过 RSVP（资源保留协议）可以动态地为特定的应用保留所需的带宽和对应用层的信息流进行控制，可以分辨出不同的信息流并为它们提供服务质量保证。

在网络系统中，如果服务器发生了故障需要启动备用服务器或备份中心的服务器，此时，用户应如何访问更换了地点的服务器呢？这种在用户设备和服务器之间没有直接网络连接的情况下，可以通过改变路由器的设置，来连接新位置的服务器。

4.3 网络备份系统

网络备份系统的功能是尽可能快地恢复计算机或计算机网络系统所需要的数据和系统信息。

网络备份实际上不仅是指网络上各计算机的文件备份，它还包含了整个网络系统的一套备份体系，主要包括如下几个方面。

① 文件备份和恢复。

② 数据库备份和恢复。

③ 系统灾难恢复。

④ 备份任务管理。

由于 LAN 系统的复杂性随着各种操作平台和网络应用软件的增加而增加，要对系统做完全备份的难度也随之增大，并非简单的复制就能解决，需要经常进行调整。

4.3.1　备份与恢复

对于大多数网络管理员来说，备份和恢复是一项繁重的任务。而备份的最基本的一个问题是：为保证能恢复全部系统，需要备份多少以及何时进行备份？

1. 备份

备份包括全盘备份、增量备份、差别备份、按需备份和排除。

所谓全盘备份是将所有的文件写入备份介质。通过这种方法网络管理员可以很清楚地知道从备份之日起便可以恢复网络系统上的所有信息。

增量备份指的是只备份那些上次备份之后已经做过更改的文件，即备份已更新的文件。增量备份是进行备份的最有效的方法。如果每天只需做增量备份，除了可大大节省时间外，系统的性能和容量也可以得到有效的提升。

一个有经验的网络管理员通常把增量备份和全盘备份一起使用，这样可以进行快速备份。这种方法可以减少恢复时所需的磁带数。

差别备份是对上次全盘备份之后更新过的所有文件进行备份的一种方法。它与增量备份相类似，所不同的只是在全盘备份之后的每一天中它都备份在那次全盘备份之后所更新的所有文件，仅此而已。因此，在下一次全盘备份之前，日常备份工作所需要的时间会一天比一天更长一些。

差别备份可以根据数据文件属性的改变，也可以根据对更新文件的追踪来进行。

差别备份的主要优点是全部系统只需两组磁带就可以恢复——最后一次全盘备份的磁带和最后一次差别备份的磁带。

按需备份是指在正常的备份安排之外额外进行的备份操作，这种备份操作实际上经常会遇到。例如，只想备份若干个文件或目录，也可能只要备份服务器上的所有必需的信息，以便能进行更安全的升级。

按需备份也可以弥补冗余管理或长期转储的日常备份的不足。

严格来说排除不是一种备份的方法，它只是把无需备份的文件排除在需要备份文件之外的一类方法。原因是，这些文件可能很大，但并不重要，也可能出于技术上的考虑，因为在备份这些文件时总是导致出错而又没有排除这种故障的办法。

2. 恢复操作

恢复操作通常可以分成以下 3 类：全盘恢复、个别文件恢复和重定向恢复。

（1）全盘恢复

全盘恢复通常用在灾难事件发生之后或进行系统升级和系统重组及合并时。

使用时的办法较简单，只需将存放在介质上的给定系统的信息全部转储到它们原来的地方。根据所使用的备份办法的不同可以使用几组磁带来完成。

根据经验，一般将用来备份的最后一个磁带作为恢复操作时最早使用的一个磁带。这是因为这个磁带保存着现在正在使用的文件，而最终用户总是急于在系统纠错之后使用它们。然后再使用最后一次全盘备份的磁带或任何有最多的文件所在的磁带。在这之后，使用所有有关的磁带，顺序就无所谓了。

恢复操作之后应当检查最新的错误登记文件，以便及时了解有没有发生文件被遗漏的情况。

（2）个别文件恢复

个别文件恢复的操作比要求进行全盘恢复常见得多。其原因无非是最终用户的水平不高。

通常，用户需要存储在介质上的文件的最后一个版本，因为，用户刚刚弄坏了或删除了该文件的在线版本。对于大多数的备份产品来说，这是一种相对简单的操作，它们只需浏览备份数据库或目录，找到该文件，然后执行一次恢复操作即可达到恢复的目的。也有不少产品允许从介质日志的列表中选择文件进行恢复操作。

（3）重定向恢复

所谓的重定向恢复指的是将备份文件恢复到另一个不同位置或不同系统上去，而不是进行备份操作时这些信息或数据所在的原来的位置。重定向恢复可以是全盘恢复或个别文件恢复。

一般来说，恢复操作较备份操作容易出问题。备份操作只是将信息从磁盘上复制出来，而恢复操作需要在目标系统上建立文件，在建立文件时，往往有许多其他错误出现，其中包括容量限制、权限问题和文件被覆盖等。

备份操作不必知道太多的系统信息，只需复制指定的信息。恢复操作则需要知道哪些文件需要恢复、哪些文件不需要恢复。例如，一个大型应用软件被删除了，一个新安装的应用软件又占据了它原来的位置。又如，在某一天，系统出了问题，需要从磁带进行恢复，会发现旧的应用软件的删除对恢复操作而言是十分重要的，这样，它就不会既恢复旧的应用软件又恢复新的应用软件了。

4.3.2 网络备份系统的组成

备份从表面上来看非常简单，但在实际上，要求提供功能完备的备份和恢复软件，其中仍包含了大量的复杂性。为了对网络备份有一个透彻的了解，下面将对网络备份组成部件和网络备份系统的组成做一介绍。

1. 网络备份组成部件

网络备份由以下 4 种基本部件组成。

- 目标。目标是指被备份或恢复的任何系统。
- 工具。工具是执行备份任务（如把数据从目标复制到磁带上）的系统。
- 设备。设备通常指将数据写到可移动介质上的存储设备，一般指磁带。
- SCSI（Small Computer System Interface）总线。SCSI 总线是指将设备和连网计算机连接在一起的电缆和接头。在局域网络备份中，SCSI 总线通常将设备和备份工具连接起来。

（1）基本的备份系统

基本的备份系统有两种：独立服务器备份和工作站备份。

　　独立的服务器备份是最简单的备份系统，它是由上面 4 种部件连在一起而构成的。图 4-1 所示为一个独立服务器备份系统。该系统包括一台把它自己备份到一个 SCSI 磁带上的服务器。

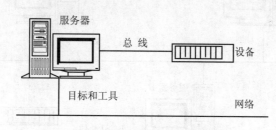

图 4-1　独立服务器备份系统

　　工作站备份方法是由独立服务器备份演变过来的，它将工具、SCSI 总线和设备移到网络的一个专用的工作站上。图 4-2 所示为工作站备份方法。

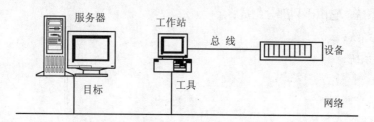

图 4-2　工作站备份方法

（2）服务器到服务器的备份

　　服务器到服务器的备份系统与独立服务器备份和工作站备份有些相似，这是目前最常用的一种局域网络备份的方法。由图 4-3 可知，服务器 B 将自己备份到一台外接的设备上，同时也备份到备份服务器 A 和 C 上。

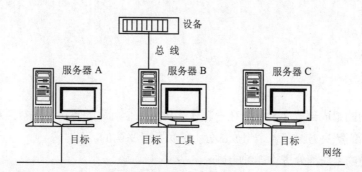

图 4-3　服务器到服务器备份

（3）专用网络备份服务器

　　考虑到兼做备份工作的生产用服务器可能会发生故障或出现其他问题，有些部门或机构往往把工具、SCSI 总线和设备放在专用的服务器系统上，这种方法与工作站备份有些相似，只是由于备份系统的性能和兼容性的考虑才将工作站换为服务器。图 4-4 所示为一个专用网络备份服务器方法。

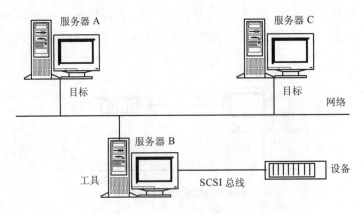

图 4-4　专用网络备份服务器方法

2. 备份系统的组成

备份是一个系统，它由下列部分组成：

- 物理主机系统；
- 逻辑主机系统；
- I/O 总线；
- 外围设备；
- 设备驱动软件；
- 备份存储介质；
- 备份计划；
- 操作执行；
- 物理目标系统；
- 逻辑目标系统；
- 网络连接；
- 网络协议；
- 系统日志；
- 系统监控；
- 系统管理。

上述这些备份的组成部分必须组合在一起才能构成一个可靠的备份系统。当对备份系统进行修改时，必须保证新的解决方案在各个组成部分上的负荷是平衡的。

下面将对备份的组成部分进行详细的讨论。

（1）物理主机系统

物理主机系统是主要的备份机器。它可以是一个高性能的计算机，也可以是一台 Unix 工作站，还可以是任何进行备份的硬件。由于物理主机系统是一台硬件设备，其 CPU 和 I/O 总线都允许各不相同，因此，备份的性能会受到来自机器自身的限制。

（2）逻辑主机系统

逻辑主机系统实际上是在备份系统中服务的操作系统。OS 根据自己的结构提供 I/O 功能。备份性能的强弱与操作系统有很大的关系。

（3）I/O 总线

I/O 总线是机器的内部总线，包括在前面已经介绍过的 SCSI 的外部总线。内部总线用于传输数据，而外部总线用来连接存储设备。

目前，在大多数 PC 系统中，包括使用 AGP 和 PCI 这样高速总线结构的系统，其传输数据的速率都低于 266Mbit/s。如果总线速率达到了这个极限，就表明系统总线已经成了瓶颈口，同时，也表明存储硬件的速率已经足够快了。

在部分 Unix 操作系统中，有比较快的总线结构，数据传输速率大约可达 300Mbit/s。

最常见的用于存储设备连接的外部总线是 SCSI。值得注意的是，大多数 SCSI 总线速率都超过系统总线速率。

另一种外部总线是 PCI，它是一种可以进行调节以适应高速数据传输的结构。

多个 SCSI 设备可以用一种被称为"菊链"的技术连接到单个 SCSI PC 适配器上。

（4）外围设备

外围设备指的是磁带驱动器、磁盘驱动器、光盘驱动器和 RAID 系统等可以对其读写数据的设备。这些设备中的大多数的传输速率较系统总线慢，并且没有一种能充分使用 SCSI 总线提供的传输速率。

（5）设备驱动软件

设备驱动软件是控制设备运行的方式。适配器的高级 SCSI 编程接口（Advanced SCSI Program Interface，ASPI）是 PC 网络市场上的事实标准。因此，所有的备份系统都支持 ASPI。

不同的设备驱动程序可能对 SCSI 系统的性能和可靠性有极大的影响。在一般情况下，更换 SCSI 驱动程序并不是一个好主意，除非有充分而又足够的理由。

（6）备份存储介质

备份系统中的存储介质主要指的是磁带与光盘等。它们与对其进行读写操作的设备实际上是不可分的。

（7）备份计划

备份计划是决定每天备份时需要做什么，对什么数据进行备份？有些备份系统已为备份操作提供了许多计划方面的灵活性和自动性。

（8）操作执行者

操作执行者又称为备份工具，它是一组备份操作的代码，即在备份操作中负责大部分工作的程序，它的好坏直接影响着操作的效率，甚至影响到恢复操作。

（9）物理目标系统

物理目标系统是指将数据从其上备份走的机器。同备份主机系统的硬件平台一样，目标机器的硬件平台也能影响备份的性能。

（10）逻辑目标系统

逻辑目标系统又称代理，在上面运行操作系统和应用软件。对备份而言，目标的逻辑含义是对操作执行者的要求做出一个响应的代理。该代理的主要任务是将文件和其他的系统数据通过某种方法提供给备份工具。作为逻辑目标系统必须掌握目标文件系统的详细情况和不在目标文件系统中的其他系统数据。

质量差的目标软件会对备份操作的整体性能产生严重的影响，甚至会造成备份工具的崩溃。一个运行速度特别慢的目标会影响备份工作按时完成。

（11）网络连接

网络连接可以是路由器、网桥、交换机、集线器、线缆或任何其他处于网络上的计算机之间的连接部件。当数据在网络传递时，如果网络设备超负荷运行并丢失数据包时就会出现一种常见的现象，其中包括文件损坏、失去目标甚至会造成备份系统的故障。正因为如此，在对网络连接设备进行投资之前最好对网络上备份系统的负载有深入的了解。

（12）网络协议

网络协议包括 IPX/SPX、TCP/IP 等。在网络上通过何种协议实现什么服务，以及这些服务的可靠程度是需要考虑的，这也是局域网备份中存在的棘手的问题之一，它有时会使备份的性能显著下降，甚至会导致通信会话过程关闭或失败，从而引发备份系统出现难以预料的结果。

（13）系统日志

系统日志可以理解为一个数据库文件，它记录了哪些文件被备份到哪个设备上去了，它们是什么时候被备份的，这些文件的系统属性是什么，以及备份工具开发者认为重要的任何信息的详细记录。

（14）系统监控

系统监控是一种管理员界面。在客户机/服务器结构的网络系统中该界面运行在 GUI 界面的客户机平台上，而备份存储设备则接在服务器上。在备份工作进行时，由于监控程序需要在网络上传送数据从而增加了网络额外负载，导致备份系统性能的降低。因此，如果不需要对备份工作进行监控的话，最好把备份系统的监控界面关闭。

（15）系统管理

随着网络系统规模的扩大，要求在网络上观察其备份系统的状态变得越来越重要。因此，能完成这种功能网络管理成了一种需求，以便能观察到备份设备运行的情况，提供备份的详细信息。此外，也可以通过简单网络管理协议（Simple Network Management Protocol，SNMP）来发现任何警告或其他问题。

4.3.3　备份的设备与介质

备份系统中用于备份与恢复的介质主要有：磁带介质和光学介质。

1. 磁带介质

磁带介质具有以下特点。

① 磁带具有较好的磁化特性，容易在它上面读、写数据。

② 磁带上的数据不会同与之相邻的磁带上的数据互相影响。

③ 磁带的各层不能相互分开或出现剥落现象。

④ 磁带具有很好的抗拉强度，不容易被拉断。

⑤ 磁带具有很好的柔软度，这样确保了通过磁带机时可以卷得很紧并可以很容易地被弯曲。

正由于上述的原因，磁带被专用于数据记录。

用于数据的磁带记录方法需要采用一些完善的纠错技术以保证数据能正确无误地读写。通常30%的磁带表面被用于保存纠错信息。当数据被成功地写入磁带时，纠错数据也和其一起写入，以防磁带在使用它进行恢复工作之前出现失效现象。如果磁带上的原始数据不能正确地被读出，纠错信息就被用来计算丢失字节的值；如果磁带机驱动器无法重建数据，就会给 SCSI 控制器发出一条出错信息，警告系统出现了介质错误。

在对磁带进行写的过程中，需要用另一个磁头进行一种写后读取的测试以保证刚被写入的数据可以被正确读出。一旦这种测试失败，磁带就会自动进到一个新的位置并再一次开始写尝试。重写了数次后，驱动器就会放弃并向 SCSI 控制器发出一个致命介质错误的出错信息。这时备份操作就失败了，直到新的磁带装入驱动器中。

磁带从其技术上来说可以分为如下几种。

① 1/4 英寸盒式磁带，简称 QIC（Quarter-Inch Cartridge）。这种介质被看成是独立备份系统的低端解决方案，其容量小且速率较低，不能用于 LAN 系统。

② 4mm 磁带，简称 DDS。这种磁带的存储容量能达到 4GB。DDS III 可达到 8GB 的容量。

③ 8mm 磁带，其容量未经压缩可达到 7GB。超长带（160m）可达 14GB。这种磁带的数据可交换性较 4mm 磁带更强。

④ 数字线性磁带（Digital Linear Tape，DLT），这种磁带的性能和容量较好。DLT2000 可写入 10GB 数据，在压缩情况下，可达 20GB；DLT4000 则有 20GB 的容量，使用压缩技术可存储 40GB 数据。

⑤ 3480/3490，它是用于主机系统中的高速设备介质。

保存在磁带上的数据是一种财富，一种资源，因此，对磁带设备介质的保养、维护工作也是非常重要的。通常对磁带设备介质的维护应注意如下几点。

① 定期清洗磁带驱动器。

② 存储搁置的磁带至少每年"操作"一次，这样可以保持磁带的柔软性并提高其可靠性。

③ 当备份系统收到越来越多的磁带错误信息时，首先应怀疑磁头是否发生故障，将磁头清洗数遍，如仍发生大量错误，则需要考虑更换磁头。

2. 光学介质

光学介质技术是将从介质表面反射回来的激光识别成信息。光学介质上的 0 和 1 以不同的方式反射激光，这样光驱可以向光轨上发射一束激光并检测反射光的不同。

目前，常见的光学介质有：磁光盘和可读 CD（CD-ROM）。

磁光盘（Magnetic-Optical，MO）是现有介质中持久性和耐磨性最好的一种介质。它允许进行非常快速的数据随机访问，正是这种特性，MO 特别适合于分级存储管理应用。但由于 MO 的容量至今仍不能与磁带相比，因此，它未被广泛用于备份系统。

可读 CD，即 CD-ROM，目前因为速度太慢和进行多进程介质写入困难，还不能适应于网络备份的要求。

3. 提高备份性能的技术

当对大量的信息进行备份时，备份性能便成了非常重要的问题。被用于提高网络备份性能的技术有：RAID 技术、设备流、磁带间隔和压缩。

（1）RAID 技术

磁带是备份系统常用的一种设备介质。磁带在记录磁头上移动所需的时间是一个瓶颈口，是影响备份速度的一个重要因素，而解决这类瓶颈问题的一种行之有效的办法是采用磁带 RAID 系统。

磁带 RAID 的概念与磁盘 RAID 相类似，数据"带状"通过多个磁带设备，因此，可以获得特别快的传输速率。但是，由于磁带在操作过程中总是走走停停，一旦驱动器清空了缓冲器后等待下一次数据到来时，往往会导致速率的大幅下降，这是 RAID 方法的一大不足之处。此外，这种方法在数据恢复操作时还存在可靠性问题，因为要正确地恢复数据就要对多台磁带设备进行精确的定位和计时，这是一件较为困难的任务。不过，该技术仍然有希望用于需要更高的速率和更大容量的情况下。

（2）设备流

设备流指的是在读写数据时，磁带驱动器以最优速率移动磁带时所处的状态，磁带驱动器只有处在流状态才能达到最佳的性能。显然，这需要使磁带 RAID 系统中的所有设备都处于流状态下工作。

为此，SCSI 主机适配器必须持续地向设备缓冲器中传输数据。然而，大多数 LAN 的传输能力还不能足够快地为备份应用程序提供足够多的数据。这就是说，设备流技术可以提高备份的性能，但要将设备保持在 100%的流状态是有一定的困难的。

（3）磁带间隔

磁带间隔将来自几个目标的数据连接在一起并写入同一个驱动器中的同一盘磁带上。这实际上是它将数据一起编写在磁带上，这样便解决了上面提到的问题。

（4）压缩

有内置压缩芯片的设备能够提高备份的性能。这些设备在往介质上写数据时首先对数据进行压缩。对于 PC LAN 上的大多数数据来说，压缩率可达到 2：1，这就是说，设备的流速在压缩数据时是不压缩时的两倍。

此外，可以通过网络自身的性能来提高备份的性能。在大型的备份系统中可采用 SCSI 控制器提高 SCSI 设备的运行效率，但在 SCSI 主机适配器上安装过多的设备反而影响其性能，通常所接的设备数不宜超过 3 个。

4.3.4　磁带轮换

磁带轮换实际上是在备份过程中使用磁带的一种方法，它是根据某些领先制定的方法决定应该使用哪些磁带。由于数据是存放在磁带之中，一旦需要对数据进行恢复时，如果信息量不大，存放信息的磁带相应来说也不多，在这种情况下使用备份磁带可能问题不大；如果存储数据的磁带数量较多，那么建立一个管理磁带的系统十分有用，对数据的恢复很有帮助。

磁带轮换的主要功能是决定什么时候可以使用新的数据覆盖磁带上以前所备份的数据，或反过来说，在哪一个时间段内的备份磁带不能被覆盖。例如，磁带轮换策略规定每月最后一天的备份要保存 3 个月，那么，磁带轮换策略就可以帮助保证 3 个月过去之前数据不会被写到这些磁带上。

磁带轮换的另一个好处是能够使用自动装带系统。把自动装带系统和磁带轮换规则联合起来使用可以减少由人为而引起的错误，使得恢复操作变得可以预测。

磁带轮换主要有如下几种模式。

① A/B 轮换，在这种方式中，把一组磁带分为 A、B 两组。"A"在偶数日使用，"B"在奇数日使用，或反之。这种方式不能长时间保存数据。

② 每日轮换，它要求每一天都得更换磁带，即需要有 7 个标明星期一到星期日的磁带。这种方式，在联合使用全盘备份和差别备份或增量备份时较为有效。

③ 每周轮换，这种方法每周换一次磁带。这种方法当数据较少时很有效。

④ 每月轮换，它通常的实现方法是每月的开始进行一次全盘备份，然后在该月余下的那些天里在其他的磁带上进行增量备份。

⑤ 祖、父、孙轮换，它是前面所讲的每日、每周、每月轮换的组合。

⑥ 日历规则轮换方法，它是按照日历安排介质的轮换。根据此方法，可以为每次操作设定数据保存的时间。

⑦ 混合轮换，这是一种按需进行的备份，作为日常备份的一种补充。

⑧ 无限增量，该模式的方法只需做一次全盘备份，也就是在第一次运行该系统以后只需执行增量备份。在恢复操作时，该系统能合并多次备份的数据并写到其他更大的介质上。这种模式要正常运行就要用精确的数据库操作。

除上述所讲的磁带轮换模式外，还有基于差别操作、汉诺依塔轮换模式等，这里不一一介绍。

4.3.5　备份系统的设计

网络备份实际上不仅仅是指网络上各计算机的文件备份，它实际上还包含了整个网络系统的一套备份体系。因此，在对某一个具体的网络系统进行备份设计时需要对网络系统的现状做详细分析，在此基础上，根据实际的备份需求提出备份方案的设计。

1. 系统现状分析及备份要求

系统现状分析的内容包括以下几方面。

① 网络系统的操作平台；

② 网络所采用的数据库管理系统；

③ 网络上运行的应用系统；

④ 网络系统结构以及所选用的服务器等。

对网络备份系统的要求主要有以下几种。

① 备份的数据需要保留的时间；

② 对数据库的备份是否要求在线备份；

③ 对不同操作平台的服务器要求以低成本实现备份；

④ 是否需要一套自动恢复的机制；

⑤ 对恢复时间的要求；

⑥ 对系统监控程序运行的要求；

⑦ 对备份系统自动化程度的要求；

⑧ 对网络前台工作站信息备件要求；

⑨ 说明现已采用的备份措施等。

2. 备份方案的设计

一套完整的备份方案应包括备份软件和备份介质的措施，以及日常备份制度和灾难性的应急措施。

（1）备份软件

备份软件的选择对一个网络备份系统来说是至关重要的，它的选择必须满足用户的全部需求。

（2）备份介质

常见的备份介质首选是磁带，当然，也可以根据实际情况考虑其他的介质，如磁光盘、可读 CD 等。

（3）日常备份制度

如果决定采用磁带作为备份的介质，那么，可以根据"磁带轮换"中所介绍的几种模式，选择其中的一种或几种模式作为日常备份制度。

3. 备份方案的实现

备份方案的实现包括下列几个方面。

① 安装。包括应用系统，备份软件以及磁带机的安装。

② 制定日常备份策略。

③ 文件备份。

④ 数据库备份。

⑤ 网络操作系统备份。

⑥ 工作站内容的备份。

4. 基于 CA ARC Server 的备份方案设计

网络系统备份涉及文件备份、数据库备份和应用程序备份等多个方面，在多数环境下还要实现跨平台的备份。根据系统的实际情况设计合理的备份方案至关重要。

常见的备份方式有集中备份和本地备份两种。一个网络系统采用哪一种备份方式在很大程度上取决于网络的规模。

集中式备份对小型网络系统较为适用。集中式备份的优点是硬件投资少，操作简单，它的主要的缺点是对网络速率要求较高。

对于大型网络系统应使用本地备份方式，即将大型网络划分成若干小型子网，每一子网都使用集中方式进行备份。本地备份的优点是不依赖于网络速率，备份速率高，响应时间短。它的主要缺点是硬件投资较高，每个子网都需要安装备份系统。

（1）CA ARC Server 简介

CA ARC Server 是一个跨平台的网络数据备份软件，在数据保护、灾难恢复和病毒防护方面均提供全面的产品支持，目前已成了事实上的标准。

CA ARC Server 具有如下几个方面的特性。

① 全面支持和保护 Netware 和 Windows NT 操作系统。

② 支持打开文件备份。

③ 支持对各种数据库如 Sybase、Oracle、Betrieve 等的备份。

④ 支持从服务器到工作站的全面网络备份。

⑤ 备份前扫描病毒，可以实现无毒备份。

⑥ 可以实现无人值班的自动备份。

⑦ 支持灾难恢复。

CA ARC Server 备份系统的组织模式是主模块+选件（Option）。主备份程序只完成通用的备份功能，而比较特殊的备份功能由各选件来实现。CA ARC Server 主模块在 Netware 和 Windows NT 下分别有两个版本——ARC Server for Netware 和 ARC Server for Windows NT。

（2）CA ARC Server 备份方案

① 环境。两台 Netware 服务器，一台为文件服务器，另一台为数据库服务器，运行 Betrieve。

要求实现整个网络的数据及系统备份。

②　方案。

方案一：将数据库服务器作为备份服务器，ARC Server 软件配置为：ARC Server for Netware + Disaster Recovery Option。

可以实现如下功能：

- 整个网络中非活跃文件备份；
- 数据库关闭状态备份；
- 系统关键信息（NDS 或 Bindery）备份；
- 系统灾难恢复。

方案二：将数据库服务器作为备份服务器，ARC Server 软件配置为：ARC Server for Netware + Disaster Recovery Option + Backup Agent for Betrieve。

可以实现如下功能：

- 整个网络非活跃文件备份；
- 数据库打开状态备份；
- 系统关键信息（NDS 或 Bindery）备份；
- 系统灾难恢复。

方案三：将数据库服务器作为备份服务器，使用磁带库作为备份硬件。ARC Server 软件配置为：ARC Server for Netware + Disaster Recovery Option + Backup Agent for Betrieve + Backup Agent for open files + Tape Library。

可以实现以下功能：

- 整个网络文件备份，包括活跃状态文件；
- 数据库打开状态备份；
- 系统关键信息（NDS 或 Bindery）备份；
- 系统灾难恢复；
- 备份数据的 RAID 容错；
- 无人值班备份。

在工作站上安装对应平台的备份代理程序，即可实现 Windows 98、Macintosh 以及 DOS 平台的数据备份。

4.4　数据库安全概述

数据库的安全性是指数据库的任何部分都不允许受到恶意侵害，或未经授权的存取与修改。通常，数据库的破坏来自下列 4 个方面。

①　系统故障。

②　并发所引起的数据不一致。

③　转入或更新数据库的数据有错误，更新事务时未遵守保持数据库一致的原则。

④　人为的破坏，例如，数据被非法访问，甚至被篡改或破坏。

其中，第四种破坏的问题被称为数据库安全的问题。

4.4.1　简介

数据库系统是计算机技术的一个重要分支，从 20 世纪 60 年代后期开始发展。虽然起步较晚，但近几十年来已经形成为一门新兴学科，应用涉及面很广，几乎所有领域都要用到数据库。

数据库，形象上讲就是若干数据的集合体。这些数据存在于计算机的外存储器上，而且不是杂乱无章地排列的。数据库数据量庞大、用户访问频繁，有些数据具有保密性，因此数据库要由数据库管理系统（DBMS）进行科学的组织和管理，以确保数据库的安全性和完整性。

很多数据库应用于客户机/服务器（Client/Server）平台，这已成为当代主流的计算模式。在 Server 端，数据库由 Server 上的 DBMS 进行管理。由于 Client/Server 结构允许服务器有多个客户端，各个终端对于数据的共享要求非常强烈，这就涉及数据库的安全性与可靠性问题。

例如，在校园网中，各个部门要共用一个或几个服务器，要分别对不同的或相同的数据库进行读取、修改和增删，而且各个部门之间很有可能有进行交叉浏览的需求，但是对于人事部门的资料其他部门就无权进行修改，其他部门的资料人事部门也不能随意修改，另外还要防止他人的蓄意破坏。这些都属于数据库的安全性问题，DBMS 必须具备这方面的功能。

4.4.2　数据库的特性

面对数据库的安全威胁，必须采取有效的安全措施。这些措施可分为两个方面，即支持数据库的操作系统和同属于系统软件的 DBMS。DBMS 的安全使用特性有以下几点要求。

1. 多用户

网络系统中服务器是用来共享资源的，不过，存储在服务器中的大多数文件是用来给单用户访问的。但是，网络系统上的数据库却又是提供给多个用户访问的。这意味着对数据库的任何管理操作，其中包括备份，都会影响到用户的工作效率，而且不仅是一个用户而是多个用户的工作效率。

2. 高可靠性

网络系统数据库有一个特性是可靠性高。因为，多用户的数据库要求具有较长的被访问和更新的时间，以完成成批任务处理或为其他时区的用户提供访问。

在数据库备份中提到的所谓"备份窗口"指的是在两个工作时间段之间用于备份的那一段时间，在这段时间内数据库可被备份，而在其余的时间段内，数据库不能被备份。通常考虑将这段时间安排在 LAN 处于"安静"状态的时候，此时，LAN 不做任何工作，并且所有的文件被关闭，因此，可以在不干扰用户的情况下进行备份。

3. 频繁的更新

数据库系统中数据的不断更新是数据库系统的又一特性。一般而言，文件服务器没有太多的磁盘写入操作。但由于数据库系统是多用户的，对其操作的频率以每秒计远远大于文件服务器。

4. 文件大

数据库一般有很多的文件，像文字处理这样的办公自动化应用的文件，平均大小是在 5～10KB 之间。数据库文件经常有几百 KB 甚至几 GB。另外，数据库一般比文件有更多需要备份的数据和更短的用于备份的时间。另外，如果备份操作超过了备份窗口还会导致用户访问和系统性能方面更多的问题，因为这时数据库要对更多的请求进行响应。

4.4.3 数据库安全系统特性

1. 数据独立性

数据独立于应用程序之外。理论上数据库系统的数据独立性分为以下两种。

① 物理独立性。数据库的物理结构的变化不影响数据库的应用结构，从而也就不能影响其相应的应用程序。这里的物理结构是指数据库的物理位置、物理设备等。

② 逻辑独立性。数据库逻辑结构的变化不会影响用户的应用程序，数据类型的修改、增加，改变各表之间的联系都不会导致应用程序的修改。

这两种数据独立性都要靠 DBMS 来实现。到目前为止，物理独立性已经能基本实现，但逻辑独立性实现起来非常困难，数据结构一旦发生变化，一般情况下，相应的应用程序都要进行或多或少的修改。追求这一目标也成为数据库系统结构变得越来越复杂的一个重要原因。

2. 数据安全性

数据库能否防止无关人员随意获取数据，是数据库是否实用的一个重要指标。如果一个数据库对所有的人都公开数据，那么这个数据库就不是一个可靠的数据库。

通常，比较完整的数据库应采取以下措施以保证数据安全。

① 将数据库中需要保护的部分与其他部分隔离。

② 使用授权规则。这是数据库系统经常使用的一个办法。数据库给用户 ID 号、口令和权限，当用户使用此 ID 号和口令登录后，就会获得相应的权限。不同的用户会获得不同的权限。例如，对一个表，某些用户有修改权限，而其他人只有查询权限。

③ 将数据加密，以密码的形式存于数据库内。

3. 数据的完整性

数据完整性这一术语用来泛指与损坏和丢失相对的数据状态。它通常表明数据在可靠性与准确性上是可信赖的，同时也意味着数据有可能是无效的或不完整的。数据完整性包括数据的正确性、有效性和一致性。

① 正确性。数据在输入时要保证其输入值与定义这个表时相应的域的类型一致。如表中的某个字段为数值型，那么它只能允许用户输入数值型的数据，否则不能保证数据库的正确性。

② 有效性。在保证数据正确的前提下，系统还要约束数据的有效性。例如，对于月份字段，若输入值为 16，那么这个数据就是无效数据，这种无效输入也称为"垃圾输入"。当然，若数据库输出的数据是无效的，则称为"垃圾输出"。

③ 一致性。当不同的用户使用数据库，应该保证他们取出的数据必须一致。

因为数据库系统对数据的使用是集中控制的，因此数据的完整性控制还是比较容易实现的。

4. 并发控制

如果数据库应用要实现多用户共享数据，就可能在同一时刻有多个用户要存取数据，这种事件叫作并发事件。当一个用户取出数据进行修改，在修改存入数据库之前如有其他用户再取此数据，那么读出的数据就是不正确的。这时就需要对这种并发操作实施控制，排除和避免这种错误的发生，保证数据的正确性。

5. 故障恢复

如果数据库系统运行时出现物理或逻辑上的错误，系统能尽快地恢复正常，这就是数据库系统的故障恢复功能。

4.4.4 数据库管理系统

数据库管理系统（Data Base Management System，DBMS）是一个专门负责数据库管理和维护的计算机软件系统。它是数据库系统的核心，对数据库系统的功能和性能有着决定性影响。DBMS不但负责数据库的维护工作，还要响应数据库管理员的要求以保证数据库的安全性和完整性。

DBMS 有以下主要职能。

① 有正确的编译功能，能正确执行规定的操作。

② 能正确执行数据库命令。

③ 保证数据的安全性、完整性，能抵御一定程度的物理破坏，能维护和提交数据库内容。

④ 能识别用户，分配授权和进行访问控制，包括身份识别和验证。

⑤ 顺利执行数据库访问，保证网络通信功能。

另一方面，数据库的管理不但要靠 DBMS，还要靠人员。这些人员主要是指管理、开发和使用数据库系统的数据管理员（Data Base Administrator，DBA）、系统分析员、应用程序员和用户。用户主要是对应用程序员设计的应用程序模块的使用，系统分析员负责应用系统的需求分析和规范说明，而且要和用户及 DBA 相结合，确定系统的软硬件配置并参与数据库各级应用的概要设计。在这些人员中，最重要的是 DBA，他们负责全面地管理和控制数据库系统，具有以下职责。

① 决定数据库的信息内容和结构。

② 决定数据库的存储结构和存取策略。

③ 定义数据的安全性要求和完整性约束条件。

④ DBA 的重要职责是确保数据库的安全性和完整性。不同用户对数据库的存取权限、数据的保密级别和完整性约束条件也应由 DBA 负责决定。

⑤ 监督和控制数据库的使用和运行。

DBA 负责监视数据库系统的运行，及时处理运行过程中出现的问题。尤其是遇到硬件、软件或人为故障时，数据库系统会因此而遭到破坏。DBA 必须能够在最短时间内把数据库恢复到某一正确状态，并且尽可能不影响或少影响计算机系统其他部分的正常运行。为此，DBA 要定义和实施适当的后援和恢复策略，例如周期性转储数据、维护日志文件等。

⑥ 数据库系统的改进和重组。

4.5 数据库安全的威胁

发现威胁数据库安全的因素和检查相应措施是数据库安全性的一个问题的两个方面，二者缺一不可。安全是从不断采取适当的措施的过程中获得的。所以，在谈到安全问题时首先要认识到威胁数据库安全因素的客观存在，但是，大多数的威胁是潜在的。为了防患于未然，必须在威胁变成现实之前，对损坏数据库安全的威胁有一个清晰的认识。

对数据库构成的威胁主要有篡改、损坏和窃取。

1. 篡改

篡改指的是未经授权对数据库中的数据进行修改，使其失去原来的真实性。篡改的形式具有多样性，但有一点是共同的，即在造成影响之前很难发现它。

篡改是人为的。一般来说，发生这种人为篡改行为的原因主要有如下几种。

① 个人利益驱动。

② 隐藏证据。

③ 恶作剧。

④ 无知。

2. 损坏

网络系统中数据的损坏的表现的形式是：表和整个数据库部分或全部被删除、移走或破坏。产生损坏的原因主要有破坏、恶作剧和病毒。

破坏往往都带有明确的作案动机，对付起来既容易又困难，说它容易是因为用简单的策略就可以防范这类破坏分子，说它难是因为不知道这些进行破坏的人是来自内部的还是外部的。

恶作剧往往出于爱好或好奇给数据造成损坏。通过某种方式访问数据的程序，即使对数据进行极小的修改，都可能使全部数据变得不可读。

计算机病毒在网络系统中能感染的范围是很大的，因此，采取必要的措施进行保护，把它拒之门外是上策。最简单的方法是限制来自外部的数据源、磁盘或在线服务的访问，并采用性能好的病毒检查程序对所有引入的数据进行强制性的检查。

3. 窃取

窃取一般是针对敏感数据，窃取的手法除了将数据复制到软盘之类的可移动的介质上外，也可以把数据打印后取走。

导致窃取的原因有工商业间谍的窃取、不满和要离开员工的窃取，还有就是被窃的数据可能比想象中更有价值。

4.6　数据库的数据保护

4.6.1　数据库的故障类型

数据库的故障是指从保护安全的角度出发，数据库系统中会发生的各种故障。这些故障主要包括：事务内部的故障、系统故障、介质故障和计算机病毒与黑客等。

事务（Transaction）是指并发控制的单位，它是一个操作序列。在这个序列中的所有操作只有两种行为，要么全都执行，要么全都不执行。因此，事务是一个不可分割的单位。事务以 COMMIT 语句提交给数据库，以 ROLLBACK 撤销已经完成的操作。

事务内部的故障大多源于数据的不一致性，主要表现为以下几种情况。

① 丢失修改：两个事务 T_1 和 T_2 读入同一数据，T_2 的提交结果破坏了 T_1 提交的结果，T_1 对数据库的修改丢失，造成数据库中数据错误。

② 不能重复读：事务 T_1 读取某一数据，事务 T_2 读取并修改了同一数据，T_1 为了对读取值进行校对再次读取此数据，便得到了不同的结果。例如，T_1 读取数据 $B=200$，T_2 也读取 B 并把它修改为 300，那么 T_1 再读取数据 B 得到 300 与第一次读取的数值便不一致。

③ "脏"数据的读出，即不正确数据的读出。T_1 修改某一数据，T_2 读取同一数据，但 T_1 由于某种原因被撤销，则 T_2 读到的数据为"脏"数据。例如：T_1 读取数据 B 值为 100 修改为 200，则 T_2 读取 B 值为 200，但由于事务 T_1 又被撤销，T_1 所做的修改被宣布无效，B 值恢复为 100，而 T_2 读到的数据是 200，与数据库内容不一致。

系统故障又称软故障，是指系统突然停止运行时造成的数据库故障。如 CPU 故障、突然断电和操作系统故障，这些故障不会破坏数据库，但会影响正在运行的所有事务，因为数据库缓冲区中的内容会全部丢失，运行的事务非正常终止，从而造成数据库处于一种不正确的状态。这种故障对于一个需要不停运行的数据库来讲损失是不可估量的。

恢复子系统必须在系统重新启动时，让所有非正常终止事务 ROLLBACK 把数据库恢复到正确的状态。

介质故障又称硬故障，主要指外存故障。例如，磁盘磁头碰撞，瞬时的强磁场干扰。这类故障会破坏数据库或部分数据库，并影响正在使用数据库的所有事务。所以，这类故障的破坏性很大。

病毒是一种计算机程序，然而这种程序与其他程序不同的是它能破坏计算机中的数据，使计算机处于不正常的状态，影响用户对计算机的正常使用。病毒具有自我繁殖的能力，而且传播速度很快。有些病毒一旦发作就会马上摧毁系统。

针对计算机病毒，现在已出现了许多种防毒和杀毒的软、硬件。但病毒发作后造成的数据库数据的损坏还是需要操作者去恢复的。

各种故障可能会造成数据库本身的破坏，也可能不破坏数据库，但使数据不正确。对于数据库的恢复，其原理就是"冗余"，即数据库中的任何一部分数据都可以利用备份在其他介质上的冗余数据进行重建。

黑客与病毒不同，是近年来新出现的名词。从某种角度来讲，黑客的危害要比计算机病毒更大。黑客往往是一些精通计算机网络和软、硬件的计算机操作者，他们利用一些非法手段取得计算机的授权，非法地读取甚至修改其他计算机数据，给用户造成巨大的损失。

对于黑客，更需要加强对计算机数据库的安全管理。这种安全管理对那些机密性的数据库显得尤为重要。

4.6.2 数据库的数据保护

在一些大型数据库中存储着大量机密性的信息，如国防、金融和军事等，若这些数据库中的数据遭到破坏，造成的损失难以估量。所以数据库的保护是数据库运行过程中一个不可忽视的方面。必须建立数据库系统的保护机制，提供数据保护功能。

数据库保护主要是指数据库的安全性、完整性、并发控制和数据库恢复。

1. 数据库的安全性

安全性问题是所有计算机系统共有的问题，并不是数据库系统所特有的，但由于数据库系统数据量庞大且多用户存取，安全性问题就显得尤其突出。由于安全性的问题可分为系统问题与人为问题，所以一方面我们可以从法律、政策、伦理和道德等方面约束用户，实现对数据库的安全使用；另一方面还可以从物理设备、操作系统等方面加强保护，保证数据库的安全。另外，还可以从数据库本身实现数据库的安全性保护。

在一般的计算机系统中，安全措施是层层设置的。其安全控制模型可以用图 4-5 表示。

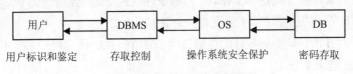

图 4-5　数据库安全控制模型

（1）用户标识和鉴定

通过核对用户的名字或身份（ID），决定该用户对系统的使用权。数据库系统不允许一个未经授权的用户对数据库进行操作。

当用户登录时，系统用一张用户口令表来鉴别用户身份。表中只有两个字段：用户名和口令，并且用户输入的口令并不显示在屏幕上或以某种符号代替，如 "*" 号。系统根据用户的输入字段鉴别此用户是否为合法用户。这种方法简便易行，但保密性不是很高。

另一种标识鉴定的方法是没有用户名，系统提供相应的口令表，这个口令表不是简单地与用户输入的口令比较，若相等就合法，而是系统给出一个随机数，用户按照某个特定的过程或函数进行计算后给出结果值，系统同样按照这个过程或函数对随机数进行计算，如果与用户输入的相等则证明此用户为合法用户，可以为用户分配权限。否则，系统认为此用户根本不是合法用户，拒绝其访问数据库系统。

（2）存取控制

对存取权限的定义称为授权。这些定义经过编译后存储在数据字典中。每当用户发出数据库的操作请求后，DBMS 查找数据字典，根据用户权限进行合法权检查。若用户的操作请求超出了定义的权限，系统就拒绝此操作。授权编译程序和合法权检查机制一起组成了安全性子系统。

在数据库系统中，不同的用户对象有不同的操作权力。对数据库的操作权限一般包括查询权、记录的修改权、索引的建立权和数据库的创建权。应将这些权限按一定的规则授予用户，以保证用户的操作在自己的权限范围之内。授权规则如表 4-1 所示。

表 4-1　授权规则表

	关系 S	关系 C	关系 SC
用户 1	NONE	SELECT	ALL
用户 2	SELECT	UPDATE	SELECT DELETE UPDATE
用户 3	NONE	NONE	SELECT
用户 4	NONE	INSERT SELECT	NONE
用户 5	ALL	NONE	NONE

数据库的授权由 SQL 的 GRANT（授权）和 REVOKE（回收）来完成。

例如：将表 TABLE1 的查询权力授予所有用户的语句为：

```
GRANT SELECT ON TABLE TABLE1 TO PUBLIC;
```

将表 TABLE1 的所有权权力授予用户 LI 的语句为：

```
GRANT ALL PRIVILGES ON TABLE TABLE1 TO LI:
```
将用户 LI 对 TABLE1 的查询权收回的语句为：
```
REVOKE SELECT ON TALBE TABLE1 FROM LI
```
下面是 3 个安全性公理，第②和第③公理都假定允许用户更新数据。

① 如果用户 i 对属性集 A 的访问（存取）是有条件的选择访问（带谓词 P），那么用户 i 对 A 的每个子集也是可以有条件的选择访问（但没有一个谓词比 P 强）。

② 如果用户 i 对 A 的访问是有条件的更新访问（带谓词 P），那么用户 i 对 A 也可以是有条件的选择访问（但谓词不能比 P 强）。

③ 如果用户 i 对属性 A 不能进行选择访问，那么用户 i 也不能对 A 有更新访问。

（3）数据分级

有些数据库系统对安全性的处理是把数据分级。这种方案为每一数据对象（文件、记录或字段等）赋予一定的保密级。例如，绝密级、机密级、秘密级和公用级。对于用户，也分成类似的级别，系统便可制定如下两条规则。

① 用户 i 只能查看比他级别低的或同级的数据。

② 用户 i 只能修改和他同级的数据。

在第②条中，用户 i 不能修改比他级别高的数据，但同时他也不能修改比他级别低的数据，这是为了管理上的方便。如果用户 i 要修改比他级别低的数据，那么首先要降低用户 i 的级别或提高数据的级别使得两者之间的级别相等才能进行修改操作。

数据分级法是一种独立于值的一种简单的控制方式。它的优点是系统能执行"信息流控制"。在授权矩阵方法中，允许凡有权查看秘密数据的用户就可以把这种数据复制到非保密的文件中，那么就有可能使无权用户也可接触秘密数据了。在数据分级法中，就可以避免这种非法的信息流动。

然而，这种方案只在某些专用系统中才有用。

（4）数据加密

为了更好地保证数据的安全性，可用密码存储口令、数据，对远程终端信息用密码传输防止中途被非法截获等。我们把原始数据称为明文，用加密算法对明文进行加密。加密算法的输入是明文和密钥，输出是密码文。加密算法可以公开，但加密一定是保密的。密码文对于不知道加密钥的人来说是不易解密的。

数据加密不是绝对安全的，有些人掌握计算机的加密技术，很有可能会将加密文解密。目前比较流行的加密算法是"非对称加密法"，可以随意使用加密算法和加密钥，但相应的解密钥是保密的。因此非对称加密算法有两个密钥，一个用于加密，另一个用于解密。而且解密钥不能从加密钥推出。即便有人能进行数据加密，如果不授权解密，他也几乎不可能解密。

明钥加密法的具体步骤如下。

① 任意选择两个 100 位左右的质数 p、q，计算 $r=p*q$。

② 任意选择一个整数 e，而 e 与 $(p-1)*(q-1)$ 是互质的，把 e 作为加密钥（一般，比 p、q 大的质数就可选作）。

③ 求解密钥 d，使得 $(d*e) \bmod (p-1)*(q-1)=1$。

④ r、e 可以公开，但 d 是保密的。

⑤ 对明文 x 进行加密，得到密文 c，计算公式是 $c=x^e \bmod r$。

⑥ 对密文 c 进行解密，得到明文 x，计算公式是 $x=c^d \bmod r$。

由于只公开 r、e，而求 r 的质因子几乎是不可能的，因此从 r、e 求 d 也几乎不可能，这样 d 就可以保密。只有用户知道 d 后，才能对密文进行解密。

这个方法是基于下列事实提出的。

① 已经存在一个快速算法，能测试一个大数是不是质数；

② 还不存在一个快速算法，去求一个大数的质因子。例如，有人曾计算过，测试一个 130 位的素数是否质数，计算机约需 7min 时间；但在同样的机器上，求两个 63 位质数的乘积的质因子约要花 40×10^{15}min 的时间。

2. 数据的完整性

数据的完整性主要是指防止数据库中存在不符合语义的数据，防止错误信息的输入和输出。数据完整性包括数据的正确性、有效性和一致性。

实现对数据的完整性约束要求系统有定义完整性约束条件的功能和检查完整性约束条件的方法。

数据库中的所有数据都必须满足自己的完整性约束条件，这些约束包括以下几种。

（1）数据类型与值域的约束

数据库中每个表的每个域都有自己的数据类型约束条件，如字符型、整型和实型等。在每个域中输入数据时，必须按照其约束条件进行输入，否则，系统不予受理。

对于符合数据类型约束的数据，还要符合其值域的约束条件。例如，一个整型数据只允许输入 0～100 之间的值，如果用户输入 200 便不符合约束条件。

（2）关键字约束

关键字是用来标识一个表中唯一的一条记录的域，一个表中主关键字可以多于一个。

关键字约束又分为主关键字约束和外部关键字约束。主关键字约束要求一个表中的主关键字必须唯一，不能出现重复的主关键字值。外部关键字约束要求一个表中的外部关键字的值必须与另外一个表中主关键字的值相匹配。

（3）数据联系的约束

一个表中的不同域之间也可以有一定的联系，从而应满足一定的约束条件。如表中有 3 个域：单价、数量和金额，它们之间符合金额=单价*数量，那么，当某记录的单价与数量一旦确定之后，它的金额就必须被确定。

以上所有约束都叫作静态约束，即它们都是在稳定状态下必须满足的条件。还有一种约束叫作动态约束，动态约束是指数据库中的数据从一种状态变为另外一种状态时，新、旧值之间的约束条件。例如，更新一个人的年龄时，新值不能小于旧值。

对于约束条件，按其执行状态分为立即执行约束和延迟执行约束。立即执行约束是指执行用户事务时，对事务中某一更新语句执行完成后马上对此数据所对应的约束条件进行完整性检查。延迟执行约束是指在整个事务执行结束后才对对应的约束条件进行完整性检查。

数据库系统可以由 DBMS 定义管理数据的完整性，完整性规则经过编译后，就被放入数据字典中，一旦进入系统，便开始执行这些规则。这种完整性管理方法比让用户的应用程序进行管理效率要高，而且规则集在数据字典中，易于从整体上进行管理。

对于 SQL 语言来说，只提供了安全性控制的功能，而没有定义完整性约束条件。

当前，大多数的 DBMS 都具有"触发器"功能。触发器用来保证当记录被插入、修改和删除时能够执行一个与其表有关的特定的事务规则，保证数据的一致性与完整性，而且，触发器的使用免除了利用前台应用程序进行控制数据完整性的繁琐工作。

3. 数据库并发控制

目前，多数数据库都是大型多用户数据库，所以数据库中的数据资源必须是共享的。为了充分利用数据库资源，应允许多个用户并行操作数据库。数据库必须能对这种并行操作进行控制，即并发控制，以保证数据被不同的用户使用时的一致性。

4.7　数据库备份与恢复

数据库的失效往往会导致整个机构的瘫痪，然而，任何一个数据库系统总会有发生故障的时候。数据库系统对付故障有两种办法：一种办法是尽可能提高系统的可靠性；另一种办法是在系统发出故障后，把数据库恢复至原来的状态。

4.7.1　数据库备份的评估

数据库系统如果发生故障可能会导致数据的丢失，要恢复丢失的数据，必须对数据库系统进行备份。在此之前，对数据库的备份进行一个全面的评估是很有必要的。

1. 备份方案的评估

对数据库备份方案的评估主要指的是在制定数据库备份方案之前必须对下列问题进行分析，并在分析的基础上做出评估。

（1）备份所需费用的评估

虽然说"数据"是一种财富，数据库的正常运行会给整个机构极大的帮助和好处，但对数据库进行备份时必须权衡不同的备份保护等级的费用。如果数据花 10 000 元就可以重新得到，并且可能 3 年才会丢失一次数据，那么，如果每年需花 5 000 元去保护这些数据，就显得不够经济了。因此，在作数据库备份之前，需要考虑如下的几个费用与风险问题。

① 费用能负担得起吗？如果负担不起，需采用其他能负担得起的方式。

② 所采用的措施能改善现状吗？

③ 在所采用的措施在实施过程中会产生其他的问题吗？这其中包括所采用的方法在有用户使用系统时会受到什么影响，以及是否会导致工作效率的降低等。

④ 该措施物有所值吗？最坏的情况下会损失什么？

（2）技术评估

如果不备份整个数据库，就不能将它恢复到系统上并使用它。对绝大多数数据库系统来说，数据库的任何更改都需要对整个数据库进行完全备份。因此，在数据库备份前必须对备份的技术做出评估。

在前面已讨论过的在线数据库的主要特性中，有两个特性是：频繁的更新和在用户需要时的可访问性。为了提高这些特性的功能，要求数据库系统在运行时使文件保持被打开的状态。这就意味着在数据库备份的过程中可能发生数据库文件的更新。

数据库在备份过程中的更新有如下几种情况。

① 更新发生在文件已被复制的区域。如图 4-6 所示，在备份过程中，文件的 A 处有一次数据库的更新，该更新发生在备份进程已经复制了该信息后，即更新发生在文件已被复制的那个区域中，对文件的其他部分没有影响，备份文件仍是完整的，一旦系统需要恢复，该文件仍能被恢复到它的原始状态。

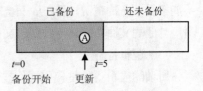

图 4-6　更新发生在已被复制区

② 更新发生在文件未被备份的区域。图 4-7 所示为更新发生在文件还未被备份的部分，它没有对文件的其他部分产生影响。假设未发生其他的更新而且备份正常结束，这类更新也不会有问题。如果数据库系统需要恢复，该数据库文件就会恢复到一个包括 B 点的完整状态。如将数据库恢复到故障前一时刻的状态，就需要重新输入在备份结束后发生的那些更新。

③ 两种不同状态处文件的更新。图 4-8 所示的更新是一件颇为麻烦的工作。因为文件的备份复制包括了 A 点处信息未改变的状态和 B 点处信息已被改变的状态。数据库文件的备份复制失去了完整性。当这种情况发生时，相关数据可能变得没有意义，甚至还会导致数据库系统的崩溃。

图 4-7　更新发生在未备份区

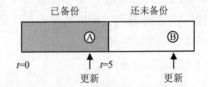

图 4-8　两种不同状态处的更新

④ 脱线更新，即冷备份。尽管在前面讨论过更新不可能被写到数据库文件中时，对数据库进行备份仍是有意义的，但毕竟不是一种合适的办法。为了防止更新发生的最好办法是在开始对其进行备份之前将数据库关闭，即进行脱线更新。

脱线更新通常在系统无人使用的时候进行。脱线更新的最好方法之一是建立一个批处理文件，该文件在指定的时间先关闭数据库，然后对数据库文件进行备份，最后再启动数据库。

2. 数据库备份的类型

常用的数据库备份的方法有冷备份、热备份和逻辑备份 3 种。

（1）冷备份

冷备份的思想是关闭数据库系统，在没有任何用户对它进行访问的情况下备份。这种方法在保持数据的完整性方面是最好的一种。但是，如果数据库太大，无法在备份窗口中完成对它的备份，此时，应该考虑采用其他的适用方法。

（2）热备份

数据库正在运行时所进行的备份称为热备份。数据库的热备份依赖于系统的日志文件。在备份进行时，日志文件将需要更新或更改的指令"堆起来"，并不是真正将任何数据写入数据库记录。当这些被更新的业务被堆起来时，数据库实际上并未被更新，因此，数据库能被完整地备份。

热备份方法的一个致命缺点是具有很大的风险性。其原因有 3 个：第一，如果系统在进行备份时崩溃，那么，堆在日志文件中的所有业务都会被丢失，即造成数据的丢失；第二，在进行热备份时，要求数据库管理员（DBA）仔细地监视系统资源，确保存储空间不会被日志文件占用完而造成不能接受业务的情况；第三，日志文件本身在某种程度上也需要进行备份以便重建数据，这样需要考虑其他的文件并使其与数据库文件协调起来为备份增加了复杂性。

（3）逻辑备份

所谓的逻辑备份是使用软件技术从数据库中提取数据并将结果写入一个输出文件。该输出文件不是一个数据库表，而是表中的所有数据的一个映像。在大多数客户/服务器结构模式的数据库中，结构化查询语言（SQL）是用来建立输出文件的。该过程较慢，对大型数据库的全盘备份不太实用，但是，这种方法适合用于增量备份，即备份那些上次备份之后改变了的数据。

使用逻辑备份进行恢复数据必须生成 SQL 语句。尽管这个过程非常耗时，时间开销较大，但工作效率相当高。

4.7.2　数据库备份的性能

数据库备份的性能可以用两个参数来表述，分别是被复制到磁带上的数据量和进行该项工作所花的时间。数据量和时间开销是一对矛盾体。如果在备份窗口中所有的数据都被传输到磁带上，就不存在什么问题。如果备份窗口中不能备份所有的数据，就不能对数据库进行有效的恢复。

通常，提高数据库备份性能的方法有如下几种。

① 升级数据库管理系统。

② 使用性能更强的备份设备。

③ 备份到磁盘上。磁盘可以是处于同一系统上的，也可以是 LAN 的另一个系统上的。如能指定一个完整的容量或服务器作为备份磁盘，效果会更好。

④ 使用本地备份设备。使用此方法时应保证连接的 SCSI 接口适配卡能承担高速扩展数据传输。另外，应将备份设备接在单独的 SCSI 接口上。

⑤ 使用原始磁盘分区备份。直接从磁盘分区读取数据，而不是使用文件系统 API 调用。这种方法可加快备份的执行。

4.7.3　系统和网络完整性

保护数据库的完整性，除了前面已经讨论过的提高性能的技术之外，还可以通过系统和网络的高可靠性来实现。

1. 服务器保护

服务器是 LAN 上的主要机器，如果要保护网络数据库的完整性，必须做好对服务器的保护工作。保护服务器包括以下几种方法。

① 电力调节，保证能使服务器运行足够长的时间完成数据库的备份。

② 环境管理，应将服务器置于有空调的房间，通风口应保持干净，并定期检查和清理。

③ 服务器所在房间应加强安全管理。

④ 做好服务器中硬件的更换工作，从而提高服务器硬件的可靠性。

⑤ 尽量使用辅助服务器以提供实时故障的跨越功能。

⑥ 通过映像技术或其他任何形式进行复制以便提供某种程度的容错。

接收复制数据的系统应具有原系统出现故障后能替代它在线工作的能力。这种方案可以减少在系统故障之后网络数据库的损失。但这种方案不适用于原系统一次更新进行时发生故障的情况。

2. 客户机的保护

对数据库的完整性而言，客户机或工作站的保护工作与服务器的保护工作同样重要。对客户机的保护可以从如下几个方面进行。

① 电力调节，保证客户机正常运行所需的电力供应。

② 配置后备电源，确保电力供应中断之后客户机能持续运行直至文件被保存。

③ 定期更换客户机或工作站的硬件。

3. 网络连接

网络连接是处于服务器与工作站或客户机之间的线缆、交换机、路由器或其他类似的设备。为此，线缆的安装应具有专业水平，且使用的配件应保证质量，还需配有网络管理工具监测通过网络连接的数据传输。此外，包括后备电源在内的电力调节设备也应该应用于所有的网络连接部件。如果可能的话，应该为网络设计一条辅助的网络连接路径，即网络冗余路径，如双主干方案，或用开关控制连接，以便能快速地对网络连接故障做出反应并为用户重新建立连接。

4.7.4　制定备份的策略

备份不是实时的，备份应该什么时候进行，以什么方式进行，主要取决于数据库的规模和用途。备份时需主要考虑以下几个因素。

① 备份周期是按月、周、天还是小时。

② 使用冷备份还是热备份。

③ 使用增量备份还是全部备份，或者两者同时使用（增量备份只备份自上次备份后的所有更新的数据，全部备份是完整备份数据库中的所有数据）。

④ 使用什么介质进行备份，备份到磁盘还是磁带。

⑤ 是人工备份还是设计一个程序定期自动备份。

⑥ 备份介质的存放是否防窃、防磁、防火。

4.7.5　数据库的恢复

恢复也称为重载或重入，是指当磁盘损坏或数据库崩溃时，通过转储或卸载的备份重新安装数据库的过程。

1. 恢复技术的种类

恢复技术大致可以分为如下 3 种：单纯以备份为基础的恢复技术，以备份和运行日志为基础的恢复技术和基于多备份的恢复技术。

（1）单纯以备份为基础的恢复技术

单纯以备份为基础的恢复技术是由文件系统恢复技术演变而来的，即周期性地把磁盘上的数据库复制或转储到磁带上。由于磁带是脱机存放的，系统对它没有任何影响。当数据库失效时，可取最近一次从磁盘复制到磁带上的数据库备份进行恢复，即把备份磁带上的数据库复制到磁盘的原数据库所在的位置上。利用这种方法，数据库只能恢复到最近备份的一次状态，从最近备份到故障发生期间的所有数据库的更新数据将会丢失。这意味着备份的周期越长，丢失的更新数据也就越多。

数据库中的数据一般只部分更新。如果只转储其更新过的物理块，则转储的数据量会明显减少，也不必用过多的时间去转储。如果增加转储的频率，则可以减少发生故障时已被更新过的数据的丢失。这种转储称为增量转储。

利用增量转储进行备份的恢复技术实现起来颇为简单，也不增加数据库正常运行时的开销，其最大的缺点是不能恢复到数据库的最近状态。这种恢复技术只适用于小型的和不太重要的数据库系统。

（2）以备份和运行日志为基础的恢复技术

系统运行日志用于记录数据库运行的情况，一般包括 3 部分内容：前像（Before Image，BI）、后像（After Image，AI）和事务状态。

所谓的前像是指数据库被一个事务更新时，所涉及的物理块更新后的影像，它以物理块为单位。前像在恢复中所起的作用是帮助数据库恢复更新前的状态，即撤销更新，这种操作称为撤销（Undo）。

后像恰好与前像相反，它是当数据库被某一事务更新时，所涉及的物理块更新前的影像，其单位和前像一样以物理块为单位。后像的作用是帮助数据库恢复到更新后的状态，相当于重做一次更新。这种操作在恢复技术中称为重做（Redo）。

运行日志中的事务状态记录每个事务的状态，以便在数据库恢复时做不同处理。事务状态的变化情况如图 4-9 所示。

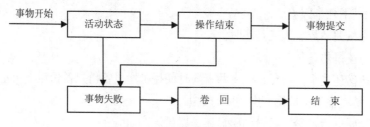

图 4-9　事物状态变化示意图

由图 4-9 可知，每个事务都有以下两种可能的结果。

① 事务提交后结束，这说明事务已成功执行，事务对数据库的更新能被其他事务访问。

② 事务失败，需要消除事务对数据库的影响，对这种事务的处理称为卷回（Rollback）。

基于备份和日志的这种恢复技术，当数据库失效时，可取出最近备份，然后根据日志的记录，对未提交的事务用前像卷回，称向后恢复（Backward Recovery）；对已提交的事务，必要时用后像重做，称向前恢复（Forward Recovery）。

这种恢复技术的缺点是，由于需要保持一个运行的记录，既花费较大的存储空间，又影响数据库正常工作的性能。它的优点是可使数据库恢复到最近的一个状态。大多数数据库管理系统都支持这种恢复技术。

（3）基于多备份的恢复技术

多备份恢复技术的前提是每一个备份必须具有独立的失效模式（Independent Failure Mode），这样可以利用这些备份互为备份，用于恢复。所谓独立失效模式是指各个备份不至于因同一故障而一起失效。获得独立失效模式的一个重要的要素是各备份的支持环境尽可能地独立，其中包括不共用电源、磁盘、控制器以及 CPU 等。在部分可靠要求比较高的系统中，采用磁盘镜像技术，即数据库以双备份的形式存放在两个独立的磁盘系统中，为了使失效模式独立，两个磁盘系统有各自的控制器和 CPU，但彼此可以相互切换。在读数时，可以选读其中任一磁盘；在写数据时，两个磁盘都写入同样的内容，当一个磁盘中的数据丢失时，可用另一个磁盘的数据来恢复。

基于多备份的恢复技术在分布式数据库系统中用得比较多，这完全是出于性能或其他考虑，在不同的结点上设有数据备份，而这些数据备份由于所处的结点不同，其失效模式也比较独立。

2. 恢复的办法

数据库的恢复大致有如下方法。

① 周期性地对整个数据库进行转储，把它复制到备份介质中（如磁带中），作为后备副本，以备恢复时使用。

转储通常又可分为静态转储和动态转储。静态转储是指转储期间不允许（或不存在）对数据库进行任何存取和修改，而动态转储是指在存储期间允许对数据库进行存取或修改。

② 对数据库的每次修改，都记下修改前后的值，写入"运行日志"中。它与后备副本结合，可有效地恢复数据库。

日志文件是用来记录数据库每一次更新活动的文件。在动态转储过程中必须建立日志文件，后备副本和日志文件综合起来才能有效地恢复数据库。在静态转储过程中，也可以建立日志文件。当数据库毁坏后可重新装入后备副本把数据库恢复到转储结束时刻的正确状态。然后利用日志文件，把已完成的事务进行重新处理，对故障发生时尚未完成的事务进行撤销处理。这样不必重新运行那些已完成的事务程序就可把数据库恢复到故障前某一时刻的正确状态。

3. 利用日志文件恢复事务

下面介绍一下如何登记日志文件以及发生故障后如何利用日志文件恢复事务。

（1）登记日志文件

在事务运行过程中，系统把事务开始、事务结束（包括 Commit 和 Rollback）以及对数据库的插入、删除和修改等每一个操作作为一个登记记录（Log 记录）存放到日志文件中。每个记录包括的主要内容有：执行操作的事务标识、操作类型、更新前数据的旧值（对插入操作而言，此项为空值）和更新后的新值（对删除操作而言，此项为空值）。

登记的次序严格按并行事务执行的时间次序，同时遵循"先写日志文件"的规则。写一个修改到数据库和写一个表示这个修改的 Log 记录到日志文件中是两个不同的操作，有可能在这两个操作之间发生故障，即这两个操作只完成了一个。如果先写了数据库修改，而在运行记录中没有登记下这个修改，则以后就无法恢复这个修改了。因此为了安全应该先写日志文件，即首先把 Log 记录写到日志文件上，然后写数据库的修改。这就是"先写日志文件"的原则。

（2）事务恢复

利用日志文件恢复事务的过程分为以下两步。

① 从头扫描日志文件，找出哪些事务在故障发生时已经结束（这些事务有 Begin Transaction 和 Commit 记录），哪些事务尚未结束（这些事务只有 Begin Transaction，无 Commit 记录）。

② 对尚未结束的事务进行撤销处理，对已经结束的事务进行重做。

进行撤销处理的方法是：反向扫描日志文件，对每个撤销事务的更新操作执行反操作。即对已经插入的新记录执行删除操作，对已删除的记录重新插入，对修改的数据恢复旧值。

进行重做处理的方法是：正向扫描日志文件，重新执行登记操作。

对于非正常结束的事务进行撤销处理，以消除可能对数据库造成的不一致性。对正常结束的事务进行重做处理也是需要的，这是因为虽然事务已发出 Commit 操作请求，但更新操作有可能只写到了数据库缓冲区（在内存），还没来得及物理地写到数据库（外存）便发生了系统故障。数据库缓冲区的内容被破坏，这种情况仍可能造成数据库的不一致性。由于日志文件上的更新活动已完整地登记下来，因此可能重做这些操作而不必重新运行事务程序。

（3）利用转储和日志文件

利用转储和日志文件可以有效地恢复数据库。当数据库本身被破坏时（如硬盘故障和病毒破坏）可重装转储的后备副本，然后运行日志文件，执行事务恢复，这样就可以重建数据库。

当数据库本身没有被破坏，但内容已经不可靠时，可利用日志文件恢复事务，从而使数据库回到正确状态，这时不必重装后备副本。

4. 易地更新恢复技术

图 4-10 所示为易地更新的示意图。每个关系有一个页表，页表中每一项是一个指针，指向关系中的每一页（块）。当更新时，旧页保留不变，另找一个新页写入新的内容。在提交时，把页表的指针从旧页指向新页，即更新页表的指针。旧页实际上起到了前像的作用。由于存储介质可能发生故障，后像还是需要的。旧页又称影页（Shadow）。

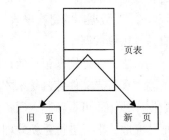

图 4-10 易地更新示意图

在事务提交前，其他事务只可访问旧页；在事务提交后，其他事务可以访问新页。事务如果在执行过程中发生故障，而故障发生在提交之前，称数据库状态为 BI；故障发生在提交之后，则称数据库状态为 AI。显然，这满足了数据的一致性要求，在数据库损坏时，需用备份和 AI 进行重做。在数据库未遭损坏时，不需要采取恢复措施。

易地更新恢复技术有如下限制与缺点。

① 同一时间只允许一个事务提交。

② 同一时间一个文件只允许一个事务对它进行更新。

③ 提交时主记录一般限制为一页，文件个数受到主记录大小的限制。

④ 文件的大小受页表大小的限制，而页表的大小受到缓冲区大小的限制。

⑤ 易地更新时，文件很难连成一片。

因此，易地更新恢复技术一般用于小型数据库系统，对大型数据库系统是不适用的。

5. 失效的类型及恢复的对策

一种恢复方法的恢复能力总是有限的，一般只对某一类型的失效有效，在任何情况下都适用的恢复方法是不存在的。在前述的恢复方法中都需要备份，如果备份由于不可抗拒的因素而损坏，那么，前述的恢复方法将无能为力。通常的恢复方法都是针对概率较高的失效，这些失效可分为 3 类：事务失效、系统失效和介质失效。

（1）事务失效

事务失效（Transaction Failure）发生在事务提交之前，事务一旦提交，即使要撤销也不可能了。造成事务失效的原因有以下几种。

① 事务无法执行而自行中止。

② 操作失误或改变主意而要求撤销事务。

③ 由于系统调度上的原因而中止某些事务的执行。

对事务失效可采取如下措施以予恢复。

① 消息管理丢弃该事务的消息队列。

② 如果需要可进行撤销。

③ 从活动事务表（Active Transaction List）中删除该事务的事务标识，释放该事务占用的资源。

（2）系统失效

这里所指的系统包括操作系统和数据库管理系统。系统失效是指系统崩溃，必须重新启动系统，内存中的数据可能丢失，而数据库中的数据未遭破坏。发生系统失效的原因有以下几种。

① 掉电。

② 除数据库存储介质外的硬、软件故障。

③ 重新启动操作系统和数据库管理系统。

④ 恢复数据库至一致状态时，对未提交的事务进行了 Undo 操作，对已提交的事务进行了 Redo 的操作。

（3）介质失效（Media Failure）

介质失效指磁盘发生故障，数据库受损，例如，划盘、磁头破损等。

现代的 DBMS 对介质失效一般都提供恢复数据库至最近状态的措施，具体过程如下。

① 修复系统，必要时更换磁盘。

② 如果系统崩溃，则重新启动系统。

③ 加载最近的备份。

④ 用运行日志中的后像重做，取最近备份以后提交的所有事务。

从介质失效中恢复数据库的代价是较高的，而且要求运行日志提供所有事务的后像，工作量是很大的。但是，为了保证数据的安全，这些工作是必不可少的。

4.7.6　MySQL 数据库备份与恢复

备份是最简单的保护数据的方法，本节将介绍多种备份方法。为了得到一个一致的备份，在相关的表上做一个 LOCK TABLES，只需一个读锁定，当你在数据库目录中做一个文件的复制时，允许其他线程继续查询该表；当恢复数据时，需要一个写锁定，以避免冲突。

1. 使用 SQL 语句备份和恢复

使用 SELECT INTO OUTFILE 语句备份数据，并用 LOAD DATA INFILE 语句恢复数据。这种方法只能导出数据的内容，不包括表的结构，如果表的结构文件损坏，必须要先恢复原来的表的结构。

语法：

```
SELECT * INTO {OUTFILE | DUMPFILE} 'file_name' FROM tbl_name
LOAD DATA [LOW_PRIORITY] [LOCAL] INFILE 'file_name.txt' [REPLACE | IGNORE]
INTO TABLE tbl_name
```

SELECT ... INTO OUTFILE 'file_name'格式的 SELECT 语句将选择的行写入一个文件。文件在服务器主机上被创建，并且不能是已经存在的。SELECT ... INTO OUTFILE 是 LOAD DATA

INFILE 逆操作。

LOAD DATA INFILE 语句从一个文本文件中以很高的速率读入一个表中。如果指定 LOCAL 关键词，从客户主机读文件。如果 LOCAL 没指定，文件必须位于服务器上。

为了安全考虑，当读取位于服务器上的文本文件时，文件必须处于数据库目录或可被所有人读取。另外，为了对服务器上文件使用 LOAD DATA INFILE，在服务器主机上你必须有 file 的权限。使用这种 SELECT INTO OUTFILE 语句，在服务器主机上你必须有 FILE 权限。

为了避免重复记录，在表中需要一个 PRIMARY KEY 或 UNIQUE 索引。当唯一索引值中的新记录与老记录重复时，REPLACE 关键词使得老记录被一个新记录替代。如果指定 IGNORE，跳过有唯一索引的现有行的重复行的输入。如果不指定任何一个选项，当找到重复索引值时，会出现一个错误，并且文本文件的余下部分将被忽略，如果指定关键词 LOW_PRIORITY，LOAD DATA 语句的执行将被推迟到没其他客户读取表后，使用 LOCAL 将比让服务器直接存取文件慢一些，因为文件的内容必须从客户主机传送到服务器主机。另一方面，不需要 file 权限装载本地文件。如果使用 LOCAL 关键词从一个本地文件装载数据，服务器没有办法在操作的过程中停止文件的传输，因此默认的行为就如同 IGNORE 被指定一样。

当在服务器主机上寻找文件时，服务器使用下列规则。

① 如果给出一个绝对路径名，服务器使用该路径名。

② 如果给出一个有一个或多个前置部件的相对路径名，服务器相对服务器的数据目录搜索文件。

③ 如果给出一个没有前置部件的一个文件名，服务器在当前数据库的数据库目录中寻找文件。

假定表 tbl_name 具有一个 PRIMARY KEY 或 UNIQUE 索引，备份一个数据表的过程如下。

（1）锁定数据表，避免在备份过程中，表被更新

```
mysql>LOCK TABLES READ tbl_name;
```

（2）导出数据

```
mysql>SELECT * INTO OUTFILE 'tbl_name.bak' FROM tbl_name;
```

（3）解锁表

```
mysql>UNLOCK TABLES;
```

相应的恢复备份的数据的过程如下。

（1）为表增加一个写锁定

```
mysql>LOCK TABLES tbl_name WRITE;
```

（2）恢复数据

```
mysql>LOAD DATA INFILE 'tbl_name.bak'
  ->REPLACE INTO TABLE tbl_name;
```

若指定一个 LOW_PRIORITY 关键字，就不必如上所述对表锁定，因为数据的导入将被推迟到没有客户读表为止：

```
mysql>LOAD DATA  LOW_PRIORITY  INFILE 'tbl_name'
  ->REPLACE INTO TABLE tbl_name;
```

（3）解锁表

2. 使用 mysqlimport 恢复数据

如果仅仅恢复数据，那么完全没有必要在客户机中执行 SQL 语句，因为可以使用 mysqlimport

程序，它完全是与 LOAD DATA 语句对应的，由发送一个 LOAD DATA INFILE 命令到服务器来运作。
执行命令 mysqlimport --help，仔细查看输出，可以从这里得到帮助。

```
shell> mysqlimport [options] db_name filename ...
```

对于在命令行上命名的文本文件，mysqlimport 剥去文件名的扩展名并且使用它决定哪个表导入
文件的内容。例如，名为 "patient.txt" "patient.text" 和 "patient" 将全部被导入名为 patient 的一个
表中。

例如恢复数据库 db1 中表 tbl1 的数据，保存数据的文件为 tbl1.bak，假定在服务器主机上：

```
shell>mysqlimport --lock-tables --replace db1 tbl1.bak
```

在恢复数据之前先对表锁定，也可以利用--low-priority 选项：

```
shell>mysqlimport --low-priority --replace db1 tbl1.bak
```

如果为远程的服务器恢复数据，可进行如下操作：

```
shell>mysqlimport -C --lock-tables --replace db1 tbl1.bak
```

3. 用 mysqldump 备份数据

同 mysqlimport 一样，也存在一个备份数据工具 mysqldump，但是它可以在导出的文件中包含 SQL
语句，因此可以备份数据库表的结构，而且可以备份一个数据库，甚至是整个数据库系统。

```
mysqldump [OPTIONS] database [tables]
mysqldump [OPTIONS] --databases [OPTIONS] DB1 [DB2 DB3...]
mysqldump [OPTIONS] --all-databases [OPTIONS]
```

如果不给定任何表，整个数据库将被倾倒。

通过执行 mysqldump --help，能得到 mysqldump 的版本支持的选项表。

例如，假定在服务器主机上备份数据库 db_name：

```
shell> mydqldump db_name
```

当然，由于 mysqldump 默认是把输出定位到标准输出，所以它需要重定向标准输出。

例如，把数据库备份到 bd_name.bak 中：

```
shell> mydqldump db_name>db_name.bak
```

4. 用直接复制的方法备份恢复

由于 MySQL 的数据库和表是直接通过目录和表文件实现的，因此通过直接复制文件来备份数据
库数据，对 MySQL 来说特别方便。使用直接复制的方法备份时，尤其要注意表是否被使用，应该首
先对表进行读锁定。

备份一个表，需要 3 个文件。

对于 MyISAM 表：

tbl_name.frm 表的描述文件；

tbl_name.MYD 表的数据文件；

tbl_name.MYI 表的索引文件。

对于 ISAM 表：

tbl_name.frm 表的描述文件；

tbl_name.ISD 表的数据文件；

tbl_name.ISM 表的索引文件。

直接复制文件从一个数据库服务器到另一个服务器，对于 MyISAM 表，可以从运行在不同硬件
系统的服务器之间复制文件，例如，SUN 服务器和 INTEL PC 机之间。

4.8 小结

1. 数据完整性简介

数据完整性用来泛指与损坏和丢失相对的数据的状态，它通常表明数据的可靠性与准确性是可以信赖的。同时，在数据完整性无法保证的情况下，意味着数据有可能是无效的，或不完整的。

影响数据完整性的因素主要有如下 5 种。

硬件故障、网络故障、逻辑问题、意外的灾难性事件和人为的因素。

提高数据完整性主要有两个方面的内容：首先，采用预防性的技术防范危及数据完整性的事件的发生；其次，一旦数据的完整性受到损坏时采取有效的恢复手段，恢复被损坏的数据。

2. 容错与网络冗余

从容错技术的实际应用出发可以将容错系统分成 5 种不同的类型。

高可用度系统、长寿命系统、延迟维修系统、高性能计算系统和关键任务计算系统。

实现容错系统的方法如下。

空闲备件、负载平衡、镜像和复现。

在系统中重复配置一些关键的部件可以增强系统的容错性。被重复配置的部件通常有如下几种：主处理器、电源、I/O 设备和通道。

实现存储系统冗余的几种方法有：磁盘镜像、磁盘双联和 RAID。

3. 网络备份系统

备份包括全盘备份、增量备份、差别备份、按需备份和排除。

恢复操作通常可以分成：全盘恢复、个别文件恢复和重定向恢复。

网络备份系统的目的是，尽可能快地恢复计算机或计算机网络系统所需的数据和系统信息。网络备份实际上不仅仅是指网络上各计算机的文件备份，而且也包含了整个网络系统的一套备份体系。主要包括如下几个方面。

① 文件备份和恢复。

② 数据库备份和恢复。

③ 系统灾难恢复。

④ 备份任务管理。

网络备份由以下 4 个基本部件组成。

① 目标。目标是指被备份或恢复的任何系统。

② 工具。工具是执行备份任务（如把数据从目标复制到磁带上）的系统。

③ 设备。设备通常指将数据写到可移动介质上的存储设备，一般指磁带。

④ SCSI 总线。SCSI 总线是指将设备和连网计算机连接在一起的电缆和接头。在局域网络备份中，SCSI 总线通常将设备和备份工具连接起来。

4. 数据库安全概述

数据库具有多用户、高可靠性、可频繁更新和文件大等特性，在安全方面数据库具有数据独立性、数据安全性、数据的完整性、并发控制和故障恢复等特点。

数据库管理系统的主要职能为以下几种。

① 有正确的编译功能，能正确执行规定的操作。

② 能正确执行数据库命令。

③ 保证数据的安全性、完整性，能抵御一定程度的物理破坏，能维护和提交数据库内容。

④ 能识别用户，分配授权和进行访问控制，包括身份识别和验证。

⑤ 顺利执行数据库访问，保证网络通信功能。

5. 数据库安全的威胁

对数据库构成的威胁主要有篡改、损坏和窃取 3 种情况。

6. 数据库的数据保护

数据库的故障是指从保护安全的角度出发，数据库系统中会发生的各种故障。这些故障主要包括事务内部的故障、系统范围内的故障、介质故障、计算机病毒与黑客等。

数据库保护主要是指数据库的安全性、完整性、并发控制和数据库恢复。

在数据库的安全性方面要采取用户标识和鉴定、存取控制、数据分级以及数据加密等手段。

数据库中的所有数据都必须满足自己的完整性约束条件，这些约束包括以下几个方面。

① 数据类型与值域的约束。

② 关键字约束。

③ 数据联系的约束。

7. 数据库备份与恢复

数据库系统对付故障有两种办法：一种办法是尽可能提高系统的可靠性；另一种办法是在系统发生故障后，把数据库恢复至原来的状态。

数据库系统如果发生故障可能会导致数据的丢失，要恢复丢失的数据，必须对数据库系统进行备份。在制定数据库备份方案之前必须对下列问题进行分析，并在分析的基础上做出评估。

① 对数据库保护内容的评估。

② 对数据被丢失的可能性分析。

③ 如数据丢失必须做出其损失的评估。

④ 备份所需费用的评估。

常用的数据库备份方法有冷备份、热备份和逻辑备份 3 种。

提高数据库备份性能的办法有：升级数据库管理系统、使用更快的备份设备、备份到磁盘上、使用本地备份设备、使用原始磁盘分区备份等。

保护数据库的完整性，除了提高性能的技术之外，也可以通过系统和网络的高可靠性实现。

数据库的恢复也称为重载或重入，是指当磁盘损坏或数据库崩溃时，通过转储或卸载的备份重新安装数据库的过程。恢复技术大致可以分为 3 种：以备份为基础的恢复技术、以备份和运行日志为基础的恢复技术以及基于多备份的恢复技术。

习　题

1. 简述数据完整性的概念及影响数据完整性的主要因素。

2. 什么是容错与网络冗余技术，实现容错系统的主要方法有哪些？

3. 实现存储系统冗余的方法有哪些？

4. 简述"镜像"的概念。

5. 网络系统备份的主要目的是什么？

6. 网络备份系统的主要部件有哪些？

7. 简述磁带轮换的概念及模式。

8. 试分析数据库安全的重要性，说明数据库安全所面临的威胁。

9. 数据库中采用了哪些安全技术和保护措施？

10. 数据库的安全策略有哪些？简述其要点。

11. 数据库管理系统的主要职能有哪些？

12. 简述常用数据库的备份方法。

13. 简述易地更新恢复技术。

14. 简述介质失效后，恢复的一般步骤。

15. 什么是"前像"，什么是"后像"？

05 第5章 恶意代码及网络防病毒技术

　　恶意代码是指能够破坏计算机系统功能、未经用户许可非法使用计算机系统，影响计算机系统、网络正常运行，窃取用户信息的计算机程序或代码。恶意代码是一种程序，它通过把代码在不被察觉的情况下嵌入到另一段程序中，从而达到破坏被感染计算机的数据、运行具有入侵性或破坏性的程序、破坏被感染计算机数据的安全性和完整性的目的。

　　恶意代码总体上可以分为两个类别，一类需要驻留在宿主程序，另一类独立于宿主程序。前一类实质上是一些必须依赖于一些实际应用程序或系统程序才可以起作用的程序段，后一类是一些可以由操作系统调度和运行的独立程序。

　　另外一种分类方法是将这些恶意代码分为不可进行自身复制和可以进行自身复制的两类。前者在宿主程序被触发的时候执行相应操作，但不会对本身进行复制操作；后者包括程序段（病毒）或独立的程序（蠕虫），这些程序在执行的时候将产生自身的一个或多个副本，这些副本在合适的时机将在本系统或其他系统内被激活。

　　按传播方式，恶意代码可以分成 5 类：病毒、木马、蠕虫、移动代码和复合型病毒。

5.1　计算机病毒

计算机病毒是一种"计算机程序"，它不仅能破坏计算机系统，而且还能够传播并感染其他系统。它通常隐藏在其他看起来无害的程序中，他能复制自身并将其插入其他的程序中以执行恶意的行动。

病毒既然是一种计算机程序，就需要消耗计算机的 CPU 资源。当然，病毒并不一定都具有破坏力，有些病毒更像是恶作剧，例如，有些计算机感染病毒后，只是显示一条有趣的消息，但大多数病毒的目标任务就是破坏计算机信息系统程序，影响计算机的正常运行。

5.1.1　计算机病毒的分类

通常，计算机病毒可分为下列几类。

1. 按传染对象分类

（1）文件病毒

该病毒在操作系统执行文件时取得控制权并把自己依附在可执行文件上，然后，利用这些指令来调用附在文件中某处的病毒代码。当文件执行时，病毒会调出自己的代码来执行，接着又返回到正常的执行系列。通常，这些过程发生得很快，以至于用户难以察觉病毒代码已被执行。

（2）引导扇区病毒

它会潜伏在软盘的引导扇区、硬盘的引导扇区或主引导记录（分区扇区中插入指令）。此时，如果计算机从被感染的软盘引导时，病毒就会感染到引导硬盘，并把自己的代码调入内存。软盘并非一定是可引导的才能传播病毒，病毒可驻留在内存中并感染被访问的软盘。触发引导区病毒的典型事件是系统日期和时间。

（3）多裂变病毒

多裂变病毒是文件和引导扇区病毒的混合种，它能感染可执行文件，从而在网上迅速传播蔓延。

（4）秘密病毒

这种病毒通过挂接中断把它所进行的修改和自己的真面目隐藏起来，具有很大的欺骗性。因此，当某系统函数被调用时，这些病毒便"伪造"结果，使一切看起来非常正常。秘密病毒摧毁文件的方式是伪造文件大小和日期，隐藏对引导区的修改，而且使大多读操作重定向。

（5）异形病毒

这是一种能变异的病毒，随着感染时间的不同而改变其不同的形式。不同的感染操作会使病毒在文件中以不同的方式出现，使传统的模式匹配法对此显得软弱无力。

（6）宏病毒

宏病毒不只是感染可执行文件，它也可以感染一般文件。虽然宏病毒不会有严重的危害，但它仍令人讨厌，因为它会影响系统的性能以及用户的工作效率。宏病毒是利用宏语言编写的，不面向操作系统，所以，它不受操作平台的约束，可以在 DOS、Windows、Unix、Linux、Mac 甚至在 OS/2 系统中散播。这就是说，宏病毒能被传播到任何可运行编写宏病毒的应用程序的机器中。

2. 按破坏程度分类

（1）良性病毒

良性病毒入侵的目的不是破坏系统，只是发出某种声音，或出现一些提示，除了占用一定的硬盘空间和 CPU 处理时间外别无其他坏处。如一些木马病毒程序也是这样，只是想窃取用户计算机中的一些通信信息，如密码、IP 地址等，以备有需要时用。

（2）恶性病毒

恶性病毒的目的是对软件系统造成干扰、窃取信息、修改系统信息，但不会造成硬件损坏、数据丢失等后果。这类病毒入侵后系统除了不能正常使用之外，不会导致其他损失，系统损坏后一般只需要重装系统的某个部分文件后即可恢复，当然还是要查杀这些病毒之后再重装系统。

（3）极恶性病毒

极恶性病毒比上述病毒损坏的程度要大些，如果感染上这类病毒，用户的系统就会彻底崩溃，根本无法正常启动，保留在硬盘中的有用数据也可能丢失和损坏。

（4）灾难性病毒

灾难性病毒一般是破坏磁盘的引导扇区文件、修改文件分配表和硬盘分区表，使系统根本无法启动，有时甚至会格式化硬盘。一旦感染这类病毒，操作系统就很难恢复了，保留在硬盘中的数据也会丢失。这种病毒对用户造成的损失是非常巨大的。

3.　按入侵方式分类

（1）源代码嵌入攻击型

这类病毒入侵的主要是高级语言的源程序，病毒是在源程序编译之前插入病毒代码，最后随源程序一起被编译成可执行文件，这样刚生成的文件就是带毒文件。

（2）代码取代攻击型

这类病毒主要是用它自身的病毒代码取代某个入侵程序的整个或部分模块，这类病毒也很少见，它主要是攻击特定的程序，针对性较强，但是不易被发现，清除起来也较困难。

（3）系统修改型

这类病毒主要是用自身程序覆盖或修改系统中的某些文件来达到调用或替代操作系统中的部分功能的目的，由于是直接感染系统，危害较大，也是最为常见的一种病毒类型，多为文件型病毒。

（4）外壳附加型

这类病毒通常是将其病毒附加在正常程序的头部或尾部，相当于给程序添加了一个外壳，在被感染的程序执行时，病毒代码先被执行，然后才将正常程序调入内存。目前大多数文件型的病毒属于这一类。

除上述这些病毒外，还有其他一些毁坏性的代码，如逻辑炸弹、特洛伊木马和蠕虫等，它们会窃取系统资源或损坏数据，但从技术上并不将它们归类为病毒，因为它们并不复制自己。但它们仍然是很危险的。

5.1.2　计算机病毒的传播

1.　计算机病毒的由来

计算机病毒是由计算机黑客们编写的，这些人想证明他们能编写出不但可以干扰和摧毁计算机而且能将破坏传播到其他系统的程序。20 世纪 40 年代，John Von Neumann 首先注意到程序可以被编写成能自我复制并增加自身大小的形式。20 世纪 50 年代，Bell 实验室的一组科学家开始用一种游戏进行实验，这就是著名的 "Core War"（核心大战）。20 世纪 60 年代，John Conway 开发出 "living"

（生存）软件，它可以进行自我复制。由于"living"程序的思想在那个年代颇受欢迎，创造病毒类型程序的挑战开发广泛传播于学术界，而学生们则开始尝试所有相关的程序。

到了 20 世纪 70 年代，黑客们在创造病毒类型程序方面取得了很大进展，研制开发出具有更强摧毁能力的程序。尽管如此，真正的病毒攻击在当时仍然很少。几乎在同时，计算机犯罪开始增长，包括闯入私人账户和进行非法的银行转账。在 20 世纪 80 年代，随着 PC 的问世以及广泛的使用，病毒终于成为一种威胁而登台。

最早被记录在案的病毒之一是 1983 年由南加州大学学生 Fred Cohen 编写的，在 Unix 系统下会引起系统死机的程序。当该程序安装在硬盘上后，就可以对自己进行复制扩展，使计算机遭到"自我破坏"。1985 年，病毒程序通过电子公告牌向公众展示。

1986 年，Ralf Burger 的 VIRDEM 病毒程序问世。1987 年以后大批的病毒如雨后春笋般冒了出来，包括最流行的 Pakistani Brain 和 Lehigh、Stoned. Dark Avenger 等。短短的数年，计算机及其网络系统病毒的感染达到了相当严重的程度。

当前，新病毒技术的发展也是令人始料不及的，如能逃避病毒扫描程序的隐身技术或多态功能，使病毒技术达到了一个新的水平。病毒检测和保护界也正在努力工作，抵挡住病毒的猛攻以保护计算机用户的利益。

2. 计算机病毒的传播

计算机病毒通过某个入侵点进入系统来感染系统。最明显的也是最常见的入侵点是从工作站传到工作站的硬盘。在计算机网络系统中，可能的入侵点还包括服务器、E-mail 附加部分、BBS 上下载的文件、Web 站点、FTP 文件下载、共享网络文件及常规的网络通信、盗版软件、示范软件、电脑实验室和其他共享设备。此外，也可以有其他的入侵点。

病毒一旦进入系统以后，通常通过以下两种方式传播。

① 通过磁盘的关键区域。

② 在可执行的文件中。

前者主要感染单个工作站，而后者是基于服务器的病毒繁殖的主要原因。

如果硬盘的引导扇区受到感染，病毒就把自己送到内存中，从而就会感染该计算机所访问的所有 U 盘及活动硬盘，每当用户相互交换这些存储设备时，便形成了一种大规模的传播途径，一台又一台的工作站会受到感染。

"多裂变"病毒是能够以文件病毒的方式传播的，然后去感染引导扇区。它也能够通过 U 盘进行传播。可执行文件是服务器上最常见的传播源。对于网络系统中的其他的工作站来说，服务器是一个受感染的带菌者，是病毒的集散点。

① 新的被病毒感染的文件被复制到文件服务器的卷上。

② 与其相连的 PC 内存中的病毒感染了服务器上已有的文件。

服务器在网络系统中一直处于核心地位，因此，一旦文件服务器上的病毒已感染了某个关键文件，那么，该病毒对系统所造成的危险特别大。

5.1.3　计算机病毒的工作方式

一般来说，病毒的工作方式与病毒所能表现出来的特性或功能是紧密相关的。病毒能表现出的几种特性或功能有：感染、变异、触发、破坏以及高级功能（如隐身和多态）。

1. 感染

任何计算机病毒的一个重要特性或功能是对计算机系统的感染。事实上，感染方法可用来区分两种主要类型的病毒：引导扇区病毒和文件感染病毒。

（1）引导扇区病毒

引导扇区病毒的一个非常重要的特点是对软盘和硬盘引导扇区的攻击。引导扇区是大部分系统启动或引导指令所保存的地方，而且对所有的磁盘来讲，不管是否可以引导，都有一个引导扇区。感染的主要方式就是发生在计算机通过已被感染的引导盘（常见的如一个软盘）引导时发生的。图5-1 说明了引导扇区病毒的感染过程。

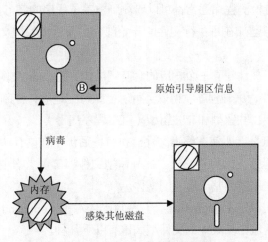

原始引导扇区信息

病毒

内存

感染其他磁盘

图 5-1　引导扇区病毒感染过程

引导扇区一般是硬盘或软盘上的第一个扇区，对于装载操作系统具有关键性的作用。硬盘的分区信息是从该扇区初始化的。一般来说，引导扇区先于其他程序的运行从而获得对 CPU 的控制。这就是引导扇区病毒为什么能立即控制整个系统的原因所在。

Pakistani Brain 病毒是最为流行的引导扇区病毒之一，它首先将原始引导信息移动到磁盘的其他部分，然后将自己复制到引导扇区和磁盘的其他空闲部分。这种病毒所造成的后果是将有关硬盘分区和文件定位表的信息覆盖了，使用户无法访问文件。当计算机下次引导时，病毒便完全控制系统，其结果是对磁盘不能进行正确的访问，对更改程序的请求以及修改内存等形式也开始受到破坏。

Pakistani Brain 有许多逃避检测的功能，它经常用（C）BRAIN 作为它的磁盘卷标以标识它的存在。

其他的引导扇区病毒有：Stoned、 Bouncing BALL、Chinese Fisa 以及 Devic's Davce。

（2）文件型病毒

文件型病毒与引导扇区病毒最大的不同之处是，它攻击磁盘上的文件。它将自己依附在可执行的文件（通常是.com 和.exe）中，并等待程序的运行。这种病毒会感染其他的文件，而它自己却驻留在内存中。当该病毒完成了它的工作后，其宿主程序才被运行，使人看起来仿佛一切都很正常。

文件型病毒的工作过程如图 5-2 所示。它将自己依附或加载在.exe 和.com 之类后缀的可执行文件上。它有 3 种主要的类型：覆盖型、前后依附型以及伴随型。3 种文件型病毒的工作方式各不相同。

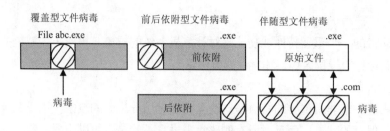

图 5-2 文件型病毒工作方式

覆盖型文件病毒的一个特点是不改变文件的长度，使原始文件看起来非常正常。即使是这样，一般的病毒扫描程序或病毒检测程序通常都可以检测到覆盖了程序的病毒代码的存在。

前依附型文件病毒将自己加在可执行文件的开始部分，而后依附型文件病毒将病毒代码附加在可执行文件的末尾。

伴随型文件病毒为.exe 文件建立一个相应的含有病毒代码的.com 文件。当运行.exe 文件时，控制权就转到隐藏的.com 文件，病毒程序就得以运行。当执行完之后，控制权又返回到.exe 文件。

文件型病毒有两种类型：驻留型和非驻留型（直接程序病毒）。

驻留型文件病毒的特点是，即使在病毒文件已执行完后仍留在内存中。这种病毒能在对文件进行操作（打开、关闭以及运行）时将其感染。非驻留型文件病毒仅当宿主程序运行时才能工作。非驻留型文件病毒可感染的程序多到整个磁盘的文件。

最为广泛传播的文件病毒是 Lehigh 病毒，它将自己依附在 Command.com 中的用于运行时间堆栈，一般由零填充的一个区域中。其他的文件型病毒有以下几种。

① Advent，该病毒从圣诞节开始，在以后的每个星期天增加一支蜡烛。它显示"Merry Christmas"并演奏"Oh Tannenbaun"。

② Amoeba，该病毒覆盖硬盘起始的一些磁道并伴随闪烁的信息。

③ Autumn Leaves，该病毒使屏幕上的字符掉下来，还有"喀喀"声。

④ Cancer Cancer，该病毒可一次又一次地感染程序，直至它不能被装入内存为止。

⑤ Datacrime Ia，该病毒会宣布它的出现，然后开始重新格式化硬盘，最后不断地发出"哗哗"声，永远也不会停止。

2. 变异

变异又称变种，这是病毒为逃避病毒扫描和其他反病毒软件的检测，以达到逃避检测的一种"功能"。

变异是病毒可以创建类似于自己，但又不同于自身"品种"的一种技术，它使病毒扫描程序难以检测。有的变异程序能够将普通的病毒转换成多态的病毒。

3. 触发

不少计算机病毒为了能在合适的时候发作，往往需要预先设置一些触发的条件，并使之先置于未触发状态。众所周知的是基于某个特定日期，如每个月的几号或星期几开始其"工作"。除了以时间作为触发条件外，也有当程序运行了多少次后，或在文件病毒被复制到不同的系统上多少次之后，病毒便被启动而立刻"工作"。触发在逻辑炸弹中很流行。

4. 破坏

破坏的形式多种多样，从无害到毁灭性的。破坏的方式总的来说可以归纳为下列几种：修改数据、破坏文件系统、删除系统上的文件、视觉和听觉效果。下面对上述的几种破坏作简单的介绍。

（1）修改数据

计算机病毒能够修改文件中的某些数据是不言而喻的。对于那些粗心的用户来说，如果不仔细的话，很可能会注意不到这些问题，从而造成对数据完整性的破坏，这是非常有害的。病毒也有可能改变账目或电子表格文件中的数据。

（2）破坏文件系统

这类破坏的例子较多，常见的包括用感染的文件去覆盖正常的、干净的文件，使原来存储的信息遭到破坏。破坏或删除 FAT（File Allocation Table）可以导致无法对磁盘上的文件进行访问。其他的还有覆盖硬盘上的一些磁道，使系统处于"挂起"的状态，对硬盘进行完全的重新格式化从而摧毁数据，或阻止用户重新启动计算机等。

（3）删除系统上的文件

病毒有时会删除一些文件，或者对有用的信息进行一些破坏。Jerusalem 病毒会在星期五又是 13 号那天删除系统上运行的文件。其他的病毒也有可能会随机地删除磁盘扇区，或文件目录的扇区。

（4）视觉和听觉效果

视觉和听觉效果表现为在显示屏上显示一些信息，演奏音乐，或者显示一些图像等。这些现象对一些无经验的用户来说觉得很有趣而无害，但往往就是这种有趣无害的背后隐藏着它在后台进行的破坏。当然，有些病毒也确实只造成无害的效果，但其他的却不只是这样，它们把视觉和听觉效果与破坏很巧妙地组合在一起。

5. 高级功能病毒

计算机病毒经过几代的发展，在功能方面日趋高级，它们尽可能地逃避检测，有的甚至被设计成能够躲开病毒扫描软件和反病毒软件的程序。隐身病毒和多态病毒就属于这一类。

多态病毒的最大特点是能变异成不同的品种，每个新的病毒都与上一代有一些差别，每个新病毒都各不相同。

隐身病毒被设计成用户和反病毒软件无法对它进行识别并找不到其躲藏的地方。常见的躲避检测的方法是病毒自己对程序中的任何文件串进行编码，这样病毒扫描软件就无法在文件里寻找并立即发现其存放在那里的 ASCII 文本。其他的一些隐身技术有隐藏病毒文件的大小以及文件的存在的能力，以达到逃避检测的目的。另一种隐身技术是复制干净的、原始的信息并将其存在一个病毒可以访问的地方，这样，反病毒程序在搜索时，隐身病毒就会将控制指向原来的文件，而使自己的特征和位置保密，而不被人发现。

5.1.4　计算机病毒的特点及破坏行为

1. 计算机病毒的特点

要做好反病毒技术的研究，首先要认清计算机病毒的特点和行为机理，为防范和清除计算机病毒提供充实可靠的依据。根据对计算机病毒的产生、传染和破坏行为的分析，总结出病毒有以下几个主要特点。

（1）刻意编写人为破坏

计算机病毒不是偶然自发产生的，而是人为编写的有意破坏、严谨精巧的程序段，它是严格组织的程序代码，与所在环境相互适应并紧密配合。编写病毒的动机一般有以下几种情况：为了表现和证明自己，出于对上级的不满，出于好奇的"恶作剧"，为了报复，为了纪念某一事件等。也有因为政治、军事、民族、宗教或专利等方面的需要而专门编写的。有的病毒编制者为了相互交流或合作，甚至形成了专门的病毒组织。

计算机病毒的破坏性多种多样。若按破坏性粗略分类，可以分为良性病毒和恶性病毒。恶性病毒是指在代码中包含有损伤、破坏计算机系统的操作，在其传染或发作时会对系统直接造成严重损坏。它的破坏目的非常明确，如破坏数据、删除文件、格式化磁盘和破坏主板等，因此恶性病毒非常危险。良性病毒是指不包含立即直接破坏的代码，只是为了表现其存在或为说明某些事件而存在，如只显示某些信息，或播放一段音乐，或没有任何破坏动作但不停地传播。但是这类病毒的潜在破坏还是有的，它使内存空间减少，占用磁盘空间，降低系统运行效率，使某些程序不能运行，它还与操作系统和应用程序争抢 CPU 的控制权，严重时可导致系统死机、网络瘫痪。

（2）自我复制能力

自我复制也称"再生"或"传染"。再生机制是判断是不是计算机病毒的最重要依据。这一点与生物病毒的特点也最为相似。在一定条件下，病毒通过某种渠道从一个文件或一台计算机传染到另外没有被感染的文件或计算机，轻则造成被感染的计算机数据被破坏或工作失常，重则使计算机瘫痪。病毒代码就是靠这种机制大量传播和扩散的。携带病毒代码的文件称为计算机病毒载体或带毒程序。每一台被感染了病毒的计算机，本身既是一个受害者，又是计算机病毒的传播者，通过各种可能的渠道，如软盘、光盘、活动硬盘以及网络去传染其他的计算机。在染毒的计算机上曾经使用过的软盘，很有可能已被计算机病毒感染，如果拿到其他机器上使用，病毒就会通过带毒软盘传染这些机器。如果计算机已经连网，通过数据或程序共享，病毒就可以迅速传染与之相连的计算机，若不加控制，就会在很短时间内传遍整个世界。

（3）夺取系统控制权

当计算机在正常程序控制之下运行时，系统运行是稳定的。在这台计算机上可以查看病毒文件的名字，查看或打印计算机病毒代码，甚至复制病毒文件，系统都不会激活并感染病毒。病毒为了完成感染、破坏系统的目的必然要取得系统的控制权，这是计算机病毒的另外一个重要特点。计算机病毒一经在系统中运行，病毒首先要做初始化工作，在内存中找到一片安身之地，随后将自身与系统软件挂起钩来执行感染程序。在这一系列的操作中，最重要的是病毒与系统挂起钩来，即取得系统控制权，系统每执行一次操作，病毒就有机会执行它预先设计的操作，完成病毒代码的传播或进行破坏活动。反病毒技术也正是抓住计算机病毒的这一特点比病毒提前取得系统控制权，然后识别出计算机病毒的代码和行为。

（4）隐蔽性

不经过程序代码分析或计算机病毒代码扫描，病毒程序与正常程序不易区别开。在没有防护措施的情况下，计算机病毒程序取得系统控制权后，可以在很短的时间里大量传染。而在受到传染后，一般计算机系统仍然能够运行，被感染的程序也能执行，用户不会感到明显的异常，这便是计算机病毒的隐蔽性。正是由于这种隐蔽性，计算机病毒得以在用户没有察觉的情况下扩散传播。计算机病毒的隐蔽性还表现在病毒代码本身设计得非常短小，一般只有几百到几千字节，非常便于隐藏到其他程序中或磁盘的某一特定区域内。随着病毒编写技巧的提高，病毒代码本身还进行加密或变形，使得对计算机病毒的查找和分析更困难，容易造成漏查或错杀。

（5）潜伏性

大部分病毒在感染系统后一般不会马上发作，它可长期隐藏在系统中，除了传染外，不表现出破坏性，这样的状态可能保持几天，几个月甚至几年，只有在满足其特定条件后才启动其表现模块，显示发作信息或进行系统破坏。使计算机病毒发作的触发条件主要有以下几种。

① 利用系统时钟提供的时间作为触发器，这种触发机制被大量病毒使用。

② 利用病毒体自带的计数器作为触发器。病毒利用计数器记录某种事件发生的次数，一旦计数器达到设定值，就执行破坏操作。这些事件可以是计算机开机的次数，可以是病毒程序被运行的次数，还可以是从开机起被运行过的程序数量等。

③ 利用计算机内执行的某些特定操作作为触发器。特定操作可以是用户按下某些特定键的组合，可以是执行的命令，可以是对磁盘的读写。被病毒使用的触发条件多种多样，而且往往是由多个条件组合触发。大多数病毒的组合条件是基于时间的，再辅以读写盘操作，按键操作以及其他条件。

（6）不可预见性

不同种类病毒的代码千差万别，病毒的制作技术也在不断地提高，病毒比反病毒软件永远是超前的。新的操作系统和应用系统的出现，软件技术的不断发展，也为计算机病毒提供了新的发展空间，对未来病毒的预测更加困难，这就要求人们不断提高对病毒的认识，增强防范意识。

2. 计算机病毒的破坏行为

计算机病毒的破坏性表现为病毒的杀伤能力。病毒破坏行为的激烈程度取决于病毒作者的主观愿望和他的技术能力。数以万计、不断发展的病毒破坏行为千奇百怪，不可穷举。根据有关病毒资料可以把病毒的破坏目标和攻击部位归纳如下。

① 攻击系统数据区。攻击部位包括硬盘主引导扇区、Boot 扇区、FAT 表和文件目录。一般来说，攻击系统数据区的病毒是恶性病毒，受损的数据不易恢复。

② 攻击文件。病毒对文件的攻击方式很多，如删除文件、改名、替换内容、丢失簇和对文件加密等。

③ 攻击内存。内存是计算机的重要资源，也是病毒攻击的重要目标。病毒额外地占用和消耗内存资源，可导致一些大程序运行受阻。病毒攻击内存的方式有大量占用、改变内存总量、禁止分配和蚕食内存等。

④ 干扰系统运行，使运行速度下降。此类行为也是花样繁多，如不执行命令、干扰内部命令的执行、虚假报警、打不开文件、内部栈溢出、占用特殊数据区、时钟倒转、重启动、死机、强制游戏和扰乱串并接口等。病毒激活时，系统时间延迟程序启动，在时钟里纳入循环计数，迫使计算机空转，运行速度明显下降。

⑤ 干扰键盘、喇叭或屏幕。病毒干扰键盘操作，如响铃、封锁键盘、换字、抹掉缓存区字符和输入紊乱等。许多病毒运行时，会使计算机的喇叭发出响声。病毒扰乱显示的方式很多，如字符跌落、环绕、倒置、显示前一屏、光标下跌、滚屏、抖动和乱写等。

⑥ 攻击 CMOS。在机器的 CMOS 中，保存着系统的重要数据，如系统时钟、磁盘类型和内存容量等，并具有校验和。有的病毒激活时，能够对 CMOS 进行写入动作，破坏 CMOS 中的数据。例如，CIH 病毒破坏计算机硬件，乱写某些主板 BIOS 芯片，损坏硬盘。

⑦ 干扰打印机。如假报警、间断性打印或更换字符。

⑧ 网络病毒破坏网络系统，非法使用网络资源，破坏电子邮件，发送垃圾信息和占用网络带宽等。

5.2 宏病毒及网络病毒

5.2.1 宏病毒

宏，就是软件设计者为了在使用软件工作时，避免一再重复相同的动作而设计出来的一种工具。它利用简单的语法，把常用的动作写成宏，当再工作时，就可以直接利用事先写好的宏自动运行，去完成某项特定的任务，而不必再重复相同的动作。Word 对宏定义为 "宏就是能组织到一起作为一独立的命令使用的一系列 Word 命令，它能使日常工作变得更容易。"Word 宏是使用 Word Basic 语言来编写的。

1. 宏病毒的行为和特征

所谓 "宏病毒"，就是利用软件所支持的宏命令编写成的具有复制、传染能力的宏。宏病毒是一种新形态的计算机病毒，也是一种跨平台式计算机病毒，可以在 Windows 2000、Windows XP、OS/2 和 Macintosh System 7 等操作系统上执行病毒行为。

（1）宏病毒行为机制

Word 的工作模式是当载入文档时，就先执行起始的宏，接着载入资料内容，这个创意本来很好，因为随着资料不同需要有不同的宏工作。可是事实上，很少有人会对宏产生兴趣，因为宏的编写相当于学习一套程序语言，尽管它的语法被编写得很简单，可是大多数的人，一方面不知情不了解，一方面虽知如此，却宁愿多花几秒重复几个动作。因此，Word 便为大众事先定义一个共用的范本文档（Normal.dot），里面包含了基本的宏。只要一启动 Word，就会自动运行 Normal.dot 文件。类似的电子表格软件 Excel 也支持宏，但它的范本文件是 Personal.xls。这样做，等于是为宏病毒大开方便之门，只要编写了有问题的宏，再去感染这个共用范本（Normal.dot 或 Personal.xls），那么只要执行 Word，这个受感染的共用范本即被载入，计算机病毒便随之传播到之后所编辑的文档中去。

Word 宏病毒通过.doc 文档及.dot 模板进行自我复制及传播，而计算机文档是交流最广的文件类型。鉴于宏病毒用 Word Basic 语言编写，Word Basic 语言提供了许多系统低层调用，如直接使用 DOS 系统命令，调用 Windows API，调用.dde、.dll 等。这些操作均可能对系统造成直接威胁，而 Word 在指令安全性、完整性上检测能力很弱，破坏系统的指令很容易被执行。

（2）宏病毒特征

① 宏病毒会感染.doc 文档和.dot 模板文件。被它感染的.doc 文档会被改为模板文件而不是文档文件，而用户在另存文档时，就无法将该文档转换为其他形式，而只能用模板方式存盘。

② 宏病毒的传染通常是 Word 在打开一个带宏病毒的文档或模板时，激活宏病毒。宏病毒将自身复制到 Word 通用（Normal）模板中，以后在打开或关闭文件时宏病毒就会把病毒复制到该文件中。

③ 多数宏病毒包含 AutoOpen、AutoClose、AutoNew 和 AutoExit 等自动宏，通过这些自动宏病毒取得文档（模板）操作权。有些宏病毒通过这些自动宏控制文件操作。

④ 宏病毒中总是含有对文档读写操作的宏命令。

⑤ 宏病毒在.doc 文档、.dot 模板中以.BFF（Binary File Format）格式存放，这是一种加密压缩格

式，不同 Word 版本格式可能不兼容。

（3）自动执行的宏

在 Office 应用软件所提供的各类宏中，存在一种可以自动执行的宏，这使得宏病毒的制造成为可能。这种宏在执行某些操作的时候会自动调用，如打开一个文件、关闭一个文件、开始一个应用程序等。

当宏病毒运行起来，就可以执行将自身复制到其他文档、删除文件等操作，也可能对用户系统造成其他的危害。在 Microsoft 的 Word 中，存在 3 种可自动执行的宏类型。

① 自动执行宏：这类宏（比如，一个名为 AutoExec 的宏）存在于 Word 起始目录下的 normal. dot 模板或者一个全局模板中，因此每次 Word 运行时，这种类型的宏会自动执行。

② 自动宏：这种宏在有特定事件发生的时候执行，这些事件可能包括打开或关闭一个文档、创建一个文档、退出 Word 等。

③ 命令宏：如果一个全局宏文件中的宏或附加在文档上的宏以现有的 Word 命令为名，则用户调用该命令（如 FileSave）的时候该宏将会执行。

2. 宏病毒的防治和清除方法

（1）使用选项"提示保存 Normal 模板"

"提示保存 Normal 模板"是 Word 里面的一个选项。用户可以在"工具/选项"下的"保存"选项中进行设置。但其局限性是仅在退出 Word 时才做出提示。在使用 Word 的进程中，如果文档被感染，用户还是一无所知。如果病毒的传播没有感染 Normal.dot 或者病毒关闭了这一选项，用户还是以为平安无事的话，后果将不堪设想。通过 Word 设置的选项是很容易被关闭的。很多病毒已经具备了这样的功能设置。

（2）不要通过 Shift 键来禁止运行自动宏

在打开文档时按 Shift 键可使文档在打开时不执行任何自动宏。这样可以防止宏病毒使用 AutoOpen 宏来传播。同样，在退出时按 Shift 键，AutoClose 宏也不会被执行。

这样做的确可以有效地防止使用自动宏来传播的宏病毒加入系统。但必须在打开 Word 的时候一直按着 Shift 键，确保一只手按着 Shift 键，另一只手双击 Word 图标。Shift 键必须在整个 Word 启动过程一直按着，如果过早松手，自动宏便会被执行。另外，这对使用其他宏来传播的宏病毒是无效的。

（3）查看宏代码并删除

宏和文本是相隔开的，正常情况下是不可能看见宏代码的。正确地用 Word 工具选项来查看宏代码的方法是使用"管理器"来查看文档中的宏。这可以通过在"格式\样式"下的管理器或者"工具/宏/宏"下的管理器来进行。

要查看文档中的宏而不激活它们，必须先退出，然后在没有打开任何文件的情况下重新打开 Word。如果怀疑 Normal.dot 或者 Startup 目录下的其他模板可能被感染，则需要重新命名在 Startup 目录中的所有文件，使它们不是.doc 或者.dot 格式，这样 Word 便可以在一种新的环境下启动。

启动 Word 后，选择"工具/宏/宏"命令，进入"管理器"并选择宏按钮，单击"关闭文件"按钮使其转变为"打开文件"按钮。单击"打开文件"按钮得到浏览框，可以选择查看的目标。如果有宏存在的话，它们会被列在框内。

如果宏使用了 Execute-only 属性，就只能看到宏的名称而不能看到其他代码。这才是比较安全的查看宏的方法。但病毒还是可以通过删除"文件"下的模板来隐藏其存在。

（4）使用 DisableAutoMacros 宏

这是一个"以宏治宏"的方法，通过 DisableAutoMacros 宏指令来禁止使用自动宏。如果启用了这一功能，在 Word 使用过程中不会自动执行任何自动宏。

选择"工具/宏"命令，在宏中输入 Autoexec，然后单击"创建"按钮，输入"DisableAutoMaros"。

```
Sub MAIN
    DisableAutoMacros l
End Sub
```

退出编辑状态并存储结果。

这种方法禁止使用自动宏的执行，它比使用 Shift 键更为有效。但还是只能用于限制使用自动宏的宏病毒，而对那些不依赖于自动宏来传播的宏病毒是无效的。

（5）设置 Normal.dot 的只读属性

一般的 DOS 系统调用在文件设置了只读属性时拒绝写入或更改操作。因此，在理论上来说，如果 Normal.dot 的属性是只读的，病毒将不能改变它们。

宏病毒必须改变 Normal.dot 来确保取得系统的控制权，这是其特点或弱点之一。很多专家和宏病毒的作者的看法完全相反。他们认为宏病毒感染文件并不需要感染 Normal.dot，如果同时打开几份文档，而其中之一有宏病毒，那么宏病毒便可以感染其他的文档，尽管这样的传播途径没有直接感染 Normal.dot 那样有效。宏病毒完全可以绕过这一障碍，比如说在 Autoexec.bat 下加一条指令便可以改变这一属性。另外这一方法对那些经常使用宏，经常改变 Normal.dot 文件的用户也是无效的。

（6）Normal.dot 的密码保护

选择"工具/选项"下"保存"选项中的 "打开权限密码"命令后输入密码。如果选择了这一项，在每次打开 Word 时，将会要求用户输入密码，否则作为只读来打开文档。相对于设置只读属性来说，这一方法更加有效。可以给那些有时需要改变 Normal.dot，有时又不需要改变的用户提供了一种选择。

尽管我们在前面介绍了种种反宏病毒的方法，但是对大多数人来说，反宏病毒主要还是依赖于各种反宏病毒软件。当前，处理宏病毒的反病毒软件主要分为两类：常规反病毒扫描器和基于 Word 或者 Excel 宏的专门处理宏病毒的反病毒软件。两类软件各有自己的优势，一般来说，前者的适应能力强于后者。因为基于 Word 或者 Excel 的反病毒软件只能适应于特定版本的 Office 应用系统，换了另一种语言的版本可能就无能为力了，而且，在应用系统频频升级的今天，升级后的版本对现有软件是否兼容是难以预料的。

5.2.2　网络病毒

1. 网络病毒的特点

计算机网络的主要特点是资源共享。一旦共享资源感染病毒，网络各结点间信息的频繁传输会把病毒传染到所共享的机器上，从而形成多种共享资源的交叉感染。病毒的迅速传播、再生、发作将造成比单机病毒更大的危害。对于金融等系统的敏感数据，一旦遭到破坏，后果就不堪设想。因此，网络环境下病毒的防治就显得更加重要了。

病毒入侵网络的主要途径是通过工作站传播到服务器硬盘，再由服务器的共享目录传播到其他工作站。但病毒传染方式比较复杂，传播速度比较快。在网络中病毒则可以通过网络通信机制，借助高速电缆进行迅速扩散。由于病毒在网络中传染速度非常快，故其传染范围很大，不但能迅速传染局域网内的所有计算机，还能通过远程工作站将病毒在瞬间内传播到千里之外，且清除难度大。网络中只要有一台工作站未消毒干净就可使整个网络全部被病毒感染，甚至刚刚完成消毒的一台工作站也有可能被网上另一台工作站的带病毒程序所传染。因此，仅对工作站进行杀毒处理并不能彻底解决问题。

2. 病毒在网络上的传播与表现

大多数公司使用局域网文件服务器，用户直接从文件服务器复制已感染的文件。用户在工作站上执行一个带毒操作文件，这种病毒就会感染网络上其他的可执行文件。用户在工作站上执行带毒内存驻留文件，当访问服务器上的可执行文件时进行感染。

因为文件和目录级保护只在文件服务器中出现，而不在工作站中出现，所以可执行文件病毒无法破坏基于网络的文件保护。然而，一般文件服务器中的许多文件并没得到保护，而且，非常容易成为感染的有效目标。除此之外，管理员对服务器的操作可能会使病毒感染服务器上的一些文件。文件服务器作为可执行文件病毒的载体，病毒感染的程序可能驻留在网络中，但是除非这些病毒经过特别设计与网络软件集成在一起，否则它们只能从客户的机器上被激活。

文件病毒可以通过因特网毫无困难地发送，而可执行文件病毒不能通过因特网在远程站点感染文件。此时因特网是文件病毒的载体。

3. 专攻网络的 GPI 病毒

GPI 意思是 Get Password I，该病毒是由欧美地区兴起的专攻网络的一类病毒，是"耶路撒冷"病毒的变种，并且被特别改写成专门突破 Novell 网络系统安全结构的病毒。它的威力在于"自上而下"的传播。

GPI 病毒在被执行后，就停留在系统内存中。它不像一般的病毒通过中断向量去感染其他电脑，而是一直等到 Novell 操作系统的常驻程序（IP 与 NETX）被启动后，再利用中断向量（INT 21H）的功能进行感染动作。一旦 Novell 中的 IPX 与 NETX 程序被启动后，GPI 病毒便会把目前使用者的使用权限擅自改为最高权限，所以此病毒可以不受限制地在 Novell 网络系统中横行。

4. 电子邮件病毒

现今电子邮件已被广泛使用，E-mail 已成为病毒传播的主要途径之一。由于可同时向一群用户或整个计算机系统发送电子邮件，一旦一个信息点被感染，整个系统受染也只是几个小时内的事情。电子邮件系统的一个特点是不同的邮件系统使用不同的格式存储文件和文档，传统的杀毒软件对检测此类格式的文件无能为力。另外，通常用户并不能访问邮件数据库，因为它们往往在远程服务器上。对电子邮件系统进行病毒防护可从以下几个方面着手。

（1）使用优秀的防毒软件对电子邮件进行专门的保护

使用优秀的防毒软件定期扫描所有的文件夹，无论是公共的还是私人的。选用的防毒软件首先必须有能力发现并消除任何类型的病毒，无论这些病毒是隐藏在邮件文本内，还是躲在附件内。当然，有能力扫描压缩文件也是必须的。其次，该防毒软件还必须在收到邮件的同时对该邮件进行病毒扫描，并在每次打开、保存和发送后再次进行扫描。

（2）使用防毒软件同时保护客户机和服务器

一方面，只有客户机的防毒软件才能访问个人目录，并且防止病毒从外部入侵。另一方面，只有服务器的防毒软件才能进行全局监测和查杀病毒。这是防止病毒在整个系统中扩散的唯一途径，也是阻止病毒入侵到本地邮件系统计算机的唯一方法。同时，在这里，也可以防止病毒通过邮件系统中扩散、在使用之前对进出系统的邮件进行扫描以及阻止病毒从没有进行本地保护却连到邮件系统的计算机上入侵。

（3）使用特定的 SMTP 杀毒软件

SMTP 杀毒软件具有独特的功能，它能在那些从因特网上下载的受染邮件到达本地邮件服务器之前拦截它们，从而保持本地网络的无毒状态。

5.3　特洛伊木马

"特洛伊木马"（Trojan Horse）简称"木马"，木马和病毒都是黑客编写的程序，都属于电脑病毒。木马（Trojan）这个名字来源于古希腊传说，荷马史诗中木马计的故事。"木马"程序是目前比较流行的病毒文件，与一般的病毒不同，它不会自我繁殖，也并不"刻意"地去感染其他文件，它通过将自身伪装吸引用户下载执行，向施种木马者提供打开被种者电脑的门户，使施种者可以任意毁坏、窃取被种者的文件，甚至远程操控被种者的电脑。

5.3.1　木马的启动方式

木马是随计算机或 Windows 的启动而启动并掌握一定的控制权的，其启动方式可谓多种多样，通过注册表启动、通过 System.ini 启动、通过某些特定程序启动等。

1. 通过"开始\程序\启动"

这也是一种很常见的方式，很多正常的程序都用它，木马程序有时候也用这种方式启动。只要我们使用"系统配置实用程序"（msconfig.exe，以下简称 msconfig）就能发现木马的启动方式。

2. 通过注册表启动

通过 HKEY_CURRENT_USER\Software\Microsoft\Windows\CurrentVersion\Run，

HKEY_LOCAL_MACHINE\Software\Microsoft\Windows\CurrentVersion\Run 和

HKEY_LOCAL_MACHINE\Software\Microsoft\Windows\CurrentVersion\RunServices

这是很多 Windows 程序都采用的方法，也是木马最常用的。使用非常方便，但也容易被人发现，由于其应用太广，所以几乎提到木马，就会让人想到这几个注册表中的主键。使用 Windows 自带的程序：msconfig 或注册表编辑器（regedit.exe，以下简称 regedit）都可以将它轻易地删除。首先，以安全模式启动 Windows，这时，Windows 不会加载注册表中的项目，因此木马不会被启动，相互保护的状况也就不攻自破了；然后，就可以删除注册表中的键值和相应的木马程序了。

通过 HKEY_LOCAL_MACHINE\Software\Microsoft\Windows\CurrentVersion\RunOnce，

HKEY_CURRENT_USER\Software\Microsoft\Windows\CurrentVersion\RunOnce 和

HKEY_LOCAL_MACHINE\Software\Microsoft\Windows\CurrentVersion\RunServicesOnce

这种方法的隐蔽性比上一种方法好，它的内容不会出现在 msconfig 中。在这个键值下的项目和上一种相似，会在 Windows 启动时启动，但 Windows 启动后，该键值下的项目会被清空，因而不易被发现。

还有一种方法，不是在启动的时候加而是在退出 Windows 的时候加，这要求木马程序本身要截获 Windows 的消息，当发现关闭 Windows 消息时，暂停关闭过程，添加注册表项目，然后才开始关闭 Windows，这样用 Regedit 也找不到它的踪迹了。这种方法也有个缺点，就是一旦 Windows 异常中止，木马也就失效了。

破解他们的方法也可以用安全模式。

3. 通过 System.ini 文件

System.ini 文件并没有给用户可用的启动项目，然而通过它启动却是非常好用的。在 System.ini 文件的[Boot]域中的 Shell 项的值正常情况下是"Explorer.exe"，这是 Windows 的外壳程序，换一个程序就可以彻底改变 Windows 的面貌。我们可以在"Explorer.exe"后加上木马程序的路径，这样 Windows 启动后木马也就随之启动，而且即使是安全模式启动也不会跳过这一项，这样木马也就可以保证永远随 Windows 启动了，名噪一时的尼姆达病毒就是用的这种方法。这时，如果木马程序也具有自动检测添加 Shell 项的功能的话，那简直是天衣无缝的绝配。这样，只能使用查看进程的工具中止木马，再修改 Shell 项和删除木马文件。但这种方式也有个先天的不足，因为只有 Shell 这一项，如果有两个木马都使用这种方式实现自启动，那么后来的木马可能会使前一个无法启动。

4. 通过某特定程序或文件启动

① 木马和正常程序捆绑。有点类似于病毒，程序在运行时，木马程序先获得控制权或另开一个线程以监视用户操作，截取密码等，这类木马编写的难度较大，需要了解 PE 文件结构和 Windows 的底层知识（直接使用捆绑程序除外）。

② 将特定的程序改名。这种方式常见于针对 QQ 的木马，例如将 QQ 的启动文件 QQ2012.exe，改为 QQ2012b.ico.exe，再将木马程序改为 QQ2012.exe，此后，用户运行 QQ，实际是运行了 QQ 木马，再由 QQ 木马去启动真正的 QQ，这种方式实现起来要比上一种简单得多。

③ 文件关联。通常木马程序会将自己和 TXT 文件或 EXE 文件关联，这样当你打开一个文本文件或运行一个程序时，木马也就神不知鬼不觉的启动了。

这类通过特定程序或文件启动的木马，发现比较困难，但查杀并不难。一般地，只要删除相应的文件和注册表键值即可。

5.3.2 木马的工作原理

木马与计算机网络中常常要用到的远程控制软件有些相似，但由于远程控制软件是"善意"的控制，因此通常不具有隐蔽性；木马则完全相反，木马要达到的是"偷窃"性的远程控制，如果没有很强的隐蔽性的话，那就是"毫无价值"的。

木马通常有两个可执行程序：一个是客户端，即控制端；另一个是服务端，即被控制端。植入被种者电脑的是"服务器"部分，而所谓的"黑客"正是利用"控制器"进入运行了"服务器"的电脑。运行了木马程序的"服务器"以后，被种者的电脑就会有一个或几个端口被打开，使黑客可以利用这些打开的端口进入电脑系统。

运行了木马程序的服务端以后，会产生一个有着容易迷惑用户的名称的进程，暗中打开端口，向指定地点发送数据（如网络游戏的密码，即时通信软件密码和用户上网密码等），黑客甚至可以利用这些打开的端口进入电脑系统。

木马的设计者为了防止木马被发现，而采用多种手段隐藏木马。木马的服务一旦运行并被控制端连接，其控制端将享有服务端的大部分操作权限，例如给计算机增加口令，浏览、移动、复制、删除文件，修改注册表，更改计算机配置等。

特洛伊木马可以分为以下 3 个模式。

① 通常潜伏在正常的程序应用中，附带执行独立的恶意操作。

② 通常潜伏在正常的程序应用中，但是会修改正常的应用进行恶意操作。

③ 完全覆盖正常的程序应用，执行恶意操作。

大多数木马都可以使木马的控制者登录到被感染电脑上，并拥有绝大部分的管理员级控制权限。为了达到这个目的，木马一般都包括一个客户端和一个服务器端客户端放在木马控制者的电脑中，服务器端放置在被入侵电脑中，木马控制者通过客户端与被入侵电脑的服务器端建立远程连接。一旦连接建立，木马控制者就可以通过对被入侵电脑发送指令来传输和修改文件。通常木马所具备的另一个是发动 DDoS（拒绝服务）攻击。

还有一些木马不具备远程登录的功能。它们中的一些的存在只是为了隐藏恶意进程的痕迹，例如使恶意进程不在进程列表中显示出来。另一些木马用于收集信息，例如被感染电脑的密码；木马还可以把收集到的密码列表发送到互联网中一个指定的邮件账户中。

特洛伊木马程序可以用来间接实现一些未授权用户无法直接实现的功能。例如，为获得对共享系统中某用户文件的访问权限，攻击者设计一个执行后可以改变该用户文件存取权限为可读的特洛伊木马程序。攻击者可以通过将该木马放置在公共目录下，或者声称该程序拥有一些有益功能的手段，来引诱其他用户执行该木马程序。但当其他用户执行该程序之后，攻击者就可以得到该文件的相关信息。以系统登录程序为例，嵌入的代码在登录程序中设置了一个陷门，通过该陷门，攻击者可以用一个特殊的口令登录系统，而通过读登录程序的源代码是不可能检测出这种木马的。

随着病毒编写技术的发展，木马程序对用户的威胁越来越大，尤其是一些木马程序采用了极其狡猾的手段来隐蔽自己，使普通用户很难在中毒后发觉。

5.3.3 木马的检测

在使用目前常见的木马查杀软件及杀毒软件的同时，系统自带的一些基本命令也可以发现木马病毒。

1. 检测网络连接

如果怀疑自己的计算机被别人安装了木马，或者是中了病毒，但是手里没有完善的工具来检测是不是真有这样的事情发生，那可以使用 Windows 自带的网络命令来进行检查。

命令格式：netstat –an

这个命令能看到所有和本地计算机建立连接的 IP，它包含 4 个部分：Proto（连接方式）、Local address（本地连接地址）、Foreign address（和本地建立连接的地址）、State（当前端口状态）。通过这个命令的详细信息，我们就可以完全监控计算机上的连接，从而达到控制计算机的目的，如图 5-3 所示。

2. 禁用不明服务

有些计算机在系统重新启动后会发现速度变慢了，不管怎么优化都慢，用杀毒软件也查不出问题，这个时候很可能是别人通过入侵你的计算机后开放了特别的某种服务，如 IIS 信息服务等，这样你的杀毒软件是查不出来的。可以通过"net start"来查看系统中究竟有什么服务在开启，如果发现了不是自己开放的服务，就可以有针对性地禁用这个服务了。

命令格式：net start

如图 5-4 所示。再用"net stop server"来禁止服务。

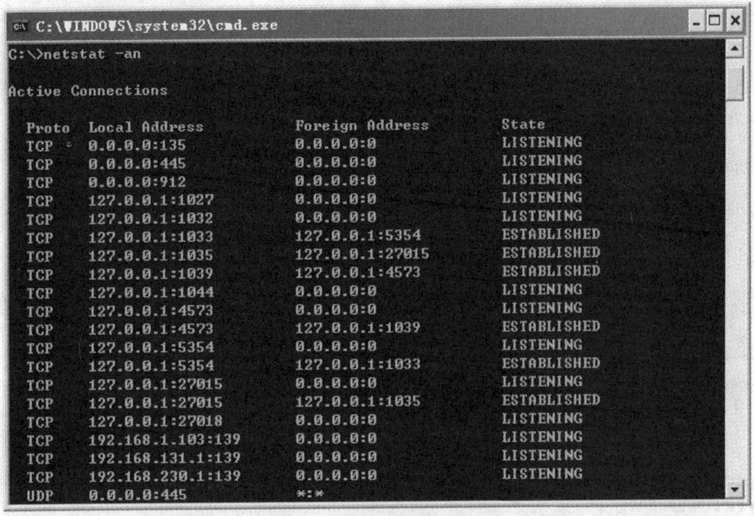

图 5-3　用命令检查木马

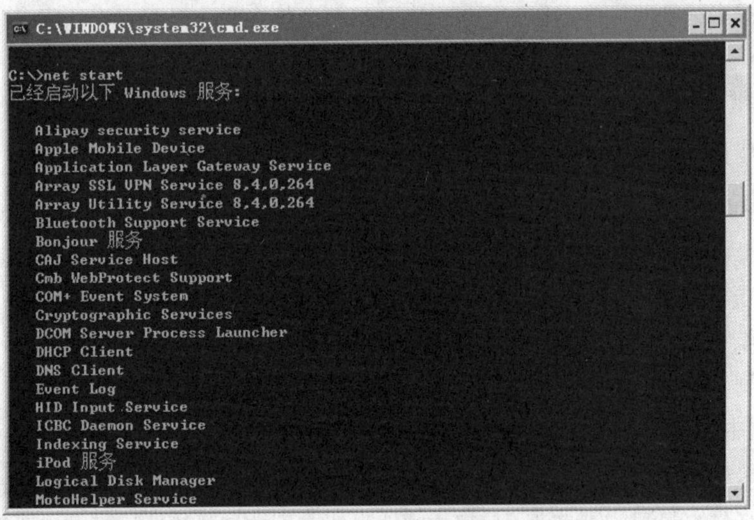

图 5-4　用命令查看服务

3. 检查系统账户

恶意的攻击者喜欢使用克隆账号的方法来控制你的计算机。他们采用的方法就是激活一个系统中的默认账户，但这个账户是不经常用的，然后使用工具把这个账户提升到管理员权限，从表面上看来这个账户还是和原来一样，但是这个克隆的账户却是系统中最大的安全隐患。恶意的攻击者可以通过这个账户控制你的计算机。

为了避免这种情况，可以用很简单的方法对账户进行检测。

首先在命令行下输入 net user，查看计算机上有些什么用户，然后使用"net user 用户名"查看这个用户是属于什么权限的，一般除了 Administrator 是 administrators 组的，其他都不是！如果发现一个系统内置的用户是属于 administrators 组的，那几乎肯定被入侵了，而且别人在你的计算机上克隆了账户。我们可以使用"net user 用户名/del"来删掉这个用户！

4. 对比系统服务项

① 单击"开始，运行"输入"msconfig.exe"回车，打开"系统配置实用程序"，然后在"服务"选项卡中勾选"隐藏所有 Microsoft 服务"，这时列表中显示的服务项都是非系统程序。

② 再单击"开始，运行"，输入"Services.msc"回车，打开"系统服务管理"，对比两张表，在该"服务列表"中可以逐一找出刚才显示的非系统服务项。

③ 在"系统服务"管理界面中，找到那些服务后，双击打开，在"常规"选项卡中的可执行文件路径中可以看到服务的可执行文件位置，一般正常安装的程序，如杀毒、MSN、防火墙等，都会建立自己的系统服务，不在系统目录下，如果有第三方服务指向的路径是在系统目录下，那么他就是"木马"。选中它，选择表中的"禁止"，重新启动计算机即可。

④ 在表的左侧上有被选中的服务程序说明，如果没有说明，它可能就是木马。

5.4　蠕虫病毒

网络蠕虫病毒利用网络从一个系统传递到另外一个系统。在某系统内，蠕虫程序被激活后，蠕虫可以像计算机病毒或细菌一样运作，还可以向系统植入特洛伊木马，或者执行一些破坏性的操作。

5.4.1　蠕虫病毒的特点

蠕虫病毒主要具备以下特点。

1. 较强的独立性

从某种意义上讲，蠕虫病毒开辟了计算机病毒传播和破坏能力的"新纪元"。传统计算机病毒一般都需要宿主程序，病毒将自己的代码写到宿主程序中，当该程序运行时先执行写入的病毒程序，从而造成感染和破坏。而蠕虫病毒不需要宿主程序，它是一段独立的程序或代码，因此也就避免了受宿主程序的牵制，可以不依赖于宿主程序而独立运行，从而主动地实施攻击。

2. 利用漏洞主动攻击

由于不受宿主程序的限制，蠕虫病毒可以利用操作系统的各种漏洞进行主动攻击。"尼姆达"病毒利用了 IE 浏览器的漏洞，使感染了病毒的邮件附件在不被打开的情况下就能激活病毒；"红色代码"利用了微软 IIS 服务器软件的漏洞（idq.dll 远程缓存区溢出）来传播；而蠕虫王病毒则是利用了微软数据库系统的一个漏洞进行攻击。

3. 传播更快更广

蠕虫病毒比传统病毒具有更大的传染性，它不仅仅感染本地计算机，而且会以本地计算机为基础，感染网络中所有的服务器和客户端。蠕虫病毒可以通过网络中的共享文件夹、电子邮件、恶意网页以及存在着大量漏洞的服务器等途径肆意传播，几乎所有的传播手段都被蠕虫病毒运用得淋漓尽致。因此，蠕虫病毒的传播速度可以是传统病毒的几百倍，甚至可以在几个小时内蔓延全球，造成难以估量的损失。

我们可以做一个简单的计算：如果某台被蠕虫感染的计算机的地址簿中有 100 个人的邮件地址，那么病毒就会自动给这 100 个人发送带有病毒的邮件，假设这 100 个人中每个人的地址簿中又都有 100 个人的联系方式，那很快就会有 100×100 = 10 000 个人感染该病毒，如果病毒再次按照这种方式传播就会再有 100×100×100=1 000 000 个人感染，而整个感染过程很可能会在几个小时内完成。由此可见，蠕虫病毒的传播速度非常惊人。

4. 更好的伪装和隐藏方式

为了使蠕虫病毒在更大范围内传播，病毒的编制者非常注重病毒的隐藏方式。

通常情况下，我们在接收、查看电子邮件时，都采取双击打开邮件主题的方式浏览邮件内容，如果邮件中带有病毒，用户的计算机就会立刻被病毒感染。因此，通常的经验是：不运行邮件的附件就不会感染蠕虫病毒。但是，目前比较流行的蠕虫病毒将病毒文件通过 base64 编码隐藏到邮件的正文中，并且通过 mine 的漏洞造成用户在单击邮件时，病毒就会自动解码到硬盘上并运行。

此外，诸如 Nimda 和求职信（Klez）等病毒及其变种还利用添加带有双扩展名的附件等形式来迷惑用户，使用户放松警惕，从而进行更为广泛的传播。

5. 技术更加先进

一些蠕虫病毒与网页的脚本相结合，利用 VB Script、Java、ActiveX 等技术隐藏在 HTML 页面里。当用户上网浏览含有病毒代码的网页时，病毒会自动驻留内存并伺机触发。还有一些蠕虫病毒与后门程序或木马程序相结合，比较典型的是"红色代码病毒"，它会在被感染计算机 Web 目录下的 \scripts 下将生成一个 root.exe 后门程序，病毒的传播者可以通过这个程序远程控制该计算机。这类与黑客技术相结合的蠕虫病毒具有更大的潜在威胁。

5.4.2 蠕虫病毒的原理

网络蠕虫具有与计算机病毒一样的特征：隐匿阶段、传播阶段、触发阶段和执行阶段。

传播阶段主要执行以下功能。

① 通过检查已感染主机的地址簿或其他类似存放远程系统地址的相应文件，得到下一步要感染的目标。

② 建立和远程系统的连接。

③ 将自身复制给远程系统并执行此副本。

在将自身复制到某系统之前，网络蠕虫可以判断该系统是否已经被感染。在多进程系统中，蠕虫还可以将自身命名为系统进程名或其他不容易被系统操作员注意到的名字，以防止被检测出来。

和病毒一样，网络蠕虫也是难以防护的。但是，如果能够对网络安全设施和单机系统安全功能进行正确的设计和实施，就可以将蠕虫的危害降到最低。

1. 蠕虫程序的功能结构

所有蠕虫都具有相似的功能结构，我们将蠕虫程序分解为基本功能模块和扩展功能模块。实现了基本功能模块的蠕虫程序就能完成复制传播流程，包含扩展功能模块的蠕虫程序则具有更强的生存能力和破坏能力，如图 5-5 所示。

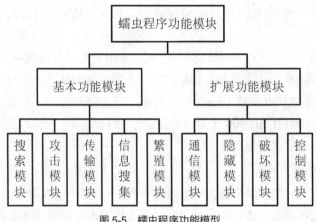

图 5-5　蠕虫程序功能模型

基本功能由 5 个功能模块构成。

① 搜索模块。寻找下一台要传染的机器；为提高搜索效率，可以采用一系列的搜索算法。

② 攻击模块。在被感染的机器上建立传输通道（传染途径）；为减少第一次传染数据传输量，可以采用引导式结构。

③ 传输模块：计算机间的蠕虫程序复制。

④ 信息搜集模块：搜集和建立被传染机器上的信息。

⑤ 繁殖模块：建立自身的多个副本；在同一台机器上提高传染效率、判断避免重复传染。

扩展功能由 4 个功能模块构成。

① 隐藏模块。隐藏蠕虫程序，使简单的检测不能发现。

② 破坏模块。摧毁或破坏被感染的计算机；或在被感染的计算机上留下后门程序等。

③ 通信模块。蠕虫间、蠕虫同黑客之间进行交流，可能是未来蠕虫发展的侧重点。

④ 控制模块。调整蠕虫行为，更新其他功能模块，控制被感染计算机，可能是未来蠕虫发展的侧重点。

2. 蠕虫的工作流程

蠕虫程序的工作流程可以分为扫描、攻击、现场处理、复制 4 个部分，如图 5-6 所示，当扫描到有漏洞的计算机系统后，进行攻击，攻击部分完成蠕虫主体的迁移工作；进入被感染的系统后，要做现场处理工作，现场处理部分工作包括隐藏、信息搜集等；生成多个副本后，重复上述流程。

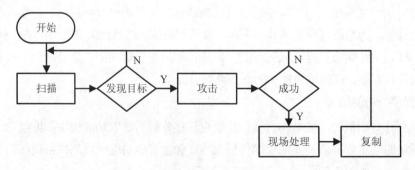

图 5-6　蠕虫工作流程

3. 常见的蠕虫病毒

① CodeRed。该蠕虫感染运行 Microsoft Index Server 2.0 的系统，或是在 Windows 2000、IIS 中启用了 Indexing Service（索引服务）的系统。该蠕虫利用了一个缓冲区溢出漏洞进行传播（未加限制的 Index Server ISAPI Extension 缓冲区使 Web 服务器变得不安全）。蠕虫只存在于内存中，并不向硬盘中复制文件。

② Slammer 蠕虫信息。Slammer 是针对 Microsoft SQL Server 2000 和 Microsoft Desktop Engine（MSDE）2000 的一种蠕虫。该蠕虫利用 MS-SQL 的一个漏洞进行传播。由于蠕虫发送大量的 udp 包，因此会造成网络 Dos 攻击。

③ 冲击波（Blaster）、震荡波（Sasser）是著名的影响网络正常运行的蠕虫病毒，该病毒流行时期，曾经造成了大面积的网络中断。

5.4.3　蠕虫病毒的防治

蠕虫也是一种病毒，因此具有病毒的共同特征。一般的病毒是需要的寄生的，它可以通过自己指令 Windows 下可执行文件的格式为 PE（Portable Executable）格式，当它感染 PE 文件时，就会在宿主程序中，建立一个新节，将病毒代码写到新节中，修改的程序入口点等，这样，在宿主程序执行的时候，就可以先执行病毒程序，病毒程序运行完之后，再把控制权交给宿主原来的程序指令。可见，病毒主要是感染文件，当然也还有像 DIRII 这种链接型病毒，还有引导区病毒。引导区病毒是感染磁盘的引导区，如果是软盘被感染，这张软盘用在其他机器上后，同样也会感染其他机器，所以传播方式也是用软盘等方式。

蠕虫一般不采取利用 PE 格式插入文件的方法，而是复制自身在互联网环境下进行传播，病毒的传染能力主要是针对计算机内的文件系统而言，而蠕虫病毒的传染目标是互联网内的所有计算机。局域网条件下的共享文件夹，电子邮件 E-mail，网络中的恶意网页，大量存在着漏洞的服务器等都成为蠕虫传播的良好途径。网络的发展也使得蠕虫病毒可以在几个小时内蔓延全球，而且蠕虫的主动攻击性和突然爆发性将使得人们手足无措。

通过上述的分析和介绍，我们可以知道，病毒并不是非常可怕的，网络蠕虫病毒对个人用户的攻击主要还是通过社会工程学，而不是利用系统漏洞。所以防范此类病毒需要注意以下几点。

1. 选购合适的杀毒软件

网络蠕虫病毒的发展已经使传统的杀毒软件的"文件级实时监控系统"落伍，杀毒软件必须向内存实时监控和邮件实时监控发展！另外，面对防不胜防的网页病毒，也使得用户对杀毒软件的要求越来越高！

2. 经常升级病毒库

杀毒软件对病毒的查杀是以病毒的特征码为依据的，而病毒每天都层出不穷，尤其是在网络时代，蠕虫病毒的传播速度快、变种多。所以必须及时更新病毒库，以便能够查杀最新的病毒。

3. 提高防杀毒意识

不要轻易去点击陌生的站点，有可能里面就含有恶意代码！当运行 IE 时，单击"工具→Internet选项→安全→Internet 区域的安全级别"，把安全级别由"中"改为"高"。因为这一类网页主要是含有恶意代码的 ActiveX 或 Applet、JavaScript 的网页文件，所以在 IE 设置中将 ActiveX 插件和控件、

Java 脚本等全部禁止，就可以大大减少被网页恶意代码感染的概率。具体方案是：在 IE 窗口中单击"工具"→"Internet 选项"，在弹出的对话框中选择"安全"标签，再单击"自定义级别"按钮，就会弹出"安全设置"对话框，把其中所有 ActiveX 插件和控件以及与 Java 相关全部选项选择"禁用"。但是，这样做在以后的网页浏览过程中有可能会使一些正常应用 ActiveX 的网站无法浏览。

自 2004 年起，MSN、QQ 等聊天软件开始成为蠕虫病毒传播的途径之一。"性感烤鸡"病毒就通过 MSN 软件传播，在很短时间内席卷全球，一度造成中国大陆地区部分网络运行异常。

对于普通用户来讲，防范聊天蠕虫的主要措施之一，就是提高安全防范意识，对于通过聊天软件发送的任何文件，都要经过好友确认后再运行；不要随意点击聊天软件发送的网络链接。

4. 不随意查看陌生邮件

通过电子邮件传播，是近年来病毒作者青睐的方式之一，像"恶鹰""网络天空"等都是危害巨大的邮件蠕虫病毒。这样的病毒往往会频繁大量地出现变种，用户中毒后往往会造成数据丢失、个人信息失窃、系统运行变慢等。

防范邮件蠕虫的最好办法就是提高自己的安全意识，不要轻易打开带有附件的电子邮件。另外，启用杀毒软件的"邮件发送监控"和"邮件接收监控"功能，也可以提高自己对病毒邮件的防护能力。

5. 及时为操作系统打补丁

针对通过系统漏洞传播的病毒，配置 WindowsUpdate 自动升级功能，使主机能够及时安装系统补丁，防患于未然。定期通过漏洞扫描产品查找主机存在的漏洞，发现漏洞，及时升级；关注系统提供商、安全厂商的安全警告，如有问题，则采取相应措施。

随着网络和病毒编写技术的发展，综合利用多种途径的蠕虫也越来越多，如某些蠕虫病毒就是通过电子邮件传播，同时利用系统漏洞侵入用户系统。还有的病毒会同时通过邮件、聊天软件等多种渠道传播。

5.5 其他恶意代码

5.5.1 移动恶意代码

移动恶意代码是能够从主机传输到客户端计算机上并执行的代码，它通常是作为病毒、蠕虫或是特洛伊木马的一部分被传送到客户计算机上的。另外，移动代码可以利用系统的漏洞进行入侵，例如非法的数据访问和盗取 root 账号。通常用于编写移动代码的工具包括 Java applets，ActiveX，javascript 和 VBScript。

移动终端恶意代码是对移动终端各种病毒的广义称呼，它包括以移动终端为感染对象而设计的普通病毒、木马等。移动终端恶意代码以移动终端为感染对象，以移动终端网络和计算机网络为平台，通过无线或有线通信等方式，对移动终端进行攻击，从而造成移动终端异常的各种不良程序代码。

1. 移动终端恶意代码攻击方式

① 短信息攻击。主要是以"病毒短信"的方式发起攻击。

②　直接攻击手机。直接攻击相邻手机，Cabir 病毒就是这种病毒。

③　攻击网关。控制 WAP 或短信平台，并通过网关向手机发送垃圾信息，干扰手机用户，甚至导致网络运行瘫痪。

④　攻击漏洞。攻击字符格式漏洞，攻击职能手机操作系统漏洞，攻击应用程序运行环境漏洞，攻击应用程序漏洞。

⑤　木马型恶意代码。利用用户的疏忽，以合法身份侵入移动终端，并伺机窃取资料的病毒。例如，Skulls 病毒是典型木马病毒。

2. 移动恶意代码生存环境

①　系统相对封闭。移动终端操作系统是专用操作系统，不对普通用户开放（不像计算机操作系统，容易学习、调试和程序编写），而且它所使用的芯片等硬件也都是专用的，平时很难接触到。

②　创作空间狭窄。移动终端设备中可以"写"的地方太少。例如，在初期的手机设备中，用户是不可以向手机里面写数据的，唯一可以保存数据的只有 SIM 卡。这么一点容量要想保存一个可以执行的程序非常困难，况且保存的数据还要绕过 SIM 卡的格式。

③　数据格式单调。以初期的手机设备为例，这些设备接收的数据基本上都是文本格式数据。文本格式是计算机系统中最难附带病毒的文件格式。同理，在移动终端中，病毒也很难附加在文本内容上进行传播。

3. 移动恶意代码的防范

①　注意来电信息。当对方的电话打过来时，正常情况下，屏幕上显示的应该是来电电话号码。如果用户发现显示别的字样或奇异的符号，接电话者应不回答或立即把电话关闭。

②　谨慎网络下载。病毒要想侵入终端设备，捆绑到下载程序上是一个重要途径。因此，当用户经手机上网时，尽量不要下载信息和资料，如果需要下载手机铃声或图片，应该到正规网站下载，即使出现问题也可以找到源头。

③　不接收怪异短信。短信息（彩信）中可能存在病毒，短信息的收发越来越成为移动通信的一个重要方式，然而短信息也是感染手机病毒的一个重要途径。当用户接到怪异的短信时应当立即删除。

④　关闭无线连接。采用蓝牙技术和红外技术的手机与外界（包括手机之间，手机与电脑之间）传输数据的方式更加便捷和频繁，但对自己不了解的信息来源，应该关掉蓝牙或红外线等无线设备。如果发现自己的蓝牙或红外手机出现了病毒，应及时向厂商或软件公司询问并安装补丁。

⑤　关注安全信息。关注主流信息安全厂商提供的资讯信息，及时了解手持设备的发展现状和发作现象，做到防患于未然。

5.5.2　陷门

陷门是程序的秘密入口点，知情者可以绕开通常的安全控制机制而直接通过该入口访问程序。陷门并不是一种新技术，事实上很多年以来程序设计人员一直使用该技术调试或测试程序。当程序开发者在设计一个包含认证机制或者要用户输入很多不同的值才可以运行的程序的时候，为避开这些繁琐的认证机制以便于开发和调试的顺利进行，程序设计者通常会设置这样的陷门。陷门通常是识别特定输入序列的代码段，可以由某一特定用户 ID 或者特定的事件序列激活。

如果一个登录处理系统允许一个特定的用户识别码，通过该识别码可以绕过通常的口令检查，直观的理解就是可以通过一个特殊的用户名和密码登录进行修改等操作。这种安全危险称为陷门，又称为非授权访问。

当陷门被恶意程序设计者利用，作为获得未授权的访问权限的工具时，陷门就变成一种安全威胁。

5.5.3　逻辑炸弹

逻辑炸弹是出现最早的程序威胁类型之一，在时间上早于病毒和蠕虫。计算机中的逻辑炸弹是指在特定逻辑条件满足时，实施破坏的计算机程序，该程序触发后造成计算机数据丢失、计算机不能从硬盘或者软盘引导，甚至会使整个系统瘫痪，并出现物理损坏的虚假现象。逻辑炸弹引发时的症状与某些病毒的作用结果相似，并会对社会引发连带性的灾难。与病毒相比，它强调破坏作用本身，而实施破坏的程序不具有传染性。逻辑炸弹是一种程序，当满足某些条件时，程序逻辑被激活。

5.5.4　僵尸病毒

僵尸程序秘密接管对网络上其他机器的控制权，之后以被劫持的机器为跳板实施攻击行为，这使得发现真正的攻击者变得较为困难。僵尸程序可以应用于拒绝服务攻击，这种攻击的一个典型实例是攻击 Web 站点。攻击者将僵尸程序植入数百台可信的第三方团体的计算机中，之后控制这些机器一起向受攻击的 Web 站点发动难以抵挡的流量冲击，使得该站点陷入拒绝服务状态，达到攻击的目的。

手机僵尸病毒，是一类专门针对移动通信终端的恶意软件的总称，也被称为"僵尸手机病毒"。被这种恶意程序感染的手机，成为"僵尸手机"，自动向其他手机用户通过发送短信的方式传播病毒，用户一旦阅读这种带有恶意链接的短信，就会感染而成为"僵尸手机"，并再次对外传播这种病毒。

手机僵尸病毒具有隐秘性强、传播迅速、主动攻击、危险性大的特点。

手机僵尸病毒隐藏在手机用户在网络上下载的一款软件中，而该软件的官方版本是不含有病毒的，有人将病毒插件植入了软件中供用户下载。病毒一旦被激活，就会将手机的 SIM 卡信息传回病毒服务器，然后病毒服务器会向手机通讯录中的联系人发送含有病毒的广告短信，这样病毒将会以传销的方式继续传播下去。

5.5.5　复合型病毒

复合型病毒就是恶意代码通过多种方式传播。著名的 Nimda 蠕虫实际上就是复合型病毒的一个例子，它通过 4 种方式传播。

① E-mail。如果用户在一台存在漏洞的电脑上打开一个被 Nimda 感染的邮件附件，病毒就会搜索这台电脑上存储的所有邮件地址，然后向它们发送病毒邮件。

② 网络共享。Nimda 会搜索与被感染电脑连接的其他电脑的共享文件，然后它以 NetBIOS 作为传送工具，来感染远程电脑上的共享文件，一旦那台电脑的用户运行这个被感染文件，那么那台电脑的系统也会被感染。

③ Web 服务器。Nimda 会搜索 Web 服务器，寻找 Microsoft IIS 存在的漏洞，一旦它找到存在漏

洞的服务器，它就会复制自己的副本过去，并感染它和它的文件。

④ Web 终端。如果一个 Web 终端访问了一台被 Nimda 感染的 Web 服务器，那么它也会被感染。

除了以上这些方法，复合型病毒还会通过其他的一些服务来传播，如直接传送信息和点对点的文件共享。人们通常将复合型病毒当成蠕虫，同样许多人认为 Nimda 是一种蠕虫，但是从技术的角度来讲，它具备了病毒、蠕虫和移动代码它们全部的特征。

5.6　病毒的预防、检测和清除

5.6.1　病毒的预防

通过采取技术上和管理上的措施，计算机病毒是完全可以防范的。虽然新出现的病毒可采用更隐蔽的手段，利用现有操作系统安全防护机制的漏洞，以及反病毒防御技术上尚存在的缺陷，使病毒能够暂时在某一计算机上存活并进行某种破坏，但是只要在思想上有反病毒的警惕性，依靠使用反病毒技术和管理措施，新病毒就无法逾越计算机安全保护屏障，从而不能广泛传播。这类病毒一旦被捕捉到，反病毒防御系统就可以立即改进性能，最重要的是思想上要重视计算机病毒可能会给计算机安全运行带来的危害：轻则影响工作，重则将磁盘中存储的无法以价格来衡量的数据和程序全破坏掉，使用于实时控制的计算机瘫痪，造成无法估计的损失。

同样是对于计算机病毒，有病毒防护意识的人和没有病毒防护意识的人会采取完全不同的态度。例如，对于反病毒研究人员，可以将机器内存储的上千种病毒进行研究，而不怕对计算机系统造成破坏。但对于对病毒毫无警惕意识的人员，可能连计算机显示器上出现的病毒信息都不去仔细观察一下，而使病毒在磁盘中任意进行破坏。其实，只要稍有警惕，病毒在传染时和传染后留下的蛛丝马迹总是能被发现的，再运用病毒检测程序进行人工检测是完全可以提前发现病毒的，或在病毒进行传染的过程中就能发现它。

作为应急措施，网络系统管理员应牢记下列几条。

① 在因特网中，由于不可能有百分之百的把握来阻止某些未来可能出现的计算机病毒的传染，因此，当出现病毒传染迹象时，应立即隔离被感染的系统和网络并进行处理。不应让系统带病毒继续工作下去，要按照特别情况查清整个网络，使病毒无法反复出现来干扰工作。

② 由于计算机病毒在网络中传播得非常迅速，很多用户不知应如何处理。因此，应立即请求专家的帮助。由于技术上的防病毒方法尚无法达到完美的境界，难免有新病毒会突破防护系统的保护，从而感染计算机。因此，及时发现异常情况，可防止病毒传染到整个磁盘和传染到相邻的计算机，所以对可能由病毒引起的现象应予以注意。

③ 注意观察下列现象。

- 经常死机：病毒打开了许多文件或占用了大量内存。
- 系统无法启动：病毒修改了硬盘的引导信息，或删除了某些启动文件。
- 文件打不开：病毒修改了文件格式、病毒修改了文件链接位置。
- 经常报告内存不够：病毒非法占用了大量内存。
- 提示硬盘空间不够：病毒复制了大量的病毒文件，一安装软件就提示硬盘空间不够。
- 键盘或鼠标无端地锁死：病毒作怪，特别要留意"木马"。

- 出现大量来历不明的文件：病毒复制的文件。
- 系统运行速度慢：病毒占用了内存和 CPU 资源，在后台运行了大量非法操作。

5.6.2 病毒的检测

检测磁盘中的病毒可分成检测引导区型病毒和检测文件型病毒。这两种检测从原理上来说是基本上一样的，但由于各自的存储方式不同，检测方法是有差别的。

1. 病毒的检查方法

检测的原理主要是基于下列 4 种方法，比较被检测对象与原始备份的比较法，利用病毒特征代码串的扫描法，病毒体内特定位置的特征字识别法以及运用反汇编技术分析被检测对象，确认是否为病毒的分析法。下面详细讨论各自的原理及其优缺点。

（1）比较法

比较法是用原始备份与被检测的引导扇区或被检测的文件进行比较。比较时可以靠打印的代码清单进行比较，或用程序来进行比较。这种比较法不需要专门的查病毒程序，用这种比较法还可以发现那些尚不能被现有的查病毒程序发现的计算机病毒。因为病毒传播得很快，新病毒层出不穷，由于目前还没有做出通用的能查出一切病毒，或通过代码分析可以判定某个程序中是否含有病毒的查毒程序，发现新病毒就只有靠比较法和分析法，有时必须结合这两者来一起工作。

使用比较法能发现异常，如文件长度的变化，或虽然文件长度未发生变化，但文件内的程序代码发生了变化。对硬盘主引导区或对 DOS 的引导扇区进行检测，通过比较法能发现其中的程序代码是否发生了变化。由于要进行比较，保留好原始备份是非常重要的，制作备份时必须在无计算机病毒的环境里进行，制作好的备份必须妥善保管、写好标签和设置写保护。

比较法的优点是简单、方便和不需专用软件，缺点是无法确认病毒的种类名称。另外，造成被检测程序与原始备份之间差别的原因尚需进一步验证，以查明是由于计算机病毒造成的，还是数据被偶然原因，如突然停电、程序失控或恶意程序等破坏的。这些要用到以后所讲的分析法，通过查看变化部分代码的性质，以此来判断是否存在病毒。另外，当找不到原始备份时，用比较法就不能马上得到结论。从这里可以看出制作和保留原始主引导扇区和其他数据备份的重要性。

（2）扫描法

扫描法是用每一种病毒体含有的特定字符串对被检测的对象进行扫描。如果在被检测对象内部发现了某一种特定字节串，则表明发现了该字符串所代表的病毒。国外把这种按扫描法工作的病毒扫描软件叫 Scanner。病毒扫描软件由两部分组成：一部分是病毒代码库，含有经过特别选定的各种计算机病毒的代码串；另一部分是利用该代码库进行扫描的扫描程序。病毒扫描程序能识别的计算机病毒的数目完全取决于病毒代码库内所含病毒的种类有多少。显而易见，库中病毒代码种类越多，扫描程序能辨认出的病毒也就越多。病毒代码串的选择是非常重要的。短小的病毒只有一百多个字节，病毒代码长的则达到几十 KB。如果随意从病毒体内选一段代码作为代表该病毒的特征代码串，可能在不同的环境中，该特征串并不真正具有代表性，不能用于将该串所对应的病毒检查出来，选这种串作为病毒代码库的特征串就是不合适的。

（3）计算机病毒特征字的识别法

计算机病毒特征字的识别法是基于特征串扫描法发展起来的一种新方法。它工作起来速度更快、误报警更少，但扫描法所具有的对病毒特征代码串的识别错误也仍然存在。特征字识别法只需从病毒体内抽取很少几个关键的特征字来组成特征字库。由于需要处理的字节很少，而又不必进行串匹配，则大大加快了识别速度，当被处理的程序很大时，表现更突出。类似于检测生物病毒的生物活特性，特征字识别法更注意计算机病毒的"程序活性"，减少了错报的可能性。

使用基于特征串扫描法的查病毒软件方法与使用基于特征字识别法的查病毒软件方法原理是一样的，只要运行查毒程序，就能将已知的病毒检查出来。将这两种方法应用到实际中，还需要不断地对病毒库进行扩充，一旦捕捉到病毒，经过提取特征并加入到病毒库，就能使查病毒程序多检查出一种新病毒来。

（4）分析法

使用分析法的目的有以下 4 个。

① 确认被观察的磁盘引导区和程序中是否含有病毒。

② 确认病毒的类型和种类，判定其是否是一种新病毒。

③ 搞清楚病毒体的大致结构，提取特征识别用的字节串或特征字，用于增添到病毒代码库供病毒扫描和识别程序用。

④ 详细分析病毒代码，为制定相应的反病毒措施制定方案。

上述 4 个排列顺序，正好大致是使用分析法的工作顺序。使用分析法要求具有比较全面的有关计算机操作系统结构和功能调用以及关于病毒方面的各种知识，这是与检测病毒的前 3 种方法不一样的地方。

病毒检测的分析法是反病毒工作中不可缺少的重要技术，任何一个性能优良的反病毒系统的研制和开发都离不开专门人员对各种病毒的详尽而认真的分析。

2. 病毒扫描程序

用病毒扫描程序来检测系统。这种程序找到病毒的主要办法之一就是寻找扫描串，也被称为病毒特征。这些病毒特征能唯一地识别某种类型的病毒，扫描程序能在程序中寻找这种病毒特征。判别病毒扫描程序好坏的一个重要标志就是"误诊"率一定要低，否则会带来很多的虚惊。扫描程序必须是最新的，因为新的病毒在不断地涌现，何况有的病毒具有变异性和多态性。

由于新的病毒不断涌现，加之使用变异引擎和多态病毒不停地产生新的品种，所以，反病毒扫描程序也必须是最新的，否则，会漏过许多新的病毒，或将找到的病毒标为"未知"。如果病毒实际上是已知的，而反病毒软件不能识别或不能正确地处理，这会导致计算机系统被感染。

3. 完整性检查程序

完整性检查程序是另一类反病毒程序，它是通过识别文件和系统的改变来发现病毒或病毒的影响。

这种程序可以用来监视文件的改变，当病毒破坏了用户的文件，这种程序就可以帮助用户发现病毒。但这种程序的缺点就是病毒必须已经做了些什么事情，它才能起作用。这样用户的系统或网络可能在完整性检查程序开始检测之前就已经感染上了病毒。这种程序能导致多于期望数目的"误诊"，如由于软件的正常升级或程序设置的改变而导致的"误诊"。因为完整性检查程序主要查看文件的改变，所以它更适合于对付多态和变异病毒。

完整性检查程序只有当病毒正在工作并做了些什么事情时才能起作用，这是这类程序最大的一个缺点。另外，系统或网络可能在完整性检查程序开始检测病毒之前已感染了病毒，潜伏的病毒也可以避开完整性检查程序的检查。

4. 行为封锁软件

行为封锁软件的目的是防止病毒的破坏。通常，这种软件试图在病毒马上就要开始工作时阻止它。每当某一反常的事情将要发生时，行为封锁软件就会检测到病毒并警告用户。有些程序会试图在软件允许执行之前对其行为进行确定。

由于"可疑"的行为有时可能是完全正常的，所以，"误诊"的发生也是不可避免的。一个调用另一个可执行文件的文件可能是伴随型病毒存在的征兆，或者也可能是某个软件包要求的一种操作，此时，用户必须对问题进行调查以后才能做出决定。

另外，行为封锁软件能在任何"临头灾难"发生在系统中之前识别出来并向用户警告。

5.6.3 计算机病毒的免疫

计算机病毒的免疫，就是通过一定的方法，使计算机自身具有防御计算机病毒感染的能力。没有人能预见以后会产生什么样的病毒，因此，一个真正的免疫软件，应使计算机具有一定的对付新病毒的能力。分析计算机病毒的特点，就不难找出病毒的免疫措施。

1. 建立程序的特征值档案

这是对付病毒的最有效方法。如对每一个指定的可执行的二进制文件，在确保它没有被感染的情况下进行登记，然后计算出它的特征值填入表中。以后，每当系统的命令处理程序执行它的时候，先将程序读入内存，检查其特征是否有变化，由此决定是否运行该程序。对于那些特征值无故变异的程序，均应当做病毒的感染。但是，本方法只能在操作系统引导以后发生作用，因此其主要缺点是不能阻止操作系统引导之前的引导记录病毒及引导过程中的病毒，但是可以通过配合别的方法加以克服。

2. 严格内存管理

PC 系列计算机启动过程中，ROM BIOS 初始化程序将测试到的系统主内存大小，以千字节为单位，记录在 RAM 区的 0040:0013 单元里，以后的操作系统和应用程序都是通过直接或间接（INT 12H）的手段读取该单元的内容，以确定系统的内存大小。由于本单元内容可以随便改动，许多抢在 DOS 之前进入内存的病毒都是通过减少该单元值的大小，从而在内存高端空出一块 DOS 毫无觉察的死角，给自身留下了栖身之处。一种解决的方法是自己编制一个系统外围接口芯片直接读出内存大小的 INT 12H 中断处理程序。当然，它必须在系统调用 INT 12H 之前设置完毕。另一种解决的方法是做一个记录内存大小的备份。

3. 中断向量管理

病毒驻留内存时常常会修改一些中断向量，因此，中断向量的检查和恢复是必要的。为使这项工作简单一些，只要事先保存 ROM BIOS 和 DOS 引导后设立的中断向量表备份就行了，因为同一台计算机，在同一种操作系统版本下，其 ROM 和操作系统设立的中断向量一般都是不变的。

5.6.4 计算机感染病毒后的修复

1. 防止和修复引导记录病毒

防止软引导记录、主引导记录和分区引导记录病毒的较好方法是改变计算机的磁盘引导顺序，避免从软盘引导。必须从软盘或光盘引导时，应该确认该软盘或光盘无毒。

（1）修复感染的主引导记录

许多用户认为重新格式化硬盘会从硬盘清除大多数引导记录病毒。尽管重新格式化会清除分区引导记录病毒，但是却不能破坏主引导记录病毒。修复感染的主引导记录最有效的途径是使用 FDISK 工具。输入 FDISK/MBR，这样会重新写入主引导记录自举例程，并且覆盖病毒自举例程。

（2）利用反病毒软件修复

大多数反病毒程序使用自己的病毒扫描器组件检测并修复软引导记录、主引导记录和分区引导记录。一旦反病毒程序知道了感染的准确性质，包括病毒的类型，它就能够定位病毒存放的原来的主引导记录（Master Boot Record，MBR）或分区引导记录，并且覆盖感染的引导记录。因为大多数病毒总是在同样的位置存放引导记录。当要修复软盘感染或主引导记录感染时，反病毒程序也可以使用其他技术。对于主引导记录病毒，反病毒程序会用一个简单的代替例程覆盖病毒自举程序。这种代替以像 FDISK 插入的标准加载自举例程一样的方式工作，对于这种类型的修复工作，硬盘的分区表必须完整不动，因为反病毒程序只会代替主引导记录中的自举部分。

2. 防止和修复可执行文件病毒

修复感染的程序文件最有效的途径是用未感染的备份代替它。如果得不到备份，就使用反病毒修复感染的可执行程序。反病毒程序一般使用它们的病毒扫描器组件检测并修复感染的程序文件。如果文件被非覆盖型病毒感染，那么这个程序很可能会被修复。

当非覆盖型病毒感染可执行文件时，它必须存放有关宿主程序的特定信息。这些信息用于在病毒执行完之后执行原来的程序。如果病毒中有这一信息，反病毒程序就可以定位它，如果需要的话还要进行解密，然后把它复制回宿主文件相应的部分。最后，反病毒程序可以从文件中"切掉"病毒。

5.6.5　计算机病毒的清除

消除病毒的方法较多，最简单的方法就是使用杀毒软件，下面介绍几种清除计算机病毒的方法。

1. 引导型病毒的处理

引导型病毒的一般清理办法是格式化磁盘，但这种方法的缺点是：当用户格式化磁盘后，不但病毒被杀掉了，而且数据也被清除掉了。下面介绍一种不用格式化磁盘的方法，不过还需要一些相应知识。

与引导型病毒有关的扇区大概有以下 3 部分。

① 硬盘的物理第一扇区，即 0 柱面、0 磁头和 1 扇区。这个扇区成为"硬盘主引导扇区"，上面包括两个独立的部分，第一部分是开机后硬盘上所有可执行代码中最先执行的部分，在该扇区的前半部分，称为"主引导记录"（Master Boot Record，MBR）。

② 第二部分不是程序，而是非执行的数据，记录硬盘分区的信息，即人们常说的"硬盘分区表"（Partition Table），从偏移量 1BEH 开始，到 1FDH 结束。

③ 硬盘活动分区（除 Compaq 计算机外，大多是第一个分区）的第一个扇区。一般位于 0 柱面、1 磁头和 1 扇区，这个扇区称为"活动分区的引导记录"，它是开机后继 MBR 运行的第二段代码的所在之处。其他分区也具有一个引导记录（BOOT），但是其中的代码不会被执行。

用无病毒的 DOS 引导软盘启动计算机后，可运行下面的程序来分担不同的工作。

① "Fdisk/MBR"用于重写一个无毒的 MBR。

② "Fdisk"用于读取或重写硬盘分区表。

③ "Format C:/S"或"SYS C:"会重写一个无毒的"活动分区的引导记录"。对于可以更改活动分区的情况，需要另外特殊对待。

2. 宏病毒清除方法

对于宏病毒最简单的清除步骤如下。

① 关闭 Word 中的所有文档。

② 选择"工具/模板/管理器/宏"命令。

③ 删除左右两个列表框中所有的宏（除了自己定义的，一般病毒宏为 AutoOpen、AutoNew 或 AutoClose）。

④ 关闭对话框。

⑤ 选择"工具/宏"命令。若有 AutoOpen、AutoNew 或 AutoClose 等宏，删除它们。

以上步骤清除了 Word 系统的病毒，下面打开.doc 文件，选择"工具/模板/管理器/宏"命令，若左右两个列表框中列有非用户定义的宏，则证明该.doc 文件有毒，执行上述的步骤③和④，然后将文件存盘，则该.doc 文件的毒被清除了。

有时病毒会感染其他的.dot 文件如台湾 1 号宏病毒，感染 Poweup.dot，会在每月 13 号弹出猜数游戏，可在"工具/模板/管理器/宏"选项里任一列表框下关闭 Normal.dot，再打开其他的.dot，看看是否有可疑的宏，如 AutoOpen、AutoNew 或 AutoClose 等，若有则可以删除它们。

一般来说，Word 宏病毒编制很简单，只要用户学习过 Basic 简单的编程就可以阅读病毒源程序，这样就可以找出病毒标志，不仅可以杀毒，而且还可以预防文档中毒。

3. 杀毒程序

杀毒程序是许多反病毒程序中的一员，但它在处理病毒时，必须知道某种特别的病毒的信息，然后才能按需对磁盘进行杀毒。

对于文件型病毒，杀毒程序需要知道病毒的操作过程，如病毒代码是依附在文件头部还是尾部。一旦病毒被从文件中清除，文件便恢复到原先的状态，而且保存病毒的扇区也会被覆盖，从而消除了病毒被重新使用的可能性。

对于引导扇区病毒，在使用杀毒程序时需格外的小心谨慎，因为在重新建立引导扇区和主引导记录 MBR 时，如果出现错误，其后果是灾难性的，不但会导致磁盘分区的丢失，甚至会丢失硬盘上的所有文件，使系统再也无法引导了。产生这个致命错误的原因是替换的 MBR 信息从错误的位置上取来，或者是被病毒引导到错误的位置。出错的 MBR 信息被写到引导扇区，使磁盘无法启动和使用。另外，有时可能同时感染多种病毒，这样会进一步使反病毒程序发生混乱，不能找到正确的引导扇区的位置，这可能使磁盘完全失去使用的价值。

目前，国内外主流的杀毒软件如下。

（1）卡巴斯基反病毒软件

特点：产品采用第二代启发式代码分析技术、iChecker 实时监控技术和独特的脚本病毒拦截技术等多种最尖端的反病毒技术，能够有效查杀近 8 万种病毒，并可防范未知病毒。另外，该软件的界面简单、集中管理、提供多种定制方式、自动化程度高，而且几乎所有的功能都是在后台模式下运行，占用系统资源少。

（2）诺顿防病毒软件

特点：赛门铁克公司最新推出的诺顿防病毒软件，凭借其独创的基于信誉评级的诺顿全球智能云防护等创新科技，重新定义了全球安全行业最新技术和发展趋势。它可严密防范黑客、病毒、木马、间谍软件和蠕虫等攻击。全面保护信息资产，如账号密码、网络财产、重要文件等。另外，该软件具有智能病毒分析技术，能够自动提取该病毒的特征值，自动升级本地病毒特征值库，实现对未知病毒"捕获、分析、升级"的智能化。

（3）微软免费杀毒软件

特点：微软免费杀毒软件（Microsoft Security Essentials，MSE）是一款通过正版验证的 Windows 电脑可以免费使用的微软安全防护软件，它采用了与所有微软的安全产品相同的安全技术。它会保护计算机免受病毒、间谍和其他恶意软件的侵害。MSE 可直接从 Microsoft 网站免费下载，易安装易使用，并保持自动更新。你不需要注册和提供个人信息。MSE 在后台静默高效地运行，提供实时保护。你可以如往常一样的使用 Windows 电脑，而不用担心会被打扰。该软件为通过正版验证的 Windows 电脑专享提供，可以免费终身使用。

（4）迈克菲杀毒软件

特点：迈克菲（McAfee）杀毒软件是全球最畅销的杀毒软件之一，McAfee 防毒软件除了操作界面更新外，也将该公司的 WebScanX 功能合在一起，增加了许多新功能。除了检测和清除病毒外，它还有 VShield 自动监视系统，会常驻内存，当用户从磁盘、网络、E-mail 中开启文件时，McAfee 便会自动检测文件的安全性，若文件内含有病毒，便会立即报警，并做适当的处理，而且它支持鼠标右键的快速选单功能，并可使用密码将个人的设定锁住使非法用户无法修改。

（5）360 杀毒软件

特点：360 杀毒无缝地整合了国际知名的 BitDefender 病毒查杀引擎，以及 360 安全中心潜心研发的木马云查杀引擎。360 杀毒精心优化的技术架构对系统资源占用很少，不会影响系统的速度和性能。双引擎机制使它拥有完善的病毒防护体系，不但查杀能力出色，而且对新产生病毒木马能够第一时间进行防御。360 杀毒集成上网加速、磁盘空间清理、启动项建议禁止、黑 DNS 等扩展扫描功能，能迅速发现问题，进行便捷修复。

（6）腾讯电脑管家

特点：腾讯公司推出的免费安全软件。拥有云查杀木马、系统加速、漏洞修复、实时防护、网速保护、电脑诊所、健康小助手等功能，首创"管理+杀毒"二合一的开创性功能，依托管家云查杀引擎、第二代自研反病毒引擎"鹰眼"、小红伞（antivir）杀毒引擎和管家系统修复引擎，拥有 QQ 账号全景防卫系统，在防止网络钓鱼欺诈及盗号打击方面的能力已达到国际一流杀毒软件水平。

5.7 小结

1. 计算机病毒

计算机病毒是一种"计算机程序"，它不仅能破坏计算机系统，而且还能够传播或感染到其他系统。它通常隐藏在其他看起来无害的程序中，能生成自身的复制并将其插入其他的程序中，执行恶意的行动。

计算机病毒可分为文件病毒、引导扇区病毒、多裂变病毒、秘密病毒、异形病毒和宏病毒等。

2. 计算机病毒的传播

病毒进入系统以后，通常用两种方式传播：通过磁盘的关键区域进行传播，在可执行的文件中传播。

病毒能表现出的几种特性或功能有：感染、变异、触发、破坏以及高级功能（如隐身和多态）。

3. 计算机病毒的特点及破坏行为

根据对计算机病毒的产生、传染和破坏行为的分析，计算机病毒具有的特点是：刻意编写人为破坏，有自我复制能力，夺取系统控制权，隐蔽性，潜伏性，不可预见性。

计算机病毒的破坏性表现为病毒的杀伤能力。根据有关病毒资料可以把病毒的破坏目标和攻击部位归纳如下。

攻击系统数据区；攻击文件；攻击内存；干扰系统运行，使运行速度下降；干扰键盘、喇叭或屏幕；攻击 CMOS；干扰打印机；破坏网络系统，非法使用网络资源；破坏电子邮件，发送垃圾信息，占用网络带宽等。

4. 宏病毒及网络病毒

"宏病毒"，就是利用软件所支持的宏命令编写成的具有复制、传染能力的宏。宏病毒特征如下。

① 宏病毒会感染.doc 文档和.dot 模板文件。

② 宏病毒的传染通常是 Word 在打开一个带宏病毒的文档或模板时，激活宏病毒。

③ 多数宏病毒包含 AutoOpen、AutoClose、AutoNew 和 AutoExit 等自动宏，通过这些自动宏病毒取得文档（模板）操作权。

④ 宏病毒中总是含有对文档读写操作的宏命令。

⑤ 宏病毒在.doc 文档、.dot 模板中以.BFF（Binary File Format）格式存放。

网络病毒是由因特网衍生出的新一代病毒，即 Java 及 ActiveX 病毒。它不需要停留在硬盘中且可以与传统病毒混杂在一起，不被人们察觉。它们可以跨操作平台，一旦遭受感染，便毁坏所有操作系统。

病毒入侵网络的主要途径是通过工作站传播到服务器硬盘，再由服务器的共享目录传播到其他工作站。

恶意程序总体上可以分为两个类别：一类需要驻留在宿主程序，另一类独立于宿主程序。前一类实质上是一些必须依赖于一些实际应用程序或系统程序才可以起作用的程序段，后者是一些可以由操作系统调度和运行的独立程序。

特洛伊木马是包含在有用的或者看起来有用的程序或命令过程中的隐秘代码段，当该程序被调用的时候，特洛伊木马将执行一些有害的功能。

网络蠕虫程序可以像计算机病毒或细菌一样运作，还可以向系统植入特洛伊木马，或者执行一些破坏性的操作。

移动恶意代码是能够从主机传输到客户端计算机上并执行的代码，它通常是作为病毒、蠕虫或是特洛伊木马的一部分被传送到客户计算机上的。

陷门是程序的秘密入口点，知情者可以绕开通常的安全控制机制而直接通过该入口访问程序。

逻辑炸弹实际上是嵌在合法程序中的代码段，在某些条件满足的时候该炸弹将引爆。

僵尸程序秘密接管对网络上其他机器的控制权，之后以被劫持的机器为跳板实施攻击行为。

5. 病毒的预防、检查和清除

病毒检测的原理主要是基于下列 4 种方法：比较被检测对象与原始备份的比较法，利用病毒特征代码串的搜索法，病毒体内特定位置的特征字识别法以及运用反汇编技术分析被检测对象，确认是否为病毒的分析法。

扫描病毒程序就是寻找扫描串，也被称为病毒特征。这些病毒特征可用于唯一地识别某种类型的病毒，扫描程序能在程序中寻找这种病毒特征。

完整性检查程序是另一类反病毒程序，它是通过识别文件和系统的改变来发现病毒或病毒的影响。

计算机病毒的免疫，就是通过一定的方法，使计算机自身具有抗御计算机病毒感染的能力。主要从以下 3 点着手。

① 建立程序的特征值档案。

② 严格内存管理。

③ 对中断向量进行管理。

计算机感染病毒后的修复主要包含修复感染的软盘、修复感染的主引导记录和利用反病毒软件修复。

习　题

1. 什么是计算机病毒？
2. 计算机病毒的基本特征是什么？
3. 简述计算机病毒攻击的对象及所造成的危害。
4. 病毒按寄生方式分为哪几类？
5. 计算机病毒一般由哪几部分构成，各部分的作用是什么？计算机病毒的预防有哪几方面？
6. 简述检测计算机病毒的常用方法。
7. 简述宏病毒的特征及其清除方法。
8. 什么是计算机病毒免疫？
9. 简述计算机病毒的防治措施。
10. 什么是网络病毒，防治网络病毒的要点是什么？

06

第6章　数据加密与认证技术

　　数据加密是计算机安全的重要部分。计算机的口令是加密过的，文件也可以加密。口令加密是为了防止文件中的密码被人偷看。文件加密主要应用于因特网上的文件传输，防止文件被看到或劫持。现在，电子邮件给人们提供了一种快捷的通信方式，但电子邮件是不安全的，很容易被别人偷看或伪造。为了保证电子邮件的安全，人们采用了数字签名这样的加密技术，并提供了基于加密的身份认证技术，这样可以保证发信人就是信上声称的人。数据加密也使电子商务成为现实。

　　本章将介绍数据加密基本概念，数据加密的历史、定义、种类和应用。同时还讨论当前密码学的状况，包括 DES、IDEA、RSA、RC5 算法、hash 函数、公开密钥/私有密钥等。

6.1　数据加密概述

6.1.1　密码学的发展

1. 加密的历史

作为保障数据安全的一种方式，数据加密起源于公元前 2000 年。埃及人是最先使用特别的象形文字作为信息编码的人。随着时间推移，巴比伦、美索不达米亚和希腊都开始使用一些方法来保护他们的书面信息。对信息进行编码曾被 Julias Caesar（凯撒大帝）使用，也曾用于历次战争中，包括美国独立战争、美国内战和两次世界大战。最广为人知的编码机器是 German Enigma，在第二次世界大战中德国人利用它创建了加密信息。此后，由于 Alan Turing 和 Ultra 计划以及其他人的努力，终于对德国人的密码进行了破解。当初，计算机的研究就是为了破解德国人的密码，人们并没有想到计算机给今天带来的信息革命。随着计算机的发展，运算能力的增强，过去的密码都显得十分简单了。于是人们又不断地研究出了新的数据加密方式，如私有密钥算法和公共密钥算法。可以说，是计算机推动了数据加密技术的发展。

2. 密码学的发展

按计算机密码学的发展历史来分，密码学的发展可以分为两个阶段。第一个阶段是计算机出现之前的四千年（早在四千年前，古埃及就开始使用密码传递消息），这是传统密码学阶段，基本上靠人工对消息加密、传输和防破译。第二阶段是计算机密码学阶段。它又可以细分为两个阶段。第一阶段称为传统方法的计算机密码学阶段。此时，计算机密码工作者继续沿用传统密码学的基本观念，那就是：解密是加密的简单逆过程，两者所用的密钥是可以简单地互相推导的，因此无论加密密钥还是解密密钥都必须严格保密。这种方案用于集中式系统是行之有效的。计算机密码学的第二个阶段包括两个方向：一个方向是公用密钥密码（RSA），另一个方向是传统方法的计算机密码体制——数据加密标准（DES）。

3. 什么是密码学

密码学包括密码编码学和密码分析学。密码体制的设计是密码编码学的主要内容，密码体制的破译是密码分析学的主要内容。密码编码技术和密码分析技术是相互依存、相互支持、密不可分的两个方面。

密码学不仅仅是编码与破译的学问，而且包括安全管理、安全协议设计、秘密分存、散列函数等内容。到目前为止，密码学中出现了大量的新技术和新概念，例如，零知识证明技术、盲签名、比特承诺、遗忘传递、数字化现金、量子密码技术和混沌密码等。

基于密码技术的访问控制是防止数据传输泄密的主要防护手段。访问控制的类型可分为两类：初始保护和持续保护。初始保护只在入口处检查存取控制权限，一旦被获准，则此后的一切操作都不在安全机制控制之下，防火墙可提供初始保护。持续保护指在网络中的入口及数据传输过程中都受到存取权限的检查，这是为了防止监听、重发和篡改链路上的数据以窃取对主机的存取控制。

6.1.2　数据加密

数据加密的基本过程包括对称为明文的可读信息进行处理，形成称为密文或密码的代码形式。

该过程的逆过程称为解密，即将该编码信息转化为其原来形式的过程。

1. 为什么需要进行加密

因特网一方面是危险的，而且这种危险是 TCP/IP 协议所固有的，一些基于 TCP/IP 协议的服务也是极不安全的；另一方面，因特网给众多的商家带来了无限的商机，因为因特网把全世界连在了一起，走向因特网就意味着走向了世界。为了使因特网变得安全和充分利用其商业价值，人们选择了数据加密和基于加密技术的身份认证。

加密在网络上的作用就是防止有价值的信息在网络上被拦截和窃取。一个简单的例子就是密码的传输。计算机密码极为重要，许多安全防护体系是基于密码的，密码的泄露就意味着安全体系的全面崩溃。通过网络进行登录时，所键入的密码以明文的形式被传输到服务器，而网络上的偷窃是一件极为容易的事情，所以很有可能黑客会捕捉到用户的密码，如果用户是 root 用户或 Administrator 用户，那后果将是极为严重的。解决这个问题的方式就是加密，加密后的口令即使被黑客获得也是不可读的，除非加密密钥或加密方式十分脆弱，被黑客破解。无论如何，加密的使用使黑客不会轻易获得口令。

身份认证是基于加密技术的，它的作用就是用来确定用户是否是真实的。简单的例子就是电子邮件，当用户收到一封电子邮件时，邮件上面标有发信人的姓名和信箱地址。很多人可能会简单地认为发信人就是信上说明的那个人，但实际上伪造一封电子邮件对于一个通晓网络的人来说是极为容易的事。

在这种情况下，用户需要用电子邮件源身份认证技术来防止电子邮件伪造，这样就有理由相信给用户写信的人就是信头上说明的人。有些站点提供入站的 FTP 和 WWW 服务，当然用户通常接触的这类服务是匿名服务，用户的权力要受到限制，但也有的这类服务不是匿名的，如公司为了信息交流提供用户的合作伙伴非匿名的 FTP 服务，或开发小组把他们的 Web 网页上载到用户的 WWW 服务器上。现在的问题就是，用户如何确定正在访问用户服务器的人就是用户认为的那个人，身份认证也可以为这个问题提供一个好的解决方案。

有些时候，用户可能需要对一些机密文件进行加密，不一定因为要在网络上进行传输该文件，而是担心有人会窃得计算机密码而获得该机密文件。对文件实行加密，从而实现多重保护显然会使用户感到安心。例如，在 UNIX 操作系统中可以用 crypt 命令对文件进行加密，尽管这种加密手段已不是那么先进，甚至有被破解的较大可能性。

2. 加密密钥

加密算法通常是公开的，现在只有少数几种加密算法，如 DES 和 IDEA 等。一般把受保护的原始信息称为明文，编码后的信息称为密文。尽管大家都知道使用加密方法，但对密文进行解码必须要有正确的密钥，而密钥是保密的。

（1）对称密钥和非对称密钥

有两类基本的加密技术：对称密钥和非对称密钥，对称密钥又称为保密密钥；非对称密钥又称为和公用/私有密钥。在对称密钥中，加密和解密使用相同的密钥，这类算法有 DES 和 IDEA。这种加密算法的问题是，用户必须让接收人知道自己所使用的密钥，这个密钥需要双方共同保密，任何一方的失误都会导致机密的泄露，而且在告诉收件人密钥的过程中，还需要防止任何人发现或偷听密钥，这个过程被称为密钥发布。有些认证系统在会话初期用明文传送密钥，这就存在密钥被截获的可能性。

另一类加密技术是非对称密钥，与对称密钥不同，它使用相互关联的一对密钥，一个是公开的密钥，任何人都可以知道，另一个是私有的密钥，只有拥有该密钥对的人知道。如果发送信息给拥有该密钥对的人，就用收信人的公用密钥对信件进行过加密，当收信人收到信后，就可以用他的私有密钥进行解密，而且只有他持有的私有密钥可以解密。这种加密方式的好处显而易见。密钥只有一个人持有，也就更加容易进行保密，因为不需在网络上传送私人密钥，也就不用担心别人在认证会话初期截获密钥。公用/私有密钥技术具有以下几个特点。

① 公用密钥和私有密钥有两个相互关联的密钥。

② 公用密钥加密的文件只有私有密钥能解开。

③ 私有密钥加密的文件只有公用密钥能解开，这一特点被用于 PGP（Pretty Good Privacy）。

（2）摘要函数（MD4 和 MD5）

摘要是一种防止信息被改动的方法，其中用到的函数叫摘要函数。这些函数的输入可以是任意大小的消息，而输出是一个固定长度的摘要。摘要有这样一个性质，如果改变了输入消息中的任何一点，甚至只有一位，输出的摘要将会发生不可预测的改变，也就是说输入消息的每一位对输出摘要都有影响。总之，摘要算法从给定的文本块中产生一个数字签名（Fingerprint 或 Message Digest），数字签名可以用于防止有人从一个签名上获取文本信息或改变文本信息内容。摘要算法的数字签名原理在很多加密算法中都被使用，如 PGP（Pretty Good Privacy）。

现在流行的摘要函数有 MD4 和 MD5。客户机和服务器必须使用相同的算法，无论是 MD4 还是 MD5，MD4 客户机不能和 MD5 服务器交互。

MD4 算法将消息的绝对长度作为输入，产生一个 128 位的"指纹"或"消息化"。要产生两个具有相同消息化的文字块或者产生任何具有预先给定"指纹"的消息，都被认为在计算上是不可能的。

MD5 摘要算法是一个数据认证标准。MD5 的设计思想是要克服 MD4 中不安全的因素，MD5 的设计者通过使 MD5 在计算上慢下来，以及对这些计算做了一些基础性的改动来解决这个问题。

MD5 在 RFC1321 中给出文档描述，它是 MD4 算法的一个扩展。

3. 密钥的管理和分发

（1）使用同样密钥的时间范围

用户可以一次又一次地使用同样的密钥与别人交换信息，但要考虑以下情况。

① 如果某人偶然地接触到了用户的密钥，那么用户曾经和另一个人交换的每一条消息都不再是保密的了。

② 使用一个特定密钥加密的信息越多，提供给偷窃者的材料也就越多，这就增加了他们成功的机会。

因此，一般强调仅将一个对话密钥用于一条信息或一次对话中，或者建立一种按时更换密钥的机制以减小密钥暴露的可能性。

（2）保密密钥的分发

假设在某机构中有 100 个人，如果他们任意两人之间可以进行秘密对话，那么总共需要多少密钥呢？每个人需要知道多少密钥呢？也许很容易得出答案，如果任何两个人之间要不同的密钥，则总共需要 4 950 个密钥，而且每个人应记住 99 个密钥。如果机构的人数是 1 000 人、10 000 人或更多，这种办法就显然过于复杂了。

Kerberos 提供了一种解决这个问题的较好方案，它是由 MIT 发明的，使保密密钥的管理和分发变得十分容易，但这种方法本身还存在一定的缺点，不能在因特网上提供一个实用的解决方案。

Kerberos 建立了一个安全的、可信任的密钥分发中心（Key Distribution Center，KDC），每个用户只要知道一个和KDC进行通信的密钥就可以了，而不需要知道成百上千个不同的密钥。

6.1.3 基本概念

1. 消息和加密

消息被称为明文。用某种方法伪装消息以隐藏它的内容的过程称为加密（Encryption），被加密的消息称为密文，而把密文转变为明文的过程称为解密（Decryption）。图 6-1 表明了这个过程。

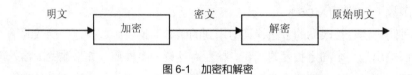

图 6-1　加密和解密

对消息进行加密保密的技术和科学叫作密码编码学（Cryptography），从事此行的人叫密码编码者（Cryptographer），密码分析者是从事密码分析的专业人员，密码分析学（Cryptanalysis）就是破译密文的科学和技术，即揭穿伪装。密码学（Cryptology）作为数学的一个分支，包括密码编码学和密码分析学两部分，精于此道的人称为密码学家（Cryptologist），现代的密码学家通常也是理论数学家。

明文用 M 或 P 表示，它可能是位序列、文本文件、位图、数字化的话音序列或数字化的视频图像等。对于计算机，M 指简单的二进制数据。明文可被传送或存储，无论是哪种情况，M 指待加密的消息。

密文用 C 表示，它也是二进制数据，有时和 M 一样大，有时稍大（通过压缩和加密的结合，C 有可能比 P 小些）。加密函数 E 作用于 M 得到密文 C，可用数学公式表示：

$$E(M)=C$$

相反地，解密函数 D 作用于 C 产生 M：

$$D(C)=M$$

先加密后再解密，原始的文明将恢复，故下面的等式必须成立：

$$D(E(M))=M$$

2. 鉴别、完整性和抗抵赖

除了提供机密性外，密码学通常还有其他的作用。

① 鉴别。消息的接收者应该能够确认消息的来源，入侵者不可能伪装成他人。

② 完整性。消息的接收者应该能够验证在传送过程中消息没有被修改，入侵者不可能用假消息代替合法消息。

③ 抗抵赖。发送者事后不可能否认他发送过的消息。

这些功能是通过计算机进行社会交流至关重要的需求，就像面对面交流一样。某人是否就是他说的人，某人的身份证明文件（驾驶执照、学历或者护照）是否有效，声称从某人那里来的文件是否确实从那个人那里来的，这些事情都是通过鉴别、完整性和抗抵赖来实现的。

3. 算法和密钥

密码算法（Algorithm）也叫密码（Cipher），是用于加密和解密的数学函数。通常情况下，有两个相关的函数，一个用作加密，另一个用作解密。

如果算法的保密性是基于保持算法的秘密，这种算法称为受限制的算法。受限制的算法具有历史意义，但按现在的标准，它们的保密性已远远不够。大的或经常变换的用户组织不能使用它们，因为如果有一个用户离开这个组织，其他的用户就必须更换另外不同的算法。如果有人无意暴露了这个秘密，所有人都必须改变他们的算法。

受限制的密码算法不可能进行质量控制或标准化。每个用户组织必须有他们自己的唯一算法。这样的组织不可能采用流行的硬件或软件产品，因为偷窃者可以买到这些流行产品并学习算法，于是用户不得不自己编写算法并予以实现，如果这个组织中没有好的密码学家，那么他们就无法知道他们是否拥有安全的算法。

尽管有这些主要缺陷，受限制的算法对低密级的应用来说还是很流行的，用户或者没有认识到或者不在乎他们系统中存在的问题。

现代密码学用密钥（Key）解决了这个问题，密钥用 K 表示。K 可以是很多数值里的任意值。密钥 K 的可能值的范围叫作密钥空间。加密和解密运算都使用这个密钥（即运算都依赖于密钥，并用 K 作为下标表示），这样，加/解密函数现在变成：

$$E_K(M)=C$$

$$D_K(C)=M$$

这些函数具有下面的特性（如图 6-2 所示）：$D_K(E_K(M))=M$

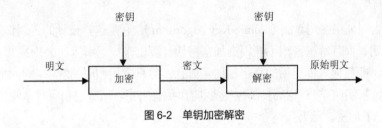

图 6-2　单钥加密解密

有些算法使用不同的加密密钥和解密密钥（如图 6-3 所示），也就是说加密密钥 K_1 与相应的解密密钥 K_2 不同，在这种情况下：

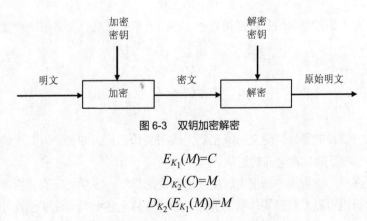

图 6-3　双钥加密解密

$$E_{K_1}(M)=C$$

$$D_{K_2}(C)=M$$

$$D_{K_2}(E_{K_1}(M))=M$$

所有这些算法的安全性都基于密钥的安全性，而不是基于算法的细节的安全性。这就意味着算法可以公开，也可以被分析，可以大量生产使用算法的产品，即使偷窃者知道用户的算法也没有关系。如果他不知道用户使用的具体密钥，他就不可能阅读用户的消息。

密码系统（Cryptosystem）由算法以及所有可能的明文、密文和密钥组成。

4. 对称算法

基于密钥的算法通常有两类：对称算法和非对称算法。

对称算法有时又叫传统密码算法，就是加密密钥能够从解密密钥中推导出来，反过来也成立。在大多数对称算法中，加解密密钥是相同的。这些算法也叫秘密密钥算法或单密钥算法，它要求发送者和接收者在安全通信之前，商定一个密钥。对称算法的安全性依赖于密钥，泄露密钥就意味着任何人都能对消息进行加解密。只要通信需要保密，密钥就必须保密。

对称算法的加密和解密表示为：

$$E_K(M)=C$$
$$D_K(C)=M$$

对称算法可分为两类。一次只对明文中的单个位（有时对字节）运算的算法称为序列算法或序列密码。另一类算法是对明文的一组位进行运算，这些位组称为分组，相应的算法称为分组算法或分组密码。

现代计算机密码算法的典型分组长度为 64 位，这个长度足以防止分析破译，并又足以方便使用（在计算机出现前，算法普遍地每次只对明文的一个字符运算，可认为是序列密码对字符序列的运算）。

5. 非对称算法

非对称算法也叫公用密钥算法（Public-Key Algorithm），它是这样设计的：用作加密的密钥不同于用作解密的密钥，而且解密密钥不能根据加密密钥计算出来。之所以叫公用密钥算法，是因为加密密钥能够公开，即任何人都能用加密密钥加密信息，但只有用相应的解密密钥才能解密信息。在这些系统中，加密密钥叫作公用密钥，解密密钥叫作私有密钥。私有密钥有时也叫作秘密密钥。

用公用密钥 $K1$ 加密表示为：

$$E_{K1}(M) = C$$

虽然公用密钥和私有密钥不同，但用相应的私有密钥 $K2$ 解密可表示为：

$$D_{K2}(C) = M$$

有时消息用私有密钥加密而用公用密钥解密，这用于数字签名，尽管可能产生混淆，但这些运算可分别表示为：

$$E_{K1}(M) = C$$
$$D_{K2}(C) = M$$

6. 密码分析

密码编码学的主要目的是保持明文（或密钥，或明文和密钥）的秘密以防止偷听者知晓。这里假设偷听者完全能够截获收发者之间的通信。

密码分析学是在不知道密钥的情况下，恢复出明文的科学。成功的密码分析能恢复出消息的明文或密钥。密码分析也可以发现密码体制的弱点，最终得到上述结果。密钥通过非密码分析方式的丢失叫作泄露。

对密码进行分析的尝试称为攻击。常用的密码分析攻击有以下 4 类，当然，每一类都假设密码分析者知道所用的加密算法的全部知识。

① 唯密文攻击（Cipher Text-Only Attack）。密码分析者有一些消息的密文，这些消息都用同一加密算法加密。密码分析者的任务是恢复尽可能多的明文，或者最好是能推算出加密消息的密钥来，以便可采用相同的密钥解出其他被加密的消息。

已知：$C_1 = E_K(P_1)$，$C_2=E_K(P_2)$，$\cdots$，$C_i=E_K(P_i)$

推导出：P_1，P_2，$\cdots$，P_i；密钥 K，或者找出一个算法从 $C_{i+1}=E_K(P_{i+1})$ 推导出 P_{i+1}。

② 已知明文攻击（Known-Plaintext Attack）。密码分析者不仅可得到一些消息的密文，而且也知道这些消息的明文。分析者的任务就是用加密信息推出用来加密的密钥或推导出一个算法，此算法可以对用同一密钥加密的任何新的消息进行解密。

已知：P_1，$C_1=E_k(P_1)$，P_2，$C_2=E_k(P_2)$，$\cdots$，P_i，$C_i=E_k(P_i)$

推导出：密钥 K，或从 $C_{i+1}=E_k(P_{i+1})$ 推导出 P_{i+1} 的算法。

③ 选择明文攻击（Chosen-Plaintext Attack）。分析者不仅可得到一些消息的密文和相应的明文，而且他们也可选择被加密的明文。这比已知明文攻击更有效。因为密码分析者能选择特定的明文块去加密，那些块可能产生更多关于密钥的信息，分析者的任务是推出用来加密消息的密钥或导出一个算法，此算法可以对用同一密钥加密的任何新的消息进行解密。

已知：P_1，$C_1=E_k(P_1)$，P_2，$C_2=E_k(P_2)$，$\cdots$，P_i，$C_i=E_k(P_i)$，其中 P_1，P_2，$\cdots$，P_i 只可由密码分析者选择。

推导出：密钥 K，或从 $C_{i+1}=E_k(P_{i+1}$；）推导出 P_{i+1} 的算法。

④ 自适应选择明文攻击（Adaptive-Chosen-Plaintext Attack）。这是选择明文攻击的特殊情况。密码分析者不仅能选择被加密的明文，而且也能基于以前加密的结果修正这个选择。在选择明文攻击中，密码分析者还可以选择一大块被加密的明文，而在自适应选择密文攻击中，可选取较小的明文块，然后基于第一块的结果选择另一明文块，依次类推。

⑤ 选择密文攻击（Chosen-Cipher Text Attack）。密码分析者能选择不同的被加密的密文，并可得到对应的解密的明文，例如，密码分析者存取一个防篡改的自动解密盒，密码分析者的任务是推出密钥。

已知：C_1，$P_1 = D_k(C_1)$，C_2，$P_2=D_k(C_2)$，$\cdots$，C_i，$P_i=D_k(C_i)$，

推导出：密钥 K。

这种攻击主要用于公用密钥算法。"选择密文攻击"有时也可有效地用于对称算法（有时"选择明文攻击"和"选择密文攻击"一起称作选择文本攻击（Chosen-Text Attack））。

⑥ 选择密钥攻击（Chosen-Key Attack）。这种攻击并不表示密码分析者能够选择密钥，它只表示密码分析者具有不同密钥之间的关系的有关知识。

⑦ 软磨硬泡攻击（Rubber-Hose Cryptanalysis）。这种攻击是对密码分析者威胁、勒索，或者折磨某人，直到他给出密钥为止。行贿有时称为购买密钥攻击（Purchase-Key Attack）。这些是非常有效的攻击，并且经常是破译算法的最好途径。

7. 算法的安全性

根据被破译的难易程度，不同的密码算法具有不同的安全等级。如果破译算法的代价大于加密

数据的价值，破译算法所需的时间比加密数据保密的时间更长，用单密钥加密的数据量比破译算法需要的数据量少得多，那么这种算法可能是安全的。

破译算法可分为不同的类别，安全性的递减顺序如下。

① 全部破译。密码分析者找出密钥 K，这样 $D_K(C)=M$。

② 全盘推导。密码分析者找到一个代替算法，在不知道密钥 K 的情况下，等价于 $D_K(C)=M$。

③ 实例（或局部）推导。密码分析者从截获的密文中找出明文。

④ 信息推导。密码分析者获得一些有关密钥或明文的信息。这些信息可能是密钥的几个位、有关明文格式的信息等。

如果不论密码分析者有多少密文，都没有足够的信息恢复出明文，那么这个算法就是无条件保密的，事实上，只有一次密码，才是不可破译的。所有其他的密码系统在唯密文攻击中都是可破的，只要简单地一个接一个地去尝试每种可能的密钥，并且检查所得明文是否有意义，这种方法叫作蛮力攻击（Brute-Force Attack）。

密码学更关心在计算上不可破译的密码系统。如果一个算法用可得到的资源都不能破译，这个算法则被认为在计算上是安全的。准确地说，"可用资源"就是公开数据的分析整理。

可以用下列不同方式衡量攻击方法的复杂性。

① 数据复杂性。

② 处理复杂性。

③ 存储需求。

作为一个法则，攻击的复杂性取这 3 个因数的最小值。有些攻击包括这 3 种复杂性的折中：存储需求越大，攻击可能越快。

复杂性用数量级来表示。如果算法的处理复杂性是 2^{128}，那么破译这个算法也需要 2^{128} 次运算（这些运算可能非常复杂和耗时）。假设有足够的计算速度去完成每秒 100 万次运算，并且用 100 万个并行处理器完成这个任务，那么仍需花费 10^{19} 年以上才能找出密钥，那将是宇宙年龄的 10 亿倍。

6.2 传统密码技术

6.2.1 数据表示方法

数据的表示有多种形式，使用最多的是文字，还有图形、声音和图像等。这些信息在计算机系统中都是以某种编码的方式来存储的。我们今天所研究的加密技术，都是以对这些数字化信息的加密、解密方法作为研究对象，不同于传统加密技术的主要对象是文字书信，书信的内容基于某个字母表，如标准英语字母表。现代密码学是在计算机科学和数学的基础上发展起来的，所以现代密码技术可以应用于所有在计算机系统中运用的数据。在计算机系统中普遍采用的是二进制数据，所以二进制数据的加密方法在计算机信息安全中有着广泛的应用，也正是现代密码学研究的主要应用对象。

传统加密方法的主要应用对象是对文字信息进行加密、解密。文字由字母表中的一个个字母组成，字母表可以按照排列顺序进行一定的编码，把字母从前到后都用数字表示如下：

字母：	A	B	C	D	E	F	G	H	I	J	K	L	M	N
数字：	1	2	3	4	5	6	7	8	9	10	11	12	13	14
字母：	O	P	Q	R	S	T	U	V	W	X	Y	Z		
数字：	15	16	17	18	19	20	21	22	23	24	25	26		

大多数加密算法都有数学属性，这种表示方法可以对字母进行算术运算，字母的加减法将形成对应的代数码。若把字母表看成是循环的，那么字符的运算就可以用求模运算来表示：

$$c = x \bmod n$$

在标准英语字母表中，$n=26$。如 $A+3=D$ 或 $T-3=Q$ 或 $X+4=B$，算法如下：

1+3=4；	4 mod 26=4，	对应字母为 D；
20−3=17，	17 mod 26=17，	对应字母为 Q；
24+4=28，	28 mod 26=2，	对应字母为 B。

6.2.2 替代密码

替代密码（Substitution Cipher）是使用替代法进行加密所产生的密码。替代密码就是明文中每一个字符被替换成密文中的另外一个字符。接收者对密文进行逆替换就恢复出明文来。替代法加密是用另一个字母表中的字母替代明文中的字母。在替代法加密体制中，使用了密钥字母表。它可以由明文字母表构成，也可以由多个字母表构成。如果是由一个字母表构成的替代密码，称为单表密码。其替代过程是在明文和密码字符之间进行一对一的映射。如果是由多个字母表构成的替代密码，称为多表密码。其替代过程与前者不同之处在于明文的同一字符可在密码文中表现为多种字符，因此在明码文与密码文字符之间的映射是一对多的。

在经典密码学中，有以下 4 种类型的替代密码。

① 简单替代密码（Simple Substitution Cipher），或单字母密码（Mono Alphabetic Cipher），就是明文的一个字符用相应的一个密文字符代替。报纸中的密报就是简单的替代密码。

② 多名码替代密码（Homophonic Substitution Cipher），它与简单替代密码系统相似，唯一的不同是单个明文字符可以映射成密文的几个字符之一，例如，A 可能对应于 5、13、25 或 56，B 可能对应于 7、19、31 或 42 等。

③ 多字母替代密码（Poly Gram Substitution Cipher），字符块被成组加密，例如，ABA 可能对应于 RTQ，ABB 可能对应于 SLL 等。

④ 多表替代密码（Poly Alphabetic Substitution Cipher），由多个简单的替代密码构成，例如，可能使用 5 个不同的简单替代密码，单独的一个字符用来改变明文的每个字符的位置。

下面介绍两种具体的替代加密法。

1. 单表替代密码

单表替代密码的一种典型方法是凯撒（Caesar）密码，又叫循环移位密码。它的加密方法就是把明文中所有字母都用它右边的第 k 个字母替代，并认为 Z 后边又是 A。这种映射关系表示为如下函数：

$$F(a)=(a+k) \bmod n$$

其中：a 表示明文字母；

n 为字符集中字母个数；

k 为密钥。

映射表中，明文字母中在字母表中的相应位置数为 C，（如 $A=1$，$B=2$，…）形式如下：

设 $k=3$；对于明文 $P=$ COMPUTE SYSTEMS 则有：

$$f(C)=(3+3) \quad \bmod\ 26=6=F$$
$$f(O)=(15+3) \quad \bmod\ 26=18=R$$
$$f(M)=(13+3) \quad \bmod\ 26=16=P$$
$$\vdots$$
$$f(S)=(19+3) \quad \bmod\ 26=22=V$$

所以，密文 $C= E_k\ (P)=$ FRPSXRWHUVBVWHPV。事实上，对于 $k=3$ 的凯撒密码，其字母映射关系如下：

A	B	C	D	…	X	Y	Z
↓	↓	↓	↓		↓	↓	↓
D	E	F	G	…	A	B	C

因此，由密文 C 恢复明文 P 是很容易实现的。显然，只要知道密钥 k，就可造出一张字母对应表，于是，加密和解密就都可以用此对应表进行。

凯撒密码的优点是密钥简单易记。但它的密文与明文的对应关系过于简单，故安全性很差。

除了凯撒密码，在其他的单表替代法中，有的字母表被打乱。例如，在字母表中首先排列出密钥中出现的字母，然后在密钥后面填上剩余的字母。如密钥是 HOW，那么新的字母表就是：

HOWABCDEFGIJKLMNPQRSTUVXYZ

这个密钥很短，多数明文字母离开其密文等价字母，仅有一个或几个位置。若用长的密钥字，则距离变大，因而便难于判断是何文字密钥。

用这种算法进行加密或解密可以看成是直接查类似上面的表来实现的。变换一个字符只需要一个固定的时间，这样加密 n 个字符的时间与 n 成正比。短字、有重复模式的单词，以及常用的起始和结束字母都给出猜测字母表排列的线索。英语字母的使用频率可以明显地在密文中体现出来，这是单表密码代替法的主要缺点。因为单表代替法是明文字母与密文字母集之间的映射，所以在密文中仍然保存了明文中的单字母频率分布，这使其安全性大大降低。而多表替代密码通过给每个明文字母定义密文元素消除了这种分布。

2. 多表替代密码

周期替代密码是一种常用的多表替代密码，又称为维吉尼亚（Vigenere）密码。这种替代法是循环地使用有限个字母来实现替代的一种方法。若明文信息 $m_1 m_2 m_3 \cdots m_n$，采用 n 个字母（n 个字母为 B_1，B_2，…，B_n）替代法，那么，m_1 将根据字母 B_n 的特征来替代，m_{n+1} 又将根据 B_1 的特征来替代，m_{n+2} 又将根据 B_2 的特征来替代……如此循环。可见 B_1，B_2，…，B_n 就是加密的密钥。

这种加密的加密表是以字母表移位为基础把 26 个英文字母进行循环移位排列在一起的形成 26×26 的方阵。该方阵被称为维吉尼亚表。采用的算法为：

$$f(a)=(a+B_i) \bmod n \ (i=(1,\ 2,\ \cdots,\ n))$$

实际使用时，往往把某个容易记忆的词或词组当作密钥。给一个信息加密时，只要把密钥反复写在明文下方（或上方），每个明文字母下面（或上面）对应的密钥字母就说明该明文字母应该用 Vigenere 表的哪一行加密，如表 6-1 所示。

表 6-1 维吉尼亚表

	A	B	C	D	E	F	G	H	I	J	K	L	M	N	O	P	Q	R	S	T	U	V	W	X	Y	Z
A	A	B	C	D	E	F	G	H	I	J	K	L	M	N	O	P	Q	R	S	T	U	V	W	X	Y	Z
B	B	C	D	E	F	G	H	I	J	K	L	M	N	O	P	Q	R	S	T	U	V	W	X	Y	Z	A
C	C	D	E	F	G	H	I	J	K	L	M	N	O	P	Q	R	S	T	U	V	W	X	Y	Z	A	B
D	D	E	F	G	H	I	J	K	L	M	N	O	P	Q	R	S	T	U	V	W	X	Y	Z	A	B	C
E	E	F	G	H	I	J	K	L	M	N	O	P	Q	R	S	T	U	V	W	X	Y	Z	A	B	C	D
F	F	G	H	I	J	K	L	M	N	O	P	Q	R	S	T	U	V	W	X	Y	Z	A	B	C	D	E
G	G	H	I	J	K	L	M	N	O	P	Q	R	S	T	U	V	W	X	Y	Z	A	B	C	D	E	F
H	H	I	J	K	L	M	N	O	P	Q	R	S	T	U	V	W	X	Y	Z	A	B	C	D	E	F	G
I	I	J	K	L	M	N	O	P	Q	R	S	T	U	V	W	X	Y	Z	A	B	C	D	E	F	G	H
J	J	K	L	M	N	O	P	Q	R	S	T	U	V	W	X	Y	Z	A	B	C	D	E	F	G	H	I
K	K	L	M	N	O	P	Q	R	S	T	U	V	W	X	Y	Z	A	B	C	D	E	F	G	H	I	J
L	L	M	N	O	P	Q	R	S	T	U	V	W	X	Y	Z	A	B	C	D	E	F	G	H	I	J	K
M	M	N	O	P	Q	R	S	T	U	V	W	X	Y	Z	A	B	C	D	E	F	G	H	I	J	K	L
N	N	O	P	Q	R	S	T	U	V	W	X	Y	Z	A	B	C	D	E	F	G	H	I	J	K	L	M
O	O	P	Q	R	S	T	U	V	W	X	Y	Z	A	B	C	D	E	F	G	H	I	J	K	L	M	N
P	P	Q	R	S	T	U	V	W	X	Y	Z	A	B	C	D	E	F	G	H	I	J	K	L	M	N	O
Q	Q	R	S	T	U	V	W	X	Y	Z	A	B	C	D	E	F	G	H	I	J	K	L	M	N	O	P
R	R	S	T	U	V	W	X	Y	Z	A	B	C	D	E	F	G	H	I	J	K	L	M	N	O	P	Q
S	S	T	U	V	W	X	Y	Z	A	B	C	D	E	F	G	H	I	J	K	L	M	N	O	P	Q	R
T	T	U	V	W	X	Y	Z	A	B	C	D	E	F	G	H	I	J	K	L	M	N	O	P	Q	R	S
U	U	V	W	X	Y	Z	A	B	C	D	E	F	G	H	I	J	K	L	M	N	O	P	Q	R	S	T
V	V	W	X	Y	Z	A	B	C	D	E	F	G	H	I	J	K	L	M	N	O	P	Q	R	S	T	U
W	W	X	Y	Z	A	B	C	D	E	F	G	H	I	J	K	L	M	N	O	P	Q	R	S	T	U	V
X	X	Y	Z	A	B	C	D	E	F	G	H	I	J	K	L	M	N	O	P	Q	R	S	T	U	V	W
Y	Y	Z	A	B	C	D	E	F	G	H	I	J	K	L	M	N	O	P	Q	R	S	T	U	V	W	X
Z	Z	A	B	C	D	E	F	G	H	I	J	K	L	M	N	O	P	Q	R	S	T	U	V	W	X	Y

例如，以 YOUR 为密钥，加密明码文 HOWAREYOU。

$$P = HOWAREYOU$$

$$K = YOURYOURY$$

$$E_k(P) = FCQRPSSFS$$

其加密过程就是以明文字母选择列，以密钥字母选择行，两者的交点就是加密生成的密文字母。解密时，以密码字母选择行，从中找到密文字母，密文字母所在列的列名即为明文字母。

6.2.3 换位密码

换位密码是采用移位法进行加密的。它把明文中的字母重新排列，本身不变，但位置变了。例如：把明文中字母的顺序倒过来写，然后以固定长度的字母组发送或记录。

明文：computer systems

密文：sm etsy sretupmoc

① 列换位法将明文字符分割成为 5 个一列的分组并按一组后面跟着另一组的形式排好，形式如下：

$$
\begin{array}{lllll}
C_1 & C_2 & C_3 & C_4 & C_5 \\
C_6 & C_7 & C_8 & C_9 & C_{10} \\
C_{11} & C_{12} & C_{13} & C_{14} & C_{15} \\
\cdots & \cdots
\end{array}
$$

最后不全的组可以用不常使用的字符填满。

密文是取各列来产生的：$C_1\ C_6\ C_{11}\ \cdots C_2\ C_7\ C_{12}\ \cdots C_3\ C_8\ C_{13}\cdots$

如明文是：WHAT YOU CAN LEARN FROM THIS BOOK，分组排列为：

$$
\begin{array}{lllll}
W & H & A & T & Y \\
O & U & C & A & N \\
F & R & O & M & T \\
H & I & S & B & O \\
O & K & X & X & X
\end{array}
$$

密文则以下面的形式读出：WOFHOHURIKACOSXTAMBXYNTOX。这里的密钥是数字 5。

② 矩阵换位法这种加密方式是把明文中的字母按给定的顺序安排在一个矩阵中，然后用另一种顺序选出矩阵的字母来产生密文。如将明文 ENGINEERING 按行排在 3×4 矩阵中，如下所示：

$$
\begin{array}{llll}
1 & 2 & 3 & 4 \\
E & N & G & I \\
N & E & E & R \\
I & I & N & G
\end{array}
$$

给定一个置换：

$$
f = \begin{pmatrix} 1234 \\ 2413 \end{pmatrix}
$$

现在根据给定的置换，按第 2 列，第 4 列，第 1 列，第 3 列的次序排列，就得出：

$$
\begin{array}{llll}
1 & 2 & 3 & 4 \\
N & I & E & G \\
E & R & N & E \\
N & & I & G
\end{array}
$$

得到密文：NIEGERNEN IG

在这个加密方案中，密钥就是矩阵的行数 m 和列数 n，即 $m\times n = 3\times4$，以及给定的置换矩阵：

$$
f = \begin{pmatrix} 1234 \\ 2413 \end{pmatrix}
$$

也就是 $k=(m\times n,\ f)$

其解密过程是将密文根据 3×4 矩阵，按行、列的顺序写出：

1	2	3	4
N	I	E	G
E	R	N	E
N		I	G

再根据给定置换产生新的矩阵：

1	2	3	4
E	N	G	I
N	E	E	R
I	N	G	

恢复明文为：ENGINEERING

6.2.4　简单异或

异或（XOR）在 C 语言中是"^"操作，或者用数学表达式 $\oplus$ 表示。它是对位的标准操作，有以下一些运算：

$$0 \oplus 0=0$$
$$0 \oplus 1=1$$
$$1 \oplus 0=1$$
$$1 \oplus 1=0$$

也要注意：

$$a \oplus a=0$$
$$a \oplus b \oplus b=a$$

简单异或算法实际上并不复杂，因为它并不比维吉尼亚密码复杂。之所以讨论它，是因为它在商业软件包中很流行。如果一个软件保密程序宣称它有一个"专有"加密算法（该算法比 DES 更快），其优势在于是下述算法的一个变种。

```
/* Usage: crypto_key input_file output_file */
#include "stdio.h"
void main(int argc,char *argv[])
{
FILE *fi,*fo;
char *cp;
int c;
if ((cp=argv[1]) && *cp!='\0'){
if ((fi=fopen(argv[2],"rb"))!=NULL){
if ((fo=fopen(argv[3],"wb"))!=NULL){
while ((c=getc(fi))!=EOF){
if (!*cp)cp=argv[1];
c^=*(cp++);
putc(c,fo);
```

```
}
fclose(fo);
}
fclose(fi);
}}
}
```

这是一个对称算法。明文用一个关键字作异或运算以产生密文。因为用同一值去异或两次就恢复出原来的值，所以加密和解密都严格采用同一程序。

$$P \oplus K = C$$

$$C \oplus K = P$$

这种方法没有实际的保密性，它易于破译，甚至没有计算机也能破译，如果用计算机则只需花费几秒钟的时间就可破译。

假设明文是英文，而且假设密钥长度是一个任意小的字节数，下面是它的破译方法。

① 用重合码计数法（Counting Coincidence）找出密钥长度，用密文异或相对其本身的各种字节的位移，统计那些相等的字节数。如果位移是密钥长度的倍数，那么超过6%的字节将是相等的，如果不是，则至多只有0.4%的字节是相等的（这里假设用一随机密钥来加密标准 ASCII 文本，其他类型的明文将有不同的数值），这叫作重合指数（Index of Coincidence）。指出密钥长度倍数的最小位移即密钥的长度。

② 按此长度移动密文，并且和自身异或，这样就消除了密钥，留下了明文。

6.2.5　一次密码

有一种理想的加密方案，叫作一次密码（One-Time Pad），由 Major Joseph Mauborgne 和 AT&T 公司的 Gilbert Vernam 在 1917 年发明。一般来说，一次密码是一个大的不重复的真随机密钥字母集，这个密钥字母集被写在几张纸上，并被粘成一个密码本。它最初的形式是用于电传打字机。发送者用密码本中的每一密钥字母准确地加密一个明文字符。加密是明文字符和一次密码本密钥字符的模 26 加法。

每个密钥仅使用一次。发送者对所发送的信息加密，然后销毁密码本中用过的一页或磁带部分。接收者有一个同样的密码本，并依次使用密码本上的每个密钥去解密密文的每个字符。接收者在解密信息后销毁密码本中用过的一页或磁带部分。新的信息则用密码本中新的密钥加密。

例如，如果信息是：

ONE TIME PAD

而取自密码本的密钥序列是：

TBF RGFA RFM

那么密文就是：

IPK LPSF HGQ

因为：

O + T mode 26=I

N + B mode 26=P

E + F mode 26=K

如果破译者不能得到用来加密消息的一次密码本，这个方案是完全保密的。给出的密文消息相当于同样长度的任何可能的明文消息。

由于每一密钥序列都是等概率的（注意：密钥是以随机方式产生的），破译者没有任何信息用来对密文进行密码分析，密钥序列也可能是：

POYYAEAAZX

解密出来是：

SALMONEGGS

或密钥序列为：

BXFGBMTMXM

解密出来的明文为：

GREENFLUID

值得注意的是：由于明文是等概率的，所以密码破译者没有办法确定哪一个明文是正确的。随机密钥序列异或一个非随机的明文，产生一个完全随机的密文，再大的计算能力也无能为力。

密钥字母必须是随机产生的。对这种方案的攻击实际上依赖于产生密钥序列的方法。不要使用伪随机数发生器，因为它们通常具有非随机性。如果采用真随机数发生器，就是安全的。

一次密码本的想法很容易推广到二进制数据的加密，只需用由二进制数字组成的一次密码本代替由字母组成的一次密码，用异或代替一次密码本的明文字符加法即可。为了解密，用同样的一次密码本对密文异或，其他保持不变，保密性也很完善。

即使解决了密钥的分配和存储问题，还需确信发送者和接收者是完全同步的。如果接收者有 1 位的偏移（或者一些位在传送过程中丢失了），信息就变成不可识别了。另外，如果某些位在传送中被改变了（没有增减任何位，更像由于随机噪声引起的），那些改变了的位就不能正确地解密。

一次密码本在今天仍有应用场合，主要用于高度机密的低带宽信道。美国和前苏联之间的热线电话据说就是用一次密码本加密的。许多前苏联间谍传递的消息也是用一次密码本加密的。到今天这些消息仍是保密的，并将一直保密下去。不管超级计算机工作多久，也不管半个世纪中有多少人，用什么样的方法和技术，具有多大的计算能力，他们都不可能阅读前苏联间谍用一次密码本加密的消息。

6.3　对称密钥密码技术

6.3.1　Feistel 密码结构

1973 年，IBM 公司的 Horst Feistel 描述了大部分的对称块密码算法所具有的结构，其中包括 DES，如图 6-4 所示。加密算法的输入是长度为 $2W$ 位的明文块和密钥 K。把明文块分成两部分 L_0 和 R_0。数据的这两个部分经过 n 次循环处理，然后结合在一起产生密文块。每个循环 i 都以上一次循环产生的结果 L_{i-1} 和 R_{i-1} 和总密钥 K 产生的子密钥 K_i 作为输入。在一般情况下，子密钥 K_i 是总密钥 K 经过一定的算法产生的。

所有的循环都具有相同的结构。每次循环都对左半部分数据执行取代，具体做法是对右半部分的数据实施循环函数 F，然后将函数的输出结果与数据的左半部分进行异或（XOR）操作。对于每次循环来说，循环函数都具有通用的结构，只是使用不同的循环子密钥 K_i 为参数。在执行了取代之后，就已经执行了包含两部分数据交换信息的置换了。

Feistel 网络的精确实现取决于对下列参数和设计特征的选择。

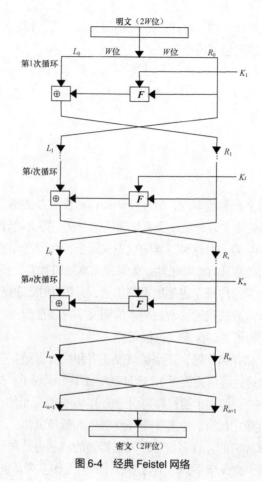

图 6-4　经典 Feistel 网络

（1）块大小（Block Size）

在所有其他参数都相等的情况下，块越大就意味着具有更好的安全性，但是会降低加密/解密的速度。块大小为 64 位就是一个很好的折衷，而且在块密码设计中几乎是通用的。

（2）密钥大小（Key Size）

密钥越大就意味着具有更好的安全性，但是会降低加密/解密的速度。在现在的加密算法中最通用的密钥长度是 128 位。

（3）循环次数（Number of Rounds）

Feistel 密码的本质就是单个循环不能提供足够的安全性，而多个循环能够提供更多的安全性。循环次数的典型大小是 16 次循环。

（4）子密钥产生算法（Subkey Generation Algorithm）

该算法的复杂性越大，那么密码分析就会越困难。

（5）循环函数（Round Function）

循环函数越复杂，就意味着能够更好地抵抗密码分析。

对 Feistel 密码的解密过程实质上与加密过程相同。规则如下：使用密文作为算法的输入，但是按照相反的顺序使用子密钥 K_i。也就是说，在第一次循环中使用 K_n，在第二次循环中使用 K_{n-1}，依此类推，在最后一次循环中使用 K_1。

6.3.2　数据加密标准

数据加密标准（Data Encryption Standard，DES）是美国国家标准局开始研究除国防部以外的其他部门的计算机系统的数据加密标准，1972 年和 1974 年，美国国家标准局（NBS）先后两次向公众发出了征求加密算法的公告。对加密算法要求要达到以下几点。

① 必须提供高度的安全性。

② 具有相当高的复杂性，使得破译的开销超过可能获得的利益，同时又便于理解和掌握。

③ 安全性应不依赖于算法的保密，其加密的安全性仅以加密密钥的保密为基础。

④ 必须适用于不同的用户和不同的场合。

⑤ 实现算法的电子器件必须很经济、运行有效。

⑥ 必须能够验证，允许出口。

DES 是一个分组加密算法，它以 64 位为分组对数据加密。64 位一组的明文从算法的一端输入，64 位的密文从另一端输出。DES 是一个对称算法：加密和解密用的是同一算法（除密钥编排不同以外）。密钥的长度为 56 位（密钥通常表示为 64 位的数，但每个第 8 位都用作奇偶校验）。密钥可以是任意的 56 位的数，且可在任意的时候改变。其中极少量的数被认为是弱密钥，但能容易地避开它们。所有的保密性依赖于密钥。

简单地说，算法只不过是加密的两个基本技术——混乱和扩散的组合。DES 基本组建分组是这些技术的一个组合（先代替后置换），它基于密钥作用于明文，这是众所周知的轮（Round）。DES 有 16 轮，这意味着要在明文分组上 16 次实施相同的组合技术，如图 6-5 所示。

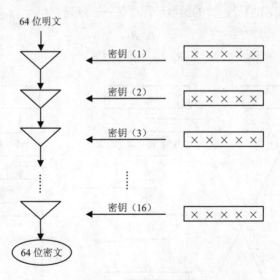

图 6-5　DES 加密过程

1. 加密过程

DES 加密过程如图 6-5 所示。

DES 使用 56 位密钥对 64 位数据块进行加密，需要进行 16 轮编码。在每轮编码时，一个 48 位的"每轮"密钥值由 56 位的完整密钥得出来。在每轮编码过程中，64 位数据和每轮密钥值被输入到一个称为"S"的盒中，由一个压码函数对数位进行编码。另外，在每轮编码开始、过后以及每轮之间，64 位数码被以一种特别的方式置换（数位顺序被打乱）。在每一步处理中都要从 56 位的主密钥中得出一个唯一的轮次密钥。最后，输入的 64 位原始数据被转换成 64 位看起来被完全打乱了的输出数据，但可以用解密算法（实际上是加密过程的逆过程）将其转换成输入时的状态。当然，这个解密过程要使用加密数据时所使用的同样的密钥。

由于每轮之前、之间和之后的变换，DES 用软件执行起来比硬件慢得多，用软件执行一轮变换时，必须做一个 64 次的循环，每次将 64 位数的一位放到正确的位置。使用硬件进行变换时，只需用 64 个输入"管脚"到 64 个输出"管脚"的模块，输入"管脚"和输出"管脚"之间按定义的变换进行连接。这样，结果就可以直接从输出"管脚"得到。

2. 算法概要

DES 对 64 位的明文分组进行操作。通过一个初始置换，将明文分组成为左半部分和右半部分，各 32 位长。然后进行 16 轮完全相同的运算，这些运算被称为函数 f，在运算过程中数据与密钥结合。经过 16 轮后，左、右半部分合在一起，经过一个末置换（初始置换的逆置换），这样该算法就完成了。

在每一轮（如图 6-6 所示）中，密钥位移位，然后从密钥的 56 位中选出 48 位。通过一个扩展置换将数据的右半部分扩展成 48 位，并通过一个异或操作与 48 位密钥结合，通过 8 个 S 盒将这 48 位替代成新的 32 位数据，再将其置换一次。这四步运算构成了函数 f。然后，通过另一个异或运算，函数 f 的输出与左半部分结合，其结果即成为新的右半部分，原来的右半部分成为新的左半部分。将该操作重复 16 次，便实现了 DES 的 16 轮运算。

假设 B_i 是第 i 次迭代的结果，L_i 和 R_i 是 B_i 的左半部分和右半部分，K_i 是第 i 轮的 48 位密钥，且 f 是实现代替、置换及密钥异或等运算的函数，那么每一轮就是：

$$L_i=R_{i-1}$$
$$R_i=L_{i-1} \oplus f(R_{i-1},K_i)$$

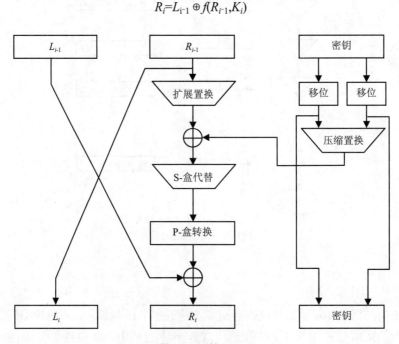

图 6-6　一轮 DES

3. 初始置换

初始置换在第一轮运算之前执行，对输入分组实施如表 6-2 所示的变换。此表应从左向右、从上向下读。例如，初始置换把明文的第 58 位换到第 1 位的位置，把第 50 位换到第 2 位的位置，把第 42 位换到第 3 位的位置等。

表 6-2　初始置换

58	50	42	34	26	18	10	2	60	52	44	36	28	20	12	4
62	54	46	38	30	22	14	6	64	56	48	40	32	24	16	8
57	49	41	33	25	17	9	1	59	51	43	35	27	19	11	3
61	53	45	37	29	21	13	5	63	55	47	39	31	23	15	7

初始置换和对应的末置换并不影响 DES 的安全性。它的主要目的是为了更容易地将明文和密文数据以字节大小放入 DES 芯片中，因为这种位方式的置换用软件实现很困难（用硬件实现较容易），故 DES 的许多软件实现方式删去了初始置换和末置换。尽管这种新算法的安全性不比 DES 差，但它并未遵循 DES 标准，所以不应叫作 DES。

4. 密钥置换

一开始，由于不考虑每个字节的第 8 位，DES 的密钥由 64 位减至 56 位，如表 6-3 所示。每个字节的第 8 位可作为奇偶校验位以确保密钥不发生错误。在 DES 的每一轮中，从 56 位密钥产生出不同的 48 位子密钥（Sub Key），这些子密钥 K_i 由下面的方式确定。

表 6-3　密钥置换

57	49	41	33	25	17	9	1	58	50	42	34	26	18
10	2	59	51	43	35	27	19	11	3	60	52	44	36
63	55	47	39	31	23	15	7	62	54	46	38	30	22
14	6	61	53	45	37	29	21	13	5	28	20	12	4

首先，56 位密钥被分成两部分，每部分 28 位。然后，根据轮数，这两部分分别循环左移 1 位或 2 位。表 6-4 给出了每轮移动的位数。

表 6-4　每轮移动的位数

轮	1	2	3	4	5	6	7	8	9	10	11	12	13	14	15	16
位数	1	1	2	2	2	2	2	2	1	2	2	2	2	2	2	1

移动后，就从 56 位中选出 48 位。因为这个运算不仅置换了每位的顺序，同时也选择子密钥，因而被称作压缩置换。这个运算提供了一组 48 位的集。表 6-5 定义了压缩置换（也称为置换选择）。例如，处在第 33 位位置的那一位在输出时移到了第 35 位的位置，而处在第 18 位位置的那一位被略去了。

表 6-5　压缩置换

14	17	11	24	1	5	3	28	15	6	21	10
23	19	12	4	26	8	16	7	27	20	13	2
41	52	31	37	47	55	30	40	51	45	33	48
44	49	39	56	34	53	46	42	50	36	29	32

因为有移动运算，在每一个子密钥中使用了不同的密钥子集的位。虽然不是所有的位在子密钥

中使用的次数均相同，但在 16 个子密钥中，每一位大约使用了其中 14 个子密钥。

5. 扩展置换

这个运算将数据的右半部分 R_i 从 32 位扩展到了 48 位。由于这个运算改变了位的次序，重复了某些位，故被称为扩展置换。这个操作有两个方面的目的：它产生了与密钥同长度的数据以进行异或运算；它提供了更长的结果，使得在替代运算时能进行压缩。但是，以上的两个目的都不是它在密码学上的主要目的。由于输入的一位将影响两个替换，所以输出对输入的依赖性将传播得更快，这叫作雪崩效应。故 DES 的设计应着重于尽可能快地使得密文的每一位依赖明文和密钥的每一位。

图 6-7 显示了扩展置换，有时它也叫作 E 盒。对每个 4 位输入分组，第 1 和第 4 位分别表示输出分组中的两位，而第 2 和第 3 位分别表示输出分组中的一位。表 6-6 给出了哪一输出位对应于哪一输入位。例如，处于输入分组中第 3 位位置的位移到了输出分组中第 4 位的位置，而处于输入分组中第 21 位位置的位移到了输出分组中第 30 和第 32 位的位置。

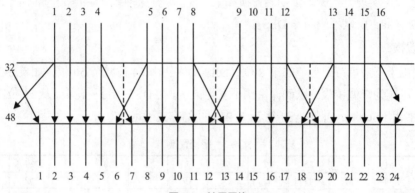

图 6-7 扩展置换

表 6-6 扩展置换

32	1	2	3	4	5	4	5	6	7	8	9
8	9	10	11	12	13	12	13	14	15	16	17
16	17	18	19	20	21	20	21	22	23	24	25
24	25	26	27	28	29	28	29	30	31	32	1

尽管输出分组大于输入分组，但每一个输入分组产生唯一的输出分组。

6. S 盒代替

压缩后的密钥与扩展分组异或以后，将 48 位的结果送入，进行代替运算。替代由 8 个代替盒，或 S 盒完成。每一个 S 盒都有 6 位输入，4 位输出，且这 8 个 S 盒是不同的（DES 的这 8 个 S 盒占的存储空间为 256 字节）。48 位的输入被分为 8 个 6 位的分组，每一分组对应一个 S 盒代替操作：分组 1 由 S-盒 1 操作，分组 2 由 S-盒 2 操作，依次类推，如图 6-8 所示。

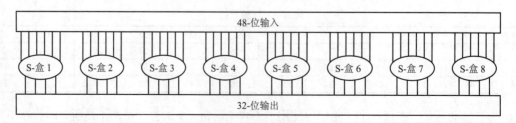

图 6-8 S 盒代替

每个 S 盒是一个 4 行、16 列的表。盒中的每一项都是一个 4 位的数。S 盒的 6 个位输入确定了其对应的输出在哪一行哪一列。表 6-7 列出了所有 8 个 S 盒。

表 6-7　S 盒

S-盒 1															
14	4	13	1	2	15	11	8	3	10	6	12	5	9	0	7
0	15	7	4	14	2	13	1	10	6	12	11	9	5	3	8
4	1	14	8	13	6	2	11	15	12	9	7	3	10	5	0
15	12	8	2	4	9	1	7	5	11	3	14	10	0	6	13

S-盒 2															
15	1	8	14	6	11	3	4	9	7	2	13	12	0	5	10
3	13	4	7	15	2	8	14	12	0	1	10	6	9	11	5
0	14	7	11	10	4	13	1	5	8	12	6	9	3	2	15
13	8	10	1	3	15	4	2	11	6	7	12	0	5	14	9

S-盒 3															
10	0	9	14	6	3	15	5	1	13	12	7	11	4	2	8
13	7	0	9	3	4	6	10	2	8	5	14	12	11	5	1
13	6	4	9	8	15	3	0	11	1	2	12	5	10	14	7
1	10	13	0	6	9	8	7	4	15	14	3	11	5	2	12

S-盒 4															
7	13	14	3	0	6	9	10	1	2	8	5	11	12	4	15
13	8	11	5	6	5	0	3	4	7	2	12	1	10	14	9
10	6	9	0	12	11	7	13	15	1	3	14	5	2	8	4
3	15	0	6	10	1	13	8	9	4	5	11	12	7	2	14

S-盒 5															
2	12	4	1	7	10	11	6	8	5	3	15	13	0	14	9
14	11	2	12	4	7	13	1	5	0	15	10	3	9	8	6
4	2	1	11	10	13	7	8	15	9	12	5	6	3	0	14
1	8	12	7	1	14	2	13	6	15	0	9	10	4	5	3

S-盒 6															
12	1	10	15	9	2	6	8	0	13	3	4	14	7	5	11
10	15	4	2	7	12	9	5	6	1	13	14	0	11	3	8
9	14	15	5	2	8	12	3	7	0	4	10	1	13	11	6
4	3	2	12	9	5	15	10	11	14	1	7	6	0	8	13

S-盒 7															
4	11	2	14	15	0	8	13	3	12	9	7	5	10	6	1
13	0	11	7	4	9	1	10	14	3	5	12	2	15	8	6
1	4	11	13	12	3	7	14	10	15	6	8	0	5	9	2
6	11	13	8	1	4	10	7	9	5	0	15	14	2	3	12

S-盒 8															
13	2	8	4	6	15	11	1	10	9	3	14	5	0	12	7
1	15	13	8	10	3	7	4	12	5	6	11	0	14	9	2
7	11	4	1	9	12	14	2	0	6	10	13	15	3	5	8
2	1	14	7	4	10	8	13	15	12	9	0	3	5	6	11

输入位以一种非常特殊的方式确定了 S 盒中的项。假定将 S 盒的 6 位输入标记为 b_1、b_2、b_3、b_4、b_5、b_6。则 b_1 和 b_6 组合构成了一个 2 位的数，从 0 到 3，它对应着表中的一行。从 b_2 到 b_5 构成一个 4 位的数，从 0 到 15，对应着表中的一列。

例如，假设第 6 个 S 盒的输入（即异或函数的第 31 位到 36 位）为 110011。第 1 位和最后一位组合形成了 11，它对应着第 6 个 S 盒的第三行。中间的 4 位组合在一起形成了 1001，它对应着同一个 S 盒的第 9 列。S-盒 6 的第三行第 9 列处的数是 14（注意：行、列的记数均从 0 开始而不是从 1 开始），则值 1110 就代替了 110011。

当然，用软件实现 64 项的 S 盒更容易。仅需要花费一些精力重新组织 S 盒的每一项，这并不困难（S 盒的设计必须非常仔细，不要仅仅改变查找的索引，而不重新编排 S 盒中的每一项）。然而，S 盒的这种描述，使它的工作过程可视化了。每个 S 盒可被看作一个 4 位输入的代替函数：b_2 到 b_5 直接输入，输出结果为 4 位。b_1 和 b_6 位来自临近的分组，它们从特定的 S 盒的 4 个代替函数中选择一个。

这是该算法的关键步骤。所有其他的运算都是线性的，易于分析，而 S 盒是非线性的，它比 DES 的其他任何一步提供了更好的安全性。

这个代替过程的结果是 8 个 4 位的分组，它们重新合在一起形成了一个 32 位的分组。这个分组将进行下一步：P 盒置换。

7. P 盒置换

S 盒代替运算后的 32 位输出依照 P 盒进行置换。该置换把每输入位映射到输出位，任意一位不能被映射两次，也不能被略去，这个置换叫作直接置换。表 6-8 给出了每位移到的位置。例如，第 21 位移到了第 4 位处，同时第 4 位移到了第 31 位处。

表 6-8　P 盒置换

16	7	20	21	29	12	28	17	1	15	23	26	5	18	31	10
2	8	24	14	32	27	3	9	19	13	30	6	22	11	4	25

最后，将 P 盒置换的结果与最初的 64 位分组的左半部分异或，然后左、右半部分交换，接着开始另一轮。

8. 末置换

末置换是初始置换的逆过程，表 6-9 列出了该置换。应注意 DES 在最后一轮后，左半部分和右半部分并未交换，而是将 R_{16} 与 L_{16} 并在一起形成一个分组作为末置换的输入。到此，不再进行别的事。其实交换左、右两半部分并循环移动，仍将获得完全相同的结果，但这样做，就使该算法既能用作加密，又能用作解密。

表 6-9　末置换

40	8	48	16	56	24	64	32	39	7	47	15	55	23	63	31
38	6	46	14	54	22	62	30	37	5	45	13	53	21	61	29
36	4	44	12	52	20	60	28	35	3	43	11	51	19	59	27
34	2	42	10	50	18	58	26	33	1	41	9	49	17	57	25

9. DES 解密

在经过所有的代替、置换、异或和循环移动之后，读者或许认为解密算法与加密算法完全不同，且也如加密算法一样有很强的混乱效果。恰恰相反，经过精心选择各种操作，会获得这样一个非常有用的性质：加密和解密可使用相同的算法。

DES 使用相同的函数来加密或解密每个分组成为可能，二者唯一不同之处是密钥的次序相反。

这就是说，如果各轮的加密密钥分别是 K_1，K_2，K_3，…，K_{16}，那么解密密钥就是 K_{16}，K_{15}，K_{14}，…，K_1。为各轮产生密钥的算法也是循环的。密钥向右移动，每次移动的个数为 0，1，2，2，2，2，2，2，1，2，2，2，2，2，2，1。

10. 三重 DES

DES 的唯一密码学缺点就是密钥长度较短。解决密钥长度问题的办法之一是采用三重 DES。三重 DES 方法需要执行 3 次常规的 DES 加密步骤，但最常用的三重 DES 算法中仅仅用两个 56 位 DES 密钥。设这两个密钥为 K_1 和 K_2，其算法的步骤如下。

① 用密钥 K_1 进行 DES 加密。

② 用步骤①的结果使用密钥 K_2 进行 DES 解密。

③ 用步骤②的结果使用密钥 K_1 进行 DES 加密。

这个过程称为 EDE，因为它是由加密—解密—加密（Encrypt Decrypt Encrypt）步骤组成的。在 EDE 中，中间步骤是解密，所以，可以使 $K_1=K_2$ 来用三重 DES 方法执行常规的 DES 加密。图 6-9 所示是三重 DES 算法的工作。

三重 DES 的缺点是时间开销较大，三重 DES 的时间是 DES 算法的 3 倍。但从另一方面看，三重 DES 的 112 位密钥长度在可以预见的将来可认为是合适的。

DES 被认为是安全的，这是因为要破译它可能需要尝试 256 个不同的 56 位密钥直到找到正确的密钥。

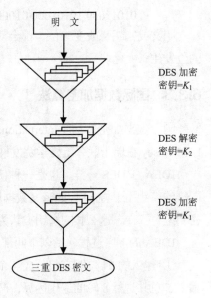

图 6-9　三重 DES 加密

11. DES 举例

已知明文 m=computer，密钥 k=program，用 ASCII 表示为：

m=01100011 01101111 01101101 01110000 01110101 01110100 01100101 01110010

k=01110000 01110010 01101111 01100111 01110010 01100001 01101101

因为 k 只有 56 位，必须插入第 8，16，24，32，40，48，56，64 位奇偶校验位，合成 64 位。而这 8 位对加密过程没有影响。

m 经过 IP 置换后得到：

L_0= 11111111	10111000	01110110	01010111
R_0= 00000000	11111111	00000110	10000011

密钥 k 通过 PC-1 得到：

C_0= 11101100	10011001	00011011	1011
D_0= 10110100	01011000	10001110	0110

再各自左移一位，通过 PC-2 得到 48 位：

k_1=00111101 10001111 11001101 00110111 00111111 00000110

R_0（32 位）经 E 作用膨胀为 48 位：

10000000 00010111 11111110 10000000 11010100 00000110

再和 k_1 进行异或运算得到（分成 8 组）：

101111 011001 100000 110011 101101 111110 101101 001110

通过 S 盒后输出位 32 比特有：

01110110 00110100 00100110 10100001

S 盒的输出又经过 P 置换得到：

01000100 00100000 10011110 10011111

这时 $f(R_0, K_1)$ $R_1=L_0 \oplus f(R_0, K_1)$ $L_1=R_0$

所以，第一趟的结果是：

00000000 11111111 00000110 10000011 10111011 10011000 11101000 11001000

如此，迭代 16 次以后，得到密文：

01011000 10101000 01000001 10111000 01101001 11111110 10101110 00110011

明文或密钥每改变一位，都会对结果密文产生剧烈的影响。任意改变一位，其结果有将近一半的位发生了变化。

6.3.3 国际数据加密算法

国际数据加密算法（International Data Encryption Algorithm，IDEA）是 Xuejia Lai 和 James L. Massey 在瑞士联邦工程学院发展起来的，在 1990 年公布并在 1991 年得到增强。

IDEA 与 DES 一样，也是一种使用一个密钥对 64 位数据块进行加密的常规共享密钥加密算法。同样的密钥用于将 64 位的密文数据块恢复成原始的 64 位明文数据块。IDEA 使用 128 位（16 字节）密钥进行操作，这么长的密钥被认为即使在多年后仍是有效的。

IDEA 的加密过程包括以下两部分。

① 输入的 64 位明文组分成 4 个 16 位子分组：X_1、X_2、X_3 和 X_4。4 个子分组作为算法第 1 轮的输入，总共进行 8 轮的迭代运算，产生 64 位的密文输出。

② 输入的 128 位会话密钥产生 8 轮迭代所需的 52 个子密钥（8 轮运算中每轮需要 6 个，还有 4 个用于输出变换）。

子密钥产生：输入的 128 位密钥分成 8 个 16 位子密钥（作为第一轮运算的 6 个和第二轮运算的前两个密钥）；将 128 位密钥循环左移 25 位后再得 8 个子密钥（前面 4 个用于第二轮，后面 4 个用于第 3 轮）。这一过程一直重复，直至产生所有密钥。

IDEA 通过一系列的加密轮次进行操作，每轮都使用从完整的加密密钥中生成的一个子密钥，而且也如 DES 一样，使用一个称为"压码"的函数在每轮中对数据位进行编码。与 DES 不同的是 IDEA 不使用置换，从这一点来看，它意味着该算法采用软件执行与采用硬件执行一样容易。

6.3.4 Blowfish 算法

Blowfish 算法是由 Bruce Schneier 设计的，可以免费使用。

Blowfish 是一个 16 轮的分组密码，明文分组长度为 64 位，使用变长密钥（从 32 位到 448 位）。Blowfish 算法由两部分组成：密钥扩展和数据加密。

1. 数据加密

数据加密总共进行 16 轮的选代，如图 6-10 所示。具体描述为（将明文 X 分成 32 位的两半部分：X_L，X_R）

```
for i=1 to 16
{
X_L=X_L XOR P_i
X_R=F(X_L)XOR X_R
if i≠16
{
交换 X_L 和 X_R
}
}
X_R = X_R XOR P_17
X_L = X_L XOR P_18
合并 X_L 和 X_R
```

其中，P 阵为 18 个 32 位子密钥，P_1，P_2，$\cdots$，P_{18}。

解密过程和加密过程完全一样，只是密钥 P_1，P_2，$\cdots$，P_{18} 以逆序使用。

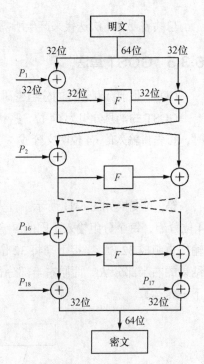

图 6-10　Blowfish 算法

2. 函数 F

把 X_L 分成 4 个 8 位子分组：a，b，c 和 d，分别送入 4 个 S 盒，每个 S 盒为 8 位输入，32 位输出。4 个 S 盒的输出经过一定的运算组合出 32 位输出，运算为：

$$F(X_L)=((S_{1,a}+S_{2,b} \bmod 2^{32}) \text{ XOR } S_{3,c})+S_{4,d} \bmod 2^{32}$$

其中，$S_{i,x}$ 表示子分组 x（$x=a$、b、c 或 d）经过 S_i（$i=1$、2、3 或 4）盒的输出。

其中，每个 S 盒有 256 个单元，每个单元 32 位：

$$S_{1,0}，S_{1,1}，\cdots，S_{1,255}$$
$$S_{2,0}，S_{2,1}，\cdots，S_{2,255}$$
$$S_{3,0}，S_{3,1}，\cdots，S_{3,255}$$
$$S_{4,0}，S_{4,1}，\cdots，S_{4,255}$$

3. 密钥扩展

密钥扩展要将密钥（密钥长度可为 32 位到 448 位）转变成 18 个 32 位的子密钥，计算方法如下。

① 初始化 P 阵，然后用固定的字符串（π的十六进制表示）依次初始化 4 个 S 盒，例如：

P_1=0X243f6a88，P_2=0X85a308d3，P_3=0X13198a2e，P_4=0X03707344

② 将密钥按 32 位分段，依次与 P_1，P_2，$\cdots$，P_{18} 进行异或（密钥长度最长为 448 位，因此最多可完成与 P_{14} 异或）。循环使用密钥直到整个 P 阵全部与密钥相异或。

③ 利用 Blowfish 算法和第①步、第②步得到的子密钥对全 0 字符串进行加密。

④ 用第③步的输出代替 P_1、P_2。

⑤ 利用 Blowfish 算法和修正过的子密钥对第③步的输出进行加密。

⑥ 用第⑤步的结果代替 P_3、P_4。

⑦ 重复上述操作，直到 P 阵的所有元素被更新。然后，依次以 Blowfish 算法输出更新 4 个 S 盒。

总共需要 521 次迭代来产生所需的全部子密钥。可以将此扩展密钥存储而无需每次重新计算。

6.3.5 GOST 算法

GOST 是前苏联设计的分组密码算法，为前苏联国家标准局所采用，标准号为：28147-89。

GOST 的消息分组为 64 位，密钥长度为 256 位，此外还有一些附加密钥，采用 32 轮迭代。加密时，首先将输入的 64 位明文分成左、右两半部分 L、R。设第 i 轮的子密钥为 K，则：

$$L_i = R_{i-1}$$

$$R_i = L_{i-1} \oplus F(R_{i-1}, K_i)$$

第 i 轮变换如图 6-11 所示。首先，右半部分与第 i 轮的子密钥进行模 2^{32} 加，其结果分成 8 个 4 位分组，每个分组输入不同的 S 盒。S 盒将输入的数字（0~15）进行置换。然后将 8 个 S 盒的输出重组成 32 位字；接下来将 32 位结果循环左移 11 位后与上一轮的左半部分异或得到本轮运算结果的右半部分 R_i，而原右半部分作为本轮运算结果的左半部分 L_i。至此，一轮运算结束，开始下一轮运算。

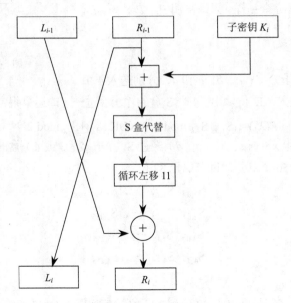

图 6-11　GOST 的轮变换

GOST 的子密钥产生很简单，256 位密钥被划分为 8 个 32 位分组：K_1，K_2，$\cdots$，K_8。各轮按表 6-10 采用不同的子密钥。解密时，子密钥采用相反的顺序。

表 6-10　GOST 各轮的子密钥

轮次	1	2	3	4	5	6	7	8	9	10	11	12	13	14	15	16
子密钥	1	2	3	4	5	6	7	8	1	2	3	4	5	6	7	8
轮次	17	18	19	20	21	22	23	24	25	26	27	28	29	30	31	32
子密钥	1	2	3	4	5	6	7	8	8	7	6	5	4	3	2	1

6.3.6 PKZIP 算法

PKZIP 加密算法是一个一次加密一个字节的、密钥长度可变的序列密码算法，它被嵌入在 PKZIP

数据压缩程序中。

　　该算法使用了 3 个 32 位变量的 $key0$、$key1$、$key2$ 和一个从 $key2$ 派生出来的 8 位变量 $key3$。由密钥初始化 $key0$、$key1$ 和 $key2$，并在加密过程中由明文更新这 3 个变量。

　　PKZIP 序列密码的主函数为 updata_keys()。该函数根据输入字节（一般为明文），更新 3 个 32 位的变量并获得 $key3$。描述如下：

```
update_keysi(Chat)
{
unsigned short temp;
key0_{i+1}=CRC32(key0_i, char);
key1_{i+1}=[(key1_i+LSB(key0_{i+1}))*134775813+1]mod 2^32;
key2_{i+1}=CRC32(key2_i, MSB(key1_{i+1}));
temp=key2_{i+1}|3;
key3_{i+1}=LSB((temp*(temp⊕1)>>8);
}
```

其中，LSB 和 MSB 分别表示最低位字节和最高位字节；"|" 表示按位或。需要说明的是，代码中的下标并不是算法的一部分，只是表示一种先后关系。如 $key0_{i+1}$ = CRC32($key0_i$, chat) 表示利用当前的 $key0$ 和输入 char 经 CRC32 操作获得下一次加密使用的 $key0$。

　　在加密之前用密钥 key 初始化 3 个 32 位变量。设 key 为 t 字节，初始化过程为：

```
process_keys(key)
{
key0_{1-t}=0X12345678;
key1_{1-t}=0X23456789;
key2_{1-t}=0X34567890;
for i=i to t
update_key_{i-t}(key_i);
}
```

执行完这个过程后就得到 $key0_1$、$key1_1$、$key2_1$ 和 $key3_1$。

　　对明文 P_1 到 P_n（P 为明文的第 i 个字节）加密之前，首先对随机产生的 12 字节随机数进行加密，然后对明文加密。加密算法为：

```
//产生12字节随机数 Buffer[0]到 Buffer[11]
for i=1 to 12
{
Ci=Buffer[i-1] key3_i;
update_keys_i(Buffer[i-1]);
}
for i=1 to n
{
C_{i+12}=P_i⊕key3_i;
Update_keys_i(P_i);
}
```

在加密过程中，要用明文不断更新变量以得到新的 $key3$。

　　解密时，首先读取密文前 12 个字节放在 Buffer[0]至 Buffer[11]中，利用密钥初始化获得的 $key0_1$、$key1_1$、$key2_1$ 和 $key3_1$ 对 Buffer 解密，并更新密钥。由于对这部分密文解密得到的是加密时产生的随机数，不是实际的明文，故对此部分密文解密只是为了更新密钥，得到的明文被丢弃：

```
for i=0 to 11
P=Buffer[i] ⊕key3ᵢ;
update_keysᵢ(P)
end loop
```

然后，依次对后续的密文解密，并根据解密获得的明文更新密钥：

```
for i=1 to n
{
Pᵢ = Cᵢ⊕key3ᵢ;
update_keysᵢ(Pᵢ);
}
```

CRC32 操作将前一个值和一个字节相异或，然后用由 0xedb8832 表示的 CRC 多项式计算下一个值。实际上，可以预先计算一个 256 项的表，则 CRC32 计算如下：

```
CRC32(a,b)=(a>>8)^ table[LSB(a) ⊕b]
```

6.3.7　RC5 算法

RC5 算法是 Rivest 所设计的一种分组长度、密钥长度和加密迭代轮数都可变的分组密码体制。它使用了异或、加、循环这 3 种基本运算及其逆运算。RC5 算法包括 3 部分：密钥扩展、加密算法和解密算法。RC5 算法的安全性依赖于循环运算与不同运算的混合使用。

设选用的数据分组长度为 $2w$ 位；迭代次数为 r 轮（r 的允许值为 $0\sim255$），加密需要 $2r+2$ 个 w 位子密钥，分别记为 S0，S1，…，S2r+1。首先将明文划分成两个 w 位的字 A 和 B（将明文放入寄存器 A 和 B 时采用第一个字节放入寄存器 A 的低位位置，依此类推；最后一个字节放到寄存器 B 的最高位），然后进行运算。

1.　加密算法

加密使用 $2r+2$ 个密钥相关的 32 位字，并在加密之前先将明文划分为两个 32 位字（分别记为 A 和 B）。

```
    A=A+S0
    B=B+S1
For i=1 to r
A=((A⊕B)<<<B)+S2i
    B=((B⊕A)<<<A)+S2i+1
```

输出在寄存器 A 和 B 中。

2.　解密算法

解密是加密的逆运算。首先将明文划分为两个 32 位字（分别记为 A 和 B）。

```
For i=r to 1
B=((B-S2i+1)>>>A) ⊕A
A=((A-Si)>>>B) ⊕B
B=B-S1
A=A-S0
```

对于循环运算来说，$x<<<y$ 表示 x 循环左移，移位次数由 y 的 lg2w 个低位用来确定；$x>>>y$ 表示 x 循环右移，⊕表示异或运算。

3.　密钥扩展

通过密钥扩展把用户提供的会话密钥 K 扩展成密钥阵 S，它由 K 所决定的 $t=2(r+1)$ 个随机二进制字构成。密钥扩展算法利用了两个幻常数，幻常数定义：

```
P=0xb7e15163; Q=0x9e3779b9
```

首先，将密钥字节复制到 32 位字的数组 L 中，然后，利用线性同余发生器（模 232）初始化数组 S；

```
S0=P
For i=1 to 2(r+1)-1
    Si=(Si-1+Q) mod 232
```

最后，将数组 L 与数组 S 进行合并。

```
i=j=0
A=B=0
n=max(2(r+1),c)
```

做 3n 次

```
A=Si=(Si+A+B)<<<3
B=Lj=(Lj+A+B)<<<(A+B)
i=(i+1) mod 2(r+1)
j=(j+1) mod c
```

6.4　公钥密码体制

公钥密码体制（Public Key Infrastructure，PKI）是 1976 年由斯坦福大学的 Whitfield Daffier 和 Martin Hellmann 提出的。公钥密码系统的原理主要是基于陷门单向函数的概念，公钥密码系统可用于通信保密、数字签名和密钥交换这 3 个方面。

本节首先讨论公钥加密原理，接着讨论 Diffie-Hellman 密钥交换算法和 RSA 密码系统。

6.4.1　公钥加密原理

公钥/私有密钥体公用密钥/私有密钥密码学又称公用密钥密码，它通过使用两个数字互补密钥，绕过了排列共享的问题。这两个密钥，一个是尽人皆知的，而另一个只有拥有者才知道，前者被叫作公用密钥，后者被称为专用密钥。这两种密钥合在一起称为密钥对。公用密钥可以解决安全分配密钥问题，因为它不需要与保密密钥通信，所需传输的只有公用密钥。这种公用密钥不需要保密，但对保证其真实性和完整性却非常重要。

如果某一信息用公用密钥加密，则必须用私有密钥解密，这就是实现保密的方法。如果某一信息用私有密钥加密，那么，它必须用公用密钥解密。这就是实现验证的方法。

公钥密码系统是基于陷门单向函数的概念。单向函数是易于计算但求逆困难的函数，而陷门单向函数是在不知道陷门信息情况下求逆困难，而在知道陷门信息时易于求逆的函数。

公钥密码系统可用于以下 3 个方面。

① 通信保密：此时将公钥作为加密密钥，私钥作为解密密钥，通信双方不需要交换密钥就可以实现保密通信。这时，通过公钥或密文分析出明文或私钥是不可行的。如 A 拥有多个人的公钥，当他需要向 B 发送机密消息时，他用 B 公布的公钥对明文消息加密，当 B 接收到后用他的私钥解密。由于私钥只有 B 本人知道，所以能实现通信保密。

② 数字签名：将私钥作为加密密钥，公钥作为解密密钥，可实现由一个用户对数据加密而使多个用户解读。如 A 用私钥对明文进行加密并发布，B 收到密文后用 A 公布的公钥解密。由于 A 的私

钥只有 A 本人知道，因此，B 看到的明文肯定是 A 发出的，从而实现了数字签名。

③ 密钥交换：通信双方交换会话密钥，以加密通信双方后续连接所传输的信息。每次逻辑连接使用一把新的会话密钥，用完就丢弃。

公用密钥系统的最流行的例子是由麻省理工学院的 Rom Rivest、Adi Shamir 和 Len Adleman 开发的 RSA 系统。另一个系统叫作 Diffie-Hellman。

6.4.2　Diffie-Hellman 密钥交换算法

公用密钥/私有密钥密码系统的结构在数学上要比普通系统的结构复杂一些，它使用在长时期内具有抗破解法的数学问题。这类问题的例子又把大数因子分解成素数（用于 RSA）和在无限域上取对数（用于 Diffie-Hellman）。这两个问题可用来形成"一向函数"，在一个方向要比另一个方向容易计算得多的函数。

1．Diffie–Hellman 算法

Diffie-Hellman 算法是第一个公开密钥算法，发明于 1976 年。Diffie-Hellman 算法能够用于密钥分配，但不能用于加密或解密信息。

Diffie-Hellman 算法的安全性在于在有限域上计算离散对数非常困难。我们简单介绍一下离散对数的概念。定义素数 p 的本原根（Primitive Root）为一种能生成 $1 \sim p-1$ 所有数的一个数，即如果 a 为 p 的本原根，则：

$$a \bmod p,\ a^2 \bmod p,\ \ldots,\ a^{p-1} \bmod p$$

两两互不相同，构成 $1 \sim p-1$ 的全体数的一个排列（例如：$p=11$，$a=2$）。对于任意数 b 及素数 p 的本原根 a，可以找到一个唯一的指数 i，满足：

$$b=a^i \bmod p,\ 0 \leqslant i \leqslant p-1$$

称指数 i 为以 a 为底模 p 的 b 的离散对数。

如果 A 和 B 想在不安全的信道上交换密钥，他们可以采用如下步骤。

① A 和 B 协商一个大素数 p 及 p 的本原根 a，a 和 p 可以公开。

② A 秘密产生一个随机数 x，计算 $X=a^x \bmod p$，然后把 X 发送给 B。

③ B 秘密产生一个随机数 y，计算 $Y=a^y \bmod p$，然后把 Y 发送给 A。

④ A 计算 $k=Y^x \bmod p$。

⑤ B 计算 $k'=X^y \bmod p$。

k 和 k' 是恒等的，因为：

$$k=Y^x \bmod p = (a^y)^x \bmod p = (a^x)^y \bmod p = X^y \bmod p = k'$$

线路上的搭线窃听者只能得到 a、p、X 和 Y 的值，除非能计算离散对数，恢复出 x 和 y，否则就无法得到 k，因此，k 为 A 和 B 独立计算的秘密密钥。

下面用一个例子来说明上述过程。A 和 B 需进行密钥交换，步骤如下。

① 二者协商后决定采用素数 $p=353$ 及其本原根 $a=3$。

② A 选择随机数 $x=97$，计算 $X=3^{97} \bmod 353=40$，并发送给 B。

③ B 选择随机数 $y=233$，计算 $Y=3^{233} \bmod 353=248$，并发送给 A。

④ A 计算 $k=Y^x \bmod p=248^{97} \bmod 353=160$。

⑤ B 计算 $k'=X^y \bmod p=40^{233} \bmod 353=160$。

k 和 k' 即为秘密密钥。

2. 中间人的攻击

Diffie-Hellman 密钥交换容易遭受中间人的攻击。

① A 发送公开值（a 和 p）给 B，攻击者 C 截获这些值并把自己产生的公开值发送给 B。

② B 发送公开值给 A，C 截获它然后把自己的公开值发送给 A。

③ A 和 C 计算出二人之间的共享密钥 k_A。

④ B 和 C 计算出另外一对共享密钥 k_B。

这时，B 用密钥 k_B 给 A 发送消息，C 截获消息后用 k_B 解密就可读取消息；然后将获得的明文消息用 k_A 加密（加密前可能会对消息作某些修改）后发送给 A。对 A 发送给 B 的消息，C 同样可以读取和修改，如图 6-12 所示。造成中间人攻击的原因是 Diffie-Hellman 密钥交换不认证对方。利用数字签名技术就可以挫败中间人的攻击。

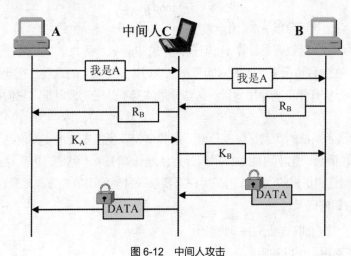

图 6-12　中间人攻击

3. 三方或多方 Diffie–Hellman

Diffie-Hellman 密钥交换协议很容易扩展到三方或多方的密钥交换。下例中，A、B 和 C 一起产生秘密密钥。

① A 选取一个大随机整数 x，计算 $X=a^x \bmod p$，然后把 X 发送给 B；

② B 选取一个大随机整数 y，计算 $Y=a^y \bmod p$，然后把 Y 发送给 C；

③ C 选取一个大随机整数 z，计算 $Z=a^z \bmod p$，然后把 Z 发送给 A；

④ A 计算 $Z'=Z^x \bmod p$ 并发送 Z 给 B；

⑤ B 计算 $X'=X^y \bmod p$ 并发送 X 给 C；

⑥ C 计算 $Y'=Y^z \bmod p$ 并发送 Y 给 A；

⑦ A 计算 $k=Y'^x \bmod p$；

⑧ B 计算 $k=Z'^y \bmod p$；

⑨ C 计算 $k=X'^z \bmod p$。

共享秘密密钥 k 等于 $a^{xyz} \bmod p$。这个协议很容易扩展到更多方。

6.4.3　RSA 密码系统

RSA 是在 Diffie-Hellman 算法问世两年之后，由 Rivest、Shamir 和 Adelman 在 MIT 研究出的，并于 1978 年公布。

RSA 系统利用这样的事实：模运算中幂的自乘数是易解的。RSA 的加密方程为：

$$C = m^e \bmod n$$

这里，密文 C 是信息 m 自乘加密指数幂 e 并除以模数 n 后的余数。这可以由任何一部知道信息 m、模数 n 和加密指数 e 的计算机迅速完成。另外，将这一过程颠倒过来，就要求 e^m 根模 n。对任何一个不知道 n 因子的人来说，这是极其困难的。

RSA 系统非常适用于制作数字特征和某些加密应用。但是，常常要求制作保密密钥，以便直接用于保密密钥加密系统。这需使用另一个一向函数。

计算下列方程中的 y 相当容易，即使所有的数有几百字长也如此：

$$y = g^x \bmod p$$

（在 g 自乘幂 x 后，然后除以 p，y 为余数）

如果知道 g、x 和 p，则很容易计算 y。但是，如果知道 y、g 和 p，则很难在合理的时间内以类似规模的数计算 x。在这种情况下，当所有的数都很大时，p 是很大的素数。在此情况下，数 y 叫作公用分量，而 x 叫作私有分量或专用分量。这些分量本身不是密钥，但是，它们可以用来制作共享保密密钥。

公用密钥/私有密钥系统的优点是保密分量不必共享，以便能安全地交换信息。私有部分永远不向任何一个人公开，而且，它不可能由公用部分方便地计算出来。但是，仍然存在着将公用信息提供给那些需要这种信息的用户的问题。这些用户需要以一种他们确信的方式来获得这种信息。

1．RSA 公开密钥密码系统

RSA 要求每一个用户拥有自己的一种密钥。

① 公开的加密密钥，用以加密明文。

② 保密的解密密钥，用于解密密文。

这是一对非对称密钥，又称为公用密钥体制（Public Key Cryptosystem）。

在 RSA 密钥体制的运行中，当 A 用户发文件给 B 用户时，A 用户用 B 用户公开的密钥加密明文，B 用户则用解密密钥解读密文，其特点如下。

① 密钥配发十分方便，用户的公用密钥可以像电话号码簿那样公开，使用方便，这对网络环境下众多用户的系统，密钥管理更加简便，每个用户只需持有一对密钥即可实现与网络中任何一个用户的保密通信。

② RSA 加密原理基于单向函数，非法接收者利用公用密钥不可能在有限时间内推算出秘密密钥，这种算法的保密性能较好。

③ RSA 在用户确认和实现数字签名方面优于现有的其他加密机制。

速度一直是 RSA 的缺陷。限制 RSA 使用的最大问题是加密速度，由于进行的都是大数计算，使得 RSA 最快的情况也比 DES 慢很多。由于这些限制，RSA 目前主要用于网络环境中少量数据的加密。

RSA 数字签名是一种强有力的认证鉴别方式，可保证接收方能够判定发送方的真实身份。另外，如果信息离开发送方后发生变更，它可以确保这种变更能被发现。更为重要的是，当收发方发生争执时，数字签名提供了不可抵赖的事实。

现在，用一个简单的例子来说明 RSA 公开密钥密码系统的工作原理。取两个质数 p=11，q=13，p 和 q 的乘积为 n=p×q=143，算出另一个数 z=（p-1）×（q-1）=120；再选取一个与 z=120 互质的数，例如：e=7（称为"公开指数"），对于这个 e 值，可以算出另一个值 d=103（称为"秘密指数"）满足 e×d=1 mod z；其实 7×103=721 除以 120 确实余 1。（n，e）和（n，d）这两组数分别为"公开密钥"和"私有密钥"。

设想 S 需要发送机密信息（明文，即未加密的报文）s=85 给 Y，S 已经从公开媒体中得到了 Y 的公开密钥（n，e）=（143，7），于是 S 算出加密值：

$$c=s^e \bmod n=85^7 \bmod 143=123$$

将 c 发送给 Y。Y 在收到"密文"（即经加密的报文）c=123 后，利用只有 Y 自己知道的秘密密钥（n，d）=（143，123）计算 123^{103} mod 143，得到的值就是明文（值）85，实现了解密。所以 Y 可以得到 S 发给他的真正信息 s=85。

上面例子中的 n=143，只是示意用的，用来说明 RSA 公开密钥密码系统的计算过程，从 143 找出它的质数因子 11 和 13 是毫不困难的。对于巨大的质数 p 和 q，计算乘积 n=p×q 非常简便，而逆运算却难而又难，这是一种"单向性"运算。相应的函数称为"单向函数"。任何单向函数都可以作为某一种公开密钥密码系统的基础，而单向函数的安全性也就是这种公开密钥密码系统的安全性。

公开密钥密码系统的一大优点是不仅可以用于信息的保密通信，而且可以用于信息发送者的身份验证（Authentication）或数字签名（Digital Signature）。

例如：Y 要向 S 发送信息 m（表示他的身份，可以是他的身份证号码或其名字的汉字的某一种编码值），必须让 S 确信该信息是真实的，是由 Y 本人所发的。为此 Y 使用自己的私有密钥（n，d）计算：

s=m^d mod n 建立了一个"数字签名"，通过公开的通信途径发给 S。

S 则使用 Y 的公开密钥（n，e）对收到的 s 值进行计算：

$$s^e \bmod n=(m^d)^e \bmod n=m$$

这样，S 经过验证，知道信息 s 确实代表了 Y 的身份，只有他本人才能发出这一信息，因为只有他自己知道私有密钥（n，d）。其他任何人即使知道 Y 的公开密钥（n，e），也无法猜出或算出他的私有密钥来冒充他的"签名"。

2. RSA 的安全性

RSA 公开密钥密码体制的安全性取决于从公开密钥（n，e）计算出秘密密钥（n，d）的困难程度，而后者则等同于从 n 找出它的两个质因数 p 和 q。因此，寻求有效的因数分解的算法就是寻求一把锐利的"矛"，来击穿 RSA 公开密钥密码系统这个"盾"。数学家和密码学家们一直在努力寻求更锐利的"矛"和更坚固的"盾"。

最简单的考虑是 n 取更大的值。RSA 实验室认为，512bit 的 n 已不够安全，他们建议，个人应用需要用 768bit 的 n，公司企业要用 1 024bit 的 n，极其重要的场合应该用 2 048bit 的 n。

1977 年，《科学的美国人》杂志征求分解一个 129 位十进数（426bit），直至 1994 年 3 月，由 Atkins 等人在 Internet 上动用了 1 600 台计算机，前后花了 8 个月的时间，才找出了答案。然而，这种"困难性"在理论上至今未能严格证明，但又无法否定。

总之，随着硬件资源的迅速发展和因数分解算法的不断改进，为保证 RSA 公开密钥密码体制的安全性，最实际的做法是不断增加模 n 的位数。

3. RSA 的实用考虑

非对称密钥密码体制（即公开密钥密码体制）与对称密钥密码体制相比较，确实有其不可取代的优点，但它的运算量远大于后者，超过后者几百倍、几千倍甚至上万倍。

在网络上全都用公开密钥密码体制来传送机密信息是没有必要的，也是不现实的。在计算机系统中使用对称密钥密码体制已有多年，既有比较简便可靠的、久经考验的方法，如以 DES（数据加密标准）为代表的数据分组加密算法（及其扩充 DES X 加密算法和 Triple DES 加密算法），也有一些新的方法发表，如由 RSA 公司的 Rivest 研制的专有算法 RC2、RC4 和 RC5 等，其中 RC2 和 RC5 是数据分组加密算法，RC4 是数据流加密算法。

传送机密信息的网络用户，如果使用某个对称密钥密码体制（如 DES），同时又使用 RSA 非对称密钥密码体制来传送 DES 的密钥，就可以综合发挥两种密码体制的优点，即使用 DES 的高速简便性和 RSA 密钥管理的方便和安全性。

6.4.4　数字信封技术

数字信封是公钥密码体制（PKI）在实际中的一个应用，是用加密技术来保证只有规定的特定收信人才能阅读通信的内容。图 6-13 给出了数字信封的工作原理示意图。

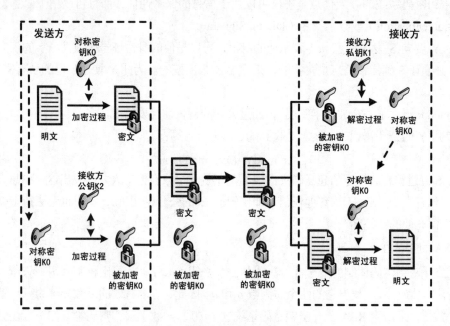

图 6-13　数字信封的工作原理示意图

数字信封技术使用两层加密体制，内层使用对称加密技术，外层使用非对称加密技术。具体过程为：信息发送方采用对称密钥来加密信息内容，然后将此对称密钥用接收方的公开密钥来加密（这部分称数字信封）之后，将它和加密后的信息一起发送给接收方，接收方先用相应的私有密钥打开数字信封，得到对称密钥，然后使用对称密钥解开加密信息。这种技术的安全性相当高。数字信封主要包括数字信封打包和数字信封拆解，数字信封打包是使用对方的公钥将加密密钥进行加密的过程，只有对方的私钥才能将加密后的数据（通信密钥）还原；数字信封拆解是使用私钥将加密过的数据解密的过程。

6.5　数字签名技术

6.5.1　基本概念

在计算机通信中，当接收者接收到一个消息时，往往需要验证消息在传输过程中有没有被篡改；有时接收者需要确认消息发送者的身份。所有这些都可以通过数字签名来实现。数字签名是非对称密钥加密技术的一种应用。

其使用方式是：报文的发送方从报文文本中生成一个 128 位的散列值（即哈希函数，根据报文文本而产生的固定长度的单向哈希值。有时这个单向值也叫作报文摘要，与报文的数字指纹或标准校验相似）。

发送方用自己的专用密钥对这个散列值进行加密来形成发送方的数字签名。然后，这个数字签名将作为报文的附件和报文一起发送给报文的接收方。报文的接收方首先从接收到的原始报文中计算出 128 位的散列值（或报文摘要），接着再用发送方的公开密钥来对报文附加的数字签名进行解密。如果两个散列值相同，那么接收方就能确认该数字签名是发送方的。

数字签名可以用来证明消息确实是由发送者签发的，而且，当数字签名用于存储的数据或程序时，可以用来验证数据或程序的完整性。它和传统的手写签名类似，应满足以下条件。

① 签名是可以被确认的，即收方可以确认或证实签名确实是由发方签名的。

② 签名是不可伪造的，即收方和第三方都不能伪造签名。

③ 签名不可重用，即签名是消息（文件）的一部分，不能把签名移到其他消息（文件）上。

④ 签名是不可抵赖的，即发方不能否认他所签发的消息。

⑤ 第三方可以确认收发双方之间的消息传送但不能篡改消息。

使用对称密码系统可以对文件进行签名，但此时需要可信任的第三方仲裁。公开密钥算法也能用于数字签名。此时，发方用私钥对文件进行加密就可以获得安全的数字签名。

在实际应用中，由于公开密钥算法的效率较低，发送方并不对整个文件签名，而只对文件的散列值签名。

一个数字签名方案一般由两部分组成：签名算法和验证算法。其中，签名算法或签名密钥是秘密的，只有签名人知道，而验证算法是公开的。

6.5.2　安全 Hash 函数

Hash 函数又称哈希函数。主要功能是把任意长度的输入通过散列算法，变换成固定长度的输出，该输出就是散列值。或者说就是一种将任意长度的消息压缩到某一固定长度的消息摘要的函数。

单向 Hash 函数用于产生信息摘要。信息摘要简要地描述了一份较长的信息或文件，它可以被看作一份长文件的"数字指纹"。信息摘要用于创建数字签名，对于特定的文件而言，信息摘要是唯一的。信息摘要可以被公开，它不会透露相应文件的任何内容。MD4 和 MD5（MD 表示信息摘要，

Message Digest）是由 Ron Rivest 设计的专门用于加密处理的，并被广泛使用的 Hash 函数。

MD5 以 512 位分组来处理输入的信息，且每一分组又被划分为 16 个 32 位子分组，经过了一系列的处理后，算法的输出由 4 个 32 位分组组成，将这 4 个 32 位分组级联后将生成一个 128 位散列值（即 128 位的信息摘要）。MD5 可以对任何文件产生一个唯一的 MD5 验证码，每个文件的 MD5 码就如同每个人的指纹一样，都是不同的，这样，一旦这个文件在传输过程中，其内容被损坏或者被修改的话，那么这个文件的 MD5 码就会发生变化，通过对文件 MD5 的验证，可以得知获得的文件文件是否完整。

6.5.3 直接方式的数字签名技术

直接方式的数字签名只有通信双方参与，并假定接收一方知道发方的公开密钥。数字签名的形成方式可以用发送方的密钥加密整个消息。

如果发送方用接收方的公开密钥（公钥加密体制）或收发双方共享的会话密钥（单钥加密体制）对整个消息及其签名进一步加密，那么对消息及其签名更加提供了保密性。而此时的外部保密方式（即数字签名是直接对需要签名的消息生成而不是对已加密的消息生成，否则称为内部保密方式），则对解决争议十分重要，因为在第三方处理争议时，需要得到明文消息及其签名才行。但如果采用内部保密方式，那么，第三方必须在得到消息的解密密钥后才能得到明文消息。如果采用外部保密方式，那么，接收方就可将明文消息及其数字签名存储下来以备以后万一出现争议时使用。

直接方式的数字签名有一个弱点，即方案的有效性取决于发送方密钥的安全性。如果发送方想对自己已发出的消息予以否认，就可声称自己的密钥已丢失或被盗，认为自己的签名是他人伪造的。对这一弱点可采取某些行政手段，在某种程度上可减弱这种威胁，例如，要求每一被签的消息都包含有一个时间戳（日期和时间），并要求密钥丢失后立即向管理机构报告。这种方式的数字签名还存在发送方的密钥真的被偷的危险，例如，偷窃方在时刻 T 偷得发送方的密钥，然后可伪造一消息，用偷得的密钥为其签名并加上 T 以前的时刻作为时间戳。

6.5.4 数字签名算法

1991 年 8 月，美国 NIST 公布了用于数字签名标准 DSS 的数字签名算法 DSA，1994 年 12 月 1 日正式采用为美国联邦信息处理标准。

DSA 中用到了以下参数。

① p 为 L 位长的素数，其中，L 介于 512～1 024 之间，且是 64 倍数的数。

② q 是 160 位长的素数，且为 $p-1$ 的因子。

③ $g=h^{(p-1)/q} \bmod p$，其中，h 是满足 $1<h<p-1$ 且 $h^{(p-1)/q} \bmod p$ 大于 1 的整数。

④ x 是随机产生的大于 0 而小于 q 的整数。

⑤ $y=g^x \bmod p$。

⑥ k 是随机产生的大于 0 而小于 q 的整数。

前 3 个参数 p、q、g 是公开的；x 为私钥，y 为公钥；x 和 k 用于数字签名，必须保密；对于每一次签名都应该产生一次 k。

对消息 m 签名：

$$r = (g^k \bmod p) \bmod q$$
$$s = (k^{-1}(\mathrm{SHA}\text{-}1(m) + xr) \bmod q$$

r 和 s 就是签名。验证签名时，计算：

$$w = s^{-1} \bmod q$$
$$u1 = (\mathrm{SHA}\text{-}1(m) \times w) \bmod q$$
$$u2 = (rw) \bmod q$$
$$v = ((g^{u1} \times y^{u2}) \bmod p) \bmod q$$

如果 $v=r$，则签名有效。

6.5.5　其他数字签名技术

1. 数字摘要的数字签名

这一方法要使用单向检验和（One-Way Check Sum）的函数 CK（ChecKsum）。若明文 m 是数字摘要，则计算出 CK（m），这种数字签名同样确认了：报文是由签名者发送的；报文自签发到收到为止未被修改过。

其实现过程如下。

① 被发送明文 m 用安全杂凑算法（SHA）编码加密产生 128 bit 的数字摘要。

② 发送方用自己的私有密钥对摘要再加密，形成"数字签名"。

③ 将原文 m 和加密的摘要同时传给对方。

④ 接收方用发方的公钥 EA 对摘要解密，同时对收到的文件用 SHA 编码加密产生摘要。

⑤ 接收方将解密后的摘要和收到的原明文重新与 SHA 加密产生的摘要进行对比，如果两者一致，则明文信息在传送过程中没有被破坏或篡改，否则反之。

2. 电子邮戳

在交易文件中，时间是十分重要的因素，需要对电子交易文件的日期和时间采取安全措施，以防文件被伪造或篡改。电子邮戳服务是计算机网络上的安全服务项目，由专门机构提供。电子邮戳是时间戳，是一个经加密后形成的凭证文档，它包括以下 3 个部分。

① 需加邮戳的文件的摘要（Digest）。

② ETS（Electronic Timestamp Server）收到文件的日期和时间。

③ ETS 的数字签名。

时间戳产生过程为：用户首先将需要加时间戳的文件用 Hash 编码加密形成摘要，然后将该摘要发送到数字时间戳服务（Digital Time stamp Service，DTS），DTS 在加入了收到文件摘要的日期和时间信息后再对该文件加密（数字签名），最后送回用户。由 Bell core 创造的 DTS 采用下面的过程：加密时将摘要信息归并到二叉树的数据结构，再将二叉树的根值发表在报纸上，这样便有效地为文件发表时间提供了佐证。注意，书面签署文件的时间是由签署人自己写上的，而数字时间戳则不然，它是由认证单位 DTS 加上的，以 DTS 收到文件的时间为依据。因此，时间戳也可作为科学家的科学发明文献的时间认证。

3. 数字证书

数字签名很重要的机制是数字证书（Digital Certificate，或 Digital ID），数字证书又称为数字凭证，是用电子手段来证实一个用户的身份和对网络资源访问的权限。在网上的电子交易中，如双方出示了各自的数字凭证，并用它来进行交易操作，那么双方都可不必为对方身份的真伪担心。数字凭证可用于电子邮件、电子商务、群件和电子基金转移等各种用途。数字证书是一个经证书授权中心数字签名的包含公开密钥拥有者信息以及公开密钥的文件。最简单的数字证书包含一个公开密钥、名称以及证书授权中心的数字签名。一般情况下，数字证书中还包括密钥的有效时间、发证机关（证书授权中心）的名称和证书的序列号等信息，证书的格式遵循 ITU-T X.509 国际标准。

（1）X.509 数字证书包含的内容

① 证书的版本信息。

② 证书的序列号，每个证书都有一个唯一的证书序列号。

③ 证书所使用的签名算法。

④ 证书的发行机构名称，命名规则一般采用 X.509 格式。

⑤ 证书的有效期，现在通用的证书一般采用 UTC 时间格式，它的计时范围为 1 950～2 049。

⑥ 证书所有人的名称，命名规则一般采用 X.509 格式。

⑦ 证书所有人的公开密钥。

⑧ 证书发行者对证书的签名。

（2）数字证书的 3 种类型

① 个人凭证（Personal Digital，ID），它仅仅为某一个用户提供凭证，以帮助其个人在网上进行安全交易操作。个人身份的数字凭证通常是安装在客户端的浏览器内的，并通过安全的电子邮件来进行交易操作。

② 企业（服务器）凭证（Server ID），它通常为网上的某个 Web 服务器提供凭证，拥有 Web 服务器的企业就可以用具有凭证的 Web 站点（Web Site）来进行安全电子交易。有凭证的 Web 服务器会自动地将其与客户端 Web 浏览器通信的信息加密。

③ 软件（开发者）凭证（Developer ID），它通常为因特网中被下载的软件提供凭证，该凭证用于微软公司的 Authenticode 技术（合法化软件）中，以使用户在下载软件时能获得所需的信息。

6.6　验证技术

验证有两个明显不同的方面：保证信息的完整性，保证发送者的身份。

信息经验证后表明，它在发送期间没有被篡改，发送者经验证后表明，他就是合法的发送者。

网络中的通信除需要进行消息的验证外，还需要建立一些规范的协议对数据来源的可靠性、通信实体的真实性加以认证，以防止欺骗、伪装等攻击。例如，A 和 B 是网络的两个用户，他们想通过网络先建立安全的共享密钥再进行保密通信，那么 A 如何确信自己正在和 B 通信而不是和 C 通信呢？这种通信方式为双向通信，因此此时的认证称为互相认证。类似地，对于单向通信来说，认证称为单向认证。

认证中心（Certificate Authority，CA）在网络通信认证技术中具有特殊的地位。例如，电子商务，认证中心是为了从根本上保障电子商务交易活动顺利进行而设立的，主要是解决电子商务活动中参与各方的身份、资信的认定，维护交易活动的安全。CA 是提供身份验证的第三方机构，通常由一个或多个用户信任的组织实体组成。例如，持卡人（客户）要与商家通信，持卡人从公开媒体上获得了商家的公开密钥，但无法确定商家不是冒充的（有信誉），于是请求 CA 对商家认证。此时，CA 对商家进行调查、验证和鉴别后，将包含商家公钥的证书传给持卡人。同样，商家也可对持卡人进行验证，其过程为持卡人→商家；持卡人→CA；CA→商家。证书一般包含拥有者的标识名称和公钥，并且由 CA 进行数字签名。

CA 的功能主要有：接收注册申请、处理、批准/拒绝请求和颁发证书。

在实际运作中，CA 也可由大家都信任的一方担当，例如，在客户、商家、银行三角关系中，客户使用的是由某个银行发的卡，而商家又与此银行有业务关系（有账号）。在此情况下，客户和商家都信任该银行，可由该银行担当 CA 角色，接收和处理客户证书和商家证书的验证请求。又如，对商家自己发行的购物卡，则可由商家自己担当 CA 角色。

6.6.1　信息的验证

从概念上说，信息的签名就是用专用密钥对信息进行加密，而签名的验证就是用相对应的公用密钥对信息进行解密。但是，完全按照这种方式行事也有缺点。因为，同普通密钥系统相比，公用密钥系统的速度很慢，用公用密钥系统对长信息加密来达到签名的目的，并不比用公用密钥系统来达到信息保密的目的更有吸引力。

解决方案就是引入另一种普通密码机制，这种密码机制叫作信息摘要或散列函数。信息摘要算法从任意大小的信息中产生固定长度的摘要，而其特性是没有一种已知的方法能找到两个摘要相同的信息。这就意味着，虽然摘要一般要比信息小得多，但是可以在很多用途方面看作是与完整信息等同的。最常用的信息摘要算法叫作 MD5，可产生一个 128 位长的摘要。

使用信息摘要时，对信息签名的过程如下。

① 用户制作信息摘要。

② 信息摘要由发送者的专用密钥加密。

③ 原始信息和加密信息摘要发送到目的地。

④ 目的地接收信息，并使用与原始信息相同的信息摘要函数对信息制作其自己的信息摘要。

⑤ 目的地还对所收到的信息摘要进行解密。

⑥ 目的地将制作的信息摘要同附有信息的信息摘要进行对比，如果相吻合，目的地就知道信息的文本与用户发送的信息文本是相同的，如果二者不吻合，则目的地知道原始信息已经被修改过。

这一过程还有另外一个长处，这个长处可取名为数字签名。由于只有用户知道私用密钥，因而只有用户能够制作加密的信息摘要。任何一个可以获取公用密钥的目的地都可弄清楚签名者的身份。这一技术可用于最流行的程序，用以保护包括 PGP 和 PEM（保密增强邮件）在内的电子邮件。

6.6.2　认证授权

如何知道在每次通信或交易中所使用的密钥对实际上就是用户的密钥对呢？这就需要一种验证公用密钥和用户之间的关系的方法。

解决这一问题的方法是引入一种叫作证书或凭证的特种签名信息。证书包含识别用户的信息：特异的名字、公用密钥和有效期，全都由一个叫作认证授权（Certificate Authority，CA）的可靠网络实体进行数字签名。其工作过程如下。

首先，用户产生密钥对，并把该密钥对的公用部分以及其他识别信息提交给 CA。当 CA 一旦对用户的身份（人员、机构或主计算机）表示满意，就取下用户的公用密钥，并对它制作信息摘要。然后，信息摘要用 CA 的专用密钥进行加密，制作用户公用密钥的 CA 签名。最后，用户的公用密钥和验证用户公用密钥的 CA 签名组合在一起制作证书。

图 6-14　数字证书

网络的每个用户必须知道 CA 公用密钥，这就使任何一个想验证证书的人能采用用于验证上述信息和如图 6-14 所示信息的相同程序。CA 的公用密钥以证书格式提供，因而它也是可以验证的。

6.6.3　CA 证书

CA 是证书的签发机构，它是公钥基础设施（Public Key Infrastructure，PKI）的核心。CA 是负责签发证书、认证证书、管理已颁发证书的机关。它要制定政策和具体步骤来验证、识别用户身份，并对用户证书进行签名，以确保证书持有者的身份和公钥的拥有权。

CA 也拥有一个证书（内含公钥）和私钥。网上的公众用户通过验证 CA 的签字从而信任 CA，任何人都可以得到 CA 的证书（含公钥），用以验证它所签发的证书。

如果用户想得到一份属于自己的证书，他应先向 CA 提出申请。在 CA 判明申请者的身份后，便为他分配一个公钥，并且 CA 将该公钥与申请者的身份信息绑在一起，并为之签字后，便形成证书发给申请者。

如果一个用户想鉴别另一个证书的真伪，他就用 CA 的公钥对那个证书上的签字进行验证，一旦验证通过，该证书就被认为是有效的。

证书有两种常用的方法：CA 的分级系统和信任网。

在分级系统中，顶部即根 CA，它验证它下面的 CA，第二级 CA 再验证用户和它下属的 CA，依此类推。在信任网中，用户的公用密钥能以任何一个被接收证书的人所熟悉的用户签名的证书形式提交。一个企图获取另一个人公用密钥的用户可以从各种不同来源获取，并验证它们是否全部符合。

6.6.4　PKI 系统

PKI 是一种遵循既定标准的密钥管理平台，它能够为所有网络应用提供加密和数字签名等密码服务及所必需的密钥和证书管理体系。简单来说，PKI 就是利用公钥理论和技术建立的提供安全服务的基础设施。PKI 技术是信息安全技术的核心，也是电子商务的关键和基础技术。

PKI 的基础技术包括加密、数字签名、数据完整性机制、数字信封、双重数字签名等。

完整的 PKI 系统必须具有权威认证机构（CA）、数字证书库、密钥备份及恢复系统、证书作废系统、应用接口（API）等基本构成部分，构建 PKI 也将围绕着这五大系统来着手构建。

认证机构（CA）：即数字证书的申请及签发机关，CA 必须具备权威性的特征。

数字证书库：用于存储已签发的数字证书及公钥，用户可由此获得所需的其他用户的证书及公钥。

密钥备份及恢复系统：如果用户丢失了用于解密数据的密钥，则数据将无法被解密，这将造成合法数据丢失。为避免这种情况，PKI 提供备份与恢复密钥的机制。但需注意，密钥的备份与恢复必须由可信的机构来完成。并且，密钥备份与恢复只能针对解密密钥，签名私钥为确保其唯一性而不能够作备份。

证书作废系统：证书作废处理系统是 PKI 的一个必备的组件。与日常生活中的各种身份证件一样，证书有效期以内也可能需要作废，原因可能是密钥介质丢失或用户身份变更等。为实现这一点，PKI 必须提供作废证书的一系列机制。

应用接口（API）：PKI 的价值在于使用户能够方便地使用加密、数字签名等安全服务，因此一个完整的 PKI 必须提供良好的应用接口系统，使得各种各样的应用能够以安全、一致、可信的方式与 PKI 交互，确保安全网络环境的完整性和易用性。

PKI 技术是信息安全技术的核心，也是电子商务的关键和基础技术。PKI 的基础技术包括加密、数字签名、数据完整性机制、数字信封、双重数字签名等。

6.6.5　Kerberos 系统

Kerberos 是由麻省理工学院开发的网络访问控制系统，它是一种完全依赖于密钥加密的系统范例。Kerberos 主要用于解决保密密钥管理与分发的问题。

每当某一用户一次又一次地使用同样的密钥与另一个用户交换信息时，将会产生下列两种不安全的因素。

① 如果某人偶然地接触到了该用户所使用的密钥，那么，该用户曾经与另一个用户交换的每一条消息都将失去保密的意义，没有什么保密可言了。

② 某一用户所使用的一个特定密钥加密的量越多，则相应地提供给偷窃者的内容也越多，这就增加了偷窃者成功的机会。

因此，人们一般要么仅将一个对话密钥用于一条信息或一次与另一方的对话中，要么建立一种按时更换密钥的机制尽量减少密钥被暴露的可能性。

另外，如果在一个网络系统中有 1 000 个用户，他们之间的任何两个用户需要建立安全的通信联系，则每一个用户需要 999 个密钥与系统中的其他人保持联系，可以想象管理如此一个系统的难度有多大。这还仅仅只是让每一对人使用单独的密钥，还未考虑允许不同的对话密钥。

上述问题就是共享密钥管理和分发的问题，这正是 Kerberos 需要解决的问题。

Kerberos 是建立在一个安全的、可信任的密钥分发中心（Key Distribution Center，KDC）的概念上。与每个用户都要知道几百个密码不同，使用 KDC 时用户只需知道一个保密密钥——用于与 KDC 通信的密钥。Kerberos 的工作过程如下。

假设用户 A 想要与用户 B 秘密通信。首先，由 A 呼叫 KDC，请求与 B 联系。然后，KDC 为 A 与 B 之间的对话选择一条随机的对话密钥，设为×××××，并生成一个"标签"，由 KDC 将拥有这"标签"的人 A 告诉 B，并请 B 使用对话密钥×××××与 A 交谈。与此同时，KDC 发给 A 的消息则用只有 A 与 KDC 知道的 A 的共享密钥加密，告诉 A 用对话密钥×××××与 B 交谈。此时，A 对 KDC 的回答进行解密，恢复对话密钥×××××和给 B 的标签。在这过程中，A 无法修改标签的头部与细节，因为该标签用只有 B 和 KDC 知道的共享密钥加密了。

然后，A 呼叫 B，告诉对方标签是由 KDC 给的。接着，B 对标签的内容进行解密，知道只有 KDC 和他自己能用知道的口令对该消息进行加密，并恢复 A 的名字及对话密钥×××××。

至此，A 和 B 就可以用对话密钥×××××相互安全地进行通信了。

值得注意的是，Kerberos 不但提供了保密还提供了鉴别验证。因为，只有真正的 A 才能对 KDC 提供的对话密钥进行解密，换而言之，B 知道的 A 正是需要与他通话的那个人。同样，A 知道 B 是真正与之联系的人，因为，只有对 B 而言 KDC 制成的标签才有意义。

在 Kerberos 应用的过程中还增加了一些增加安全性的技巧。Kerberos 中的加密方法是 DES。

从上述对 Kerberos 工作过程的介绍中，可以发现，Kerberos 管理模式是一种集中权限管理的模式，它意味着可以容易地加入新用户，也可以方便地删除一个用户，要做的所有事情只是更新密钥分发中心，而且立刻就没有人能再为此时的前用户建立任何新的连接。Kerberos 根据需要可以建立多个 KDC，并将系统分成区域的办法进行容量控制。

6.7　加密软件 PGP

PGP（Pretty Good Privacy）是一个基于 RSA 公钥加密体系的邮件加密软件。可以用它对邮件保密以防止非授权者阅读，还能对邮件加上数字签名让收信人确信邮件未被第三者篡改，让人们可以安全地通信。PGP 采用了审慎的密钥管理，一种 RSA 和传统加密的综合算法，用于数字签名的信息摘要算法，加密前压缩等。由于 PGP 功能强，速度快，而且源代码全免费，因此，PGP 成为最流行的公用密钥加密软件包之一。

1. PGP 原理

PGP 是基于 RAS 算法："大质数不可能因数分解假设"的公用密钥体系。简单地说，就是两个很大的质数，一个公开给世人，另一个不告诉任何人，前者称为"公用密钥"，后者称为"私有密钥"。这两个密钥相互补充，就是说公用密钥的密文可以用私有密钥来解密，反之亦然。

PGP 采用的传统加密技术部分所使用的密钥称为"会话密钥"。每次使用时，PGP 都随机产生一个 128 位的 IDEA 会话密钥，用来加密报文。公开密钥加密技术中的公钥和私钥则用来加密会话密钥，并通过它间接地保护报文内容。

PGP 中的每个公钥和私钥都伴随着一个密钥证书。它一般包含以下内容：

密钥内容（用长达百位的大数字表示的密钥）、密钥类型（表示该密钥为公钥还是私钥）、密钥长度（密钥的长度，以二进制位表示）和密钥编号（用以唯一标识该密钥）。

2. 公用密钥的传送

公用密钥的安全性问题是 PGP 安全的核心，它的提出就是为了解决传统加密机制中的密钥分配难于保密的缺点。对 PGP 来说，公用密钥本来就是公开的，不存在有没有防偷窃的问题，但公用密钥在发布中仍然存在安全性问题，其中最大的漏洞是公用密钥被篡改。防止这种情况出现的最好办法是避免让任何人有机会篡改公用密钥。PGP 的解决方案采用前面介绍的 CA，每个由其签字的公用密钥都被视为是真的。这样的"认证"适合由非个人控制组织或政府机构充当。

在使用公用密钥时必须遵循的一条规则是：在使用任何一个公用密钥之前，首先，一定要进行认证，使用自己与对方亲自认证的或用熟人介绍的公用密钥；其次，也不要随便为别人签字认证其公用密钥。

3. 私有密钥管理

私有密钥相对于公用密钥而言不存在被篡改的问题，但却存在泄露的问题。对此，PGP 的方法是让用户为随机生成的 RSA 私有密钥指定一个口令，只有通过给出口令才能将私有密钥释放出来使用。用口令加密私有密钥的方法加密程序与 PGP 本身是一样的。所以，私有密钥的安全性问题实际上首先是对用户口令的保密。当然，私有密钥文件本身的失密也是相当危险的，因为破译者只要用穷举法试探出用户的口令即可破译密钥。虽说很困难，但也是一种危险，损失了一层安全性。

6.8 小结

1. 数据加密概述

密码学包括密码编码学和密码分析学。密码体制的设计是密码编码学的主要内容，密码体制的破译是密码分析学的主要内容。密码编码技术和密码分析技术是相互依存、相互支持和密不可分的两个方面。

数据加密的基本过程包括对称为明文的原来可读信息进行翻译，译成称为密文或密码的代码形式。该过程的逆过程为解密，即将该编码信息转化为其原来形式的过程。

加密算法通常是公开的，现在只有少数几种加密算法，如 DES 和 IDEA 等。一般把受保护的原始信息称为明文，编码后的信息称为密文。尽管大家都知道使用的加密方法，但对密文进行解码必须要有正确的密钥，而密钥是保密的。

有两类基本的加密算法保密密钥和公用/私有密钥。

摘要是一种防止信息被改动的方法，其中用到的函数叫摘要函数。

Kerberos 建立了一个安全的、可信任的密钥分发中心（Key Distribution Center，KDC），每个用户只要知道一个和 KDC 进行通信的密钥就可以了，而不需要知道成百上千个不同的密钥。

消息（Message）被称为明文（Plaintext）。用某种方法伪装消息以隐藏它的内容的过程称为加密（Encryption），被加密的消息称为密文（Cipher Text），而把密文转变为明文的过程称为解密（Dcryption）。

除了提供机密性外，密码学通常还有其他的作用。

① 鉴别（Authentication），消息的接收者应该能够确认消息的来源，入侵者不可能伪装成他人。

② 完整性（Integrity），消息的接收者应该能够验证在传送过程中消息没有被修改，入侵者不可能用假消息代替合法消息。

③ 抗抵赖（Nonrepudiation），发送者事后不可能虚假地否认他发送的消息。

基于密钥的算法通常有两类：对称算法和公用密钥算法。对称算法（Symmetric Algorithm）有时又叫传统密码算法，就是加密密钥能够从解密密钥中推导出来，反过来也成立；公用密钥算法（Public-Key Algorithm，也叫非对称算法）用作加密的密钥不同于用作解密的密钥，而且解密密钥不能根据加密密钥计算出来。

密码分析学是在不知道密钥的情况下，恢复出明文的科学。常用的密码分析有如下几种。

① 唯密文攻击。

② 已知明文攻击。

③ 选择明文攻击。

④ 自适应选择明文攻击。

⑤ 选择密文攻击。

⑥ 选择密钥攻击。

⑦ 软磨硬泡攻击。

2. 传统密码技术

传统加密方法的主要应用对象是对文字信息进行加密、解密。在经典密码学中，常用的有替代密码和换位密码。有以下 4 种类型的替代密码。

① 简单替代密码。

② 多名码替代密码。

③ 多字母替代密码。

④ 多表替代密码。

另外，还有一些具体的替代加密法。单表替代密码的一种典型方法是凯撒（Caesar）密码，又叫循环移位密码。它的加密方法就是把明码文中所有字母都用它右边的第 k 个字母替代，并认为 Z 后边又是 A。

周期替代密码是一种常用的多表替代密码，又称为维吉尼亚（Vigenere）密码。这种替代法是循环地使用有限个字母来实现替代的一种方法。

换位密码是采用移位法进行加密的。它把明文中的字母重新排列，本身不变，但位置变了。

3. 数据加密

数据加密标准 DES（Data Encryption Standard）是美国国家标准局研究除国防部以外的其他部门的计算机系统的数据加密标准。

DES 是一个分组加密算法，它以 64 位为分组对数据加密。64 位一组的明文从算法的一端输入，64 位的密文从另一端输出。DES 使得用相同的函数来加密或解密每个分组成为可能，二者的唯一不同之处是密钥的次序相反。

IDEA 与 DES 一样，也是一种使用一个密钥对 64 位数据块进行加密的常规共享密钥加密算法。同样的密钥用于将 64 位的密文数据块恢复成原始的 64 位明文数据块。IDEA 使用 128 位（16 字节）密钥进行操作。

RSA 要求每一个用户拥有自己的一种密钥。

① 公开的加密密钥，用以加密明文。

② 保密的解密密钥，用于解密密文。

这是一对非对称密钥，又称为公用密钥体制。RSA 数字签名是一种强有力的认证鉴别方式，可保证接收方能够判定发送方的真实身份。

一个数字签名方案一般由两部分组成：签名算法和验证算法。其中，签名算法或签名密钥是秘密的，只有签名人知道，而验证算法是公开的。

信息的签名就是用专用密钥对信息进行加密，而签名的验证就是用相对应的公用密钥对信息进行解密。

PGP（Pretty Good Privacy）是一个基于 RSA 密钥加密体系的供大众使用的加密软件。它不但可以对用户的邮件保密，以防止非授权者阅读，还能对邮件加上数字签名让收信人确信邮件未被第三者篡改，让人们可以安全地通信。

习　题

1. 什么是数据加密？简述加密和解密的过程。

2. 在凯撒密码中令密钥 $k=8$，制造一张明文字母与密文字母对照表。

3. 用维吉尼亚法加密下段文字：COMPUTER AND PASSWORD SYSTEM，密钥为 KEYWORD。

4. DES 算法主要有哪几部分？

5. 在 DES 算法中，密钥 K_i 的生成主要分哪几步？

6. 简述加密函数 f 的计算过程。

7. 简述 DES 算法中的依次迭代过程。

8. 简述 DES 算法和 RSA 算法保密的关键所在。

9. 公开密钥体制的主要特点是什么？

10. 说明公开密钥体制实现数字签名的过程。

11. RSA 算法的密钥是如何选择的？

12. 编写一段程序，对选定的文字进行加密和解密（密钥为另一段文字）。

13. 编写一篇经过加密的文章，通过一定的算法获得文章的内容（要求原文的内容有意义并能看懂）。

14. 已知线性替代密码的变换函数为：

$$f(a)=ak \bmod 26$$

设已知明码字母 J（9）对应于密文字母 P（15），即 $9k \bmod 26=15$，试计算密钥 k 以破译此密码。

15. 已知 RSA 密码体制的公开密码为 $n=55$，$e=7$，试加密明文 $m=10$，通过求解 p、q 和 d 破译这种密码体制。设截获到密码文 $C=35$，求出它对应的明码文。

16. 考虑一个常用质数 $q=11$，本原根 $a=2$ 的 Diffie-Hellman 方案。

（1）如果 A 的公钥为 $Y_A=9$，则 A 的私钥 X_A 为多少？

（2）如果 B 的公钥为 $Y_B=3$，则共享 A 的密钥 K 为多少？

17. 编写程序实现维吉尼亚加密、扩展置换和 S 盒代替。

07

第7章　网络安全技术

网络安全技术按理论的不同可分为：攻击技术和防御技术。攻击技术包括网络监听、网络扫描、网络入侵、网络后门等；防御技术包括加密技术、防火墙技术、入侵检测技术、虚拟专用网技术和网络安全协议等。本章主要介绍网络安全协议、网络攻击方法及对策、网络加密技术、防火墙技术、入侵检测技术和虚拟专用网等网络安全防御技术。

7.1　网络安全协议及传输技术

7.1.1　安全协议及传输技术概述

在信息网络中，可以在 ISO 七层协议中的任何一层采取安全措施，图 7-1 给出了每一层可以利用的安全机制。大部分安全措施都采用特定的协议来实现，如在网络层加密和认证采用 IPSec（IP Security）协议、在传输层加密和认证采用 SSL 协议等。安全协议本质上是关于某种应用的一系列规定，包括功能、参数、格式和模式等，连通的各方只有共同遵守协议，才能相互操作。

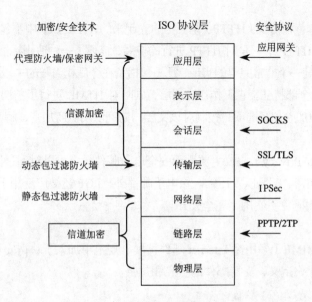

图 7-1　七层协议与信息安全

1. 应用层安全协议

（1）安全 Shell（SSH）协议

在实际工作中，SSH（Secure Shell）协议通常是替代 Telnet 协议、RSH 协议来使用的。它类似于 Telnet 协议，允许客户机通过网络连接到远程服务器并运行该服务器上的应用程序，被广泛用于系统管理中。该协议可以加密客户机和服务器之间的数据流，这样可以避免 Telnet 协议中口令被窃听的问题。该协议还支持多种不同的认证方式。

除了支持终端类应用，SSH 协议还可用于加密包括 FTP 数据外的多种情况。

（2）安全电子交易（SET）协议

安全电子交易（Secure Electronic Transaction，SET）协议是电子商务中用于安全电子支付最典型的代表协议。它是由 MasterCard 和 VISA 制定的标准，这一标准的开发得到了 IBM、Microsoft、Netscape、SAIC、Terisa 和 Verisign 的投资以及其他信用卡和收费卡发行商的支持。

SET 协议是在一些早期协议（如 Masteniard 的 SEPP、VISA 协议和 Microsoft 的 STT 协议）的基础上整合而成的，它定义了交易数据在卡用户、商家、发卡行和收单行之间的流通过程，以及支持这些交易的各种安全功能（数字签名、Hash 算法和加密等）。

为了进一步加强安全，SET 协议以两组密钥对分别用于加密和签名。SET 协议不希望商家得到顾客的账户信息，同时也不希望银行了解到交易内容，但又要求能对每一笔单独的交易进行授权。SET 协议通过双签名（Dualsignatur）机制将订购信息和账户信息连在一起签名，巧妙地解决了这一矛盾。

SET 协议也存在以下不足之处。

① 它是目前最为复杂的保密协议之一，整个规范有 3 000 行以上的 ASN.1 语法定义，交易处理步骤很多，在不同实现方式之间的互操作性也是一大问题。

② 每个交易涉及 6 次 RSA 操作，处理速度很慢。

（3）S-HTTP 协议

WWW 是在超文本传输协议（HTTP）基础上建立起来的，但 HTTP 中不包含安全性机制，因此提出了安全 HTTP（即 S-HTTP），它是对 HTTP 进行的扩展，描述了一种使用标准加密工具来传送 HTTP 数据的机制。S-HTTP 是一个非常完整的实现，几乎包括了在今后相当长的一段时间内可能需要的安全 HTTP 访问应该具有的全部特征。它工作在应用层，同时对 HTML 进行了扩展，服务器方可以在需要进行安全保护的文档中加入加密选项，控制对该文档的访问以及协商加密、解密和签名算法等。

（4）PGP 协议

PGP（Pretty Good Privacy）协议主要用于安全电子邮件，它可以对通过网络进行传输的数据创建和检验数字签名、加密、解密以及压缩。除电子邮件外，PGP 还被广泛用于网络的其他功能之中。PGP 的一大特点是源代码免费使用、完全公开。

（5）S/MIME 协议

S/MIME 协议在 MIME（多用途 Internet 邮件扩展）规范中加入了获得安全性的一种方法，提供了用户和认证方的形式化定义，支持邮件的签名和加密。

2. 传输层安全协议

（1）SSL 协议

安全套接层（Secure Socket Layer，SSL）协议是 Netscape 开发的安全协议，它工作在传输层，独立于上层应用，为应用提供一个安全的点—点通信隧道。SSL 机制由协商过程和通信过程组成，协商过程用于确定加密机制、加密算法、交换会话密钥服务器认证以及可选的客户端认证，通信过程秘密传送上层数据。虽然现在 SSL 协议主要用于支持 HTTP 服务，但从理论上讲，它可以支持任何应用层协议，如 Telnet、FTP 等。

（2）PCT 协议

私密通信技术（Private Communication Technology，PCT）协议是 Microsoft 开发的传输层安全协议，它与 SSL 协议有很多相似之处。现在 PCT 协议已经同 SSL 协议合并为 TLS（传输层安全）协议，只是习惯上仍然把 TLS 协议称为 SSL 协议。

3. 网络层安全协议

为开发在网络层保护 IP 数据的方法，IETF（Internet Engineering Task Force）成立了 IP 安全协议工作组（IPSec），定义了一系列在 IP 层对数据进行加密的协议，包括以下内容：

① IP 验证头（Authentication Header，AH）协议；

② IP 封装安全载荷（Encryption Service Payload，ESP）协议；

③ Internet 密钥交换（Internet Key Exchange，IKE）协议。

4. 网络安全传输技术

所谓网络安全传输技术，就是利用安全通道技术（Secure Tunneling Technology），通过将待传输的原始信息进行加密和协议封装处理后再嵌套装入另一种协议的数据包送入网络中，像普通数据包一样进行传输。经过这样的处理，只有源端和目的端的用户对通道中的嵌套信息能够进行解释和处理，而对于其他用户而言只是无意义的信息。

网络安全传输通道应该提供以下功能和特性。

① 机密性：通过对信息加密保证只有预期的接收者才能读出数据。

② 完整性：保护信息在传输过程中免遭未经授权的修改，从而保证接收到的信息与发送的信息完全相同。

③ 对数据源的身份验证：通过保证每个计算机的真实身份来检查信息的来源以及完整性。

④ 反重发攻击：通过保证每个数据包的唯一性来确保攻击者捕获的数据包不能重发或重用。

在网络的各个层次均可实现网络的安全传输，相应地，我们将安全传输通道分为数据链路层安全传输通道（L2TP 与 PPTP）、网络层安全传输通道（IPSec）、传输层安全传输通道（SSL）、应用层安全传输通道。其中网络层安全传输技术和传输层安全传输技术是最为常用的。

7.1.2　网络层安全协议 IPSec

1. IPSec 综述

IPSec 是一个工业标准网络安全协议，为 IP 网络通信提供透明的安全服务，保护 TCP/IP 通信免遭窃听和篡改，可以有效抵御网络攻击，同时保持易用性。IPSec 有两个基本目标：保护 IP 数据包安全；为抵御网络攻击提供防护措施。IPSec 结合密码保护服务、安全协议组和动态密钥管理，三者共同实现这两个目标，它不仅能为局域网与拨号用户、域、网站、远程站点以及 Extranet 之间的通信提供有效且灵活的保护，而且还能用来筛选特定数据流。IPSec 是基于一种端对端的安全模式。这种模式有一个基本前提假设，就是假定数据通信的传输媒介是不安全的，因此通信数据必须经过加密，而掌握加、解密方法的只有数据流的发送端和接收端，两者各自负责相应的数据加、解密处理，而网络中其他只负责转发数据的路由器或主机无需支持 IPSec。

IPSec 提供了以下 3 种不同的形式来保护通过公有或私有 IP 网络传送的私有数据。

① 认证。通过认证可以确定所接受的数据与所发送的数据是否一致，同时可以确定申请发送者在实际上是真实的，还是伪装的发送者。

② 数据完整验证。通过验证，保证数据在从原发地到目的地的传送过程中没有发生任何无法检测的丢失与改变。

③ 保密。使相应的接收者能获取发送的真正内容，而无关的接收者无法获知数据的真正内容。

IPSec 通过使用两种通信安全协议：认证头（Authentication Header，AH）协议、封装安全载荷（Encryption Service Payload，ESP）协议，并使用像 Internet 密钥交换（Internet Key Exchange，IKE）协议之类的协议来共同实现安全性。

2. 认证头（AH）协议

设计认证头（AH）协议的目的是用来增加 IP 数据报的安全性。AH 协议提供无连接的完整性、数据源认证和防重放保护服务。然而，AH 协议不提供任何保密性服务，它不加密所保护的数据包。AH 协议的作用是为 IP 数据流提供高强度的密码认证，以确保被修改过的数据包可以被检查出来。

AH 协议使用消息验证码（MAC）对 IP 进行认证。MAC 是一种算法，它接收一个任意长度的消息和一个密钥，生成一个固定长度的输出，成为消息摘要或指纹。如果数据报的任何一部分在传送过程中被篡改，那么，当接收端运行同样的 MAC 算法，并与发送端发送的消息摘要值进行比较时，就会被检测出来。

最常见的 MAC 是 HMAC，HMAC 可以和任何迭代密码散列函数（如 MD5、SHA-1、RIPEMD-160 或者 Tiger）结合使用，而不用对散列函数进行修改。

AH 协议的工作步骤如下。

① IP 报头和数据负载用来生成 MAC。

② MAC 被用来建立一个新的 AH 报头，并添加到原始的数据包上。

③ 新的数据包被传送到 IPSec 对端路由器上。

④ 对端路由器对 IP 报头和数据负载生成 MAC，并从 AH 报头中提取出发送过来的 MAC 信息，且对两个信息进行比较。MAC 信息必须精确匹配，即使所传输的数据包有一个比特位被改变，对接收到的数据包的散列计算结果都将会改变，AH 报头也将不能匹配。

3. 封装安全载荷（ESP）协议

封装安全载荷（ESP）协议可以被用来提供保密性、数据来源认证（鉴别）、无连接完整性、防重放服务，以及通过防止数据流分析来提供有限的数据流加密保护。实际上，ESP 协议提供和 AH 协议类似的服务，但是增加了两个额外的服务，即数据保密和有限的数据流保密服务。数据保密服务由通过使用密码算法加密 IP 数据报的相关部分来实现。数据流保密由隧道模式下的保密服务来提供。

ESP 协议中用来加密数据报的密码算法都毫无例外地使用了对称密钥体制。公钥密码算法采用计算量非常大的大整数模指数运算，大整数的规模超过 300 位十进制数字。而对称密码算法主要使用初级操作（异或、逐位与和位循环等），无论以软件还是硬件方式执行都非常有效。所以相对公钥密码系统而言，对称密钥系统的加、解密效率要高得多。ESP 协议通过在 IP 层对数据包进行加密来提供保密性，它支持各种对称的加密算法。对于 IPSec 的默认算法是 56bit 的 DES。该加密算法必须被实施，以保证 IPSec 设备间的互操作性。ESP 协议通过使用消息认证码（MAC）来提供认证服务。

ESP 协议可以单独应用，也可以嵌套使用，或者和 AH 协议结合使用。

4. Internet 密钥交换（IKE）协议

与其他任何一种类型的加密一样，在交换经过 IPSec 加密的数据之前，必须先建立起一种关系，这种关系被称为"安全关联（Security Association，SA）"。在一个 SA 中，两个系统就如何交换和保护数据要预先达成协议。IKE 过程是一种 IETF 标准的安全关联和密钥交换解析的方法。

IKE 协议实行集中化的安全关联管理，并生成和管理授权密钥，授权密钥是用来保护要传送的数据的。除此之外，IKE 协议还使得管理员能够定制密钥交换的特性。例如，可以设置密钥交换的频率，这可以降低密钥受到侵害的机会，还可以降低被截获的数据被破译的机会。

IKE 协议是一种混合协议，它为 IPSec 提供实用服务（IPSec 双方的鉴别、IKE 协议和 IPSec 安全关联的协商），以及为 IPSec 所用的加密算法建立密钥。它使用了 3 个不同协议的相关部分：Internet

安全关联和密钥交换协议（ISAKMP）、Oakley 密钥确定协议和 SKEME 协议。

　　IKE 协议为 IPSec 双方提供用于生成加密密钥和认证密钥的密钥信息。同样，IKE 协议使用 ISAKMP 为其他 IPSec（AH 协议和 ESP 协议）协商 SA（安全关联）。

7.1.3　IPSec 安全传输技术

　　IPSec 是一种建立在 Internet 协议（IP）层之上的协议。它能够让两个或更多主机以安全的方式来通信。IPsec 既可以用来直接加密主机之间的网络通信（也就是传输模式），也可以用来在两个子网之间建造"虚拟隧道"用于两个网络之间的安全通信（也就是隧道模式）。后一种更多地被称为虚拟专用网（VPN）。

　　1. IPSec VPN 工作原理

　　IPSec 提供以下 3 种不同的形式来保护通过公有或私有 IP 网络来传送的私有数据：

　　认证：可以确定所接收的数据与所发送的数据是一致的，同时可以确定申请发送者在实际上是真实发送者，而不是伪装的。

　　数据完整：保证数据从原发地到目的地的传送过程中没有任何不可检测的数据丢失与改变。

　　机密性：使相应的接收者能获取发送的真正内容，而无意获取数据的接收者无法获知数据的真正内容。

　　在 IPSec 由 3 个基本要素来提供以上 3 种保护形式：认证头协议（AH）、安全负载封装（ESP）和互联网密钥管理协议（ISAKMP）。认证协议头和安全加载封装可以通过分开或组合使用来达到所希望的保护等级。

　　（1）安全协议

　　安全协议包括认证头协议（AH）和安全负载封装（ESP）。它们既可用来保护一个完整的 IP 载荷，也可用来保护某个 IP 载荷的上层协议。这两方面的保护分别是由 IPSec 两种不同的实现模式来提供的，如图 7-2 所示。

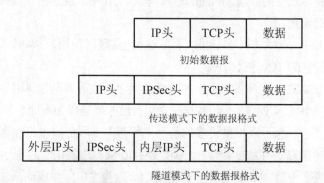

图 7-2　两种模式下的数据报格式

　　传送模式用来保护上层协议；而隧道模式用来保护整个 IP 数据包。在传送模式中，IP 头与上层协议之间需插入一个特殊的 IPSec 头；而在通道模式中，要保护的整个 IP 包都需封装到另一个 IP 数据报里，同时在外部与内部 IP 头之间插入一个 IPSec 头。两种安全协议均能以传送模式或隧道模式工作。

安全负载封装（Encapsulating Security Payload，ESP）：属于 IPSec 的一种安全协议，它可确保 IP 数据报的机密性、数据的完整性以及对数据源的身份验证。此外，它也能负责对重放攻击的抵抗。具体做法是在 IP 头（以及任何选项）之后，并在要保护的数据之前，插入一个新头，亦即 ESP 头。受保护的数据可以是一个上层协议，或者是整个 IP 数据报。最后，还要在后面追加一个 ESP 尾，格式如图 7-3 所示。ESP 是一种新的协议，对它的标识是通过 IP 头的协议字段来进行的。假如它的值为 50，就表明这是一个 ESP 包，而且紧接在 IP 头后面的是一个 ESP 头。

认证头协议（Authentication Header，AH）：与 ESP 类似，AH 也提供了数据完整性、数据源验证以及抗重放攻击的能力。但要注意它不能用来保证数据的机密性。正是由于这个原因，AH 比 ESP 简单得多，AH 只有头，而没有尾，格式如图 7-4 所示。

图 7-3　一个受 ESP 保护的 IP 包　　　　图 7-4　一个受 AH 保护的 IP 包

（2）密钥管理

密钥管理包括密钥确定和密钥分发两个方面，最多需要 4 个密钥：AH 和 ESP 各两个发送和接收密钥。密钥本身是一个二进制字符串，通常用十六进制表示。密钥管理包括手工和自动两种方式。人工手动管理方式是指管理员使用自己的密钥及其他系统的密钥手工设置每个系统，这种方法在小型网络环境中使用比较实际。自动管理系统能满足其他所有的应用要求，使用自动管理系统，可以动态地确定和分发密钥，自动管理系统具有一个中央控制点，集中的密钥管理者可以令自己更加安全，最大限度地发挥 IPSec 的效用。

2. IPSec 的实现方式

IPSec 的一个最基本的优点是它可以在共享网络访问设备，甚至是所有的主机和服务器上完全实现，这很大程度避免了升级任何网络相关资源的需要。在客户端，IPSec 架构允许使用在远程访问介入路由器或基于纯软件方式使用普通 Modem 的 PC 机和工作站。通过两种模式在应用上提供更多的弹性：传输模式和隧道模式。

传输模式通常在 ESP 一台主机（客户机或服务器）上实现时使用，传输模式使用原始明文 IP 头，并且只加密数据，包括它的 TCP 和 UDP 头。

隧道模式通常当 ESP 在关联到多台主机的网络访问介入装置实现时使用，隧道模式处理整个 IP 数据包：包括全部 TCP/IP 或 UDP/IP 头和数据，它用自己的地址作为源地址加入新的 IP 头。当隧道模式用在用户终端设置时，它可以提供更多的便利来隐藏内部服务器主机和客户机的地址。隧道模式被用在两端或是一端是安全网关的架构中，例如装有 IPSec 的路由器或防火墙。使用了隧道模式，防火墙内很多主机不需要安装 IPSec 也能安全地通信。这些主机所生成的未加保护的网包，经过外网，使用隧道模式的安全组织规定（即 SA，发送者与接收者之间的单向关系，定义装在本地网络边缘的安全路由器或防火墙中的 IPSec 软件 IP 交换所规定的参数）传输。

IPSec 隧道模式的运作的例子如下。某网络的主机 A 生成一个 IP 包，目的地址是另一个网中的主机 B。这个包从起始主机 A 开始，发送到主机 A 所在网络的路由器或防火墙。防火墙把所有出去的包过滤，看看有哪些包需要进行 IPSec 的处理。如果这个从 A 到 B 的包需要使用 IPSec，防火墙就进行 IPSec 的处理，并把该 IP 包打包，添加外层 IP 包头。 这个外层包头的源地址是防火墙，目的地址是主机 B 的网络所在的防火墙。这个包在传送过程中,中途的路由器只检查该包外层的 IP 包头。当到达主机 B 所在的网络时,该网络的防火墙就会把外层 IP 包头去掉,把 IP 内层发送到主机 B。

7.1.4　传输层安全协议

安全套接层(Secure Sockets Layer,SSL)协议是由 Netscape 公司开发的一套 Internet 数据安全协议,目前已广泛用于 Web 浏览器与服务器之间的身份认证和加密数据传输。SSL 协议位于 TCP/IP 与各种应用层协议之间,为数据通信提供安全支持。

1. SSL 协议体系结构

SSL VPN 通过 SSL 协议,利用 PKI 的证书体系,在传输过程中使用 DES、3DES、AES、RSA、MD5、SHA1 等多种密码算法保证数据的机密性、完整性、不可否认性而完成秘密传输,实现在 Internet 上安全地进行信息交换。因为 SSL VPN 具备很强的灵活性,因而广受欢迎,如今所有浏览器都内建有 SSL 功能。它正成为企业应用、无线接入设备、Web 服务以及安全接入管理的关键协议。SSL 协议层包含两类子协议——SSL 握手协议和 SSL 记录协议。它们共同为应用访问连接提供认证、加密和防篡改功能。SSL 能在 TCP/IP 和应用层间无缝实现 Internet 协议栈处理,而不对其他协议层产生任何影响。

SSL 协议被设计成使用 TCP 来提供一种可靠的端到端的安全服务。SSL 协议分为两层,如图 7-5 所示。

握手协议	修改密文协议	告警协议	HTTP
SSL 记录协议			
TCP			
IP			

图 7-5　SSL 协议体系结构

其中 SSL 握手协议、修改密文协议和告警协议位于上层,SSL 记录协议为不同的更高层协议提供了基本的安全服务,可以看到 HTTP 可以在 SSL 协议上运行。

SSL 协议中有两个重要概念,即 SSL 连接和 SSL 会话,在协议中定义如下。

① SSL 连接:连接是提供恰当类型服务的传输。SSL 连接是点对点的关系,每一个连接与一个会话相联系。

② SSL 会话:SSL 会话是客户和服务器之间的关联,会话通过握手协议来创建。会话定义了加密安全参数的一个集合,该集合可以被多个连接所共享。会话可以用来避免为每个连接进行昂贵的新安全参数的协商。

2. SSL 记录协议

SSL 记录协议为 SSL 连接提供以下两种服务。

① 机密性。握手协议定义了共享的、可以用于对 SSL 协议有效载荷进行常规加密的密钥。

② 报文完整性。握手协议定义了共享的、可以用来形成报文的 MAC 码和密钥。

SSL 记录协议接受传输的应用报文,将数据分片成可管理的块,可选地压缩数据,应用 MAC,

加密，增加首部，在 TCP 报文段中传输结果单元；被接受的数据被解密、验证、解压和重新装配，然后交给更上层的应用。

SSL 记录协议的操作步骤如下。

① 分片。每个上层报文被分成 16KB 或更小的数据块。

② 压缩。压缩是可选的应用，压缩的前提是不能丢失信息，并且增加的内容长度不能超过 1 024 个字节。

③ 增加 MAC 码。这一步需要用到共享的密钥。

④ 加密。使用同步加密算法对压缩报文和 MAC 码进行加密，加密对内容长度的增加不可超过 1 024 个字节。

⑤ 增加 SSL 首部。该首部由以下字段组成。

- 内容类型（8bit）：用来处理这个数据片更高层的协议。
- 主要版本（8bit）：指示 SSL 协议的主要版本，例如：SSLv3 的本字段值为 3。
- 次要版本（8bit）：指示使用的次要版本。
- 压缩长度（16bit）：明文数据片以字节为单位的长度，最大值是 16KB+2KB。

3. SSL 修改密文规约协议

SSL 修改密文规约协议是 SSL 协议体系中最简单的一个，它由单个报文构成，该报文由值为 1 的单个字节组成。这个报文的唯一目的就是使挂起状态被复制到当前状态，从而改变这个连接将要使用的密文簇。

4. SSL 告警协议

告警协议用来将与 SSL 协议有关的警告传送给对方实体。它由两个字节组成，第一个字节的值用来表明警告的严重级别，第二个字节表示特定告警的代码。下面列出了一些告警信息。

- unexpected_message：接收了不合适的报文。
- Bad_record_mac：收到不正确的 MAC。
- Decompression_failure：解压函数收至不适当的输入。
- Illegal_parameter：握手报文中的一个字段超出范围或与其他字段不兼容。
- Certificate_revoked：证书已经被废弃。
- Bad_certificate：收到的证书是错误的。

5. SSL 握手协议

SSL 协议中最复杂的部分是握手协议。这个协议使得服务器和客户能相互鉴别对方的身份、协商加密和 MAC 算法以及用来保护在 SSL 记录中发送数据的加密密钥。在传输任何应用数据前，都必须使用握手协议。

握手协议由一系列在客户和服务器之间交换的报文组成。所有这些报文具有以下 3 个字段。

① 类型（1 字节）：指示 10 种报文中的一个。

② 长度（3 字节）：以字节为单位的报文长度。

③ 内容（≥1 字节）：和这个报文有关的参数。

握手协议的动作可以分为以下 4 个阶段。

阶段 1，建立安全能力，包括协议版本、会话 ID、密文簇、压缩方法和初始随机数。这个阶段将开始逻辑连接并且建立和这个连接相关联的安全能力。

阶段 2，服务器鉴别和密钥交换。这个阶段服务器可以发送证书、密钥交换和证书请求。服务器发出结束 hello 报文阶段的信号。

阶段 3，客户鉴别和密钥交换。如果请求的话，客户发送证书和密钥交换，客户可以发送证书验证报文。

阶段 4，结束，这个阶段完成安全连接的建立、修改密文簇并结束握手协议。

7.1.5 SSL 安全传输技术

1. SSL 运作过程

SSL 目前所使用的加密方式是一种名为 Public Key 加密的方式，它的原理是使用两个 Key 值，一个为公开值（Public Key），另一个为私有值（Private Key），在整个加解密过程中，这两个 Key 均会用到。在使用到这种加解密功能之前，首先我们必须构建一个认证中心 CA，这个认证中心专门存放每一位使用者之 Public Key 及 Private Key，并且每一位使用者必须自行建置资料于认证中心。当 A 使用端要传送信息给 B 用户端，并且希望传送的过程之间必须加以保密，则 A 用户端和 B 用户端都必须向认证中心申请一对加解密专用键值（Key），之后 A 用户端再传送信息给 B 用户端时先向认证中心索取 B 用户端的 Public Key 及 Private Key，然后利用加密演算法将信息与 B 用户端的 Private Key 作重新组合。当信息一旦送到 B 用户端时，B 用户端也会以同样的方式到认证中心取得 B 用户端自己的键值（Key），然后利用解密演算法将收到的资料与自己的 Private Key 作重新组合，则最后产生的就是 A 用户端传送过来给 B 用户端的原始资料。

有了上面对 SSL 的基本概念后，现在我们看看 SSL 的实际运作过程。首先，使用者的网络浏览器必须使用 http 的通信方式连接到网站服务器。如果所进入的网页内容有安全上的控制管理，此时认证服务器会传送公开密钥给网络使用者。其次，使用者收到这组密钥之后，接下来会进行产生解码用的对称密钥，最后将公开密钥与对称密钥进行数学计算之后，原文件内容已变成一篇充满乱码的文章。最后，将这篇充满乱码的文件传送回网站服务器。网站服务器利用服务器本身的私有密钥对由浏览器传过来的文件进行解密动作，如此即可取得浏览器所产生的对称密钥。自此以后，网站服务器与用户端浏览器之间所传送的任何信息或文件，均会以此对称密钥进行文件的加、解密运算动作。

2. SSL VPN 特点

SSL VPN 控制功能强大，能方便公司实现更多远程用户在不同地点远程接入，实现更多网络资源访问，且对客户端设备要求低，因而降低了配置和运行支撑成本。很多企业用户采纳 SSL VPN 作为远程安全接入技术，主要看重的是其接入控制功能。SSL VPN 提供安全、可代理连接，只有经认证的用户才能对资源进行访问，这就安全多了。SSL VPN 能对加密隧道进行细分，从而使得终端用户能够同时接入 Internet 和访问内部企业网资源，也就是说它具备可控功能。另外，SSL VPN 还能细化接入控制功能，易于将不同访问权限赋予不同用户，实现伸缩性访问；这种精确的接入控制功能对远程接入 IPSec VPN 来说几乎是不可能实现的。

SSL VPN 基本上不受接入位置限制，可以从众多 Internet 接入设备、任何远程位置访问网络资源。SSL VPN 通信基于标准 TCP/UDP 协议传输，因而能遍历所有 NAT 设备、基于代理的防火墙和状态检测防火墙。这使得用户能够从任何地方接入，无论是处于其他公司网络中基于代理的防火墙之后，或是宽带连接中。随着远程接入需求的不断增长，SSL VPN 是实现任意位置的远程安全接入的理想选择。

7.2 网络加密技术

数据加密是通过加密机制，把各种原始的数字信号（明文）按某种特定的加密算法变换成与明文完全不同的数字信息（即密文）的过程。

在计算机网络中加密可以是端—端方式或数据链路层加密方式。端—端加密是由软件或专门硬件在表示层或应用层实现变换。这种方法给用户提供了一定的灵活性，但增加了主机负担，更不太适合于一般终端。采用数据链路层加密，数据和报头（本层报头除外）都被加密，采用硬件加密方式时不致影响现有的软件。例如，在信息刚离开主机之后，把硬加密装置接到主机和前置机之间的线路中去，在对方的前置机和主机线路之间接入解密装置，从而完成加密和解密的过程。在计算机网络系统中，数据加密方式有链路加密、节点加密和端—端加密 3 种方式。

7.2.1 链路加密

链路加密是目前最常用的一种加密方法，通常用硬件在网络层以下的物理层和数据链路层中实现，它用于保护通信节点间传输的数据。这种加密方式比较简单，实现起来也比较容易，只要把一对密码设备安装在两个节点间的线路上，即把密码设备安装在节点和调制解调器之间，使用相同的密钥即可。用户没有选择的余地，也不需要了解加密技术的细节。一旦在一条线路上采用链路加密，往往需要在全网内都采用链路加密。

图 7-6 表示了这种加密方式的原理。这种方式在邻近的两个节点之间的链路上，传送的数据是加密的，而在节点中的信息是以明文形式出现的。链路加密时，报文和报头都应加密。

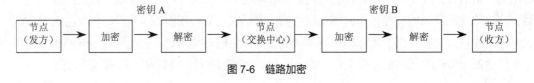

图 7-6 链路加密

链路加密方式对用户是透明的，即加密操作由网络自动进行，用户不能干预加密/解密过程。这种加密方式可以在物理层和数据链路层实施，主要以硬件完成，它用以对信息或链路中可能被截获的那一部分信息进行保护。这些链路主要包括专用线路、电话线、电缆、光缆、微波和卫星通道等。

链路加密按被传送的数字字符或位的同步方法不同，分为异步通信加密和同步通信加密两种；而同步通信根据字节同步和位同步，又可分为两种。

1. 异步通信加密

异步通信时，发送字符中的各位都是按发送方数据加密设备（Data Encrypting Equipment，DEE）的时钟所确定的不同时间间隔来发送的。接收方的数据终端设备（Data Terminal Equipment，DTE）产生一个频率与发送方时钟脉冲相同，且具有一定相位关系的同步脉冲，并以此同步脉冲为时间基准接收发送过来的字符，从而实现收发双方的通信同步。

异步通信的信息字符由 1 位起始位开始，其后是 5～8 位数据位，最后 1 位或 2 位为终止位，起始位和终止位对信息字符定界。对异步通信的加密，一般起始位不加密，数据位和奇偶校验位加密，终止位不加密。目前，数据位多用 8 位，以方便计算机操作。如果数据编码采用标准 ASCII 码，最高位固定为 0，低 7 位为数据，则可对 8 位全加密，也可以只加密低 7 位数据。如果数据编码采用 8 位的 EBCDIC 码或图像与汉字编码，因 8 位全表示数据，所以应对 8 位全加密。

2. 字节同步通信加密

字节同步通信不使用起始位和终止位实现同步，而是首先利用专用同步字符 SYN 建立最初的同步。传输开始后，接收方从接收到的信息序列中提取同步信息。

为了区别不同性质的报文（如信息报文和监控报文）以及标志报文的开始、结束等格式，各种基于字节同步的通信协议均提供一组控制字符，并规定了报文的格式。信息报文由 SOH，STX，ETX 和 BCC 4 个传输控制字符构成，它有图 7-7 所示的两种基本格式。

SOH	报头	STX	正文	ETX	BCC

		STX	正文	ETX	BCC

图 7-7　信息报文的格式

其中，控制字符 SOH 表示信息报文的报头开始；STX 表示报头结束和正文开始；ETX 表示正文结束；BCC 表示检验字符。对字节同步通信信息报文的加密，一般只加密报头、报文正文和检验字符，而对控制字符不加密。

3. 位同步通信加密

基于位同步的通信协议有 ISO 推荐的 HDLC（High Level Link Control）；IBM 公司的 SDLC 和 ADCCP。除了所用术语和某些细节外，SDLC、ADCCP 与 HDLC 原理相同。HDLC 以帧作为信息传输的基本单位，无论是信息报文还是监控报文，都按帧的格式进行传输。帧的格式如图 7-8 所示。

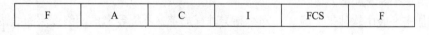

F	A	C	I	FCS	F

图 7-8　帧的格式

其中 F 为标志，表示每帧的头和尾；A 为站地址；C 为控制命令和响应类别；I 为数据；FCS 为帧校验序列。HDLC 采用循环冗余校验。对位同步通信进行加密时，除标志 F 以外全部加密。

链路加密方式有两个缺点：一是全部报文都以明文形式通过各节点的计算机中央处理机，在这些节点上数据容易受到非法存取的危害；二是由于每条链路都要有一对加密/解密设备和一个独立的密钥，维护节点的安全性费用较高，因此成本也较高。

7.2.2　节点加密

节点加密是链路加密的改进，其目的是克服链路加密在节点处易遭非法存取的缺点。在协议运输层上进行加密，是对源点和目标节点之间传输的数据进行加密保护。它与链路加密类似，只是加密算法要组合在依附于节点的加密模块中，其加密原理如图 7-9 所示。

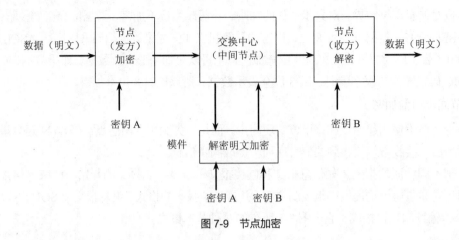

图 7-9 节点加密

这种加密方式除了在保护装置内，即使在节点也不会出现明文。这种加密方式可提供用户节点间连续的安全服务，也可用于实现对等实体鉴别。节点加密时，数据在发送节点和接收节点是以明文形式出现的；而在中间节点，加密后的数据在一个安全模块内部进行密钥转换，即将从上一节点过来的密文先解密，再用另一个密钥加密。

节点加密也是在每条链路上使用一个专用密钥，由于从一条链路到另一条链路的密钥使用有可能不同，必须进行转换。从一个密钥到另一个密钥的变换是在保密模件中进行的，这个模件设在节点中央处理装置中，可以起到一种外围设备的作用。所以明文数据不通过节点，而只存在于保密模件中。要注意的是：对于相当多的报文数据，在进行路由选择时，信息也要加密。这样节点中央处理装置就能恰当地选定数据的传送线路。

7.2.3 端—端加密

网络层以上的加密，通常称为端—端加密。端—端加密是面向网络高层主体进行的加密，即在协议表示层上对传输的数据进行加密，而不对下层协议信息加密。协议信息以明文形式传输，用户数据在中间节点不需要加密。

端—端加密一般由软件来完成。在网络高层进行加密，不需要考虑网络低层的线路、调制解调器、接口与传输码，但用户的联机自动加密软件必须与网络通信协议软件完全结合，而各厂家的通信协议软件往往又各不相同，因此目前的端—端加密往往是采用脱机调用方式。端—端加密也可以用硬件来实现，不过该加密设备要么能识别特殊的命令字，要么能识别低层协议信息，而且仅对用户数据进行加密，使用硬件实现往往有很大难度。在大型网络系统中，交换网络在多个发送方和接收方之间传输的时候，用端—端加密是比较合适的。端—端加密往往以软件的形式实现，并在应用层或表示层上完成。

这种加密方式，数据在通过各节点传输时一直对数据进行保护，数据只是在终点才进行解密。在数据传输的整个过程中，以一个不确定的密钥和算法进行加密。在中间节点和有关安全模块内永远不会出现明文。端—端加密或节点加密时，只加密报文，不加密报头。

端—端加密具有链路加密和节点加密所不具有的优点。

① 成本低。由于端—端加密在中间任何节点上都不解密，即数据在到达目的地之前始终用密钥加密保护着，所以仅要求发送节点和最终的目标节点具有加密、解密设备，而链路加密则要求处理

加密信息的每条链路均配有分立式密钥装置。

② 端—端加密比链路加密更安全。

③ 端—端加密可以由用户提供，因此对用户来说这种加密方式比较灵活。先采用端—端加密，再控制中心的加密设备可对文件、通行字以及系统的常驻数据起到保护作用。然而，由于端—端加密只是加密报文，数据报头仍需保持明文形式，所以数据容易被报务分析者所利用。

另外，端—端加密所需的密钥数量远大于链路加密，因此对端—端加密而言，密钥管理是一个十分重要的课题。

7.3　防火墙技术

7.3.1　因特网防火墙

1. 防火墙的基本知识

防火墙是在两个网络之间执行访问控制策略的一个或一组系统，包括硬件和软件，目的是保护网络不被他人侵扰。本质上，它遵循的是一种允许或阻止业务来往的网络通信安全机制，也就是提供可控的过滤网络通信，只允许授权的通信。

通常，防火墙就是位于内部网或 Web 站点与因特网之间的一个路由器或一台计算机，又称为堡垒主机。其目的如同一个安全门，为门内的部门提供安全，控制那些可被允许出入该受保护环境的人或物。就像工作在前门的安全卫士，控制并检查站点的访问者。

防火墙是由管理员为保护自己的网络免遭外界非授权访问但又允许与因特网连接而发展起来的。从网际角度，防火墙可以看成是安装在两个网络之间的一道栅栏，根据安全计划和安全策略中的定义来保护其后面的网络。由软件和硬件组成的防火墙应该具有以下功能。

① 所有进出网络的通信流都应该通过防火墙。

② 所有穿过防火墙的通信流都必须有安全策略和计划的确认和授权。

③ 理论上说，防火墙是穿不透的。

利用防火墙能保护站点不被任意连接，甚至能建立跟踪工具，帮助总结并记录有关正在进行的连接资源、服务器提供的通信量以及试图闯入者的任何企图。

总之，防火墙是阻止外面的人对本地网络进行访问的任何设备，此设备通常是软件和硬件的组合体，它通常根据一些规则来挑选想要或不想要的地址。

随着因特网上越来越多的用户要访问 Web，运行例如 Telnet、FTP 和因特网 Mail 之类的服务，系统管理者和 LAN 管理者必须能够在提供访问的同时，保护他们的内部网，不给闯入者留有可乘之机。

内部网需要防范 3 种攻击：间谍、盗窃和破坏系统。间谍指试图偷走敏感信息的黑客、入侵者和闯入者。盗窃的对象包括数据、Web 表格、磁盘空间和 CPU 资源等。破坏系统指通过路由器或主机/服务器蓄意破坏文件系统或阻止授权用户访问内部网（外部网）和服务器。

这里，防火墙的作用是保护 Web 站点和公司的内部网，使之免遭侵犯。

典型的防火墙建立在一个服务器或主机的机器上，亦称"堡垒主机"，它是一个多边协议路由器。这个堡垒主机连接两个网络：一边与内部网相连，另一边与因特网相连。它的主要作用除了防止未经授权的来自或对因特网的访问外，还包括为安全管理提供详细的系统活动的记录。在有的配置中，这个堡垒主机经常作为一个公共 Web 服务器或一个 FTP 或 E-mail 服务器使用。

防火墙的基本目的之一就是防止黑客侵扰站点。站点暴露于无数威胁之中，而防火墙可以帮助防止外部连接。因此，还应小心局域网内的非法的 Modem 连接，特别是当 Web 服务器在受保护的区域内时。

从图 7-10 可以看出，所有来自因特网的传输信息或从内部网络发出的信息都必须穿过防火墙。因此，防火墙能够确保如电子信件、文件传输、远程登录或在特定的系统间信息交换的安全。

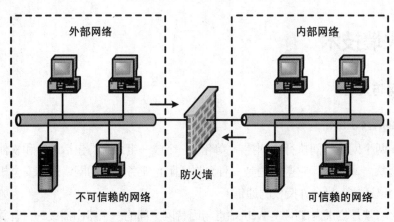

图 7-10   防火墙在因特网与内部网中的位置

从逻辑上讲，防火墙是分离器、限制器和分析器。从物理角度看，各站点防火墙物理实现的方式有所不同。通常防火墙是一组硬件设备，即路由器、主计算机或者是路由器、计算机和配有适当软件的网络的多种组合。

2．防火墙的基本功能

（1）防火墙能够强化安全策略

因为因特网上每天都有上百万人浏览信息、交换信息，不可避免地会出现个别品德不良或违反规则的人。防火墙是为了防止不良现象发生的"交通警察"，它执行站点的安全策略，仅仅容许"认可的"和符合规则的请求通过。

（2）防火墙能有效地记录因特网上的活动

因为所有进出信息都必须通过防火墙，所以防火墙非常适用收集关于系统和网络使用和误用的信息。作为访问的唯一点，防火墙记录着被保护的网络和外部网络之间进行的所有事件。

（3）防火墙限制暴露用户点

防火墙能够用来隔开网络中的一个网段与另一个网段。这样，就能够有效控制影响一个网段的问题通过整个网络传播。

（4）防火墙是一个安全策略的检查站

所有进出网络的信息都必须通过防火墙，防火墙便成为一个安全检查点，使可疑的访问被拒绝于门外。

3．防火墙的不足之处

上面我们叙述了防火墙的功能，但它也是有缺点的，主要表现在以下几个方面。

（1）不能防范恶意的知情者

防火墙可以禁止系统用户经过网络连接发送专有的信息，但用户可以将数据复制到磁盘、磁带上，放在公文包中带出去。如果入侵者已经在防火墙内部，防火墙是无能为力的。内部用户偷窃数据，破坏硬件和软件，并且巧妙地修改程序而可以不用接近防火墙。对于来自知情者的威胁，只能要求加强内部管理，如主机安全防范和用户教育等。

（2）防火墙不能防范不通过它的连接

防火墙能够有效地防止通过它进行传输信息，然而不能防止不通过它而传输的信息。例如，如果站点允许对防火墙后面的内部系统进行拨号访问，那么防火墙绝对没有办法阻止入侵者进行拨号入侵。

（3）防火墙不能防备全部的威胁

防火墙被用来防备已知的威胁，如果是一个很好的防火墙设计方案，可以防备新的威胁，但没有一个防火墙能自动防御所有的新威胁。

（4）防火墙不能防范病毒

防火墙不能消除网络上的 PC 的病毒。虽然许多防火墙扫描所有通过的信息，以决定是否允许它通过内部网络，但扫描是针对源、目标地址和端口号的，而不扫描数据的确切内容。即使是先进的数据包过滤，在病毒防范上也是不实用的，因为病毒的种类太多，有许多种手段可使病毒在数据中隐藏。

检测随机数据中的病毒穿过防火墙十分困难，它有以下要求。

① 确认数据包是程序的一部分。

② 决定程序看起来像什么。

③ 确定病毒引起的改变。

事实上，大多数防火墙采用不同的可执行格式保护不同类型的机器。程序可以是编译过的可执行程序或者是一个副本，数据在网上传输时要分包，并经常被压缩，这样便给病毒带来了可乘之机。无论防火墙是多么安全，用户只能在防火墙后面清除病毒。

7.3.2 包过滤路由器

1. 基本概念

包（又称为分组）是网络上信息流动的单位。传输文件时，在发送端该文件被划分成若干个数据包，这些数据包经过网上的中间站点，最终到达目的地，接收端又将这些数据包重新组合成原来的文件。

每个包有两个部分：数据部分和包头。包头中含有源地址和目标地址等信息。

包过滤器又称为包过滤路由器，它通过将包头信息和管理员设定的规则表比较，如果有一条规则不允许发送某个包，路由器将它丢弃。包过滤一直是一种简单而有效的方法。通过拦截数据包，读出并拒绝那些不符合标准的包头，过滤掉不应入站的信息。

包过滤路由器与普通路由器的差别，主要在于普通路由器只是简单地查看每一个数据包的目标地址，并且选取数据包发往目标地址的最佳路径。如何处理数据包上的目标地址，一般有以下两种情况出现。

① 当路由器知道发送数据包的目标地址时，则发送该数据包。

② 当路由器不知道发送数据包的目标地址时，则返还该数据包，并向源地址发送"不能到达目标地址"的消息。

作为包过滤路由器，它将更严格地检查数据包，除了决定它是否能发送数据包到其目标之外，包过滤路由器还决定它是否应该发送。"应该"或者"不应该"由站点的安全策略决定，并由包过滤路由器强制设置。包过滤路由器放置在内部网络与因特网之间，作用如下。

① 包过滤路由器将担负更大的责任，它不但需要执行转发及确定转发的任务，而且它是唯一的保护系统。

② 如果安全保护失败（或在入侵下失败），内部的网络将被暴露。

③ 简单的包过滤路由器不能修改任务。

④ 包过滤路由器能容许或否认服务，但它不能保护在一个服务之内的单独操作。如果一个服务没有提供安全的操作要求，或者这个服务由不安全的服务器提供，包过滤路由器则不能保护它。

2. 包过滤路由器的优缺点

包过滤路由器的主要优点之一是仅用一个放置在重要位置上的包过滤路由器就可保护整个网络。如果站点与因特网间只有一台路由器，那么，不管站点规模有多大，只要在这台路由器上设置合适的包过滤，站点就可获得很好的网络安全保护。

包过滤不需要用户软件的支持，也不要求对客户机作特别的设置，也没有必要对用户作任何培训。当包过滤路由器允许包通过时，它和普通路由器没有任何区别。在这时，用户甚至感觉不到包过滤功能的存在，只有在某些包被禁止时，用户才认识到它与普通路由器的不同。包过滤工作对用户来讲是透明的。这种透明就表现在不要求用户进行任何操作的前提下完成包过滤工作。

虽然包过滤系统有许多优点，但它也有一些缺点及局限性。

① 配置包过滤规则比较困难。

② 对系统中的包过滤规则的配置进行测试也较麻烦。

③ 包过滤功能都有局限性，要找一个比较完整的包过滤产品比较困难。

包过滤系统本身就可能存在缺陷，这些缺陷对系统安全性的影响要大大超过代理服务系统对系统安全性的影响。因为代理服务的缺陷仅会使数据无法传送，而包过滤的缺陷会使得一些平常该拒绝的包也能进出网络。

有些安全规则是难于用包过滤系统来实施的。例如，在包中只有来自于某台主机的信息而无来自于某个用户的信息。因此，若要过滤用户就不能用包过滤。

3. 包过滤路由器的配置

在配置包过滤路由器时，首先要确定哪些服务允许通过而哪些服务应被拒绝，并将这些规定翻译成有关的包过滤规则。对包的内容并不需要多加关心。例如，允许站点接收来自于因特网的邮件，而该邮件是用什么工具制作的则与我们无关。路由器只关注包中的一小部分内容。下面给出将有关服务翻译成包过滤规则时非常重要的几个概念。

① 协议的双向性。协议总是双向的，协议包括一方发送一个请求而另一方返回一个应答。在制订包过滤规则时，要注意包是从两个方向来到路由器的，例如，只允许往外的 Telnet 包将用户的键入信息送达远程主机，而不允许返回的显示信息包通过相同的连接，这种规则是不正确的，同时，

拒绝半个连接往往也是不起作用的。在许多攻击中；入侵者往内部网络发送包，他们甚至不用返回信息就可完成对内部网络的攻击，因为他们能对返回信息加以推测。

②　"往内"与"往外"的含义。在我们制订包过滤规则时，必须准确理解"往内"与"往外"的包和"往内"与"往外"的服务这几个词的语义。一个往外的服务（如 Telnet）同时包含往外的包（键入信息）和往内的包（返回的屏幕显示的信息）。虽然大多数人习惯于用"服务"来定义规定，但在制订包过滤规则时，一定要具体到每一种类型的包。在使用包过滤时也一定要弄清"往内"与"往外"的包和"往内"与"往外"的服务这几个词之间的区别。

③　"默认允许"与"默认拒绝"。网络的安全策略中的有两种方法：默认拒绝（没有明确地被允许就应被拒绝）与默认允许（没有明确地被拒绝就应被允许）。从安全角度来看，用默认拒绝应该更合适。就如前面讨论的，首先应从拒绝任何传输来开始设置包过滤规则，然后对某些应被允许传输的协议设置允许标志。这样做会使系统的安全性更好一些。

4.　包过滤设计

假设网络策略安全规则确定：从外部主机发来的因特网邮件在某一特定网关被接收，并且想拒绝从不信任的名为 THEHOST 的主机发来的数据流（一个可能的原因是该主机发送邮件系统不能处理的大量的报文，另一个可能的原因是怀疑这台主机会给网络安全带来极大的威胁）。在这个例子中，SMTP 使用的网络安全策略必须翻译成包过滤规则。在此可以把网络安全规则翻译成下列中文规则。

[过滤器规则 1]: 我们不相信从 THEHOST 来的连接。

[过滤器规则 2]: 我们允许与我们的邮件网关的连接。

这些规则可以编成如表 7-1 所示的规则表。其中星号（*）表明它可以匹配该列的任何值。

表 7-1　一个包过滤规则的编码例子

过滤规则号	动作	内部主机	内部主机端口	外部主机	外部路由器的端口	说明
1	阻塞	*	*	THEHOST	*	阻塞来自 THEHOST 流量
2	允许	Mail-GW	25	*	*	允许我们的邮件网关的连接
3	允许	*	*	*	25	允许输出 SMTP 至远程邮件网关

对于过滤器规则 1（见表 7-1），有一外部主机列，所有其他列有星号标记。"动作"是阻塞连接。这一规则可以翻译为：

阻塞任何从（*）THEHOST 端口来的到我们任意（*）主机的任意（*）端口的连接。

对于过滤器规则 2，有内部主机和内部主机端口列，其他的列都为（*）号，其"动作"是允许连接，这可翻译为：

允许任意（*）外部主机从其任意（*）端口到我们的 Mail-GW 主机端口的连接。

使用端口 25 是因为这个 TCP 端口是保留给 SMTP 的。

这些规则应用的顺序与它们在表中的顺序相同。如果一个包不与任何规则匹配，它就会遭到拒绝。在表 7-1 中规定的过滤规则方式的一个问题是：它允许任何外部机器从端口 25 产生一个请求。端口 25 应该保留 SMTP，但一个外部主机可能用这个端口做其他用途。

第三个规则表示了一个内部主机如何发送 SMTP 邮件到外部主机端口 25，以使内部主机完成发送邮件到外部站点的任务。如果外部站点对 SMTP 不使用端口 25，那么 SMTP 发送者便不能发送邮件。

　　TCP 是全双工连接，信息流是双向的。表 7-1 中的包过滤规则不能明确地区分包中的信息流向，即是从我们的主机到外部站点，还是从外部站点到我们的主机。当 TCP 包从任一方向发送出去时，接收者必须通过设置确认（Acknowledgement，ACK）标志来发送确认。ACK 标志是用在正常的 TCP 传输中的，首包的 ACK=0，而后续包的 ACK=1，如图 7-11 所示。

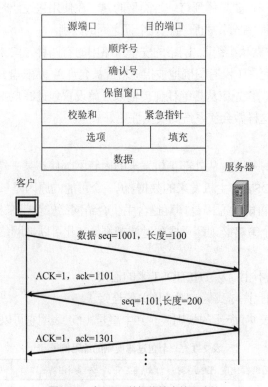

图 7-11　在 TCP 数据传输中使用确认

　　在图 7-11 中，发送者发送一个段（TCP 发送的数据叫做段），其开始的发送序号是 1001（seq），长度是 100；接收者发送回去一个确认包，其中 ACK 标志置为 1，且确认数（ack）设置为 1 001+100=1 101。发送者再发送 1 个 TCP 段数，每段为 200bit。这些是通过一个单一确认包来确认的，其中 ACK 设置为 1，确认数表明下一 TCP 数据段开始的比特数是（1 101+200）=1 301。

　　从图 7-11 可以看到，所有的 TCP 连接都要发送 ACK 包。当 ACK 包被发送出去时，其发送方向相反，且包过滤规则应考虑那些确认控制包或数据包的 ACK 包。

　　根据以上讨论，我们将修改过的包过滤规则在表 7-2 中列出。

表 7-2　SMTP 的包过滤规则

过滤规则号	动作	源主机或网络	源主机端口	目的主机或网络	目的主机端口	TCP 标志或 IP 选项	说明
1	允许	202.204.125.0	*	*	25	*	包从网络 202.204.125.0 至目的主机端口 25
2	允许	Mail-GW	25	202.204.125.0	*	ACK	允许返回确认

对于表 7-2 中的规则 1，源主机或网络列有一项为 202.204.125.0，目的主机端口列有一项为 25，所有其他的列都是 "*" 号。

过滤规则 1 的动作是允许连接。这可翻译为：允许任何从网络的任一端口（*）产生的到具有任何 TCP 标志或 IP 选项设置（包括源路由选择）的、任一目的主机 （*）的端口 25 的连接。

注意，由于 202.204.125.0 是一个 C 类 IP 地址，主机号字段中的 0 指的是在网络 202.204.125 中的任何主机。

对于规则 2，源主机端口列有一项为 25，目的主机或网络列有一项是 202.204.125.0，TCP 标志或 IP 选项列为 ACK，所有其他的列都是 "*" 号。

规则 2 的动作是允许连接。这可翻译为：允许任何来自任一网络的发自于端口 25 的、具有 TCP ACK 标志设置的、到网（202.204.125.0）的任一（*）端口的连接被继续设置。

表 7-2 的过滤规则 1 和规则 2 的组合效应就是允许 TCP 包在网络 202.204.125.0 和任一外部主机的 SMTP 端口之间传输。

因为包过滤只检验 OSI 模型的第二层和第三层，所以无法绝对保证返回的 TCP 确认包是同一个连接的一部分。

在实际应用中，因为 TCP 连接维持两方的状态信息，他们知道什么样的序列号和确认是所期望的。另外，上一层的应用服务，如 Telnet 和 SMTP，只能接受那些遵守应用协议规则的包。伪造一个含有正确 ACK 包是很困难的。对于更高层次的安全，可以使用应用层的网关，如防火墙等。

7.3.3　堡垒主机

人们把处于防火墙关键部位、运行应用级网关软件的计算机系统称为堡垒主机。堡垒主机在防火墙的建立过程中起着至关重要的作用。

1. 建立堡垒主机的原则

设计和建立堡垒主机的基本原则有两条：最简化原则和预防原则。

（1）最简化原则

堡垒主机越简单，对它进行保护就越方便。堡垒主机提供的任何网络服务都有可能在软件上存在缺陷或在配置上存在错误，而这些差错就可能使堡垒主机的安全保障出问题。因此，在堡垒主机上设置的服务必须最少，同时对必须设置的服务软件只能给予尽可能低的权限。

（2）预防原则

尽管已对堡垒主机严加保护，但还有可能被入侵者破坏。对此应有所准备，只有充分地对最坏的情况加以准备，并设计好对策，才可有备无患。对网络的其他部分施加保护时，也应考虑到 "堡垒主机被攻破怎么办？"。因为堡垒主机是外部网络最易接触到的机器，所以它也是最可能被首先攻击的机器。由于外部网络与内部网络无直接连接，所以建立堡垒主机的目的是阻止入侵者到达内部网络。

一旦堡垒主机被破坏，我们还必须让内部网络处于安全保障中。要做到这一点，必须让内部网络只有在堡垒主机正常工作时才信任堡垒主机。我们要仔细观察堡垒主机提供给内部网络机器的服务，并依据这些服务的主要内容，确定这些服务的可信度及拥有权限。

2. 堡垒主机的分类

堡垒主机目前一般有 3 种类型：无路由双宿主主机、牺牲主机和内部堡垒主机。

无路由双宿主主机有多个网络接口，但这些接口间没有信息流。这种主机本身就可作为一个防火墙，也可作为一个更复杂防火墙结构的一部分。

牺牲主机是一种没有任何需要保护信息的主机，同时它又不与任何入侵者想利用的主机相连。用户只有在使用某种特殊服务时才用到它。牺牲主机除了可让用户随意登录外，其配置基本上与一般的堡垒主机一样。用户总是希望在堡垒主机上存有尽可能多的服务与程序。但出于安全性的考虑，我们不可随意满足用户的要求，也不能让用户在牺牲主机上太舒畅。否则会使用户越来越信任牺牲主机而违反设置牺牲主机的初衷。牺牲主机的主要特点是它易于被管理，即使被侵袭也无碍内部网络的安全。

在大多数配置中，堡垒主机可与某些内部主机进行交互。例如，堡垒主机可传送电子邮件给内部主机的邮件服务器，传送 Usenet 新闻给新闻服务器，与内部域名服务器协同工作等。这些内部主机其实是有效的次级堡垒主机，对它们就应像保护堡垒主机一样加以保护。我们可以在它们上面多放一些服务，但对它们的配置必须遵循与堡垒主机一样的过程。

3. 堡垒主机的选择

（1）堡垒主机操作系统的选择

应该选较为熟悉的系统作为堡垒主机的操作系统。一个配置好的堡垒主机是一个具有高度限制性的操作环境的软件平台，所以对它的进一步开发与完善最好应在其他机器上完成后再移植。这样做也为在开发时与内部网络的其他外设与机器交换信息提供了方便。

选择主机时，应该选择一个可支持有若干个接口同时处于活跃状态并且能可靠地提供一系列内部网络用户所需要的因特网服务的机器。一般情况下，我们应用 UNIX、Windows 2000 Server 或者其他操作系统作为堡垒主机的软件平台。

UNIX 是能提供因特网服务的最流行操作系统，当堡垒主机在 UNIX 操作系统下运行时，有大量现成的工具可供使用。因此，在没有发现更好的系统之前，我们推荐使用 UNIX 作为堡垒主机的操作系统。同时，在 UNIX 操作系统下也易于找到建立堡垒主机的工具软件。

（2）堡垒主机速度的选择

作为堡垒主机的计算机并不要求有很高的速度。实际上，选用功能并不十分强大的机器作为堡垒主机反而更好。不使用功能过高的机器充当堡垒主机的理由如下。

① 低档的机器对入侵者的吸引力要小一些。入侵者经常以侵入高档机为荣。

② 如果堡垒主机被破坏，低档的堡垒主机对于入侵者进一步侵入内部网络提供的帮助要小一些。因为它编译较慢，运行一些有助于入侵的破密码程序也较慢。所有这些因素会使入侵者对侵入我们内部网络的兴趣减小。

③ 对于内部网络用户来讲，使用低档的机器作为堡垒主机，也可降低他们破坏堡垒主机的兴趣。

如果使用一台高速堡垒主机，会将大量时间花费在等待内部网络用户往外的慢速连接中，这是一种浪费。而且，如果堡垒主机速度很快，内部网络用户会利用这台机器的高性能做一些其他工作，而我们在有用户运行程序的堡垒主机上再进行安全控制就较为困难。

4. 堡垒主机提供的服务

堡垒主机应当提供站点所需求的所有与因特网有关的服务，同时还要经过包过滤提供内部网络向外界的服务。任何与外部网络无关的服务都不应放置在堡垒主机上。

我们将可以由堡垒主机提供的服务分成以下 4 个级别。

① 无风险服务，仅仅通过包过滤便可实施的服务。

② 低风险服务，在有些情况下这些服务运行时有安全隐患，但加一些安全控制措施便可消除安全问题，这类服务只能由堡垒主机提供。

③ 高风险服务，在使用这些服务时无法彻底消除安全隐患；这类服务一般应被禁用，特别需要时也只能放置在主机上使用。

④ 禁用服务，应被彻底禁止使用的服务。

电子邮件（SMTP）是堡垒主机应提供的最基本的服务，其他还应提供的服务如下。

* FTP，文件传输服务。
* WAIS，基于关键字的信息浏览服务。
* HTTP，超文本方式的信息浏览服务。
* NNTP，Usenet 新闻组服务。
* Gopher，菜单驱动的信息浏览服务。

为了支持以上这些服务，堡垒主机还应有域名服务（DNS）。另外，还要由它提供其他有关站点和主机的零散信息，所以它是实施其他服务的基础服务。

来自于因特网的入侵者可以利用许多内部网上的服务来破坏堡垒主机。因此应该将内部网络上的那些不用的服务全部关闭。

7.3.4　代理服务

代理服务是运行在防火墙主机上的一些特定的应用程序或者服务程序。防火墙主机可以是有一个内部网络接口和一个外部网络接口的双重宿主主机，也可以是一些可以访问因特网并可被内部主机访问的堡垒主机。这些程序接受用户对因特网服务的请求（诸如文件传输 FTP 和远程登录 Telnet 等），并按照安全策略转发它们到实际的服务。所谓代理就是一个提供替代连接并且充当服务的网关。代理也被称为应用级网关。

代理服务位于内部用户（在内部的网络上）和外部服务（在因特网上）之间。代理在幕后处理所有用户和因特网服务之间的通信以代替相互间的直接交谈。

透明是代理服务的一大优点。对于用户来说，用户通过代理服务器间接使用真正的服务器；对于服务器来说，真正的服务器是通过代理服务器来完成用户所提交的服务申请。

如图 7-12 所示，代理服务有两个主要的部件：代理服务器和代理客户。在图 7-12 中，代理服务器运行在双重宿主主机上。代理客户是正常客户程序的特殊版本（即 Telnet 或者 FTP 客户），用户与代理服务器连接而不是和远在因特网上的"真正的"服务器连接。代理服务器评价来自客户的请求，并且决定认可哪一个或否定哪一个。如果一个请求被认可，代理服务器代表客户连接真正的服务器，并且转发从代理客户到真正的服务器的请求，并将服务器的响应传送回代理客户。

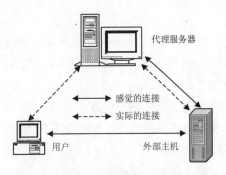

图 7-12　代理的实现过程

代理服务器并非将用户的全部网络服务请求提交给因特网上的真正的服务器，因为代理服务器能依据安全规则和用户的请求做出判断是否代理执行该请求，所以它能控制用户的请求。有些请求可能会被否决，比如，FTP 代理就可能拒绝用户把文件往远程主机上传送，或者它只允许用户将某些特定的外部站点的文件下载。代理服务可能对于不同的主机执行不同的安全规则，而不对所有主机执行同一个标准。

7.3.5　防火墙体系结构

目前，防火墙的体系结构一般有 3 种：双重宿主主机体系结构、主机过滤体系结构和子网过滤体系结构。

1. 双重宿主主机体系结构

双重宿主主机体系结构是围绕具有双重宿主的主体计算机而构筑的。该计算机至少有两个网络接口，这样的主机可以充当与这些接口相连的网络之间的路由器，并能够从一个网络向另一个网络发送 IP 数据包。防火墙内部的网络系统能与双重宿主主机通信，同时防火墙外部的网络系统（在因特网上）也能与双重宿主主机通信。通过双重宿主主机，防火墙内外的计算机便可进行通信了。

双重宿主主机的防火墙体系结构是相当简单的，双重宿主主机位于两者之间，并且被连接到因特网和内部的网络。图 7-13 显示这种体系结构。

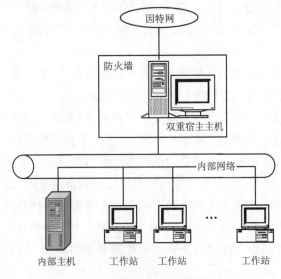

图 7-13　双重宿主主机体系结构

2. 主机过滤体系结构

双重宿主主机结构中提供安全保护的是一台同时连接在内部与外部网络的双重宿主主机。而主机过滤体系结构则不同，在主机过滤体系结构中提供安全保护的主机仅仅与内部网络相连。另外，主机过滤体系结构还有一台单独的路由器（过滤路由器）。在这种体系结构中，主要的安全由数据包过滤提供，其结构如图 7-14 所示。

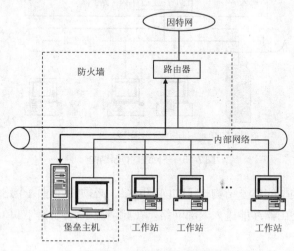

图 7-14 主机过滤体系结构

在这种结构中，堡垒主机位于内部的网络上。任何外部的访问都必须连接到这台堡垒主机上。因此，堡垒主机需要拥有高等级的安全。

在屏蔽的路由器中，数据包过滤配置可以按下列方法执行。

① 允许其他的内部主机为了某些服务与因特网上的主机连接（即允许那些已经由数据包过滤的服务）。

② 不允许来自内部主机的所有连接（强迫那些主机由堡垒主机使用代理服务）。用户可以针对不同的服务，混合使用这些手段。某些服务可以被允许直接由数据包过滤，而其他服务可以被允许间接地经过代理，这完全取决于用户实行的安全策略。

3. 子网过滤体系结构

子网过滤体系结构添加了额外的安全层到主机过滤体系结构中，即通过添加参数网络，更进一步地把内部网络与因特网隔离开。

堡垒主机是用户的网络上最容易受攻击的主体。因为它的本质决定了它是最容易被侵袭的对象。如果在屏蔽主机体系结构中，用户的内部网络在没有其他的防御手段时，一旦他人成功地侵入屏蔽主机体系结构中的堡垒主机，那他就可以毫无阻挡地进入内部系统。因此，用户的堡垒主机是非常诱人的攻击目标。

通过在参数网络上隔离堡垒主机，能减少堡垒主机被侵入的影响。可以说，它只给入侵者一些访问的机会，但不是全部。

子网过滤体系结构的最简单的形式为两个过滤路由器，每一个都连接到参数网，一个位于参数网与内部网络之间，另一个位于参数网与外部网络之间（通常为因特网），其结构如图 7-15 所示。

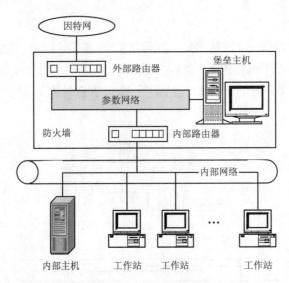

图 7-15　子网过滤体系结构

　　如果想侵入用这种类型的体系结构构筑的内部网络，必须要通过两个路由器，即使入侵了堡垒主机，还需要通过内部路由器才能进入内部网络。在此情况下，网络内部单一的易受侵袭点便不会存在了。

　　下面要讨论在这种结构里所采用的组件。

　　（1）参数网络

　　参数网络是在内外部网络之间另加的一层安全保护网络层。如果入侵者成功地闯过外层保护网到达防火墙，参数网络就能在入侵者与内部网络之间再提供一层保护。

　　如果入侵者仅仅侵入参数网络的堡垒主机，他只能偷看到参数网络的信息流而看不到内部网络的信息，这层网络的信息流仅从参数网络往来于外部网络或者从参数网络往来于堡垒主机。因为没有内部主机间互传的重要和敏感的信息在参数网络中流动，所以即使堡垒主机受到损害也不会让入侵者破坏内部网络的信息流。

　　（2）堡垒主机

　　在子网过滤结构中，我们将堡垒主机与参数网络相连，而这台主机是外部网络服务于内部网络的主节点。它为内部网络服务的主要功能如下。

　　① 它接收外来的电子邮件（SMTP），再分发给相应的站点。

　　② 它接收外来的 FTP，并将它连到内部网络的匿名 FTP 服务器。

　　③ 它接收外来的有关内部网络站点的域名服务。

　　这台主机向外（由内部网络的客户往外部服务器）的服务功能可用以下方法来实施。

　　① 在内、外部路由器上建立包过滤，以便内部网络的用户可直接操作外部服务器。

　　② 在主机上建立代理服务，在内部网络的用户与外部的服务器之间建立间接的连接。也可以在设置包过滤后，允许内部网络的用户与主机的代理服务器进行交互，但禁止内部网络用户与外部网络进行直接通信。

　　堡垒主机在工作中根据用户的安全机制允许它主动连到外部网络或允许外部网络连到它上面。堡垒主机做的主要工作还是为内外部服务请求进行代理。

（3）内部路由器

内部路由器（有时也称为阻流路由器）的主要功能是保护内部网络免受来自外部网络与参数网络的侵扰。

内部路由器完成防火墙的大部分包过滤工作，它允许符合安全规则的服务在内外部网络之间互传。根据各站点的需要和安全规则，可允许的服务如：Telnet、FTP、WAIS、Archie、Gopher 等或者其他的服务。

内部路由器参数网络由与内部网络之间传递的信息来设定，目的是减少在堡垒主机被侵入后而受到入侵的内部网络主机的数目。

（4）外部路由器

理论上，外部路由器既保护参数网络又保护内部网络。实际上，在外部路由器上仅做一小部分包过滤，它几乎让所有参数网络的外向请求通过，而外部路由器与内部路由器的包过滤规则是基本上相同的。也就是说，如果安全规则上存在疏忽，那么，入侵者可用同样的方法通过内、外部路由器。

由于外部路由器一般是由因特网服务供应商提供的，所以对外部路由器可做的操作是受限制的。网络服务供应商一般仅会在该路由器上设置一些普通的包过滤，而不会专门设置特别的包过滤，或更换包过滤系统。因此，对于安全保障而言；不能像依赖于内部路由器一样依赖于外部路由器。

外部路由器的包过滤主要是对参数网络上的主机提供保护。然而，一般情况下，因为参数网络上主机的安全主要通过主机安全机制加以保障，所以由外部路由器提供的很多保护并非必要。

外部路由器真正有效的任务就是阻断来自外部网络上伪造源地址进来的任何数据包。这些数据包自称是来自内部网络，而其实它是来自外部网络。

内部路由器也具有上述功能，但它无法辨认自称来自参数网络的数据包是伪造的。因此，内部路由器不能保护参数网络上的系统免受伪数据包的侵扰。

7.4　网络攻击类型及对策

7.4.1　网络攻击的类型

任何以干扰、破坏网络系统为目的的非授权行为都称为网络攻击。法律上对网络攻击的定义有两种观点：第一种观点是指攻击仅仅发生在入侵行为完全完成，并且入侵者已在目标网络内；第二种观点是指可能使一个网络受到破坏的所有行为，即从一个入侵者开始在目标机上工作的那个时刻起，攻击就开始进行了。

黑客进行的网络攻击通常可分为 4 大类型：拒绝服务型攻击、利用型攻击、信息收集型攻击和虚假信息型攻击。

1. 拒绝服务型攻击

拒绝服务（Denial of Service，DoS）攻击是目前最常见的一种攻击类型。从网络攻击的各种方法和所产生的破坏情况来看，DoS 算是一种很简单，但又很有效的进攻方式。它的目的就是拒绝你的服务访问，破坏组织的正常运行，最终使网络连接堵塞，或者服务器因疲于处理攻击者发送的数据包而使服务器系统的相关服务崩溃、系统资源耗尽。

　　DoS 的攻击方式有很多种，最基本的 DoS 攻击就是利用合理的服务请求来占用过多的服务资源，从而使合法用户无法得到服务。这类攻击和其他大部分攻击不同的是，因为他们不是以获得网络或网络上信息的访问权为目的，而是要使受攻击方耗尽网络、操作系统或应用程序有限的资源而崩溃，不能为其他正常用户提供服务为目标。这就是这类攻击被称为"拒绝服务攻击"的真正原因。

　　DoS 攻击的基本过程：首先攻击者向服务器发送众多的带有虚假地址的请求，服务器发送回复信息后等待回传信息。由于地址是伪造的，所以服务器一直等不到回传的消息，然而服务器中分配给这次请求的资源就始终没有被释放。当服务器等待一定的时间后，连接会因超时而被切断，攻击者会再度传送新的一批请求，在这种反复发送伪地址请求的情况下，服务器资源最终会被耗尽。

　　常见的 DoS 攻击主要有以下几种类型。

　　（1）死亡之 ping（Ping of Death）攻击

　　ICMP 协议在 Internet 上主要用于传递控制信息和错误的处理。它的功能之一是与主机联系，通过发送一个"回送请求"（Echo Request）信息包看看主机目标是否"存在"。最普通的 ping 程序就是这个功能。而在 TCP/IP 协议中对包的最大尺寸都有严格限制规定，许多操作系统的 TCP/IP 协议栈都规定 ICMP 包大小为 64KB，且在对包的标题头进行读取之后，要根据该标题头里包含的信息来为有效载荷生成缓冲区。Ping of Death 就是故意产生畸形的测试 Ping（Packet Internet Groper）包，声称自己的尺寸超过 ICMP 上限，也就是加载的尺寸超过 64KB 上限，使未采取保护措施的网络系统出现内存分配错误，导致 TCP/IP 协议栈崩溃，最终使接收方死机。

　　（2）泪滴（Teardrop）攻击

　　泪滴攻击利用在 TCP/IP 协议栈实现中信任 IP 碎片中的包的标题头所包含的信息来实现自己的攻击。IP 分段含有指示该分段所包含的是原包的哪一段的信息，某些 TCP/IP 协议栈在收到含有重叠偏移的伪造分段时将崩溃。

　　（3）UDP 洪水（UDP flood）攻击

　　用户数据报协议（UDP）在 Internet 上的应用比较广泛，很多提供 WWW 和 Mail 等服务设备通常是使用 Unix 的服务器，它们默认打开一些被黑客恶意利用的 UDP 服务。如 Echo 服务会显示接收到的每一个数据包，而原本作为测试功能的 chargen 服务会在收到每一个数据包时随机反馈一些字符。UDP flood 假冒攻击就是利用这两个简单的 TCP/IP 服务的漏洞进行恶意攻击，通过伪造与某一主机的 Chargen 服务之间的一次的 UDP 连接，回复地址指向开着 Echo 服务的一台主机，通过将 Chargen 和 Echo 服务互指，来回传送毫无用处且占满带宽的垃圾数据，在两台主机之间生成足够多的无用数据流，这一拒绝服务攻击飞快地导致网络可用带宽耗尽。

　　（4）SYN 洪水（SYN flood）攻击

　　当用户进行一次标准的 TCP 连接时，会有一个 3 次握手过程。首先是请求服务方发送一个 SYN（Synchronize Sequence Number）消息，服务方收到 SYN 后，会向请求方回送一个 SYN-ACK 表示确认，当请求方收到 SYN-ACK 后，再次向服务方发送一个 ACK 消息，这样一次 TCP 连接建立成功。SYN Flooding 则专门针对 TCP 协议栈在两台主机间初始化连接握手的过程进行 DoS 攻击，其在实现过程中只进行前两个步骤：当服务方收到请求方的 SYN-ACK 确认消息后，请求方由于采用源地址欺骗等手段使得服务方收不到 ACK 回应，于是服务方会在一定时间处于等待接收请求方 ACK 消息的状态。而对于某台服务器来说，可用的 TCP 连接是有限的，因为他们只有有限的内存缓冲区用于创建连接，如果这一缓冲区充满了虚假连接的初始信息，该服务器就会对接下来的连接停止响应，直至缓冲区里的连接企图超时。如果恶意攻击方快速连续地发送此类连接请求，该服务器可用的 TCP 连接队列将很快被阻塞，系统可用资源急剧减少，网络可用带宽迅速缩小，长此下去，除了少数幸运用户的请求可以插在大量虚假请求间得到应答外，服务器将无法向用户提供正常的合法服务。

（5）Land（Land Attack）攻击

在 Land 攻击中，黑客利用一个特别打造的 SYN 包（它的原地址和目标地址都被设置成某一个服务器地址）进行攻击。这样将导致目标服务器向它自己的地址发送 SYN-ACK 消息，结果这个地址又发回 ACK 消息并创建一个空连接，每一个这样的连接都将保留直到超时，在 Land 攻击下，许多 Unix 将崩溃，Windows NT 变得极其缓慢（大约持续 5min）。

（6）IP 欺骗 DoS 攻击

这种攻击利用 TCP 协议栈的 RST 位来实现，使用 IP 欺骗，迫使服务器把合法用户的连接复位，影响合法用户的连接。假设现在有一个合法用户（202.204.125.19）已经同服务器建立了正常的连接，攻击者构造攻击的 TCP 数据，伪装自己的 IP 为 202.204.125.19，并向服务器发送一个带有 RST 位的 TCP 数据段。服务器接收到这样的数据后，认为从 202.204.125.19 发送的连接有错误，就会清空缓冲区中已建立好的连接。这时，合法用户 202.204.125.19 再发送合法数据，服务器就已经没有这样的连接了，该用户就被拒绝服务而只能重新开始建立新的连接。

（7）电子邮件炸弹攻击

电子邮件炸弹是最古老的匿名攻击之一，通过设置一台机器不断地大量地向同一地址发送电子邮件，攻击者能够耗尽接受者网络的带宽。我们可以对邮件地址进行配置，自动删除来自同一主机的过量或重复的消息。

（8）DDoS 攻击

分布式拒绝服务（Distributed Denial of Service，DDoS）攻击是一种基于 DoS 的特殊形式的分布、协作式的大规模拒绝服务攻击。也就是说不再是单一的服务攻击，而是同时实施几个，甚至十几个不同服务的拒绝攻击。由此可见，它的攻击力度更大，危害性当然也更大了。它主要瞄准比较大的网站，像商业公司、搜索引擎和政府部门的 Web 站点。

2．利用型攻击

利用型攻击是一类试图直接对用户的机器进行控制的攻击，最常见的有 3 种。

（1）口令猜测

一旦黑客识别了一台主机而且发现了基于 NetBIOS、Telnet 或 NFS 服务的可利用的用户账号，成功的口令猜测能提供对机器的控制。防御的措施是：选用难以猜测的口令，比如词和标点符号的组合；确保像 NFS、NetBIOS 和 Telnet 这样可利用的服务不暴露在公共范围；如果该服务支持锁定策略，就进行锁定。

（2）特洛伊木马

特洛伊木马是一种直接由黑客或通过一个不令人起疑的用户秘密安装到目标系统的程序。一旦安装成功并取得管理员权限，安装此程序的人就可以直接远程控制目标系统。最有效的一种叫作后门程序，恶意程序包括 NetBus、Back Orifice 2000 等。防御的措施是避免下载可疑程序并拒绝执行，运用网络扫描软件定期监视内部主机上的监听 TCP 服务。

（3）缓冲区溢出

在很多的服务程序中使用了像 strcpy()，strcat()类似的不进行有效位检查的函数，最终可能导致恶意用户编写一小段利用程序来进一步打开安全豁口然后将该代码缀在缓冲区有效载荷末尾，这样当发生缓冲区溢出时，返回指针指向恶意代码，这样系统的控制权就会被夺取。防御的措施是：利用 SafeLib、tripwire 这样的程序保护系统，或者浏览最新的安全公告不断更新操作系统。

3. 信息收集型攻击

信息收集型攻击并不对目标本身造成危害，这类攻击被用来为进一步入侵提供有用的信息。主要包括：扫描技术、体系结构刺探、利用信息服务等。

（1）地址扫描

运用 ping 这样的程序探测目标地址，对此做出响应的表示其存在。防御的方法：在防火墙上过滤掉 ICMP 应答消息。

（2）端口扫描

通常使用一些软件，向大范围的主机连接一系列的 TCP 端口，扫描软件报告它成功地建立了连接的主机所开的端口。防御的方法：许多防火墙能检测到是否被扫描，并自动阻断扫描企图。

（3）反响映射

黑客向主机发送虚假消息，然后根据返回"host unreachable"这一消息特征判断出哪些主机是存在的。目前由于正常的扫描活动容易被防火墙检测到，黑客转而使用不会触发防火墙规则的常见消息类型，这些类型包括 RESET 消息、SYN-ACK 消息、DNS 响应包。防御的方法：使用 NAT 和非路由代理服务器能够自动抵御此类攻击，也可以在防火墙上过滤掉"host unreachable"ICMP 应答。

（4）慢速扫描

由于一般扫描侦测器的实现是通过监视某个时间段里一台特定主机发起的连接的数目（如每秒 10 次）来决定是否在被扫描，这样黑客可以通过使用扫描速度慢一些的扫描软件进行扫描。防御的方法：通过引诱服务来对慢速扫描进行侦测。

（5）体系结构探测

黑客使用具有已知响应类型的数据库的自动工具，对来自目标主机的、对坏数据包传送所做出的响应进行检查。由于每种操作系统都有其独特的响应方法，通过将此独特的响应与数据库中的已知响应进行对比，黑客经常能够确定出目标主机所运行的操作系统。防御的方法：去掉或修改各种 Banner，包括操作系统和各种应用服务的，阻断用于识别的端口扰乱对方的攻击计划。

（6）DNS 域转换

DNS 协议不对转换或信息性的更新进行身份认证，这使得该协议以不同的方式加以利用。对于一台公共的 DNS 服务器，黑客只需实施一次域转换操作就能得到所有主机的名称以及内部 IP 地址。防御的方法：在防火墙处过滤掉域转换请求。

（7）Finger 服务

黑客使用 Finger 命令来刺探一台 Finger 服务器以获取关于该系统的用户的信息。防御的方法：关闭 Finger 服务并记录尝试连接该服务的对方 IP 地址，或者在防火墙上进行过滤。

4. 虚假消息攻击

用于攻击目标配置不正确的消息，主要包括 DNS 高速缓存污染和伪造电子邮件攻击。

（1）DNS 高速缓存污染

由于 DNS 服务器与其他名称服务器交换信息的时候并不进行身份验证，这就使得黑客可以将不正确的信息掺进来并把用户引向黑客自己的主机。防御的方法：可在防火墙上过滤入站的 DNS 更新，外部 DNS 服务器不能更改内部服务器对内部机器的识别等措施预防该攻击。

（2）伪造电子邮件

由于 SMTP 并不对邮件的发送者的身份进行鉴定，因此黑客可以对网络内部客户伪造电子邮件，声称是来自某个客户认识并相信的人，并附带上可安装的特洛伊木马程序，或者是一个引向恶意网站的连接。防御的方法：使用 PGP 等安全工具并安装电子邮件证书。

7.4.2　物理层的攻击及对策

物理层位于 OSI 参考模型的最底层，它直接面向实际承担数据传输的物理媒体（即通信通道），物理层的传输单位为比特（bit）。实际的比特传输必须依赖于传输设备和物理媒体。物理层最重要的攻击主要有直接攻击和间接攻击，直接攻击是直接对硬件进行攻击，间接攻击是对物理介质的攻击。物理层上的安全措施不多，如果黑客可以访问物理介质，如搭线窃听和 Sniffer，将可以复制所有传送的信息。唯一有效的保护是使用加密、流量填充等。

1. 物理层安全风险

网络的物理安全风险主要指由于网络周边环境和物理特性引起的网络设备和线路的不可用，而造成网络系统的不可用。例如，设备被盗、设备老化、意外故障、无线电磁辐射泄密等。如果局域网采用广播方式，那么本广播域中的所有信息都可以被侦听。因此，最主要的安全威胁来自搭线窃听和电磁泄露窃听。

最简单的安全漏洞可能导致最严重的网络故障。比如因为施工的不规范导致光缆被破坏，雷击事故，网络设备没有保护措施被损坏，甚至中心机房因为不小心导致外来人员蓄意或无心的破坏。

2. 物理攻击

物理安全是保护一些比较重要的设备不被接触。物理安全比较难防，因为攻击者往往是来自能够接触到物理设备的用户。物理攻击是来自能够接触到物理设备的用户的攻击。主要有两种攻击：获取管理员密码攻击、提升权限攻击。

（1）获取管理员密码攻击

如果你的计算机给别人使用的话，虽然不会告诉别人你的计算机密码是多少，别人仍然可以使用软件解码出你的管理员的账号和密码。比如说使用 FindPass.exe 如果是 Windows Server 2003 环境的话，还可以使用 FindPass2003.exe 等工具就可以对该进程进行解码，然后将当前用户的密码显示出来。具体使用的方法就是将 FindPass.exe 或 FindPass2003.exe 复制到 C 盘根目录，在 cmd 下执行该程序，就可以获得当前用户的登录名。

因为，在 Windows 中所有的用户信息都存储在系统的一个进程 winlogon.exe 中，可以使用 FindPass 等工具对该进程进行解码。

（2）提升用户权限攻击

有时候，管理员为了安全，给其他用户建立一个普通用户账号，认为这样就安全了。其实不然，用普通用户账号登录后，可以利用工具 GetAdmin.exe 将自己加到管理员组或者新建一个具有管理员权限的用户。例如，利用 Hacker 账户登录系统，在系统中执行程序 GetAdmin.exe，程序就会自动读取所有用户列表，在对话框中单击按钮"New"，在框中输入要新建的管理员组的用户名就可以了。

3. 物理层防范措施

（1）屏蔽

用金属网或金属板将信号源包围，利用金属层来阻止内部信号向外发射，同时也可以阻止外部信号进入金属层内部。通信线路的屏蔽通常有两种方法：一是采用屏蔽性能好的传输介质；二是把传输介质、网络设备、机房等整个通信线路安装在屏蔽的环境中。

（2）物理隔离

物理隔离技术的基本思想是：如果不存在与网络的物理连接，网络安全威胁便可大大降低。物理隔离技术实质就是一种将内外网络从物理上断开，但保持逻辑连接的信息安全技术。物理隔离的指导思想与防火墙不同，防火墙是在保障互联互通的前提下，尽可能安全，而物理隔离的思路是在保证必须安全的前提下，尽可能互联互通。

物理隔离是一种隔离网络之间连接的专用安全技术。这种技术使用一个可交换方向的电子存储池。存储池每次只能与内外网络的一方相连。通过内外网络向存储池复制数据块和存储池的摆动完成数据传输。这种技术实际上是一种数据镜像技术。它在实现内外网络数据交换的同时，保持了内外网络的物理断开。

每一次数据交换，隔离设备经历了数据的接收、存储和转发 3 个过程。由于这些规则都是在内存和内核里完成的，因此速度上有保证，可以达到 100% 的总线处理能力。物理隔离的一个特征，就是内网与外网永不连接，内网和外网在同一时间最多只有一个同隔离设备建立非 TCP/IP 协议的数据连接。其数据传输机制是存储和转发。

物理隔离的优点是，即使外网在最坏的情况下，内网也不会有任何破坏。修复外网系统也非常容易。

（3）设备和线路冗余

设备和线路冗余主要指提供备用的设备和线路。主要有 3 种冗余：网络设备部件冗余有电源和风扇、网卡、内存、CPU、磁盘等；网络设备整机冗余；网络线路冗余。

（4）机房和账户安全管理

建立机房安全管理制度和账户安全管理制度。如网络管理员职责、机房操作规定、网络检修制度、账号管理制度、服务器管理制度、日志文件管理制度、保密制度、病毒防治、电器安全管理规定等。

（5）网络分段

网络分段是保证安全的一项重要措施，同时也是一项基本措施，其指导思想是将非法用户与网络资源互相隔离，从而达到限制用户非法访问的目的。网络分段可以分为物理和逻辑两种方式。物理分段通常是指将网络从物理层和数据链路层（ ISO/OSI 模型中的第 1 层和第 2 层）上分为若干网段，各网段之间无法进行直接数据通信。目前，许多交换机都有一定的访问控制能力，可以实现对网络的物理分段。

7.4.3 数据链路层的攻击及对策

数据链路层的最基本的功能是向该层用户提供透明的和可靠的数据传送基本服务。透明性是指该层上传输的数据的内容、格式及编码没有限制，也没有必要解释信息结构的意义；可靠的传输使用户免去对丢失信息、干扰信息及顺序不正确等的担心。由于数据链路层的安全协议比较少，因此容易受到各种攻击，常见的攻击有：MAC 地址欺骗、内容寻址存储器（CAM）表格淹没攻击、VLAN中继攻击、操纵生成树协议、地址解析协议（ARP）攻击等。

1. 常见的攻击方法

（1）MAC 地址欺骗

目前，很多网络都使用 Hub 进行连接的，众所周知，数据包经过 Hub 传输到其他网段时，Hub只是简单地把数据包复制到其他端口。因此，对于利用 Hub 组成的网络来说，没有安全而言，数据包很容易被用户拦截分析并实施网络攻击（MAC 地址欺骗、IP 地址欺骗及更高层面的信息骗取等）。为了防止这种数据包的无限扩散，人们越来越倾向于运用交换机来构建网络，交换机具有 MAC 地址学习功能，能够通过 VLAN 等技术将用户之间相互隔离，从而保证一定的网络安全性。

交换机对于某个目的 MAC 地址明确的单址包不会像 Hub 那样将该单址包简单复制到其他端口上，而是只发到起对应的特定的端口上。如同一般的计算机需要维持一张 ARP 高速缓冲表一样，每台交换机里面也需要维持一张 MAC 地址（有时是 MAC 地址和 VLAN）与端口映射关系的缓冲表，称为地址表，正是依靠这张表，交换机才能将数据包发到对应端口。

地址表一般是交换机通过学习构造出来的。学习过程如下。

① 交换机取出每个数据包的源 MAC 地址，通过算法找到相应的位置，如果是新地址，则创建地址表项，填写相应的端口信息、生命周期时间等。

② 如果此地址已经存在，并且对应端口号也相同，则刷新生命周期时间。

③ 如果此地址已经存在，但对应端口号不同，一般会改写端口号，刷新生命周期时间。

④ 如果某个地址项在生命周期时间内没有被刷新，则将被老化删除。

例如，一个 4 端口的交换机，端口分别为 Port.A、Port.B、Port.C、Port.D 对应主机 A、B、C、D，其中 D 为网关。

当主机 A 向 B 发送数据时，A 主机按照 OSI 往下封装数据帧，过程中，会根据 IP 地址查找到 B主机的 MAC 地址，填充到数据帧中的目的 MAC 地址。发送之前网卡的 MAC 层协议控制电路也会先做个判断，如果目的 MAC 地址与本网卡的 MAC 地址相同，则不会发送，反之网卡将这份数据发送出去。Port.A 接收到数据帧，交换机按照上述的检查过程，在 MAC 地址表发现 B 的 MAC 地址（数据帧目的 MAC 地址）所在端口号为 Port.B，而数据来源的端口号为 Port.A，则交换机将数据帧从端口 Port.B 转发出去。B 主机就收到这个数据帧了。

这个寻址过程也可以概括为 IP→MAC→PORT，ARP 欺骗是欺骗了 IP/MAC 的应关系，而 MAC欺骗则是欺骗了 MAC/PORT 的对应关系。比较早的攻击方法是泛洪交换机的 MAC 地址，这样确实会使交换机以广播模式工作从而达到嗅探的目的，但是会造成交换机负载过大，网络缓慢和丢包甚至瘫痪。目前，采用的方法如下。

若主机 A 要劫持主机 C 的数据，整个过程如下：

主机 A 发送源地址为 B 数据帧到网关，这样交换机会把发给主机 B 的数据帧全部发到 A 主机，这个时间一直持续到真正的主机 B 发送一个数据帧为止。

主机 A 收到网关发给 B 的数据，记录或修改之后要转发给主机 B，在转发前要发送一个请求主机 B 的 MAC 地址的广播，这个包是正常的。这个数据帧表明了主机 A 对应 Port.A，同时会激发主机 B 响应一个应答包，应答包的内容是源地址主机 B，目标地址主机 A，由此产生了主机 B，对应了 Port.B。这样，对应关系已经恢复，主机 A 将劫持到的数据可顺利转发至主机 B。

由于这种攻击方法具有时间分段特性，隐蔽性强，对方的流量越大，劫持频率也越低，网络越稳定。

（2）内容寻址存储器（CAM）表格淹没攻击

交换机中的CAM表格包含了诸如在指定交换机的物理端口所提供的MAC地址和相关的 VLAN 参数之类的信息。一个典型的网络侵入者会向该交换机提供大量的无效 MAC 源地址，直到 CAM 表格被填满。当这种情况发生的时候，交换机会将传输进来的信息向所有的端口发送，因为这时交换机不能够从 CAM 表格中查找出特定的 MAC 地址的端口号。CAM 表格淹没只会导致交换机在本地 VLAN 范围内到处发送信息，所以侵入者只能够看到自己所连接到的本地 VLAN 中的信息。

（3）VLAN 中继攻击

VLAN 中继是一种网络攻击，由一终端系统发出以位于不同 VLAN 上的系统为目标地址的数据包，而该系统不可以采用常规的方法被连接。该信息被附加上不同于该终端系统所属网络 VLAN ID 的标签。或者发出攻击的系统伪装成交换机并对中继进行处理，以便于攻击者能够收发其他 VLAN 之间的通信。

（4）操纵生成树协议

生成树协议可用于交换网络中，以防止在以太网拓扑结构中产生桥接循环。通过攻击生成树协议，网络攻击者希望将自己的系统伪装成该拓扑结构中的根网桥。要达到此目的，网络攻击者需要向外广播生成树协议配置/拓扑结构改变网桥协议数据单元（BPDU），企图迫使生成树进行重新计算。网络攻击者系统发出的 BPDU 声称发出攻击的网桥优先权较低。如果获得成功，该网络攻击者能够获得各种各样的数据帧。

（5）地址解析协议（ARP）攻击

ARP 协议的作用是在处于同一个子网中的主机所构成的局域网部分中将 IP 地址映射到 MAC 地址。当有人在未获得授权时就企图更改 MAC 和 IP 地址的 ARP 表格中的信息时，就发生了 ARP 攻击。通过这种方式，黑客们可以伪造 MAC 或 IP 地址，以便实施如下两种攻击：服务拒绝和中间人攻击。

（6）DHCP 攻击

DHCP 耗竭攻击主要是通过利用伪造的 MAC 地址来广播 DHCP 请求的方式来进行的。利用诸如 gobbler 之类的攻击工具就可以很容易地造成这种情况。如果所发出的请求足够多的话，网络攻击者就可以在一段时间内耗竭向 DHCP 服务器所提供的地址空间。这是一种比较简单的资源耗竭的攻击手段，就像 SYN 泛滥一样。然后网络攻击者可以在自己的系统中建立起虚假的 DHCP 服务器来对网络上客户发出的新 DHCP 请求做出反应。

2. 安全对策

使用端口安全命令可以防止 MAC 欺骗攻击。端口安全命令能够提供指定系统 MAC 地址连接到特定端口的功能。该命令在端口的安全遭到破坏时，还能够提供指定需要采取何种措施的能力。然而，如同防止 CAM 表淹没攻击一样，在每一个端口上都要指定一个 MAC 地址是一种难办的解决方案。在界面设置菜单中选择计时的功能，并设定一个条目在 ARP 缓存中可以持续的时长，能够达到防止 ARP 欺骗的目的。在高级交换机中采用 IP、MAC 和端口号绑定，控制交换机中 MAC 表的自动学习功能。

在交换机上配置端口安全选项可以防止 CAM 表淹没攻击。该选择项要么可以提供特定交换机端口的 MAC 地址说明，要么可以提供一个交换机端口可以识得的 MAC 地址的数目方面的说明。当无效的 MAC 地址在该端口被检测出来之后，该交换机要么可以阻止所提供的 MAC 地址，要么可以关闭该端口。

对 VLAN 的设置稍作几处改动就可以防止 VLAN 中继攻击。这其中最大的要点在于所有中继端口上都要使用专门的 VLAN ID。同时也要禁用所有使用不到的交换机端口并将它们安排在使用不到的 VLAN 中。通过明确的方法，关闭掉所有用户端口上的 DTP，这样就可以将所有端口设置成非中继模式。

要防止操纵生成树协议的攻击，需要使用根目录保护和 BPDU 保护加强命令来保持网络中主网桥的位置不发生改变，同时也可以强化生成树协议的域边界。根目录保护功能可提供保持主网桥位置不变的方法。生成树协议 BPDU 保护使网络设计者能够保持有源网络拓扑结构的可预测性。尽管 BPDU 保护也许看起来是没有必要的，因为管理员可以将网络优先权调到 0，但仍然不能保证它将被选做主网桥，因为可能存在一个优先权为 0 但 ID 却更低的网桥。使用在面向用户的端口中，BPDU 保护能够发挥出最佳的用途，能够防止攻击者利用伪造交换机进行网络扩展。

通过限制交换机端口的 MAC 地址的数目，防止 CAM 表淹没的技术也可以防止 DHCP 耗竭攻击。

7.4.4　网络层的攻击及对策

网络层主要用于寻址和路由，它并不提供任何错误纠正和流控制的方法。网络层使用较高的服务来传送数据报文，所有上层通信，如 TCP、UDP、ICMP、IGMP 都被封装到一个 IP 数据报中。ICMP 和 IGMP 仅存于网络层，因此被当作一个单独的网络层协议来对待。网络层应用的协议在主机到主机的通信中起到了帮助作用，绝大多数的安全威胁并不来自 TCP/IP 堆栈的这一层。

1. 网络层常见的攻击方法

网络层常见的攻击主要有：IP 地址欺骗攻击和 ICMP 攻击。网络层的安全需要保证网络只给授权的客户提供授权的服务，保证网络路由正确，避免被拦截或监听。

（1）IP 地址欺骗攻击

IP 地址欺骗，简单来说就是向目标主机发送源地址为非本机 IP 地址的数据包。IP 地址欺骗在各种黑客攻击方法中都得到了广泛的应用，比如，进行拒绝服务攻击，伪造 TCP 连接，会话劫持，隐藏攻击主机地址等。IP 地址欺骗的表现形式主要有两种：一种是攻击者伪造的 IP 地址不可达或者根本不存在，这种形式的 IP 地址欺骗，主要用于迷惑目标主机上的入侵检测系统，或者是对目标主机进行 DoS 攻击；另一种则着眼于目标主机和其他主机之间的信任关系。攻击者通过在自己发出的 IP 包中填入被目标主机所信任的主机的 IP 地址来进行冒充。一旦攻击者和目标主机之间建立了一条 TCP 连接（在目标主机看来，是它和它所信任的主机之间的连接。事实上，它是把目标主机和被信任主机之间的双向 TCP 连接分解成了两个单向的 TCP 连接），攻击者就可以获得对目标主机的访问权，并可以进一步进行攻击，如图 7-16 所示。

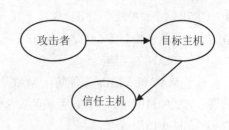

图 7-16　攻击者伪装成被目标主机所信任的主机

（2）ICMP 攻击

ICMP 全称为因特网控制信息协议，其数据包封装在 IP 包的数据部分。ICMP 通过在支持它的主机之间、主机与路由器之间发送 ICMP 数据包，来实现信息查询和错误通知的功能。

一般情况下，主机对 ICMP 重定向消息的确认遵循下面两个规则。

① ICMP 重定向消息中声明的新网关，应当是直达的，也就是说是可以直接 ARP 寻址的。

② 重定向消息的源地址应是当前到达指定目的地的第一跳网关。否则会丢弃收到的 ICMP 重定向数据包而不做任何处理。

攻击者只需将自己的机器伪装成满足上面两条规则的路由器来发送恶意的重定向消息，就可以构成 IP 欺骗攻击，也就是说，ICMP 重定向攻击不一定来自局域网内部，它也可以从广域网上发起，因此，该攻击的危害性是很大的。实际上如果一台机器向因特网上的另一台机器发送了一个恶意的重定向消息，很有可能导致其他很多与被攻击机器之间有路由关系的机器的路由表都变得无效。

如果恶意重定向消息给定的路由指向不可用主机或不具有 IP 转发功能的主机则会造成 DoS 攻击。如果攻击者通过重定向数据包修改受害者的路由表，将自己设置为一跳路由来截获所有到某些目标网络的 IP 数据包，就形成了 IP 窃听。

避免 ICMP 重定向欺骗的最简单方法是将主机配置成不处理 ICMP 重定向消息，在 Linux 下可以利用 firewall 明确指定屏蔽重定向包，其他系统也有相关的系统命令用来禁止 ICMP 重定向。注意当在路由器上禁止该类型的报文时，路由器将对可能的路由错误做不出反应。

另一种方法是验证 ICMP 重定向消息。例如检查 ICMP 重定向消息是否来自当前正在使用的路由器。这要检查重定向消息发送者的 IP 地址并校验该 IP 地址与 ARP 高速缓存中保留的硬件地址是否匹配。另外，ICMP 重定向消息应当包含被引发它的 IP 数据包的首部信息，通过验证该数据部分，也可以验证 ICMP 重定向消息的合法性。总的来说，对 ICMP 重定向数据包的数据部分进行检查。由于无需查阅路由表及 ARP 高速缓存，实现起来相对容易一些，但该数据部分可以伪造，所以有漏报的可能。

2．安全对策

网络层安全性的主要优点是它的透明性。也就是说，安全服务的提供不需要应用程序、其他通信层次和网络部件做任何改动。它的主要缺点是网络层一般对属于不同进程和相应条例的包不作区分。对所有去往同一地址的包，它将按照相同的加密密钥和访问控制策略来处理。这可能导致提供不了所需的功能，也可能导致性能下降。

（1）逻辑网络分段

逻辑网络分段是指将整个网络系统在网络层（ISO/OSI 模型中的第三层）上进行分段。例如，对于 TCP/IP 网络，可以把网络分成若干 IP 子网，各子网必须通过中间设备进行连接，利用这些中间设备的安全机制来控制各子网之间的访问。

（2）VLAN 的实施

基于 MAC 的 VLAN 不能防止 MAC 欺骗攻击。因此，VLAN 划分最好基于交换机端口。VLAN 的划分方式的目的是为了保证系统的安全性。因此，可以按照系统的安全性来划分 VLAN。

（3）防火墙服务

防火墙是网络互联中的第一道屏障，主要作用是在网络入口点检查网络通信。从应用上分类：包过滤、代理服务器；从实现上分类：软件防火墙、硬件防火墙。

通过防火墙能解决以下问题。

① 保护脆弱服务。

② 控制对系统的访问。

③ 集中的安全管理。防火墙定义的规则可以运用于整个网络，不许在内部网每台计算机上分别定义安全策略。

④ 增强的保密性。使用防火墙可以组织攻击者攻击网络系统的有用信息，如 Finger、DNS 等。

⑤ 记录和统计网络利用数据以及非法使用数据。

⑥ 流量控制、防攻击检测等。

（4）加密技术

加密型网络安全技术的基本思想是不依赖于网络中数据路径的安全性来实现网络系统的安全，而是通过对网络数据的加密来保障网络的安全可靠性。

加密技术用于网络安全通常有两种形式，即面向网络或面向应用服务。前者通常工作在网络层或传输层，使用经过加密的数据包传送、认证网络路由及其他网络协议所需的信息，从而保证网络的连通性不受损坏。

（5）数字签名和认证技术

认证技术主要解决网络通信过程中通信双方的身份认可，数字签名是身份认证技术中的一种具体技术，同时数字签名还可用于通信过程中的不可地来要求的实现。

使用摘要算法的认证：Radius，OSPF，SNMP Security Protocol 等均使用共享的 Security Key，加上摘要算法（MD5）进行认证。由于摘要算法是一个不可逆的过程，因此，在认证过程中，由摘要信息不能技术得到共享的 Security Key，敏感信息不在网络上传输。

基于 PKI 的认证：使用公开密钥体系进行认证。该种方法安全程度较高，综合采用了摘要算法、不对陈加密、对称加密、数字签名等技术，结合了高效性和安全性。但涉及繁重的证书管理任务。

数字签名：数字签名作为验证发送者身份和消息完整性的根据。并且，如果消息随数字签名一同发出，对消息的任何修改在验证数字签名时都会被发现。

（6）VPN 技术

网络系统总部和分支机构之间采用公网互联，其最大弱点在于缺乏足够的安全性。完整的 VPN 安全解决方案，提供在公网上安全的双向通信，以及透明的加密方案，以保证数据的完整性和保密性。

7.4.5　传输层的攻击及对策

传输层处于通信子网和资源子网之间起着承上启下的作用。传输层控制主机间传输的数据流。传输层存在两个协议：传输控制协议（TCP）和用户数据报协议（UDP）。传输层安全，主要指在客户端和服务端的通信信道中提供安全。这个层次的安全可以包含加密和认证。传输层也支持多种安全服务：对等实体认证服务、访问控制服务、数据保密服务、数据完整性服务和数据源点认证服务。

1. 传输层常见的攻击方法

端口扫描往往是网络入侵的前奏，通过端口扫描，可以了解目标机器上打开哪些服务，有的服务本来就是公开的，但可能有些端口是管理不善误打开的或专门打开作为特殊控制使用但不想公开的，通过端口扫描可以找到这些端口，而且根据目标机返回包的信息，甚至可以进一步确定目标机的操作系统类型，从而展开下一步的入侵。

（1）TCP 扫描攻击

根据 TCP 协议规定：当连接一个没有打开的 TCP 端口时，服务器会返回 RST 包；连接打开的 TCP 端口时，服务器会返回 SYN+ACK 包。常见的 TCP 扫描攻击如下。

① connect 扫描：如果是打开的端口，攻击机调用 connect 函数完成 3 次握手后再主动断开。

② SYN 扫描：攻击机只发送 SYN 包，如果打开的端口服务器会返回 SYN+ACK，攻击机可能会再发送 RST 断开；关闭的端口返回 RST。

③ FIN 扫描：攻击机发送 FIN 标志包，Windows 系统不论端口是否打开都回复 RST；但 Unix 系统端口关闭时会回复 RST，打开时会忽略该包；可以用来区别 Windows 和 Unix 系统。

④ ACK 扫描：攻击机发送 ACK 标志包，目标系统虽然都会返回 RST 包，但两种 RST 包有差异。

对于合法连接扫描，如果 SYN 包确实正确的话，是可以通过防火墙的，防火墙只能根据一定的统计信息来判断，在服务器上可以通过 netstat 查看连接状态来判断是否有来自同一地址的 TIME_WAIT 或 SYN_RECV 状态来判断。

对于异常包扫描，如果没有安装防火墙，确实会得到相当好的扫描结果，在服务器上也看不到相应的连接状态；但如果安装了防火墙的话，由于这些包都不是合法连接的包，通过状态检测的方法很容易识别出来。

（2）UDP 扫描攻击

当连接一个没有打开的 UDP 端口时，大部分类型的服务器可能会返回一个 ICMP 的端口不可达包，但也可能无任何回应，由系统具体实现决定；对于打开的端口，服务器可能会有包返回，如 DNS，但也可能没有任何响应。

UDP 扫描是可以越过防火墙的状态检测的，由于 UDP 是非连接的，防火墙会把 UDP 扫描包作为连接的第一个包而允许通过，所以防火墙只能通过统计的方式来判断是否有 UDP 扫描。

UDP flooding 利用了 UDP 传输的无状态性，通过发送大量拥有伪装 IP 地址的 UDP 数据包，填满网络设备（主要是路由器或防火墙）的连接状态表，造成服务被拒绝。由于 UDP 是非连接协议，因此只能通过统计的方法来判断，很难通过状态检测来发现，只能通过流量限制和统计的方法缓解。

（3）SYN Flooding 攻击

SYN Flooding 是当前最流行的 DoS（拒绝服务攻击）与 DDoS（分布式拒绝服务攻击）的方式之一，这是一种利用 TCP 协议缺陷，发送大量伪造的 TCP 连接请求，从而使得被攻击方资源耗尽（CPU 满负荷或内存不足）的攻击方式。

一个正常的 TCP 连接需要 3 次握手，首先客户端发送一个包含 SYN 标志的数据包，其后服务器返回一个 SYN/ACK 的应答包，表示客户端的请求被接受，最后客户端再返回一个确认包 ACK，这样才完成 TCP 连接，进入数据包传输过程。假设 A 和 B 进行 TCP 通信，则双方需要进行一个 3 次握手的过程来建立一个 TCP 连接。具体过程如下。

① A 发送带有 SYN 标志的数据段通知 B 需要建立 TCP 连接，并将 TCP 报头中的序列号设置成自己本次连接的初始值 seq=a。

② B 回传给 A 一个带有 SYS+ACK 标志的数据段，告之自己的初始值 seq=b，并确认 A 发送来的第一个数据段，将 ACK 设置成 A 的 seq=a+1。

③ A 确认收到的 B 的数据段，将 ACK 设置成 A 的 seq=b+1。

A→B：SYN，seq=a

B→A：SYN，seq=b，ACK（seq=a+1）

A→B：ACK（seq=b+1）

问题就出在 TCP 连接的 3 次握手中，假设一个用户向服务器发送了 SYN 报文后突然死机或掉线，那么服务器在发出 SYN+ACK 应答报文后是无法收到客户端的 ACK 报文的（第三次握手无法完成），在这种情况下服务器端一般会重试（再次发送 SYN+ACK 给客户端）并等待一段时间后丢弃这个未完成的连接，这段时间的长度我们称为 SYN Timeout，一般来说，这个时间是分钟的数量级（为 30s～2min）；一个用户出现异常导致服务器的一个线程等待 1min 并不是什么很大的问题，但如果有一个恶意的攻击者大量模拟这种情况，服务器端将为了维护一个非常大的半连接列表而消耗非常多的资源——数以万计的半连接，即使是简单的保存并遍历也会消耗非常多的 CPU 时间和内存，何况还要不断对这个列表中的 IP 进行 SYN+ACK 的重试。实际上，如果服务器的 TCP/IP 栈不够强大，最后的结果往往是堆栈溢出崩溃。即使服务器端的系统足够强大，服务器端也将忙于处理攻击者伪造的 TCP 连接请求而无暇理睬客户的正常请求（毕竟客户端的正常请求比率非常之小），此时从正常客户的角度看来，服务器失去响应，导致正常的连接不能进入，甚至会导致服务器的系统崩溃。这种情况我们称作：服务器端受到了 SYN Flooding 攻击（SYN 洪水攻击）。

2. 安全对策

（1）安全设置防火墙

首先在防火墙上限制 TCP SYN 的突发上限，因为防火墙不能识别正常的 SYN 和恶意的 SYN，一般把 TCP SYN 的突发量调整到内部主机可以承受的连接量，当超过这个预设的突发量的时候就自动清理或者阻止，这个功能目前很多宽带路由都支持，只不过每款路由设置项的名称可能不一样，原理和效果一样。

一些高端防火墙具有 TCP SYN 网关和 TCP SYN 中继等特殊功能，也可以抵抗 TCP SYN flooding，它们都是通过干涉建立过程来实现。具有 TCP SYN 网关功能的防火墙在收到 TCP SYN 后，转发给内部主机并记录该连接，当收到主机的 TCP SYN+ACK 后，以客户机的名义发送 TCP ACK 给主机，帮助三次握手，把连接由半开状态变成全开状态（后者比前者占用的资源少）。而具有 TCP SYN 中继功能的防火墙在收到 TCP SYN 后不转发给内部主机，而是代替内部主机回应 TCP SYN+ACK，如果收到 TCP ACK 则表示连接非恶意，否则及时释放半连接所占用资源。

（2）防御 DoS 攻击

首先，利用防火墙可以阻止外网的 ICMP 包；其次，利用工具时常检查一下网络内是否是 SYN_RECEIVED 状态的半连接，这可能预示着 SYN 泛洪，许多网关型防火墙也是用此方法防御 DoS 攻击的；最后，如果网络比较大，有内部路由器，同时网络不向外提供服务的话，可以考虑配置路由器禁止所有不是由本地发起的流量，而且考虑禁止直接 IP 广播。

若路由器具有包过滤功能的话，可以检查数据包的源 IP 地址是否被伪造，来自外网的数据包源 IP 地址应该是外网 IP 地址，来自内网的数据包源 IP 地址是内网 IP 地址。

最后，做好常规防护，及时更新补丁，使用防病毒软件，制定下载策略等措施。具体内容如下。

① 使用防病毒软件，定期扫描。

② 及时更新系统及软件补丁。

③ 关闭不需要的服务。

④ 浏览器配置为最高安全级。

⑤ 使用防火墙，对于桌面机，系统自带防火墙足够。

⑥ 考虑使用反间谍软件。

⑦ 不要在互联网泄露私人信息，除非十分有必要。

⑧ 企业要有相应安全策略。

（3）漏洞扫描技术

漏洞扫描技术是一项重要的主动防范安全技术，它主要通过以下两种方法来检查目标主机是否存在漏洞：在端口扫描后得知目标主机开启的端口以及端口上的网络服务，将这些相关信息与网络漏洞扫描系统提供的漏洞库进行匹配，查看是否有满足匹配条件的漏洞存在；通过模拟黑客的攻击手法，对目标主机系统进行攻击性的安全漏洞扫描，如测试弱势口令等，若模拟攻击成功，则表明目标主机系统存在安全漏洞。发现系统漏洞的一种重要技术是蜜罐（Honeypot）系统，它是故意让人攻击的目标，引诱黑客前来攻击。通过对蜜罐系统记录的攻击行为进行分析，来发现攻击者的攻击方法及系统存在的漏洞。

7.4.6　应用层的攻击及对策

目前，常见的应用层攻击模式主要有：带宽攻击、缺陷攻击和控制目标机。

带宽攻击就是用大量数据包填满目标机的数据带宽，使任何机器都无法再访问该机。此类攻击通常是属于 IP、TCP 层次上的攻击，如各种 Flood 攻击；也有应用层面的，如网络病毒和蠕虫造成的网络阻塞。

缺陷攻击是根据目标机系统的缺陷，发送少量特殊包使其崩溃，如 tear drop，winnuke 等攻击；也有的根据服务器的缺陷，发送特殊请求来达到破坏服务器数据的目的。这类攻击属于一招制敌式攻击，自己没有什么损失，但也没有收获，无法利用目的机的资源。

隐秘地全面控制目标机才是网络入侵的最高目标，也就是获取目标机的 ROOT 权限而不被目标机管理员发现。为实现此目标，一般经过以下一些步骤：端口扫描，了解目标机开了哪些端口，进一步了解使用是哪种服务器的实现；检索有无相关版本服务器的漏洞；尝试登录获取普通用户权限；以普通用户权限查找系统中是否可能的 suid 的漏洞程序，并用相应 shellcode 获取 ROOT 权限；建立自己的后门方便以后再来。

1. 应用层的攻击方法

对应用层构成威胁的有：各种病毒、间谍软件、网络钓鱼等。这些威胁直接攻击核心服务器、和终端用户计算机，给单位和个人带来了重大损失；对网络基础设施进行 DoS/DDoS 攻击，造成基础设施的瘫痪；像电驴、BT 等 P2P 应用和 MSN、QQ 等即时通信软件的普及，使得带宽资源被业务无关的流量浪费，形成巨大的资源损失。具体攻击方式如下。

（1）应用层协议攻击

其实协议本身有漏洞的不是很多，即使有很快就能补上。漏洞主要是来自协议的具体实现，比如说同样的 HTTP 服务器，虽然都根据相同的 RFC 来实现，但 Apache 的漏洞和 IIS 的漏洞就是不同的。应用层协议本身的漏洞包括：

① 明文密码，如 FTP、SMTP、POP3、TELNET 等，容易被 sniffer 监听到，但可以通过使用 SSH、SSL 等来进行协议包装。

② 多连接协议漏洞，由于子连接需要打开动态端口，就有可能被恶意利用，如 FTP 的 PASV 命令可能会使异常连接通过防火墙。

③ 缺乏客户端有效认证，如 SMTP，HTTP 等，导致服务器资源能力被恶意使用；而一些臭名昭著的远程服务，只看 IP 地址就提供访问权限，更属于被黑客们所搜寻的"肉鸡"。

④ 服务器信息泄露，如 HTTP、SMTP 等都会在头部字段中说明服务器的类型和版本信息。

⑤ 协议中一些字段非法参数的使用，如果具体实现时没注意这些字段的合法性可能会造成问题。

（2）缓冲溢出攻击

缓冲区溢出攻击是利用缓冲区溢出漏洞所进行的攻击行动。缓冲区溢出是指当计算机向缓冲区内填充数据位数时超过了缓冲区本身的容量，溢出的数据覆盖在合法数据上。缓冲区溢出是一种非常普遍、非常危险的漏洞，在各种操作系统、应用软件中广泛存在。利用缓冲区溢出攻击，可以导致程序运行失败、系统关机、重新启动等后果。

（3）口令猜测/破解

口令猜测往往也是很有效的攻击模式，或者根据加密口令文件进行破解。世界上有许多人用自己的名字+生日作为密码，即使用了复杂密码，也因为密码的复杂性在很多场合都用这一个密码，包括一些几乎没有任何保护的 BBS、Blog、免费邮箱等地方，而且用户名往往都是相同的，这样就给"有心之人"留出了巨大无比的漏洞。

（4）后门、木马和病毒

这类病毒会修改注册表、驻留内存、在系统中安装后门程序、开机加载附带的木马。木马病毒的发作要在用户的机器里运行客户端程序，一旦发作，就可设置后门，定时地发送该用户的隐私到木马程序指定的地址，一般同时内置可进入该用户电脑的端口，并可任意控制此计算机，进行文件删除、复制、改密码等非法操作。

（5）间谍软件

驻留在计算机的系统中，收集有关用户操作习惯的信息，并将这些信息通过互联网悄无声息地发送给软件的发布者，由于这一过程是在用户不知情的情况下进行，因此具有此类双重功能的软件通常被称作 SpyWare（间谍软件）。

根据微软的定义，"间谍软件是一种泛指执行特定行为，如播放广告、搜集个人信息和更改你计算机配置的软件，这些行为通常未经你同意"。

严格地说，间谍软件是一种协助搜集（追踪、记录与回传）个人或组织信息的程序，通常是在不提示的情况下进行。广告软件和间谍软件很像，它是一种在用户上网时透过弹出式窗口展示广告的程序。这两种软件手法相当类似，因而通常统称为间谍软件。而有些间谍软件就隐藏在广告软件内，透过弹出式广告窗口入侵到计算机中，使得两者更难以清楚划分。

由于间谍软件主要通过 80 端口进入计算机，也通过 80 端口向外发起连接，因此传统的防火墙无法有效抵御，必须通过应用层内容的识别采取相关措施。

（6）DNS 欺骗

DNS 欺骗就是攻击者冒充域名服务器的一种欺骗行为。DNS 欺骗的基本原理是：如果可以冒充域名服务器，然后把查询的 IP 地址设为攻击者的 IP 地址，这样的话，用户上网就只能看到攻击者的主页，而不是用户想要取得的网站的主页了。DNS 欺骗其实并不是真的"黑掉"了对方的网站，而是冒名顶替、招摇撞骗罢了。

（7）网络钓鱼

攻击利用欺骗性的电子邮件和伪造的 Web 站点来进行诈骗活动，受骗者往往会泄露自己的财务数据，如信用卡号、账户用户名、口令和社保编号等内容。诈骗者通常会将自己伪装成知名银行、在线零售商和信用卡公司等可信的品牌，在所有接触诈骗信息的用户中，有高达 5%的人都会对这些骗局做出响应。

2. 安全对策

（1）访问控制策略

访问控制是网络安全防范和保护的主要策略，它的主要任务是保证网络资源不被非法使用和非常访问。它也是维护网络系统安全、保护网络资源的重要手段。各种安全策略必须相互配合才能真正起到保护作用，但访问控制可以说是保证网络安全最重要的核心策略之一。

（2）信息加密策略

信息加密的目的是保护网内的数据、文件、口令和控制信息，保护网上传输的数据。网络加密常用的方法有链路加密、端点加密和节点加密 3 种。链路加密的目的是保护网络节点之间的链路信息安全；端—端加密的目的是对源端用户到目的端用户的数据提供保护；节点加密的目的是对源节点到目的节点之间的传输链路提供保护。用户可根据网络情况酌情选择上述加密方式。

信息加密过程是由形形色色的加密算法来具体实施，它以很小的代价提供很全面的安全保护。在多数情况下，信息加密是保证信息机密性的唯一方法。据不完全统计，到目前为止，已经公开发表的各种加密算法多达数百种。如果按照收发双方密钥是否相同来分类，可以将这些加密算法分为常规密码算法和公钥密码算法。

（3）网络安全管理策略

在计算机网络系统中，绝对的安全是不存在的，制定健全的安全管理体制是计算机网络安全的重要保证，只有通过网络管理人员与使用人员的共同努力，运用一切可以使用的工具和技术，尽一切可能去控制、减少一切非法的行为，把不安全的因素降到最低。同时，还要不断地加强计算机信息网络的安全规范化管理力度，大力加强安全技术建设，强化使用人员和管理人员的安全防范意识。

网络内使用的 IP 地址作为一种资源以前一直为某些管理人员所忽略，为了更好地进行安全管理工作，应该对本网内的 IP 地址资源统一管理、统一分配。对于盗用 IP 资源的用户必须依据管理制度严肃处理。只有各方共同努力，才能使计算机网络的安全可靠得到保障，从而使广大网络用户的利益得到保障。

在网络安全中，除了采用上述技术措施之外，加强网络的安全管理，制定有关规章制度，对于确保网络的安全、可靠地运行，将起到十分有效的作用。

（4）网络防火墙技术

网络防火墙技术是一种用来加强网络之间的访问控制，防止外部网络用户以非法手段通过外部进入网络内部，保护内部网络操作环境的特殊互联设备。它对多个网络之间传输的数据包，按照一定的安全策略来实施检查，决定网络间通信是否被允许，并监视网络的运行状态。

（5）入侵检测技术

网络入侵检测技术通过硬件或软件对网络上的数据流进行实时检查，并与系统中的入侵特征数据库进行比较，一旦发现有被攻击的迹象，立刻根据用户所定义的动作做出反应，例如，切断网络连接，或通知防火墙系统对访问控制策略进行调整，将入侵的数据包进行过滤等。

入侵检测系统（Intrusion Detection System，IDS）是用于检测任何损害或企图损害系统的保密性、完整性或可用性行为的一种网络安全技术。它通过监视受保护系统的状态和活动来识别针对计算机系统和网络系统，包括检测外界非法入侵者的恶意攻击或试探，以及内部合法用户的超越使用权限的非法活动。作为防火墙的有效补充，入侵检测技术能够帮助系统对付已知和未知网络攻击，扩展了系统管理员的安全管理能力（包括安全审计、监视、攻击识别和响应），提高了信息安全基础结构的完整性。

入侵防御系统（Intrusion Prevention System，IPS）则是一种主动的、积极的入侵防范、阻止系统。IPS 是基于 IDS 的、建立在 IDS 发展的基础上的新生网络安全技术，IPS 的检测功能类似于 IDS，防御功能类似于防火墙。IDS 是一种并联在网络上的设备，它只能被动地检测网络遭到了何种攻击，它的阻断攻击能力非常有限；而 IPS 部署在网络的进出口处，当它检测到攻击企图后，会自动地将攻击包丢掉或采取措施将攻击源阻断。可以认为 IPS 就是防火墙加上入侵检测系统，但并不是说 IPS 可以代替防火墙或入侵检测系统。防火墙是粒度比较粗的访问控制产品，它在基于 TCP/IP 协议的过滤方面表现出色，同时具备网络地址转换、服务代理、流量统计、VPN 等功能。

7.4.7 黑客攻击的 3 个阶段

黑客是英文 Hacker 的音译，原意为热衷于电脑程序的设计者，指对于任何计算机操作系统的奥秘都有强烈兴趣的人。黑客大都是程序员，他们具有操作系统和编程语言方面的高级知识，熟悉了解系统中的漏洞及其原因所在，他们不断追求更深的知识，并公开他们的发现，与其他人分享，并且从来没有破坏数据的企图。黑客在微观的层次上考察系统，发现软件漏洞和逻辑缺陷。他们编程去检查软件的完整性。黑客出于改进的愿望，编写程序去检查远程机器的安全体系，这种分析过程是创造和提高的过程。

入侵者（攻击者）指怀着恶意企图，闯入远程计算机系统甚至破坏远程计算机系统完整性的人。入侵者利用获得的非法访问权，破坏重要数据，拒绝合法用户的服务请求，或为了自己的目的故意制造麻烦。入侵者的行为是恶意的，入侵者可能技术水平很高，也可能是个初学者。

有些人可能既是黑客，也是入侵者，这种人的存在模糊了对这两类群体的划分。在大多数人的眼里，黑客就是入侵者。黑客攻击的 3 个阶段如下。

1. 信息收集

信息收集的目的是为了进入所要攻击的目标网络的数据库。黑客会利用下列的公开协议或工具，收集驻留在网络系统中的各个主机系统的相关信息。

① SNMP：用来查阅网络系统路由器的路由表，从而了解目标主机所在网络的拓扑结构及其内部细节。

② TraceRoute 程序：能够用该程序获得到达目标主机所要经过的网络数和路由器数。

③ Whois 协议：该协议的服务信息能提供所有有关的 DNS 域和相关的管理参数。

④ DNS 服务器：该服务器提供了系统中可以访问的主机的 IP 地址表和它们所对应的主机名。

⑤ Finger 协议：用来获取一个指定主机上的所有用户的详细信息，如用户注册名、电话号码、最后注册时间以及他们有没有读邮件等。

⑥ Ping 实用程序：可以用来确定一个指定主机的位置。

⑦ 自动 Wardialing 软件：可以向目标站点一次连续拨出大批电话号码，直到遇到某一正确的号码使其 MODEM 响应。

2. 系统安全弱点的探测

在收集到攻击目标的一批网络信息之后，黑客会探测网络上的每台主机，以寻求该系统的安全漏洞或安全弱点，黑客可能使用下列方式自动扫描驻留在网络上的主机。

① 自编程序。对于某些产品或者系统，已经发现了一些安全漏洞，该产品或系统的厂商或组织会提供一些"补丁"程序以弥补这些漏洞。但是用户并不一定及时使用这些"补丁"程序。黑客发现这些"补丁"程序的接口后会自己编写程序，通过该接口进入目标系统。

② 利用公开的工具，像因特网的电子安全扫描程序（Internet Security Scanner，ISS）、审计网络用的安全分析工具（Security Analysis Tool for Auditing Network，SATAN）等。这些工具可以对整个网络或子网进行扫描，寻找安全漏洞。这些工具有两面性，关键是什么人在使用它们。系统管理员可以使用它们，以帮助发现其管理的网络系统内部隐藏的安全漏洞，从而确定系统中哪些主机需要用"补丁"程序堵塞漏洞。而黑客也可以利用这些工具，收集目标系统的信息，获取攻击目标系统的非法访问权。

3. 网络攻击

黑客使用上述方法，收集或探测到一些"有用"信息之后，就可能会对目标系统实施攻击。黑客一旦获得了对攻击的目标系统的访问权后，又可能有下述多种选择。

① 该黑客可能试图毁掉攻击入侵的痕迹，并在受到损害的系统上建立另外的新的安全漏洞或后门，以便在先前的攻击点被发现之后，继续访问这个系统。

② 该黑客可能在目标系统中安装探测器软件，包括特洛伊木马程序，用来窥探所在系统的活动，收集黑客感兴趣的一切信息，如 Telnet 和 FTP 的账号名和口令等。

③ 该黑客可能进一步发现受损系统在网络中的信任等级，这样黑客就可以通过该系统信任级展开对整个系统的攻击。

如果黑客在某台受损系统上获得了特许访问权，那么他就可以读取邮件，搜索和盗窃私人文件，毁坏重要数据，从而破坏整个系统的信息，造成不堪设想的后果。

7.4.8 对付黑客入侵

"入侵"指的是网络遭受到非法闯入的情况。这种情况分为以下 4 种不同的程度。

① 入侵者只获得访问权（一个登录名和口令）。

② 入侵者获得访问权，并毁坏、侵蚀或改变数据。

③ 入侵者获得访问权，并获得系统一部分或整个系统控制权，拒绝拥有特权用户的访问。

④ 入侵者没有获得访问权，而是用不良的程序，引起网络持久性或暂时性的运行失败、重新启动、挂起或其他无法操作的状态。

1. 发现黑客

很难发现 Web 站点是否被入侵，即便站点上有黑客入侵，也可能永远不被发现。如果黑客破坏了站点的安全性，则应追踪他们。可以用一些工具帮助发现黑客。Unix 操作系统中的 tripwire 程序能定时浏览检查任一系统中的文件或程序是否被修改。但是这不足以阻止黑客的入侵，而且有些操作系统平台上还没有类似 Tripwire 的工具。

另外一种方法是对可疑行为进行快速检查，检查访问及错误登录文件，检查系统命令，例如：rm、login、/bin/sh 及 perl 等的使用情况。在 MocroSoft Windows 平台上，可以定期检查 Event Log 中的 Security Log，以寻找可疑行为。

最后，查看那些屡次失败的访问口令或访问受口令保护的部分的企图。所有这些就能表明有人企图进入当前的站点。

2. 应急操作

假若需要面对安全事故，则应遵循以下步骤。尽管不必逐条执行，或者其中一些步骤并不适合具体情况，但至少应该仔细阅读，因为它有助于在事故发生时控制形势，而不是在事故发生之后。

面对黑客的袭击，首先应当考虑这将对站点和用户产生什么影响，然后考虑如何能阻止黑客的进一步入侵。万一事故发生，应按以下步骤进行。

（1）估计形势

当证实遭到入侵时，采取的第一步行动是尽可能快地估计入侵造成的破坏程度。

① 黑客是否已成功闯入站点？果真如此，则不管黑客是否还在那里，必须迅速行动。但是主要目的不是抓住他们，而是立即保护用户、文件和系统资源。

② 黑客是否还滞留在系统中？若如此，需尽快阻止他们。若不在，则在他们下次侵入之前，还有一段时间做准备。

③ 在能控制形势之前最好的方法是什么？可以关闭系统或停止有影响的服务（FTP、Gopher、Telnet 等），甚至可能需要关闭因特网连接。

④ 入侵是否有来自内部威胁的可能呢？若如此，除授权者之外，千方小心不要让其他人知道自己的解决方案。

⑤ 是否了解入侵者身份？若想知道这些，可预先留出一些空间给入侵者，以从中了解一些入侵者的信息。

（2）切断连接

一旦了解形势之后，就应着手去采取行动，至少是一个短期行动。首先应切断连接，具体操作要看环境。

① 能否关闭服务器？需要关闭它吗？若有能力，可以这样做。若不能，可关闭一些服务。

② 是否关心追踪黑客？若打算如此，则不要关闭因特网连接，因为这会失去入侵者的踪迹。

③ 若关闭服务器，是否能承受得起失去一些必须的有用系统信息的损失？

（3）分析问题

必须有一个计划，合理安排时间。当系统已被入侵时，应全盘考虑新近发生的事情，当已识别安全漏洞并将进行修补时，要保证修补不会引起另一个安全漏洞。

（4）采取行动

实施紧急反应计划时，应让用户及服务提供商都意识到这个问题的严重性。并给他们时间用以修复安全漏洞和恢复系统。

最后，应记录整个事情的发生过程，从中汲取经验并编档保存。

3. 抓住入侵者

抓住入侵者是很困难的，特别是当他们故意隐藏行迹的时候。成功与否在于是否能准确把握黑客的攻击。尽管抓住黑客的可能性不高，但遵循如下原则会大有帮助。

① 注意经常定期检查登录文件。特别是那些由系统登录服务和 wtmp 文件生成的内容。

② 注意不寻常的主机连接及连接次数通知用户，将使消除入侵变得更为容易。

③ 注意那些原不经常使用却突然变得活跃的账户。应该禁止或干脆删去这些不用的账户。

④ 预计黑客经常在周六、周日和节假日下午 6 点至上午 8 点之间光顾。但他们也可能随时光顾。在这些时段里，每隔 10min 运行一次 shell script 文件，记录所有的过程及网络连接。

7.5 入侵检测技术

7.5.1 入侵检测技术概述

入侵定义为任何试图破坏信息系统的完整性、保密性或有效性的活动的集合。入侵检测就是通过从计算机网络或计算机系统中的若干关键点收集信息并对其进行分析，从中发现网络或系统中是否有违反安全策略的行为和遭到袭击的迹象的一种安全技术。入侵检测系统（IDS）被认为是防火墙之后的第二道安全闸门，能够检测来自网络内部的攻击。

1. 基本概念

入侵检测是指通过对行为、安全日志或审计数据或其他网络上可以获得的信息进行操作，检测到对系统的闯入或闯入的企图。入侵检测是检测和响应计算机误用的学科，其作用包括威慑、检测、响应、损失情况评估、攻击预测和起诉支持。入侵检测技术是为保证计算机系统的安全而设计与配置的一种能够及时发现并报告系统中未授权或异常现象的技术，是一种用于检测计算机网络中违反安全策略行为的技术。进行入侵检测的软件与硬件的组合便是入侵检测系统（Intrusion Detection System，IDS）。

2. 入侵检测系统的分类

按照检测类型从技术上划分，入侵检测有两种检测模型。

（1）异常检测模型（Anomaly Detection）

检测与可接受行为之间的偏差。如果可以定义每项可接受的行为，那么每项不可接受的行为就应该是入侵。首先总结正常操作应该具有的特征，当用户活动与正常行为有重大偏离时即被认为是入侵。这种检测模型漏报率低，误报率高。因为不需要对每种入侵行为进行定义，所以能有效检测未知的入侵。

（2）误用检测模型（Misuse Detection）

检测与已知的不可接受行为之间的匹配程度。如果可以定义所有的不可接受行为，那么每种能够与之匹配的行为都会引起告警。收集非正常操作的行为特征，建立相关的特征库，当监测的用户或系统行为与库中的记录相匹配时，系统就认为这种行为是入侵。这种检测模型误报率低、漏报率高。对于已知的攻击，它可以详细、准确地报告出攻击类型，但是对未知攻击却效果有限，而且特征库必须不断更新。

按照监测的对象是主机还是网络分为基于主机的入侵检测系统和基于网络的入侵检测系统以及混合型入侵检测系统。

（1）基于主机的入侵检测系统

根据主机系统的系统日志和审计记录来进行检测分析，通常在受保护的主机上有专门的检测代理，通过对系统日志和审计记录不间断的监视和分析来发现攻击。能否及时采集到审计是这些系统的弱点之一，入侵者会将主机审计子系统作为攻击目标以避开入侵检测系统。

（2）基于网络的入侵检测系统

基于网络的入侵检测系统通过在共享网段上对通信数据的进行侦听、采集数据、检查网络通信情况以分析是否有异常活动。这类系统不需要主机提供严格的审计，对主机资源消耗少，并可以提供对网络通用的保护而无需顾及异构主机的不同架构。由于要检测整个网段的流量，所以它处理的信息量很大，易遭受拒绝服务（DoS）攻击。

（3）混合型入侵检测系统

基于网络和基于主机的入侵检测系统都有不足之处，会造成防御体系的不全面，综合了基于网络和基于主机的混合型入侵检测系统既可以发现网络中的攻击信息，也可以从系统日志中发现异常情况。

按照工作方式分为离线检测系统与在线检测系统。

（1）离线检测系统

离线检测系统是非实时工作的系统，它在事后分析审计事件，从中检查入侵活动。事后入侵检测由网络管理人员进行，他们具有网络安全的专业知识，根据计算机系统对用户操作所做的历史审计记录判断是否存在入侵行为，如果有就断开连接，并记录入侵证据和进行数据恢复。事后入侵检测是管理员定期或不定期进行的，不具有实时性。

（2）在线检测系统

在线检测系统是实时联机的检测系统，它包含对实时网络数据包分析，实时主机审计分析。其工作过程是实时入侵检测在网络连接过程中进行，系统根据用户的历史行为模型、存储在计算机中的专家知识以及神经网络模型对用户当前的操作进行判断，一旦发现入侵迹象立即断开入侵者与主机的连接，并收集证据和实施数据恢复。这个检测过程是不断循环进行的。

3. 入侵检测的过程

入侵检测过程分为 3 部分：信息收集、信息分析和结果处理。

（1）信息收集

入侵检测的第一步是信息收集，收集内容包括系统、网络、数据及用户活动的状态和行为。由放置在不同网段的传感器或不同主机的代理来收集信息，包括系统和网络日志文件、网络流量、非正常的目录和文件改变、非正常的程序执行。

（2）信息分析

收集到的有关系统、网络、数据及用户活动的状态和行为等信息，被送到检测引擎，检测引擎驻留在传感器中，一般通过 3 种技术手段进行分析：模式匹配、统计分析和完整性分析。当检测到某种误用模式时，会产生一个告警并发送给控制台。

（3）结果处理

控制台按照告警产生预先定义的响应采取相应措施，可以是重新配置路由器或防火墙、终止进程、切断连接、改变文件属性，也可以只是简单的告警。

4．入侵检测系统的结构

由于入侵检测环境和系统安全策略的不同，IDS 在具体实现上也存在差异。从系统构成上看，IDS 包括事件提取、入侵分析、入侵响应和远程管理 4 部分。另外，还可能结合安全知识库、数据存储等功能模块，提供更为完善的安全检测和数据分析功能，如图 7-17 所示。

事件提取负责提取与被保护系统相关的运行数据或记录，并对数据进行简单的过滤。入侵分析就是在提取的数据中找出入侵的痕迹，将授权的正常访问行为和非授权的不正常访问行为区分开，分析出入侵行为并对入侵者进行定位。入侵响应功能在发现入侵行为后被激活，执行响应措施。

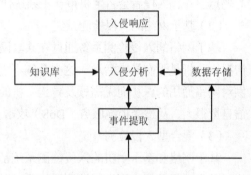

图 7-17　入侵检测系统结构

根据任务属性的不同，IDS 的功能结构可分为中心检测平台和代理服务器两部分。中心检测平台由专家系统、知识库和管理员组成，其功能是根据代理服务器采集到的审计数据，由专家系统进行分析，产生系统安全报告。代理服务器负责从各个目标系统中采集审计数据，并把审计数据转换为与平台无关的格式后，传送到中心检测平台，同时把中心检测平台的审计数据要求传送到各个目标系统中。系统管理员可以向各个主机提供安全管理功能，根据专家系统的分析结果向各个代理服务器发出审计数据的需求。

7.5.2　常用入侵检测技术

1．常用的检测方法

入侵检测系统常用的检测方法有特征检测、统计检测与专家系统。据公安部计算机信息系统安全产品质量监督检验中心的报告，国内送检的入侵检测产品中 95%是属于使用入侵模板进行模式匹配的特征检测产品，其他 5%是采用概率统计的统计检测产品与基于日志的专家知识库系产品。

（1）特征检测

特征检测对已知的攻击或入侵的方式做出确定性的描述，形成相应的事件模式。当被审计的事件与已知的入侵事件模式相匹配时，即报警。原理上与专家系统相仿。其检测方法上与计算机病毒的检测方式类似。目前，基于对包特征描述的模式匹配应用较为广泛。该方法预报检测的准确率较高，但对于无经验知识的入侵与攻击行为无能为力。

（2）统计检测

统计模型常用异常检测，在统计模型中常用的测量参数包括审计事件的数量、间隔时间、资源消耗情况等。

（3）专家系统

用专家系统对入侵进行检测，经常是针对有特征的入侵行为。规则，就是知识，不同的系统与设置具有不同的规则，且规则之间往往无通用性。专家系统的建立依赖于知识库的完备性，知识库的完备性又取决于审计记录的完备性与实时性。入侵的特征抽取与表达，是入侵检测专家系统的关键。在系统实现中，将有关入侵的知识转化为 if-then 结构（也可以是复合结构），条件部分为入侵特征，then 部分是系统防范措施。运用专家系统防范有特征入侵行为的有效性完全取决于专家系统知识库的完备性。

2. 统计异常检测

统计异常检测技术可以分为两种：阈值检测和基于行为的检测。阈值检测对一段时间之内某种特定事件的出现次数进行统计，如果统计所得的结果超过了预先定义好的阈值，就可以认为有入侵行为发生。

由于阈值和时间间隔都是确定的，而不同用户行为具有很大的变化，这使得阈值检测很有可能产生较多的误报或漏报，从而影响实际的检测效果。但是把阈值检测技术和其他较复杂的检测技术结合起来就会产生较准确的检测结果。

基于用户行为的检测技术首先要建立单个用户或群体用户的行为模型，之后检测当前用户行为和该模型是否有较大的偏离。行为可能会包含很多参数，因此仅仅单个参数出现较大的偏离是不足以作为产生报警依据的。

下面是基于用户行为的入侵检测实现方法所用到的一些参量。

计数器：保持一个非负整数，该值一般只可以执行加操作，只有通过特定的管理操作才可以对其进行减操作。计数器主要用于记录一些给定时间内某些事件类型的发生次数，如单个用户在一个小时之内的登录次数、一次用户会话期间某条命令的执行次数、一分钟内口令登录失败的次数等。

计量器：保持并更新一个非负整数，该数值可以增加也可以减少，计量器主要用于测定某实体的当前值。例如，某时刻对某应用程序的逻辑连接数目、在某用户进程队列里排队等待的消息个数等。

间隔定时器：记录两个相关事件之间的时间间隔，如对同一账号的两次成功登录间的时间间隔。

资源使用情况：在某段特定时间段内的资源使用情况，如在一次用户会话期间打印的页数和某程序执行的总时间等。

利用这些给定的参量，有很多种检测都可以用于判断当前用户行为偏离是否在可以接受的范围之内。

基于用户行为的检测技术常用的模型如下。

操作模型：该模型假设异常可通过测量结果与一些固定指标相比较得到，固定指标可以根据经验值或一段时间内的统计平均得到，举例来说，在短时间内的多次失败的登录很有可能是口令尝试攻击。

方差模型：计算参数的方差，设定其置信区间，当测量值超过置信区间的范围时表明有可能是异常。

多元模型：以两个或多个变量之间的关联为基础，如处理器时间和资源使用的关联、登录频率和会话消逝时间的关联等，通过对这种关联的分析可以对入侵行为做出可信度比较高的判断。

马尔柯夫过程模型：将每种类型的事件定义为系统状态，用状态转移矩阵来表示状态的变化，当一个事件发生时，或状态矩阵该转移的概率较小则可能是异常事件。

时间序列模型：在给定时间间隔内寻找发生频率过高或过低的事件序列，有很多种统计学测试都可以用来刻画这种由时间序列引发的异常。

统计方法的最大优点是它可以学习用户的使用习惯，从而具有较高检出率与可用性。但是它的学习能力也给入侵者以机会通过逐步训练使入侵事件符合正常操作的统计规律，从而透过入侵检测系统。

3. 基于规则的入侵检测

基于规则的入侵检测是通过观察系统里发生的事件并将该事件与系统的规则集进行匹配，来判断该事件是否与某条规则所代表的入侵行为相对应。基于规则的入侵检测可以大体划分为两种方法，即基于规则的异常检测和基于规则的渗透检测。

（1）基于规则的异常检测

基于规则的异常检测在检测方法和检测能力上与统计异常检测比较相近，在这种方法中，历史审计记录被用来区分使用模式并产生用来识别这些模式的规则集。这些规则代表了用户、程序、特权、时间槽、访问终端等实体的历史行为模式。当前行为将和这些规则进行匹配，之后根据匹配结果来判断当前行为是否和某条规则所代表的行为一致。

和统计异常检测类似，基于规则的异常检测不需要具备系统安全弱点的经验知识。基于规则异常检测是建立在对历史行为的分析并从其中抽取出规则集的基础之上的，因此规则集是这种方法的关键所在。要想让这种方法有效地工作，就需要有很大的规则数据库。

（2）基于规则的渗透检测

基于规则的渗透检测是一种基于专家系统的技术，和前面所提到的入侵检测方法有很大的不同，这种方法的关键是利用规则集对已有的渗透模式或者对已知的系统弱点可能的渗透进行识别。也可以定义规则来对可疑行为进行识别，即使该可疑行为并没有超出已建立的可用模式的范围。

系统规则只适用于特定的机器和操作系统。规则由安全专家建立，而不是通过审计记录自动分析产生的。通过对一些渗透场景和一些危及系统安全的关键事件的分析来建立规则集。因此，这种方法的检测能力在很大程度上取决于规则集的建立过程是否完善。

4. 分布式入侵检测

对于分布式入侵检测系统的设计要考虑以下 3 个问题。

① 分布式入侵检测系统要处理不同的审计记录格式。在异构的环境中，不同的系统采用不同的记录收集机制，用于入侵检测系统的与安全性相关的日志记录也将具有不同的格式。

② 网络中的一个或多个主机将充当数据收集和分析的宿主机，原始的审计数据或精简的审计数据都将通过网络传送到这些主机，这就要求必须采用某种机制保证这些数据的完整性和机密性。

③ 可以采用集中式结构，也可以采用分布式结构。在集中式结构中，所有审计数据的收集和分析都在单台机器上完成，这一方面简化了数据关联分析的任务，但同时该主机也成为系统潜在的瓶颈，并有可能产生单点失效问题；在分布式体系结构中，审计数据的收集和分析在几台机器上进行，但这些机器之间必须建立一种协作和信息交换的机制。

因此，分布式入侵检测系统设计应包含 3 个主要模块。

主机代理模块：这是一个审计集合模块，在受监控系统中作为后台进程运行，主要功能是收集主机上产生的与安全相关事件的数据并传送给中央管理器。

局域网监测代理模块：该模块的工作机理和工作方式与主机代理模块是一样的，不同之处在于本模块是对局域网流量进行分析并将结果传递给中央管理器。

中央管理器模块：本模块接收来自于主机代理模块和局域网监测代理模块的报告，对这些报告进行处理和关联分析以检测攻击。

图 7-18 给出了分布式入侵检测系统的实现过程。首先，代理捕获原始审计机制产生的每一条审计记录，并通过一种过滤手段从这些原始审计记录提取出那些与安全性相关的审计记录，之后将这些不同格式的审计记录标准化为主机审计记录格式；其次，一个模板驱动的逻辑模块对这些记录进行分析，以判断是否有可疑行为发生。最底层的代理模块扫描明显偏离于历史记录的事件，包括失败的文件访问、访问系统文件、改变文件的访问权限等。较高层的代理则负责寻找是否有与攻击模式相匹配的事件序列；最后，代理根据某用户的历史行为剖面寻找是否有异常行为发生，如程序执行次数、文件被访问数量等。

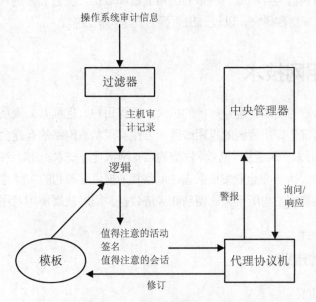

图 7-18 分布式入侵检测系统的实现过程

当检测到可疑行为时，报警信息被传递给中央管理器。中央管理器包含一个可以从收到的数据中得出结论的专家系统。管理器也可以从单个系统中得到主机审计记录的副本，并将其与来自于其他代理的审计记录进行关联分析。

局域网监测器也负责向中央管理器传递信息。局域网管理代理审计主机与主机间的连接、服务使用以及网络流量规模等。同时，还负责搜寻显著的事件，如网络负载的突变、安全相关服务的使用情况、网络上的远程登录命令等。

5. 蜜罐技术

蜜罐技术是一种欺骗性的入侵检测系统，其设计目的是将入侵者从关键系统处引诱开。蜜罐技术的主要任务是：转移入侵者对关键系统的访问、收集入侵者的活动信息、引诱入侵者在系统中停留足够长的时间，以便于管理员对入侵行为做出反应，如图 7-19 所示。

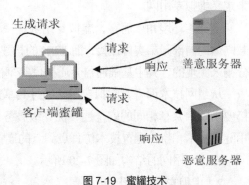

图 7-19 蜜罐技术

蜜罐系统包含了很多看起来有价值的虚假信息，但是合法用户不会对这些信息做任何访问，因此任何对这些信息的访问都是可疑的行为。蜜罐系统装备了灵敏的监视器和事件记录器，用于检测对蜜罐系统的访问和收集攻击者的活动信息。由于对蜜罐系统的攻击在攻击者来看总是成功的，管理员有足够的时间让攻击者在自认为攻陷的蜜罐系统里做他所感兴趣的事情，而攻击者的一切活动都将被管理员记录和追踪。

有两种类型的蜜罐主机：产品型蜜罐主机和研究型蜜罐主机。产品型蜜罐主机用于网络的安全风险；研究型蜜罐主机则用于收集更多的信息。这些蜜罐主机不会为网络增加任何安全价值，但它们却是可以帮助我们明确黑客的攻击行为，以便更好地抵御安全威胁。以蜜罐主机建立起来的网络称为蜜罐网络，该网络包含实际的或者模拟的网络流量和数据。一旦黑客进入网络，管理员就可以对他们的行动细节进行观察和研究，以设计出更好的安全防护方案。

7.6 虚拟专用网技术

随着计算机网络迅速的发展、企业规模的扩大，远程用户、远程办公人员、分支机构、合作伙伴也在增多。在这种情况下，用传统的租用线路的方法实现私有网络的互连会给企业带来很大的经济负担。因此人们开始寻求一种经济、高效、快捷的私有网络互连技术。虚拟专用网络（Virtual Private Network，VPN）的出现，为当今企业发展所需的网络功能提供了理想的实现途径。VPN 可以使企业获得使用公用通信网络基础结构所带来的便利和经济效益，同时获得使用专用的点到点连接所带来的安全。

7.6.1 虚拟专用网的定义

1. 虚拟专用网的定义

虚拟专用网是利用接入服务器、路由器及 VPN 专用设备在公用的广域网（包括 Internet、公用电话网、帧中继网及 ATM 等）上实现虚拟专用网的技术。也就是说，用户觉察不到他在利用公用网获得专用网的服务。

从客观上可以认为虚拟专用网就是一种具有私有和专用特点网络通信环境。它是通过虚拟的组网技术，而非构建物理的专用网络的手段来达到的。因此，可以分别从通信环境和组网技术的角度来定义虚拟专用网。

从通信环境角度而言，虚拟专用网是一种存取受控制的通信环境，其目的在于只允许同一利益共同体的内部同层实体连接，而 VPN 的构建则是通过对公共通信基础设施的通信介质进行某种逻辑分割来实现的，其中基础通信介质提供共享性的网络通信服务。

从组网技术而言，虚拟专用网通过共享通信基础设施为用户提供定制的网络连接服务。这种连接要求用户共享相同的安全性、优先级服务、可靠性和可管理性策略，在共享的基础通信设施上采用隧道技术和特殊配置技术仿真点到点的连接。

虚拟专用网的结构如图 7-20 所示。

2. 虚拟专用网的优点

与其他网络技术相比，虚拟专用网有着许多的优点。

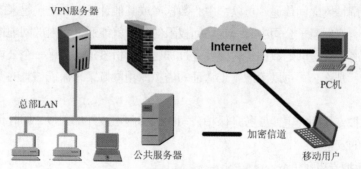

图 7-20　虚拟专用网结构示意图

（1）成本较低

当使用 Internet 时，借助 ISP 来建立虚拟专用网，就可以节省大量的通信费用。此外，虚拟专用网可以使企业不需要投入大量的人力、物力去安装和维护广域网设备和远程访问设备。这些工作都由 ISP 代为完成。

（2）扩展容易

如果企业想扩大虚拟专用网的容量和覆盖范围，只需与新的 ISP 签约，建立账户；或者与原有的 ISP 重签合约，扩大服务范围。在远程办公室增加 VPN 能力也很简单，几条命令就可以使 Extranet 路由器拥有 Internet 功能，路由器还能对工作站自动进行配置。

（3）方便与合作伙伴的联系

过去企业如果想要与合作伙伴联网，双方的信息技术部门就必须协商如何在双方之间建立租用线路或帧中继线路。有了虚拟专用网之后，这种协商就没有必要，真正达到了要连就连、要断就断。

（4）完全控制主动权

虚拟专用网使企业可以利用 ISP 的设备和服务，同时又完全掌握着自己网络的控制权。例如，企业可以把拨号访问交给 ISP 去做，由自己负责用户的查验、访问权、网络地址、安全性和网络变化管理等重要工作。

7.6.2　虚拟专用网的类型

虚拟专用网分为 3 种类型：远程访问虚拟网（Access VPN）、企业内部虚拟网（Intranet VPN）和企业扩展虚拟网（Extranet VPN）。这三种类型的虚拟专用网分别与传统的远程访问网络、企业内部的 Intranet 以及企业网和相关合作伙伴的企业网所构成的 Extranet 相对应。

1.　企业内部虚拟网（Intranet VPN）

利用计算机网络构建虚拟专用网的实质是通过公用网在各个路由器之间建立 VPN 安全隧道来传输用户的私有网络数据。用于构建这种虚拟专用网连接的隧道技术有 IPSec，GRE 等，使用这些技术可以有效、可靠地使用网络资源，保证了网络质量。基于 ATM 或帧中继的虚电路技术构建的虚拟专用网也可实现可靠的网络质量。以这种方式连接而成的网络被称为企业内联网，可把它作为公司网络的扩展。

当一个数据传输通道的两个端点被认为是可信的时候，公司可以选择"内部网虚拟专用网"解决方案，安全性主要在于加强两个虚拟专用网服务器之间加密和认证手段上。大量的数据经常需要通过虚拟专用网在局域网之间传递，可以把中心数据库或其他计算资源连接起来的各个局域网看成是内部网的一部分。这样当子公司中有一定访问权限的用户就能通过"内部网虚拟专用网"访问公司总部的资源。所有端点之间的数据传输都要经过加密和身份鉴别。如果一个公司对分公司或个人有不同的可信程度，那么公司可以考虑基于认证的虚拟专用网方案来保证信息的安全传输，而不是靠可信的通信子网。

这种类型的虚拟专用网的主要任务是保护公司的因特网不被外部入侵，同时保证公司的重要数据流经因特传输时的安全性。

2. 远程访问虚拟专用网（Access VPN）

远程访问虚拟专用网（Access VPN）通过公用网络与企业的 Intranet 和 Internet 建立私有的网络连接。在远程虚拟专用网的应用中，利用了二层网络隧道技术在公用网络上建立 VPN 隧道连接来传输私有网络数据。

远程访问虚拟专用网的结构有两种类型：一种是用户发起的 VPN 连接；另一种是接入服务器发起的 VPN 连接。

用户发起的 VPN 连接指的是以下情况。

① 远程用户通过服务提供点（POP）拨入 Internet。

② 用户通过网络隧道协议与企业网建立一条隧道（可加密）连接，从而访问企业网内部资源。

在这种情况下，用户端必须维护与管理发起隧道连接的有关协议和软件。

在接入服务器发起的 VPN 连接中，用户通过本地号码或免费号码拨号 ISP，然后 ISP 的接入服务器再发起一条隧道连接到用户的企业网。在这种情况下，所建立的 VPN 连接对远程用户是透明的，构建 VPN 所需的协议及软件均由 ISP 负责。

大多数虚拟专用网除了加密以外，还要考虑加密密码的强度、认证方法。这种虚拟专用网要对个人用户的身份进行认证（不仅认证 IP 地址）。这样，公司就会知道哪个用户欲访问公司的网络，经认证后决定是否允许用户对网络资源的访问。认证技术可以包括用一次口令、Kerberos 认证方案、令牌卡、智能卡或者是指纹。一旦一个用户同公司的虚拟专用网服务器进行了认证，根据他的访问权限表，他就有一定程度的访问权限。每个人的访问权限表由网络管理员制定，并且要符合公司的安全策略。

3. 企业扩展虚拟专用网（Extranet VPN）

企业扩展的虚拟专用网是指利用 VPN 将企业网延伸至合作伙伴与客户。在传统的方式结构下，Extranet 通过专线互联实现，网络管理与访问控制需要维护，甚至还需要在 Extranet 的用户安装兼容的网络设备，虽然可以通过拨号方式构建 Extranet，但此时需要为不同的 Extranet 用户进行设置，而同样降低不了复杂度。因合作伙伴与客户的分布广泛，这样的 Extranet 建设与维护是非常昂贵的。

企业扩展虚拟专用网的主要目标是保证数据在传输过程中不被修改，保护网络资源不受外部威胁。安全的外联网虚拟专用网要求公司在同它的顾客、合作伙伴及在外地的雇员之间经 Internet 网建立端到端的连接时，必须通过虚拟专用网服务器才能进行。

企业扩展虚拟专用网应是一个由加密、认证和访问控制功能组成的集成系统。通常公司将虚拟专用网代理服务器放在一个不能穿透的防火墙隔离层之后，防火墙阻止所有来历不明的信息传输。所有经过过滤后的数据通过唯一入口传到虚拟专用网服务器。虚拟专用网服务器再根据安全策略来进一步过滤。

7.6.3　虚拟专用网的工作原理

虚拟专用网是一种连接，从表面上看它类似一种专用连接，但实际上是在共享网络实现。它通常使用一种被称作"隧道"的技术，数据包在公共网络上的专用"隧道"内传输。专用"隧道"用于建立点对点的连接。

来自不同的数据源的网络业务经由不同的隧道在相同的体系结构上传输，并允许网络协义穿越不兼容的体系结构，还可区分来自不同数据源的业务，因而可将该业务发往指定的目的地，并接受指定的等级服务。一个隧道的基本组成是：隧道启动器、路由网络、可选的隧道交换机和一个或多个隧道终结器。

隧道启动和终止可由许多网络设备和软件来实现。此外，还需要一台或多台安全服务器。虚拟专用网除了具备常规的防火墙和地址转换功能外，还应具有数据加密、鉴别和授权的功能。安全服务器通常也提供带宽和隧道终端节点信息，在某些情况下还可提供网络规则信息和服务等级信息。

在 Microsoft Windows 2003 家族中有两种基于点对点协议（PPP）的 VPN 技术。

（1）点对点隧道协议（PPTP）

PPTP 使用用户级别的 PPP 身份验证方法和用于数据加密的 Microsoft 点对点加密。

（2）带有 Internet 协议安全性（IPSec）的第二层隧道协议（L2TP）

L2TP 将用户级别的 PPP 身份验证方法和计算机级别的证书与用于数据加密的 IPSec 或隧道模式中的 IPSec 一起使用。

在远程访问虚拟专用网的情况下，远程访问客户需要向远程访问服务器发送点对点协议（PPP）数据包。同样，在采用局域网对局域网的虚拟租用线路的情况下，一个局域网上路由器需向另一局域网的路由器发送 PPP 数据包。不同的是，在客户机对服务器的情况下，PPP 数据包不是通过专用线路传送，而是通过共享网络的隧道进行传送。虚拟专用网的作用就如同在广域网上拉一条串行电缆。PPP 协议经过协商，在远程用户和隧道终止设备之间建立一条直接连接。

创建符合标准的虚拟专用网隧道经常采用下列方法：将网络协议封装到 PPP 协议中。典型的隧道协议是 IP 协议，但也可是 ATM 协议或帧中继协议。由于传送的是第二层协议，故该方法被称为"第二层隧道"。另一种选择是：将网络协议直接封装进隧道协议中，例如，封装在虚拟隧道协议（VTP）中。由于传送是第三层协议，故该方法被称为"第三层隧道"。隧道启动器在隧道内封装的是在 TCP/IP 包中封装原装包，例如 IPX 包。包括控制信息在内的整个 IPX 包都将成为 TCP/IP 包的负载，然后它通过因特网传输。另一端隧道终结器的软件打开包，并将其发送给原来的协议进行常规处理。

7.6.4　虚拟专用网的关键技术和协议

虚拟专用网是由特殊设计的硬件和软件直接通过共享的基于 IP 的网络所建立起来的。它以交换和路由的方式工作。隧道技术把在网络中传送的各种类型的数据包提取出来，按照一定的规则封装成隧道数据包，然后在网络链路上传输。在虚拟专用网上传输的隧道数据包经过加密处理，它具有与专用网络相同的安全和管理的功能。

1. 关键技术

虚拟专用网中采用的关键技术主要包括隧道技术、加密技术、用户身份认证技术及访问控制技术。

（1）隧道技术

虚拟专用网的核心就是隧道技术。隧道是一种通过互联网络在网络之间传递数据的一种方式。所传递的数据在传送之前被封装在相应的隧道协议里，当到达另一端时被解包。被封装的数据在互联网上传递时所经过的路径是一条逻辑路径。

在虚拟专用网中主要有两种隧道。一种是端到端的隧道，主要实现个人主机之间的连接，端设备必须完成隧道的建立，对端到端的数据进行加密和解密；另一种是节点到节点的隧道，主要用于连接不同地点的 LAN，数据到达 LAN 边缘虚拟专用网设备时被加密并传送到隧道的另一端，在那里被解密并送入相连的 LAN。

隧道技术相关的协议分为第 2 层隧道协议和第 3 层隧道协议。第 2 层隧道协议主要有 PPTP，L2TP 和 L2F 等，第 3 层隧道协议主要有 GRE 以及 IPSec 等。

（2）加密技术

虚拟专用网上的加密方法主要是发送者在发送数据之前对数据加密，当数据到达接收者时由接收者对数据进行解密的处理过程。加密算法的种类包括：对称密钥算法，公共密钥算法等。如 DES、3DES、IDEA 等。

（3）用户身份认证技术

用户身份认证技术主要用于远程访问的情况。当一个拨号用户要求建立一个会话时，就要对用户的身份进行鉴定，以确定该用户是否是合法用户以及哪些资源可被使用。

（4）访问控制技术

访问控制技术就是确定合法用户对特定资源的访问权限，以实现对信息资源的最大限度的保护。

2. 相关协议

对于虚拟专用网来说，网络隧道技术是关键技术，它涉及 3 种协议，即网络隧道协议、支持网络隧道协议的承载协议和网络隧道协议所承载的被承载协议。构成网络隧道协议主要有 3 种：点对点隧道协议（Point to Point Tunneling Protocol，PPTP）、二层转发协议（Layer 2 Forwarding，L2F）和二层隧道协议（Layer 2 Tunneling Protocol，L2TP），以及第三层隧道协议 GRE。

（1）点对点隧道协议（PPTP）

这是一个最流行的 Internet 协议，它提供 PPTP 客户机与 PPTP 服务器之间的加密通信，它允许公司使用专用的隧道，通过公共 Internet 来扩展公司的网络。通过 Internet 的数据通信，需要对数据流进行封装和加密，PPTP 就可以实现这两个功能，从而可以通过 Internet 实现多功能通信。也就是说，通过 PPTP 的封装或隧道服务，使非 IP 网络可以获得进行 Internet 通信的优点。

（2）第二层隧道协议（L2TP）

L2TP 是一个工业标准 Internet 隧道协议，它和点对点隧道协议（PPTP）的功能大致相同。L2TP 使用两种类型的消息：控制消息和数据隧道消息。控制消息负责创建、维护及终止 L2TP 隧道，而数据隧道消息则负责用户数据的真正传输。L2TP 支持标准的安全特性 CHAP 和 PAP，可以进行用户身份认证。在安全性考虑上，L2TP 仅定义了控制消息的加密传输方式，对传输中的数据并不加密。

根据第二层转发（L2F）和点对点隧道协议（PPTP）的规范，您可以使用 L2TP 通过中介网络建立隧道。与 PPTP 一样，L2TP 也会压缩点对点协议（PPP）帧，从而压缩 IP、IPX 或 NetBEUI 协议，因此允许用户远程运行依赖特定网络协议的应用程序。要建立隧道，现在所用的安全协议主要是 PPTP/L2TP 协议或 IPsec 协议。

L2TP 提供了一种远程接入访问控制的手段，其典型的应用场景是：某公司员工通过 PPP 拨入公司本地的网络访问服务器（NAS），以此接入公司内部网络，获取 IP 地址并访问相应权限的网络资源；该员工出差到外地，此时他想如同在公司本地一样以内网 IP 地址接入内部网络，操作相应网络资源，他的做法是向当地 ISP 申请 L2TP 服务，首先拨入当地 ISP，请求 ISP 与公司 NAS 建立 L2TP 会话，并协商建立 L2TP 隧道，然后 ISP 将他发送的 PPP 数据通道化处理，通过 L2TP 隧道传送到公司 NAS，NAS 就从中取出 PPP 数据进行相应的处理，这样该员工就如同在公司本地那样通过 NAS 接入公司内网。

从上述应用场景可以看出 L2TP 隧道是在 ISP 和 NAS 之间建立的，此时 ISP 就是 L2TP 访问集中器（LAC），NAS 也就是 L2TP 网络服务器（LNS）。LAC 支持客户端的 L2TP，用于发起呼叫，接收呼叫和建立隧道，LNS 则是所有隧道的终点。在传统的 PPP 连接中，用户拨号连接的终点是 LAC，L2TP 使得 PPP 协议的终点延伸到 LNS。

（3）通用路由封装协议（GRE）

通用路由封装协议（Generic Routing Encapsulation，GRE）即是对某些网络层协议（如 IP 和 IPX）的数据报进行封装，使这些被封装的数据报能够在另一个网络层协议（如 IP）中传输。GRE 是 VPN 的第三层隧道协议，即在协议层之间采用了一种隧道技术。

GRE 规定了如何用一种网络协议去封装另一种网络协议的方法。GRE 的隧道由两端的源 IP 地址和目的 IP 地址来定义，允许用户使用 IP 包封装 IP、IPX、AppleTalk 包，并支持全部的路由协议（如 RIP2、OSPF 等）。

一个报文要想在隧道中传输，必须要经过加封装与解封装两个过程。当路由器收到一个需要封装和路由的原始数据报文，这个报文首先被 GRE 封装成 GRE 报文，接着被封装在 IP 协议中，然后完全由 IP 层负责此报文的转发。原始报文的协议称为乘客协议，GRE 被称为封装协议，而负责转发的 IP 协议被称为传递协议或传输协议。整个封装的报文格式如图 7-21 所示。

传输协议头	GRE 头	原始数据包
传输协议	封装协议	乘客协议

图 7-21　通过 GRE 传输报文的形式

解封装过程和加封装的过程相反。从隧道接口收到的 IP 报文，通过检查目的地址，发现目的地就是此路由器时，剥掉 IP 报头，再交给 GRE 协议处理后（进行检验密钥、检查校验和或报文的序列号等），剥掉 GRE 报头后，再交由 IPX 协议象对待一般数据报一样对此数据报进行处理。

7.7　计算机网络取证技术

计算机取证（Computer Forensics）是指对计算机入侵、破坏、欺诈、攻击等犯罪行为利用计算机软硬件技术，按照符合法律规范的方式进行获取、保存、分析和出示的过程。计算机取证是一个对计算机系统进行扫描和破解，对入侵事件进行重建的过程。网络取证（Network Forensics）包含了计算机取证，是广义的计算机取证，是在网络环境中的计算机取证。

7.7.1　网络取证概述

计算机取证包括了对计算机证据的收集、分析、确定、出示及分析。网络取证主要包括电子邮件通信取证、P2P取证、网络实时通信取证、即时通信取证、基于入侵检测取证技术、痕迹取证技术、来源取证技术以及事前取证技术。

1. 网络证据的组成

网络证据就在网络上传输的电子证据，其实质是网络数据流。随着网络应用的日益普及，对网络证据进行正确的提取和分析对于各种案件的侦破具有重要意义。网络证据的获取属于事中取证或称为实时取证，即在犯罪事件进行或证据数据的传输途中进行截获。网络数据流的存在形式依赖于网络传输协议，采用不同的传输协议，网络数据流的格式不同。但无论采用什么样的传输协议，根据其表现形式的不同，都可以把网络数据流分为文本、视频、音频、图片等。

2. 网络证据的特点

（1）动态性。区别于存储在硬盘等存储设备中的数据，网络数据流是正在网上传输的数据，是"流动"的数据，因而具有动态的特性。

（2）实效性。对于在网络上传输的数据包而言，其传输的过程是有时间限制的，从源地址经由传输介质到达目的地址后就不再属于网络数据流了。所以，网络数据流的存在具有时效性。

（3）海量性。随着网络带宽的不断增加和网络应用的普及，网络上传输的数据越来越多，因而可能的证据也越来越多，形成了海量数据。

（4）异构性。由于网络结构的不同、采用协议的差别导致了网络数据流的异构性。

（5）多态性。网络上传输的数据流有文本、视频和音频等多种形式，其表现形式呈多态性。

3. 网络取证的原则

（1）及时性、合法性原则。对计算机证据的获取有一定的时效性。在计算机取证过程中必须按照法律的规定，采用合法的取证设备和工具软件合理地进行计算机证据收集。

（2）原始性、连续性原则。及时收集、保存和固化原始证据，确保证据不被嫌疑人删除、篡改和伪造。证据被提交给法庭时，必须能够说明证据从最初的获取到出庭证明之间的任何变化。

（3）多备份原则。对含有计算机证据的媒体至少应制作两个副本，原始媒体应存放在专门的房间由专人保管，复制品可以用于计算机取证人员进行证据的提取和分析。

（4）环境安全原则。计算机证据应妥善保存，以备随时重组、试验或者展示。

（5）严格管理原则。含有计算机证据的媒体的移交、保管、开封、拆卸的过程必须由侦查人员和保管人员共同完成，每一个环节都必须检查真实性和完整性，并拍照和制作详细的笔录，由行为人共同签名。

4. 网络取证与传统证据的区别

网络取证所获取的是电子证据，电子证据与传统证据的取证方式不一样，主要区别如下。

（1）高技术依赖性和隐蔽性。电子证据实质上是一组二进制编码形成的信息，一切信息都通过这些编码来传递，从而增加了电子证据的隐蔽性，用普通的证据收集方法不易发现。电子证据的技术依赖性表现在电子证据可以存储为电、光、磁等各种信息，其形成具有高科技性，增大了证据的保全难度。电子证据的生成、存储、传输及显示等过程都需要专门的技术设备和手段才能完成。

（2）多样性、复合性。电子证据的表现形式是多样的，尤其是多媒体技术的出现，更使电子证据综合了文本、图形、图像、动画、音频及视频等多种媒体信息。这种以多媒体形式存在的数字证据几乎涵盖了所有的传统证据类型。

（3）易损毁性。电子证据是以数字信号的方式存在的，电子证据容易被人为截收、监听、删除、修改等。如果没有可对照的副本，从常规技术上无法查明。另外，人为的误操作或供电系统、通信网络的故障或技术方面的原因，都会造成电子证据不完整。

（4）传输快捷、易于保存性。与传统证据相比，随着网络技术和通信技术的快速发展，电子证据具有复制、传播的迅捷性特点，且传播范围广，易于保存。

5. 计算机取证步骤

计算机取证一般应该包括保护现场、搜查物证、固定易丢失数据、现场在线勘查、提取物证 5 个步骤。

（1）保护现场。应特别注意防止侦查人员无意中对证据的破坏。如果电子设备（包括计算机、PDA、移动电话、打印机、传真设备等）已经打开，不要立即关闭该电子设备。

（2）搜查物证。主要原则如下：检查与目标计算机互联的系统，搜查数字化证据存储设备。注意发现无法识别的设备，并注意搜查与该设备有关的说明书、软盘、配套软硬件等；注意计算机附近的其他物品，如笔记本、纸张等，可能会有账号、口令、联系人以及其他相关信息等。

（3）固定易丢失证据。主要包括屏幕上显示内容、系统运行状态及时间信息等。用户正在浏览的页面及页面上显示的账号信息、正在使用的聊天软件上的账号信息、邮件正在发送的目标等。系统中应用程序的运行状态。如果系统上同时运行多个程序，必须拍摄每个应用程序在屏幕上显示的信息。

（4）现场在线勘查。主要是在案件情况紧急或者无法关闭系统（如有的网吧安装有信息清除软件，关闭计算机有可能丢失大量的历史信息）的情况下。

（5）提取物证。整个操作过程最好是在全程录像的情况下进行。首先，克隆存储媒介，一般应该利用专门的设备对存储媒介进行复制后再进行数据分析；然后，关闭正在使用的计算机的电源，同时记录设备连接状态；其次，提取外部设备；最后，制作现场勘查笔录，注意物证的存储和运输。

6. 网络取证流程

网络取证流程包含原始数据获取、数据过滤、元分析、取证分析以及结论表示 5 个步骤。

（1）原始数据的获取。数据获取是网络取证的第 1 步。原始证据的来源包括：网络数据，系统信息，硬盘、软盘、光盘以及服务器上的记录等。

（2）数据过滤。因为获取的原始数据中包含了很多跟证据无关的信息，所以在分析之前先要对数据进行过滤，以实现数据的精简。

（3）元分析。对经过过滤后的数据进行初步分析，以提取一些元信息，包括 TCP 连接分析、网络数据信息统计、协议类型分析等。

（4）取证分析。在元分析的基础上进行深层分析和关联分析，重建系统或网络上发生过的系统行为和网络行为。

（5）结论表示。对上述取证分析的过程进行总结，得到取证分析的相关结论，并以证据的形式提交。

7.7.2　网络取证技术

计算机网络取证技术就是对通过网络的数据信息资料获取证据的技术。主要包括以下7种技术。

1.　基于入侵检测取证技术

基于入侵检测取证技术是指通过计算机网络或计算机系统中的若干关键点收集信息并对其进行分析，从中发现网络或系统中是否有违反安全策略的行为和遭到袭击的迹象的一种安全技术，简称IDS（Intrusion Detection System）。入侵检测技术是动态安全技术的最核心技术之一。它的原理就是利用一个网络适配器来实时监视和分析所有通过网络进行传输的通信，而网络证据的动态获取也需要对位于传输层的网络数据通信包进行实时的监控和分析，从中发现和获得嫌疑人的犯罪信息。因此，计算机网络证据的获取完全可以依赖现有IDS系统的强大网络信息收集和分析能力，结合取证应用的实际需求加以改进和扩展，就可以轻松实现网络证据的获取。

2.　来源取证技术

来源取证技术的主要目的是确定嫌疑人所处位置和具体作案设备。主要通过对网络数据包进行捕捉和分析，或者对电子邮件头等信息进行分析，从中获得犯罪嫌疑人通信时的计算机IP地址和MAC地址等相关信息。

调查人员通过IP地址定位追踪技术进行追踪溯源，查找出嫌疑人所处的具体位置。MAC地址是由网络设备制造商生产时直接写在每个硬件内部的全球唯一地址。调查人员通过MAC地址和相关调查信息就可以最终确认犯罪分子的作案设备。

3.　痕迹取证技术

痕迹取证技术是指通过专用工具软件和技术手段，对犯罪嫌疑人所使用过的计算机设备中相关记录和痕迹信息进行分析取证，从而获得案件相关的犯罪证据。主要有文件内容、电子邮件、网页内容、聊天记录、系统日志、应用日志、服务器日志、网络日志、防火墙日志、入侵检测、磁盘驱动器、文件备份、已删除可恢复的记录信息等。痕迹取证技术要求取证人员需要具备较高的计算机专业水平和丰富的取证经验，结合密码破解、加密数据的解密、隐藏数据的再现、数据恢复、数据搜索等技术，对系统进行分析和采集来获得证据。

4.　海量数据挖掘技术

计算机的存储容量越来越大，网络传输的速度也越来越快。对于计算机内部存储和网络传输中的大量数据，可以用海量数据挖掘技术发现特定的与犯罪有关的数据。数据挖掘技术主要包括关联规则分析、分类和联系分析等。运用关联规则分析方法可以提取犯罪行为之间的关联特征，挖掘不同犯罪形式的特征、同一事件的不同证据之间的联系；运用分类方法可以从数据获取阶段获取的海量数据中找出可能的非法行为，将非法用户或程序的入侵过程、入侵工具记录下来；运用联系分析方法可以分析程序的执行与用户行为之间的序列关系，分析常见的网络犯罪行为在作案时间、作案工具以及作案技术等方面的特征联系，发现各种事件在时间上的先后关系。

5.　网络流量监控技术

网络流量监控技术可以通过Sniffer等协议分析软件和P2P流量监控软件实时动态地跟踪犯罪嫌疑人的通信过程，对嫌疑人正在传输的网络数据进行实时连续的采集和监测，对获得的流量数据进行统计计算，从而得到网络主要成分的性能指标，对网络主要成分进行性能分析，找出性能变化趋势，得到嫌疑人的相关犯罪痕迹的技术。

6. 会话重建技术

会话重建是网络取证中的重要环节。分析数据包的特征，并基于会话对数据包进行重组，去除协商、应答、重传、包头等网络信息，以获取一条基于完整会话的记录。具体过程是：首先，把捕获到的数据包分离，逐层分析协议和内容；然后，在传输层将其组装起来，在这一重新组合的过程中可以发现很多有用的证据，例如，数据传输错误、数据丢失、网络的联结方式等。

7. 事前取证技术

现有的取证技术基本上都是建立在案件发生后，根据案情的需要利用各种技术对需要的证据进行获取，即事后取证。而由于计算机网络犯罪的特殊性，许多重要的信息，只存在于案件发生的当前状态下，如环境信息、网络状态信息等在事后往往是无据可查，而且电子数据易遭到删除、覆盖和破坏。因此，对可能发生的事件进行预防性的取证保全，对日后出现问题的案件的调查和出庭作证都具有无可比拟的作用，它将是计算机取证技术未来发展的重要方向之一。对此类防范和预防性的取证工具软件，在国内外还比较少见。现有据可查的就是福建伊时代公司于 2007 年推出的电子证据生成系统。该系统采用其独创的"数据原生态保全技术"来标识电子证据，并将其上传存放于安全性极高的电子证据保管中心，充分保证电子证据的完整性、真实性和安全性，使之具备法律效力。它可以全天候提供电子邮件、电子合同、网络版权、网页内容、电子商务、电子政务等电子证据的事前保全服务。

7.7.3　网络取证数据的采集

在网络证据采集方面，主要有集中式数据采集、分层式数据采集和分布式数据采集。集中式数据采集采用单主机的采集模式并将采集的大量数据存储在本地计算机中，网络采集方式和效率较低。分层式数据采集将对整个网络数据的采集分成多个层，并通过各管理者间的通信提高采集效率。分布式数据采集采用分布式系统对网络中的数据进行收集，较好地完成了数据采集和存储的过程。

1. 网络证据来源的途径

网络证据主要来自以下 4 个途径。

（1）来自于网络应用主机、网络服务器的证据。系统应用记录和系统事件记录，网络应用主机网页浏览历史记录、收藏夹、浏览网页缓存、网络服务器各种日志记录等。有关主机的取证信息对分析判断是必不可少的。所以应该注意结合操作系统平台的取证技术。

（2）专门的网络取证分析系统产生的包括日志在内的结果。

（3）来自于网络设施，网络安全产品的证据。访问控制系统、交换机、路由器、IDS 系统、防火墙、专门审计系统等网络设备。

（4）来自于网络通信数据的证据。在网络上传输的网络通信数据可以作为证据的来源。从网络通信数据中可以发现对主机系统来说不容易发现的一些证据，主要可以形成证据补充或从另一个的角度证实某个事实或行为。

2. 网络取证系统

网络取证系统对网络入侵事件、网络犯罪活动进行证据获取、保存、分析和还原，它能够真实、连续地获取网络上发生的各种行为；能够完整地保存获取到的数据，并且防止被篡改；对保存的原始证据进行网络行为还原，重现入侵现场。

网络取证系统的拓扑结构图如图7-22所示。它主要由3个部分组成：被取证机、取证机和分析机。其中被取证机是要进行取证的计算机，其上装有收集系统信息的软件模块，通过网络以实时的方式将信息发往取证机；取证机是进行取证信息获取和保存的计算机；分析机对获取证据进行组织、分析，并以图表方式进行显示，以得出关于证据方面的结论。

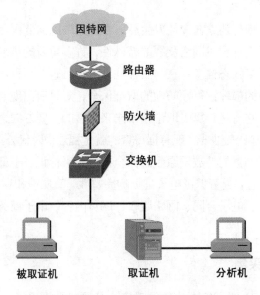

图7-22　网络取证系统结构图

（1）报文采集

报文采集是实时取证的基本前提。基于证据的准确性和完整性，在获取报文的过程中，网络取证系统必须满足：数据获取的完整性，即不能对获取的网络数据进行修改或破坏；系统性能的可伸缩性，即网络流量对系统性能产生影响较小；工作方式的透明性，即不能影响到被测网络。

（2）报文存储

对于获取的网络报文，网络取证系统要求记录的报文必须是完整的，以便借助数据分析模块对报文进行基于应用协议的还原，追查到具体内容。

目前有两种记录报文的方式。一种是将这些报文全部保存下来，形成一个完整的网络流量记录。这种方式能保证系统不丢失任何潜在的信息，能最大限度地恢复黑客攻击时的现场，这对于研究新的攻击技术，进行安全风险评估方面具有很大的价值。这种方式对系统存储容量的要求非常高；另一种是采用某种过滤机制排除不相关的网络报文，保存需要的网络报文。这种方式可以减少系统的存储容量需求，但有可能丢失一些潜在的信息，同时过滤进程还会增加系统负荷。这两种方式都需要引入淘汰机制来控制存储空间的增长。同时，系统还应采用诸如计算校验和的方式来检验数据的完整性。

（3）报文分析

报文分析是网络取证关键，目的是识别入侵企图，并尽可能地以最小损失还原和重建网络中发生过的事情。

对报文的分析可以分为基本分析和深入分析两个阶段。基本分析能解决一般性的取证问题，同时为深入分析做准备，它包括对报文进行查询、分类、解码、简化等操作。其中，解码包括解密和协议分析。深入分析则包括对报文进行重组、寻找报文的来源、报文间的关联性分析、重建网络事件、图形化网络关系等。网络取证系统也会有误报和漏报，但原始数据的存在，提供了充分、完全的现场资料，允许操作人员对其进行更深层次的分析和验证。

（4）过程记录

为了保证"证据的连续性"，网络取证系统还应该具有贯穿全过程的记录功能，记录内容包括以下 3 项：一是记录网络取证系统当时的状态及性能情况，这样有利于对获取的数据及相关的分析进行正确评价；二是记录报文丢失情况，例如，丢失的时间，由哪个组件丢失的；三是记录操作人员在使用网络取证系统过程中的所有动作。

有的网络取证系统还具备报警功能，能及时通知安全人员进行事件处理，从而防止入侵事件的发生或减少相应损失。

7.7.4　网络取证数据的分析

在数据采集和存储的基础上，需要对数据进行分析，主要包括网络攻击检测、不良网址监测、用户行为监测等功能。对于网络攻击检测，要实现常见网络攻击的检测，如 ping 攻击、land 攻击、smurf 攻击等，并且能够将检测到的网络攻击进行实时的保存。对于不良网址检测，要检测出用户是否正在浏览不良网站，并且对不良网站进行实时告警。对于用户行为的监测，系统能够通过分析网络数据包，统计每个用户的协议流量信息。

下面介绍几种常用的取证分析方法。

1. 日志取证分析

日志的取证分析主要包含统计分析、关联分析、查询与抽取、分析结果生成等。面对海量的日志数据，无法通过人工逐条判读日志记录来发现异常的记录项以及与事件相关的记录项。可以利用数据库提供的强大的扫描和统计功能来进行取证分析。也可以预先设定统计的事件类型，设定一些关键字段值，如与犯罪相关的时间段、IP 地址、用户名、使用的协议、事件号等，然后根据这些关键字对日志数据表进行统计。也可以用预先设定计算机入侵和攻击特征规则库，如同入侵检测系统的规则库一样，对每条日志记录的相关字段进行扫描匹配，统计分析流程。

统计分析可以帮助建立网络和用户的正常行为规律，还可以实现日志记录的聚类，缩小分析的范围，检测出异常的日志记录，判断攻击的来源和方法，为后续的人工详细分析判断日志记录做准备。

2. 基于时间戳的分析

黑客的入侵行为不是独立的，而是由一系列的动作组成，这些动作分属于攻击系列中的不同阶段，在时间上形成序列，早期阶段为后期阶段做准备，后期的状态是前期行为的结果。也就是说同一个入侵者发出的入侵事件之间存在着一定的相关性，前一个入侵阶段的成功是后一个入侵阶段的起点和必要条件，即一个攻击的成功的前提条件是前面一系列攻击阶段的成功。而这一系列入侵动作必然在日志系统中留下一系列的相关的日志记录，这些记录可能分属于不同的网络设备或不同的日志文件。

时间戳是日志记录的一个重要的属性项，反映了日志记录产生的时间（也可以说是入侵动作发生的时间），有的日志记录还提供了入侵动作结束的时间戳或动作持续的时间。而与入侵事件相关的日志记录的时间戳必然存在一个先后序列关系。因此，时间戳是进行关联分析时的重要属性。

在对系统日志进行取证分析时不仅要在某个日志文件中找出和入侵相关的记录项，还要尽可能地找出反映入侵事件的所有的日志记录，并基于时间链将这些日志记录组成一个完整的安全动作序列，从而重构入侵事件，取证的结果也就更具有说服力。

3. 基于相同特征的分析

入侵事件的关联性在日志记录中另一个反映就是相关日志记录的某些属性、特征相同或相近，例如，一个用户登录计算机系统后创建了一个文件夹，那么在登录日志和文件访问日志记录中，它们的用户名这一属性是完全一致的。所以，可以通过入侵事件的某些特征值来将不同的日志记录关联起来。

对日志的统计分析和关联分析是通过对日志数据库的扫描分析的结果，这些日志数据是经过预处理的，还应该找出对应的原始日志记录，可以根据统计分析和关联分析中给出的记录号以及时间戳、IP 地址等关键信息在原始日志文件中找出对应的日志记录，在抽取出日志记录后利用签名抽取算法重新计算抽取签名，从而锁定日志数据。

7.8 小结

1. 网络安全协议

安全协议本质上是关于某种应用的一系列规定，包括功能、参数、格式和模式等，连通的各方只有共同遵守协议，才能相互操作。

（1）应用层安全协议

在应用层的安全协议主要包括：安全 Shell（SSH）协议、SET（Secure Electronic Transaction）协议、S-HTTP 协议、PGP 协议和 S/MIME 协议。

（2）传输层安全协议

传输层的安全协议有：安全套接层（Secure Socket Layer，SSL）协议和私密通信技术（Private Communication Technology，PCT）协议。

（3）网络层安全协议

网络层的安全协议主要有 IPSec 协议。该协议定义了 IP 验证头（Authentication Header，AH）协议、IP 封装安全载荷（Encryption Service Payload，ESP）协议和 Internet 密钥交换（Internet Key Exchange，IKE）协议。

2. 网络安全传输技术

网络安全传输技术，就是利用安全通道技术（Secure Tunneling Technology），通过将待传输的原始信息进行加密和协议封装处理后再嵌套装入另一种协议的数据包送入网络中，像普通数据包一样进行传输。网络安全传输通道应该提供以下功能和特性。

① 机密性：通过对信息加密保证只有预期的接收者才能读出数据。

② 完整性：保护信息在传输过程中免遭未经授权的修改，从而保证接收到的信息与发送的信息

完全相同。

③ 对数据源的身份验证：通过保证每个计算机的真实身份来检查信息的来源以及完整性。

④ 反重发攻击：通过保证每个数据包的唯一性来确保攻击者捕获的数据包不能重发或重用。

3. 网络加密技术

在计算机网络系统中，数据加密方式有链路加密、节点加密和端—端加密 3 种方式。链路加密通常用硬件在网络层以下的物理层和数据链路层中实现，它用于保护在通信节点间传输的数据；节点加密是在协议运输层上进行加密，是对源点和目标节点之间传输的数据进行加密保护；端—端加密是面向网络高层主体进行的加密，即在协议表示层上对传输的数据进行加密，而不对下层协议信息加密。

4. 防火墙技术

防火墙是一个或一组在两个网络之间执行访问控制策略的系统，包括硬件和软件，目的是保护网络不被可疑人侵扰。本质上，它遵从的是一种允许或阻止业务往来的网络通信安全机制，也就是提供可控的过滤网络通信，只允许授权的通信。

由软件和硬件组成的防火墙应该具有以下功能。

① 所有进出网络的信息流都应该通过防火墙。

② 所有穿过防火墙的信息流都必须有安全策略和计划的确认和授权。

③ 理论上说，防火墙是穿不透的。

防火墙需要防范以下 3 种攻击。

间谍：试图偷走敏感信息的黑客、入侵者和闯入者。

盗窃：盗窃对象包括数据、Web 表格、磁盘空间和 CPU 资源等。

破坏系统：通过路由器或主机/服务器蓄意破坏文件系统或阻止授权用户访问内部网络（外部网络）和服务器。

防火墙常常就是一个具备包过滤功能的简单路由器。包是网络上信息流动的单位，在网上传输的文件一般在发出端被划分成一串包，经过网上的中间站点，最终传到目的地，然后这些包中的数据又重新组成原来的文件。每个包有两个部分：数据部分和包头。包头中含有源地址和目标地址等信息。

包过滤一直是一种简单而有效的方法。通过拦截数据包，读出并拒绝那些不符合标准的包头，过滤掉不应入站的信息。包过滤器又被称为筛选路由器。

设计和建立堡垒主机的基本原则有两条：最简化原则和预防原则。

堡垒主机目前一般有以下 3 种类型。

① 无路由双宿主主机。

② 牺牲主机。

③ 内部堡垒主机。

代理服务是运行在防火墙主机上的一些特定的应用程序或者服务程序。

防火墙的体系结构一般有以下几种。

① 双重宿主主机体系结构。

② 主机过滤体系结构。

③ 子网过滤体系结构。

5. 网络攻击的类型

任何以干扰、破坏网络系统为目的的非授权行为都称为网络攻击。法律上对网络攻击的定义有两种观点：一种观点认为攻击仅仅发生在入侵行为完全完成，并且入侵者已在目标网络内；另一种观点则认为可能使一个网络受到破坏的所有行为，即从一个入侵者开始在目标机上工作的那个时刻起，攻击就开始进行了。

黑客进行的网络攻击通常可分为 4 大类型：拒绝服务型攻击、利用型攻击、信息收集型攻击和虚假信息型攻击。

物理层最重要的攻击主要有直接攻击和间接攻击，直接攻击是直接对硬件进行攻击，间接攻击是对物理介质的攻击。

数据链路层的最基本的功能是向该层用户提供透明的和可靠的数据传送基本服务。透明性是指该层上传输的数据的内容、格式及编码没有限制，也没有必要解释信息结构的意义；可靠的传输使用户免去对丢失信息、干扰信息及顺序不正确等的担心。由于数据链路层的安全协议比较少，因此容易受到各种攻击，常见的攻击有：MAC 地址欺骗、内容寻址存储器（CAM）表格淹没攻击、VLAN中继攻击、操纵生成树协议、地址解析协议（ARP）攻击等。

网络层主要用于寻址和路由，它并不提供任何错误纠正和流控制的方法。网络层常见的攻击主要有：IP 地址欺骗攻击和 ICMP 攻击。网络层的安全需要保证网络只给授权的客户提供授权的服务，保证网络路由正确，避免被拦截或监听。

传输层处于通信子网和资源子网之间起着承上启下的作用。传输层控制主机间传输的数据流。传输层存在两个协议：传输控制协议（TCP）和用户数据报协议（UDP）。端口扫描是传输层最常见的攻击方法。

应用层是网络的最高层，所有的应用策略非常多，因此遭受网络攻击的模式也非常多，综合起来主要有：带宽攻击、缺陷攻击和控制目标机。

黑客指利用通信软件，通过网络非法进入他人系统，截获或篡改计算机数据，危害信息安全的电脑入侵者或入侵行为。

黑客攻击的 3 个阶段是：信息收集、系统安全弱点的探测以及网络攻击。

黑客进行的网络攻击通常可分为 4 大类型：拒绝服务型攻击、利用型攻击、信息收集型攻击和虚假信息型攻击。

对付黑客的袭击的应急操作如下：

估计形势、切断连接、分析问题、采取行动。

6. 入侵检测技术

入侵定义为任何试图破坏信息系统的完整性、保密性或有效性的活动的集合。入侵检测就是通过从计算机网络或计算机系统中的若干关键点收集信息并对其进行分析，从中发现网络或系统中是否有违反安全策略的行为和遭到袭击的迹象的一种安全技术。

按照检测类型从技术上划分，入侵检测有异常检测模型和误用检测模型。

按照监测的对象是主机还是网络分为基于主机的入侵检测系统和基于网络的入侵检测系统以及混合型入侵检测系统。

按照工作方式分为离线检测系统与在线检测系统。

入侵检测的过程分为 3 部分：信息收集、信息分析和结果处理。

入侵检测系统的结构由事件提取、入侵分析、入侵响应和远程管理 4 部分组成。

常用的入侵检测方法有：特征检测、统计检测和专家系统。

基于用户行为的检测技术常用的模型有：操作模型、方差模型、多元模型、马尔柯夫过程模型和时间序列模型。

7. 虚拟专用网技术

虚拟专用网是利用接入服务器、路由器及虚拟专用网设备在公用的广域网上实现虚拟专用网的技术。也就是说，用户觉察不到他在利用公用网获得专用网的服务。

虚拟专用网分为 3 种类型：远程访问虚拟网（Access VPN）、企业内部虚拟网（Intranet VPN）和企业扩展虚拟网（Extranet VPN）。

虚拟专用网中采用的关键技术主要包括隧道技术、加密技术、用户身份认证技术及访问控制技术。

对于虚拟专用网来说，网络隧道技术是关键技术，它涉及 3 种协议，即网络隧道协议、支持网络隧道协议的承载协议和网络隧道协议所承载的被承载协议。构成网络隧道协议主要有 4 种：点对点隧道协议（Point to Point Tunneling Protocol，PPTP）、二层转发协议（Layer 2 Forwarding，L2F）和二层隧道协议（Layer 2 Tunneling Protocol，L2TP），以及第三层隧道协议 GRE。

8. 计算机网络取证技术

计算机取证包括了对计算机证据的收集、分析、确定、法庭出示，以及分析。网络取证主要包括电子邮件通信取证、P2P 取证、网络实时通信取证、即时通信取证、基于入侵检测取证技术、痕迹取证技术、来源取证技术以及事前取证技术。

网络取证的原则有及时性、合法性原则；原始性、连续性原则；多备份原则；环境安全原则和严格管理原则。

计算机取证一般应该包括保护现场、搜查物证、固定易丢失数据、现场在线勘查、提取物证等 5 个步骤。

计算机网络取证流程包含原始数据获取、数据过滤、元分析、取证分析以及结论表示。

计算机网络取证技术就是对通过网络的数据信息资料获取证据的技术。主要包含基于入侵检测取证技术；来源取证技术；痕迹取证技术；海量数据挖掘技术；网络流量监控技术；会话重建技术以及事前取证技术。

习　题

1. IPSec 能对应用层提供保护吗？

2. 按照 IPSec 协议体系框架，如果需要在 AH 或 ESP 中增加新的算法，需要对协议做些什么修改工作？

3. 简述防火墙的工作原理。

4. 防火墙的体系结构有哪些？

5. 在主机过滤体系结构防火墙中，内部网的主机想要请求外网的服务，有几种方式可以实现？

6. 安装一个简单的防火墙和一个代理服务的软件。

7. 简述黑客是如何攻击一个网站的。

8. 简述入侵检测系统的工作原理，比较基于主机和基于网络应用的入侵检测系统的优缺点。

9. 构建一个 VPN 系统需要解决哪些关键技术？这些关键技术各起什么作用？

10. 用 IPSec 机制实现 VPN 时，如果企业内部网使用了私用 IP 地址怎么办？IPSec 该采用何种模式？

08

第8章 网络站点的安全

因特网本身存在着安全隐患，Web 站点的安全关系到整个因特网的安全。最主要的不安全因素是黑客入侵，黑客使用专用工具，采取各种入侵手段攻击网络。本章从因特网的安全、Web 站点的安全入手，介绍口令安全、无线网络安全的基本概念，分析网络监听、网络扫描的原理，以及针对 IP 电子欺骗采取的应对措施。

8.1 因特网的安全

因特网（Internet）是全球最大的信息网络，促进了人类从工业社会向信息社会的转变，并改变了人们的生活、学习和工作方式。因特网作为开放的信息系统，越来越成为各国信息战的战略目标。窃密和反窃密、破坏和反破坏的斗争将是全方位的，不只是个人、集团级的行为，而是国家级的行为。

8.1.1 因特网服务的安全隐患

1. 电子邮件

电子邮件是因特网上使用最多的一项服务，因此，通过电子邮件来攻击一个系统是黑客的拿手好戏。曾经名噪一时的"蠕虫"正是利用了电子邮件的漏洞在因特网上猖狂传播。电子邮件的一个安全问题是邮件的溢出，即无休止的邮件耗尽用户的存储空间（包括链式邮件）。而现代的多媒体邮件系统，可以发送包含程序的电子邮件，这种程序如果在管理不严格的情况下运行能产生"特洛伊木马"（Trojan Horse）。对于一个国内的用户，尤其是商业用户，最担心的莫过于邮件的保密性。与电子邮件有关的两个协议是简单邮件传输协议（Simple Mail Transfer Protocol，SMTP）和邮局协议（Post Office Protocol，POP），它们分别负责邮件的发送与接收，而 Sendmail 是在 Unix 上最常用的 SMTP 核心程序。它已经被很多闯入者所利用，包括"蠕虫"。

2. 文件传输协议（FTP）

FTP 服务由 TCP/IP 的文件传输协议支持。只要连入因特网的两台计算机都支持 TCP/IP，运行 FTP 软件，用户就像使用自己计算机上的资源管理器一样，将远程计算机上的文件复制到自己的硬盘。大多数提供 FTP 服务的站点，允许用户以 Anonymous 作为用户名，不需要密码，或被告知密码，如 guest、自己的 E-mail 地址等。有的站点不需要输入账号名和口令，一旦登录成功，用户可以下载文件，如果服务器安全系统允许，用户也可以上载文件。这种 FTP 服务称为匿名服务。匿名 FTP（Anonymous FTP）是 ISP 的一项重要服务，它允许用户通过 FTP，访问 FTP 服务器上的文件，这时不正确的配置将严重威胁系统的安全。因此需要保证使用它的人不会申请系统上其他的区域或文件，也不能对系统做任意的修改。在匿名 FTP 区域中一个可写的目录常常是应该担心的。文件传输和电子邮件一样会给网上的站点带来不受欢迎的数据和程序。首先是文件传输可能会带来"特洛伊木马"，这会给站点以毁灭性的打击。其次是会给站点带入无聊的游戏、盗版软件以及色情图片等，也会带来时间和磁盘空间的烦恼。

3. 远程登录（Telnet）

远程登录是提供远程终端申请的程序。这是一种十分有用的远程申请机制。Telnet 是因特网上常用的登录程序。它真实地模仿一个终端，不用做特殊的安排就可以为因特网上任何站点上的用户提供远程申请。但它只能提供基于字符（文本）的应用。Telnet 不仅允许用户登录到远端主机上，还允许用户执行那台主机的命令。这样北京的用户可以对上海的机器进行终端仿真，并运行上海机器上的程序，就像用户身在上海一样。

Telnet 看来像是十分安全的服务，但它要用户认证。Telnet 送出的所有信息是不加密的，很容易被黑客攻击。现在 Telnet 被认为是从远程系统申请站点时最危险的服务之一。要使 Telnet 安全，必须选择安全的认证方案，防止站点被窃听或侵袭。

4. 用户新闻（Usenet News）

用户新闻或新闻组是因特网上的公告牌，提供了多对多的通信。最大众化的新闻组会有几十万人参加。像电子邮件一样，用户新闻具有危险性，并且大多数站点的新闻信息量大约 6 个月翻一番，很容易造成溢出。为了安全起见，一定要配置好新闻服务。

网络新闻传输协议（Netware News Transfer Protocol，NNTP）是因特网上转换新闻的协议。很多站点建立了预定的本地新闻组以便于本地用户间进行讨论。这些新闻组往往包含秘密的、有价值的或者是敏感的信息。有些人可以通过 NNTP 服务器私下申请这些预定新闻组，结果造成泄密。如果要建立预定新闻组，一定要小心地配置 NNTP 服务器，控制对这些新闻组的申请。

5. 万维网（WWW）

WWW 是建立在 HTTP（超文本传输协议）上的全球信息库，它是因特网上 HTTP 服务器的集合。目前 Web 站点遍及世界各地。万维网用超文本技术把 Web 站点上的文件连在一起，文件可以包括文本、图形、声音、视频以及其他形式。用户可以自由地通过超文本导航从一个文件进入另一个文件，方便搜索信息。不管文件在哪里，只要在 HTTP 连接的字或图上用鼠标点一下就行了。

搜索 Web 文件的工具是浏览器，常用的浏览器是 Netscape Navigator 和 Microsoft Internet Explorer。HTTP 只是浏览器中使用的一种协议，浏览器还会使用 FTP、Gopher 和 WAIS 等协议，也会包括 NNTP 和 SMTP 等协议。因此当用户在使用浏览器时，实际上他是在申请 HTTP 服务器，同时也会去申请 FTP、Gopher、WAIS、NNTP 和 SMTP 等服务器。这些服务器都存在漏洞，是不安全的。

浏览器由于灵活而倍受用户的欢迎，而灵活性也会导致控制困难。浏览器比 FTP 服务器更容易转换和执行，但是一个恶意的侵入也就更容易得到转换和执行。浏览器一般只能理解基本的数据格式如 HTML、JPEG 和 GIF 格式。对其他的数据格式，浏览器需要通过外部程序来观察。一定要注意哪些外部程序是默认的，不能允许那些危险的外部程序进入站点。用户不要随便地增加外部程序，随便修改外部程序的配置。

8.1.2 因特网的脆弱性

因特网会受到严重的与安全有关的问题的损害。忽视这些问题的站点将面临被闯入者攻击的危险，而且可能给闯入者攻击其他的网络提供基地。即使那些确实实行了良好安全措施的站点也面临着新的网络软件的弱点和一些闯入者持久攻击带来的问题。一些问题是由于服务（以及服务所用的协议）的漏洞、弱点造成的，另一些则是因为主机的配置和访问控制实现得不好，或对管理员来说过于复杂等原因造成的。另外，系统管理的任务和重要性经常变化，以致许多管理员是临时工作的，没有做好的准备。因特网的巨大增长使这种情况进一步恶化。许多机构现在依赖于因特网进行通信和研究，一旦他们的站点遭受攻击，损失将会很严重。

1. 认证环节薄弱性

因特网的许多事故的起源是因为使用了薄弱的、静态的口令。因特网上的口令可以通过许多方法破译，其中最常用的两种方法是把加密的口令解密和通过监视信道窃取口令。Unix 操作系统通常把加密的口令保存在一个文件中，而该文件普通用户即可读取。这个口令文件可以通过简单的复制或其他方法得到。一旦口令文件被闯入者得到，他们就可以使用解密程序。如果口令是薄弱的，例如说少于 8 个字符或是英语单词，就可能被破译，然后用来获取对系统的访问权。

另外一个与认证有关的问题是由如下原因引起的：一些 TCP 或 UDP 服务只能对主机地址进行认证，而不能对指定的用户进行认证。一个 NFS 服务器不能只给一个主机上的某些特定用户访问权，它只能给整个主机访问权。一个服务器的管理员也许只信任某一主机的某一特定用户，并希望给该用户访问权，但是管理员无法控制该主机上的其他用户。

2. 系统易被监视性

应该注意到当用户使用 Telnet 或 FTP 连接到远程主机上的账户时，在因特网上传输的口令是没有加密的。那么入侵系统的一个方法就是通过监视携带用户名和口令的 IP 包获取，然后使用这些用户名和口令通过正常渠道登录到系统。如果被截获的是管理员的口令，那么，获取特权级访问就变得更容易了。

电子邮件或者 Telnet 和 FTP 的内容，可以被监视并用来了解一个站点的情况。大多数用户不加密邮件，而且许多人认为电子邮件是安全的，所以用它来传送敏感的内容。

X Windows 操作系统也同样存在易被监视的弱点。X Windows 操作系统允许在一台工作站上打开多重窗口来显示图形或多媒体应用。闯入者有时可以在另外的操作系统上打开窗口来读取可能含有口令或其他的敏感信息。

3. 易被欺骗性

主机的 IP 地址被假定为是可用的，TCP 和 UDP 服务相信这个地址。问题在于，如果使用"IP Source Routing"，那么攻击者的主机就可以冒充一个被信任的主机或客户。简单地说，"IP Source Routing"是一个用来指定一条源地址和目的地址之间的直接路径的选项。这条路径可以包括通常不被用来向前传送包的主机或路由器。下面的例子说明了如何使用它来把攻击者的系统假扮成某一特定服务器的可信任的客户。

① 攻击者要使用那个被信任的客户的 IP 地址取代自己的地址。

② 攻击者构造一条要攻击的服务器和其主机间的直接路径，把被信任的客户作为通向服务器路径的最后节点。

③ 攻击者用这条路径向服务器发出客户申请。

④ 服务器接收客户申请，就好像是从可信任客户直接发出的一样，然后返回响应。

⑤ 可信任客户使用这条路径将数据包向前传送给攻击者的主机。许多 Unix 主机接收到这种包后将继续把它们向指定地方传送，路由器也一样，但有些路由器可以配置以阻塞这种包。

因特网的电子邮件是最容易被欺骗的，因此没有被保护（如使用数字签名）的电子邮件是不可信的。作为一个简单的例子，考虑当 Unix 主机发生电子邮件交换时的情形，交换过程是通过一些有 ASCII 字符命令组成的协议进行的。闯入者可以用 Telnet 直接连到系统的 SMTP 端口上，手工键入这些命令。接收的主机相信发送的主机（它说自己是谁就是谁），那么有关邮件的来源就可以轻易地被欺骗，只需输入一个与真实地址不同的发送者地址就可做到这一点。这导致了任何没有特权的用户都可以伪造或欺骗电子邮件。

其他一些服务（例如域名服务）也可以被欺骗，不过比电子邮件更复杂。使用这些服务时，必须考虑潜在的危险。

4. 有缺陷的局域网服务

安全地管理主机系统既困难又费时。为了降低管理要求并增强局域网，一些站点使用了诸如 NIS 和 NFS 之类的服务。这些服务允许一些数据库（如口令文件）以分布式管理，允许系统共享文件和数据，在很大程度上减轻了过多的管理工作量。但这些服务带来了不安全因素，可以被有经验的闯入者利用以获得访问权。如果一个中央服务系统遭到损害。那么其他信任该系统的系统会更容易遭到损害。

一些系统出于方便用户并加强系统和设备共享的目的，允许主机们互相"信任"。如果一个系统被侵入或欺骗，那么对于闯入者来说，获取那些信任它的访问权就很简单了。例如，一个在多个系统上拥有账户的用户，可以将这些账户设置成互相信任的，这样就不需要在连入每个系统时都输入口令。当用户使用 rlogin 命令连接主机时，目标系统将不再询问口令或账户名，而且将接受这个连接。这样做的好处是用户的口令和账户名不需在网络上传输，所以不会被监视和窃取，缺点在于一旦用户的一个账户被侵入，那么闯入者就可以轻易地使用 rlogin 侵入其他账户。因此，一般不鼓励使用"相互信任的主机"。

5. 复杂的设备和控制

对主机系统的访问控制配置通常很复杂而且难以验证其正确性。因此，偶然的配置错误会使闯入者获取访问权。一些主要的 Unix 经销商仍然配置成具有最大访问权的系统，如果保留这种配置的话，就会导致未经许可的访问。

许多因特网上的安全事故的部分起因是由那些被闯入者发现的弱点造成的。由于目前大多数 Unix 操作系统都是从 BSD 获得网络部分的代码，而 BSD 的源代码又可以轻易得到，所以闯入者可以通过研究其中可利用的缺陷来侵入系统。存在缺陷的部分原因是因为软件的复杂性，而且没有能力在各种环境中进行测试。有些时候缺陷很容易被发现和修改，而另一些时候除了重写软件外几乎不能做什么。

6. 主机的安全性无法估计

主机系统的安全性无法很好地估计，随着每个站点的主机数量的增加，确保每台主机的安全性都处于高水平的能力却在下降。只用管理一台系统的能力来管理如此多的系统就很容易犯错误。另一个因素是系统管理的作用经常变换并且行动迟缓。这导致一些系统的安全性比另一些要低。这些系统将成为薄弱环节，最终将破坏这个安全链。

8.2　Web 站点安全

8.2.1　Web 技术简介

World Wide Web 称为万维网，简称 Web。它的基本结构是采用开放式的客户/服务器结构（Client/Server），分成服务器端、客户接收机及通信协议 3 个部分。

1. 服务器（Web 服务器）

服务器结构中规定了服务器的传输设定、信息传输格式及服务器本身的基本开放结构。Web 服务器是驻留在服务器上的软件，它汇集了大量的信息。Web 服务器的作用就是管理这些文档，按用户的要求返回信息。

2. 客户机（Web 浏览器）

客户机系统称为 Web 浏览器，用于向服务器发送资源索取请求，并将接收到的信息进行解码和显示。Web 浏览器是客户端软件，它从 Web 服务器上下载和获取文件，翻译下载文件中的 HTML 代码，进行格式化，根据 HTML 中的内容在屏幕上显示信息。如果文件中包含图像以及其他格式的文件（如声频、视频、Flash 等），那么 Web 浏览器会作相应的处理或依据所支持的插件进行必要的显示。

3. 通信协议（HTTP）

Web 浏览器与服务器之间遵循 HTTP 进行通信传输。HTTP（Hyper Text Transfer Protocol，超文本传输协议）是分布式的 Web 应用的核心技术协议，在 TCP/IP 协议栈中属于应用层。它定义了 Web 浏览器向 Web 服务器发送索取 Web 页面请求的格式，以及 Web 页面在 Internet 上的传输方式。

Web 服务器通过 Web 浏览器与用户交互操作，相互间采用 HTTP 相互通信（服务器和客户端都必须安装 HTTP）。Web 服务器和 Web 浏览器之间通过 HTTP 相互响应。一般情况下，Web 服务器在 80 端口等候 Web 浏览器的请求，Web 浏览器通过 3 次握手与服务器建立起 TCP/IP 连接。

8.2.2　Web 安全体系的建立

Web 赖以生成的环境包括计算机硬件、操作系统、计算机网络、许多的网络服务和应用，所有这些都存在着安全隐患，最终威胁到 Web 的安全。Web 的安全体系结构非常复杂，主要包括以下几个方面。

① 客户端软件（即 Web 浏览器软件）的安全。
② 运行浏览器的计算机设备及其操作系统的安全（主机系统安全）。
③ 客户端的局域网（LAN）。
④ Internet。
⑤ 服务器端的局域网（LAN）。
⑥ 运行服务器的计算机设备及操作系统的安全（主机系统的安全）。
⑦ 服务器上的 Web 服务器软件。

在分析 Web 服务器的安全性时，一定要全面考虑所有方面，因为它们是相互联系的，每个方面都会影响到 Web 服务器的安全性，它们中安全性最差的决定了给定服务器的安全级别。下面主要讨论 Web 服务器软件及支撑服务器运行的操作系统的安全设置与管理。

1. 主机系统的安全需求

网络的攻击者通常通过主机的访问来获取主机的访问权限，一旦攻击者突破了这个机制，就可以完成任意的操作。对某个计算机，通常是通过口令认证机制来实现登录计算机系统。现在大部分个人计算机没有提供认证系统，也没有身份的概念，极其容易被获取系统的访问权限。因此，一个没有认证机制的 PC 是 Web 服务器最不安全的平台。所以，确保主机系统的认证机制，严密地设置及管理访问口令，是主机系统抵御威胁的有力保障。

2. Web 服务器的安全需求

随着"开放系统"的发展和 Internet 的知识普及，获取使用简单、功能强大的系统安全攻击工具是非常容易的事情。在访问 Web 站点的用户中，不少技术高超的人，有足够的经验和工具来探视他们感兴趣的东西。还有在人才流动频繁的今天，"系统有关人员"也可能因为种种原因离开原来的岗位，系统的秘密也可能随之扩散。

不同的 Web 网站有不同的安全需求。建立 Web 网站是为了更好地提供信息和服务，在一定程度上 Web 站点是其拥有者的代言人，为了满足 Web 服务器的安全需求，维护拥有者的形象和声誉，必须对各类用户访问 Web 资源的权限作严格管理；维持 Web 服务的可用性，采取积极主动的预防、检测措施，防止他人破坏，造成设备、操作系统停运或服务瘫痪；确保 Web 服务器不被用作跳板来进一步侵入内部网络和其他网，使内部网免遭破坏，同时避免不必要的麻烦甚至法律纠纷。

8.2.3 Web 服务器设备和软件安全

Web 服务器的硬件设备和相关软件的安全性是建立安全的 Web 站点的坚实基础。人们在选择 Web 服务器主机设备和相关软件时，除了考虑价格、功能、性能和容量等因素外，还要考虑安全因素，因为有些服务器用于提供某些网络服务时存在安全漏洞。挑选 Web 服务器技术通常要在一系列有冲突的需求之间做出折中的选择，要同时考虑建立网站典型的功能需求和安全要求。

对于 Web 服务器，最基本的性能要求是响应时间和吞吐量。响应时间通常以服务器在单位时间内最多允许的链接数来衡量，吞吐量则以单位时间内服务器传输到网络上的字节数来计算。

典型的功能需求有：提供静态页面和多种动态页面服务的能力；接受和处理用户信息的能力；提供站点搜索服务的能力；远程管理的能力。

典型的安全需求有：在已知的 Web 服务器（包括软、硬件）漏洞中，针对该类型 Web 服务器的攻击最少；对服务器的管理操作只能由授权用户执行；拒绝通过 Web 访问 Web 服务器上不公开的内容；能够禁止内嵌在操作系统或 Web 服务器软件中的不必要的网络服务；有能力控制对各种形式的执行程序的访问；能对某些 Web 操作进行日志记录，以便于入侵检测和入侵企图分析；具有适当的容错功能。

所以，在选择 Web 服务器时，首先要从建立网站的单位的实际情况出发，根据安全政策决定具体的需求，广泛地收集分析产品信息和相关知识，借鉴优秀方案或实施案例的精华，选择认为能够最好地满足本单位包括安全考虑在内的需求的产品组合。

1. 配置 Web 服务器的安全特性

每次用户与站点建立连接，他们的客户机向服务器传送机器的 IP 地址。有时，Web 站点接到的 IP 地址可能不是客户的地址，而是它们请求所经过的代理服务器的地址。服务器看到的是代表客户索要文档的服务器的地址。由于使用 HTTP，客户也可以向 Web 服务器表明发出请求的用户名。

如果不要求服务器获得这类消息，服务器首先会将 IP 地址转换为客户的域名。为了将 IP 地址转化为域名，服务器与一个域名服务器联系，向它提供这个 IP 地址，从那里得到相应的域名。

通常，如果 IP 地址设置不正确，就不能转换。一旦 Web 服务器获得 IP 地址和客户可能的域名，它就开始一系列验证手段以决定客户是否有权访问他要求访问的文档。这里，有几个安全漏洞。

① 客户可能永远得不到要求的信息，因为服务器伪造了域名。客户可能无法获得授权访问的信息。

② 服务器可能向另一用户发送信息，因为伪造了域名。

③ 误认闯入者是合法用户，服务器可能允许闯入者访问。

HTTP 服务器给用户带来风险和损坏，HTTP 客户给服务器也带来了风险和损坏。对于客户可能给服务器带来的风险，应注意服务器的安全。应确保客户只访问他们有权访问的站点，如果发生了闯入，应有一些阻止闯入的措施。加强服务器的安全，有以下几个步骤。

① 认真配置服务器，使用它的访问和安全特性。

② 可将 Web 服务器当作无权的用户运行。

③ 应检查驱动器和共享的权限，将系统设为只读状态。

④ 可将敏感文件放在基本系统中，再设定二级系统，所有的敏感数据都不向因特网开放。

⑤ 充分考虑最糟糕的情况后，配置自己的系统，即使黑客完全控制了系统，他还要面对一堵"高墙"。

⑥ 最重要的是检查 HTTP 服务器使用的 Applet 脚本，尤其是那些与客户交互作用的 CGI 脚本。防止外部用户执行内部指令。

2. 排除站点中的安全漏洞

最基本的安全措施是排除站点中的安全漏洞，使其降到最少，通常表现为以下 4 种形式。

① 物理的漏洞由未授权人员访问引起，由于他们能浏览那些不被允许的地方。一个很好的例子就是安置在公共场所的浏览器，它使得用户不仅能浏览 Web，而且可以改变浏览器的配置并取得站点信息，如 IP 地址，DNS 入口等。

② 软件漏洞是由"错误授权"的应用程序引起，如 daemons，它会执行不应执行的功能。daemons 系统中与用户无关的一类进程，但却执行了系统的很多功能，诸如控制、网络服务、与时间有关的活动和打印服务等。一条首要规则是，不要轻易相信脚本和 Applet。使用时，应确信能掌握它们的功能。

③ 不兼容问题漏洞是由不良系统集成引起。一个硬件或软件运行时可能工作良好，一旦和其他设备集成后（如作为一个系统），就可能会出现问题。这类问题很难确认，所以对每一个部件在集成进入系统之前，都必须进行测试。

④ 缺乏安全策略。如果用户用他们的电话号码作为口令，无论口令授权体制如何安全都没用。必须有一个包含所有安全必备（如覆盖阻止等）的安全策略。

安全运行 Web 站点名还要求 Web 专家及管理者养成一系列良好习惯。这样有助于保持策略简单、易于维护和易于修改。一旦具备基本安全需求后，就应该考虑用户的需求了。机密性就是最重要且最敏感的安全需求之一。

8.2.4　建立安全的 Web 网站

主机操作系统是 Web 的直接支撑者，合理配置主机系统，能为 Web 服务器提供强健的安全支持。

1. 配置主机操作系统

（1）仅仅提供必要的服务

已经安装完毕的操作系统都有一系列常用的服务，UNIX 系统将提供 Finger、Rwho、RPC、LPD、Sendmail、FTP、NFS、IP 转发等服务。Windows 2003 Server 系统将提供 RPC（远程过程调用）IP 转发、FTP、SMTP 等。而且，系统在默认的情况下自动启用这些服务，或提供简单易用的配置向导。这些配置简单的服务应用在方便管理员而且增强系统功能的同时，也埋下了安全隐患。因为，关于这些应用服务的说明文档或是没有足够的提醒，或是细碎繁杂使人无暇细研，不熟练的管理员甚至没有认真检查这些服务的配置是否清除了已知的安全隐患。

为此，在安装操作系统时，应该只选择安装必要的协议和服务；对于 UNIX 系统，应检查/etc/rc.d/ 目录下的各个目录中的文件，删除不必要的文件；对于 Windows 系统，应删除没有用到的网络协议，不要安装不必要的应用软件。一般情况下，应关闭 Web 服务器的 IP 转发功能。

系统功能越单纯，结构越简单，可能出现的漏洞越少，因此越容易进行安全维护。对于专门提供 Web 信息服务（含提供虚拟服务器）的网站，最好由专门的主机作 Web 服务器系统，对外只提供 Web 服务，没有其他任务。这样，可以保证：使系统最好地为 Web 服务提供支持、管理人员单一、避免发生管理员之间出现安全漏洞、用户访问单一、便于控制、日志文件较少，减轻系统负担。

对于必须提供其他服务，如 FTP 服务与 Web 服务共用文件空间，即 FTP 和 HTTP 共享目录，则必须仔细设置各个目录、文件的访问权限，确保远程用户无法上传通过 Web 服务所能读取或执行的文件。

（2）使用必要的辅助工具，简化主机的安全管理

启用系统的日志（系统账户日志和 Web 服务器日志）记录功能。监视并记录访问企图是主机安全的一个重要机制，以利于提高主机的一致性以及其数据保密性。

UNIX 系统，可以在服务器上安装 tcp_wrapper 工具。它在其他网络服务启动之前首先启动。tcp_wrapper 的配置文件可以控制只有本主机上的用户才可以使用登录（Telnet）本服务器。

Windows 系统提供端口访问控制功能，有助于加强 Web 服务器的安全。在网络→协议→TCP/IP 属性→高级，选用"启用安全机制" → 配置，将出现窗口。选择"仅允许"，便可以利用"添加"功能，设置允许访问的端口。

2. 合理配置 Web 服务器

① 在 UNIX OS 中，以非特权用户而不是 Root 身份运行 Web 服务器。

② 设置 Web 服务器访问控制。通过 IP 地址控制、子网域名来控制，未被允许的 IP 地址、IP 子网域发来的请求将被拒绝。

③ 通过用户名和口令限制。只有当远程用户输入正确的用户名和口令的时候，访问才能被正确响应。

④ 用公用密钥加密方法。对文件的访问请求和文件本身都将加密，以便只有预计的用户才能读取文件内容。

3. 设置 Web 服务器有关目录的权限

为了安全起见，管理员应对"文档根目录"（HTML 文件存放的位置）和"服务器根目录"（日志文件和配置文件存放的位置）做严格的访问权限控制。

① 服务器根目录下存放日志文件、配置文件等敏感信息，它们对系统的安全至关重要，不能让用户随意读取或删改。

② 服务器根目录下存放 CGI 脚本程序，用户对这些程序有执行权限，恶意用户有可能利用其中的漏洞进行越权操作，例如，增、删、改。

③ 服务器根目录下的某些文件需要由 Root 来写或者执行，如 Web 服务器需要 Root 来启动，如果其他用户对 Web 服务器的执行程序有写权限，则该用户可以用其他代码替换掉 Web 服务器的执行

程序，当 Root 再次执行这个程序时，用户设定的代码将以 Root 身份运行。

4. 网页高效编程

现在 Web 制作技术日趋复杂，再加上网页编程人员大多使用自己或第三方开发的软件，而这些软件有的就没有考虑安全问题，这就造成了很多 Web 站点存在着极为严重的安全问题。电子世界中充斥着由于主页制作人员投机取巧而给攻击者留下侵袭或破坏服务器的残留物。

（1）输入验证机制不足

如果验证提供给特定脚本的输入有效性上存在不足，攻击者很有可能作为一个参数提交一个特殊字符和一个本地命令，让 Web 服务器在本地执行。如果程序盲目地接受来自 Web 页面的输入并用外壳命令传递它，就可能为试图攻入网络的黑客提供访问权。

当一段代码（如 CGI 程序或 SSI 代码）被欺骗执行了一个外壳命令时，这个外壳命令会按照与程序本身同样的访问级别来执行。所以要确保使用尽可能有限的访问权限来运行 CGI 程序和 Web 服务器，并加强输入验证机制杜绝有危害的字符送入 Web 应用程序。另外我们还可以增加对输出数据流的检验，这样即使万一被攻破，也不至于流失重要数据。

（2）不缜密的编程思路

网站设计考虑不周，常常会给 Web 站点留下后患。例如，把内部应用状态的数据通过< INPUT TYPE="HIDDEN" >标记从一个页面传递到另一个页面，攻击者可以轻易地引导该应用并得到任何想要的结果。一般的解决方案是把应用状态通过会话变量保存在服务器上，很多 Web 开发平台都有这种机制，如在 PHP3 中用 PHPLIB 保存会话数据；在 PHP4 中用 Session()调用；ASP 也提供 Session 对象，Cold Fusion 还提供了几种不同的会话变量。

（3）客户端执行代码乱用

新兴的动态编程技术允许把代码转移到客户端执行，以缓解服务器的压力。Java 脚本就能完成这一目的，它可以使 Web 页面更加生动，同时提高更多的控制。但在已发现的漏洞中，覆盖面也很广，如发送电子邮件、查看历史文件记录表、跟踪用户在线情况以及上传客户的文件。这样很容易泄露用户的个人隐私。

与 Java 不同，Cookie 只是一些数据而不是程序，因此无法运行。客户端访问页面时，服务器不但发送所请求的页面，还有一些额外数据，当客户端和服务器再次建立连接时，回送这些 Cookie 以简化连接过程，提供更方便的服务。当然 Cookie 中包含的数据也可能是病毒的源代码甚至经过编译的二进制代码，不过远程激活它们比较困难，Cookie 真正的问题也是隐私方面，这也是自它诞生以来争论的焦点。

解决的方案，我们除了期望网站设计安全以外，也可以在访问不确定安全的网站时，关闭浏览器的 Java 及 Cookie 支持功能以避免受到伤害。

5. 安全管理 Web 服务器

Web 服务器的日常管理、维护工作包括 Web 服务器的内容更新，日志文件的审计，安装一些新的工具、软件，更改服务器配置，对 Web 进行安全检查等。主要注意以下几点。

① 以安全的方式更新 Web 服务器（尽量在服务器本地操作）。

② 经常审查有关日志记录。

③ 进行必要的数据备份。

④ 定期对 Web 服务器进行安全检查。

⑤ 冷静处理意外事件。

8.2.5　Web 网站的安全管理

Web 网站的安全管理应满足以下几点。

① 建立安全的 Web 网站

首先要全盘考虑 Web 服务器的安全设计和实施。无论是政府网站，还是企业、商业机构或是社会团体，各自都有其特殊的安全要求，所以，根据本单位的实际情况，周密制定安全政策是实现系统安全的前提。

② 对 Web 系统进行安全评估

也就是说，权衡考虑各类安全资源的价值和对它们实施保护所需要的费用。这个当中不能只考虑看得见的资源实体，应该综合考虑资源带来的效益，资源发生不安全情况的概率，资源的安全保护被突然破坏时将可能带来的损失。

③ 制定安全策略的基本原则和管理规定

安全策略的基本原则和管理规定是指各类资源的基本安全要求以及为了达到这种安全要求应该实施的事项。安全管理是由个人或组织针对为了达到特定的安全水平而制定的一整套要求有关部门人员必须遵守的规则和违规罚则。对于 Web 服务提供者来说，安全管理的一个重要的组成是哪个人可以访问哪些 Web 文档，获权访问 Web 文档和使用这些访问的人的有关部门权利和责任，有关人员对设备、系统的管理权限和维护守则，失职处罚等。

④ 对员工的安全培训

对员工进行安全培训能增强员工主动学习安全知识的意识和能力。网站的安全政策必须被每一个工作人员所理解，这样才可能让每一个员工自觉遵守、维护它。

尽管如此，Web 网站的安全也是相对的，没有绝对的安全，我们只能把遭受攻击的可能性降到最低。更重要的是，必须做到"有法必依"，把安全政策体现到设备的选购、网络结构的设计、人员的配置、管理及每一个人的日常的工作中。

8.3　口令安全

通过口令进行攻击是多数黑客常用的方法。攻击者首先是寻找系统是否存在没有口令的户头，其次是试探系统是否有容易猜出的口令，然后用大量的词来尝试，看是否可以登录。而存放口令的文件往往是攻击者首先寻找的目标。使用口令破译者一类的工具，可以得到加密口令的明文。作为系统管理员，应该定期检查系统是否存在无口令的用户，其次应定期运行口令破译程序以检查系统中是否存在弱口令，这些措施可以显著地减少系统面临的通过口令入侵的威胁。另外，系统管理员应保护好自己的口令，并要求用户定期更换自己的口令。

口令可以分为，静态口令、动态口令和认知口令。静态口令是用户自己或者系统创建的可以重复使用的口令；动态口令是由口令设备随机产生的，一般情况下动态口令只能使用一次；认知口令是使用基于事实或者给予选项的认知数据作为用户认证的基础。

8.3.1 口令的破解

1. 硬件问题

采用分布式破解法（Distributed Cracking）破解口令。分布式破解法就是入侵者用独立的几个进程，并行地执行破解工作，其实现有几种方法，其中之一就是把口令文件分解成几块，在各自独立的机器上分别破解这几块文件。通过这种方法，破解工作被分散到不同工作站上进行，花费的时间和资源就少了。

入侵者使用分布式破解法的主要问题是，若不分散 CPU 的负载，入侵可能不会被发现；若分散 CPU 的负载，可导致某个系统管理员很可能注意到自己系统的处理器资源被大量消耗，注意到有一个或多个进程已经运行了多天。因此，对于入侵者来说，分布式破解法并不可行，除非他是一个站点的管理员或有自己的网络。

2. 口令破解方法

通过破解获得系统管理员口令，进而掌握服务器的控制权，是黑客的一个重要手段。破解获得管理员口令的方法有很多，下面是 3 种最为常见的方法。

① 猜解简单口令。很多人使用自己或家人的生日、电话号码、房间号码、简单数字或者身份证号码中的几位；也有的人使用自己、孩子、配偶或宠物的名字；还有的系统管理员使用 "password"，甚至不设密码，这样黑客可以很容易通过猜想得到密码。

② 字典攻击。如果猜解简单口令攻击失败后，黑客开始试图字典攻击，即利用程序尝试字典中的单词的每种可能。字典攻击可以利用重复的登录或者收集加密的口令，并且试图同加密后的字典中的单词匹配。黑客通常利用一个英语词典或其他语言的词典。他们也使用附加的各类字典数据库，比如名字和常用的口令。

③ 暴力猜解。同字典攻击类似，黑客尝试所有可能的字符组合方式。一个由 4 个小写字母组成的口令可以在几分钟内被破解，而一个较长的由大小写字母组成的口令，包括数字和标点，其可能的组合达 10 万亿种。如果每秒可以尝试 100 万种组合，则可以在一个月内破解。

3. 口令破解软件

Cain & Abel 是由 Oxid.it 开发的一个针对 Microsoft 操作系统的免费口令恢复工具。它的功能十分强大，可以网络嗅探，网络欺骗，破解加密口令、解码被打乱的口令、显示口令框、显示缓存口令和分析路由协议，甚至还可以监听内网中他人使用 VoIP 拨打电话。

Cain 下有两个程序，一个是 Cain 主程序，另一个是 Abel 服务程序。Abel 服务程序需要手动进行安装。正确安装 Cain 后从 Cain 目录下复制 Abel.exe 和 Abel.dll 到 C:\Windows\System32 目录下，运行 Abel.exe 安装，并在服务里设置为自动启动。

汉化版的 Cain4.9 运行界面如图 8-1 所示。

8.3.2 安全口令的设置

安全的口令是那些很难猜测的口令。难猜测的原因是因为同时有大小写字符，不仅有字符，还有数字、标点符号、控制字符和空格，另外，还要容易记忆，至少有 7～8 个字符长和容易输入。

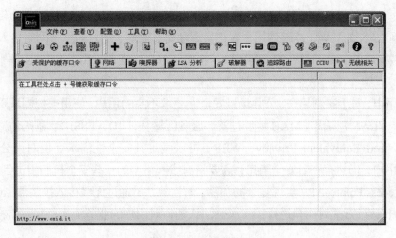

图 8-1 Cain 运行界面

不安全的口令往往是：任何名字，包括人名、软件名、计算机名甚至幻想中事物的名字，电话号码或者某种执照的号码，社会保障号，任何人的生日，其他很容易得到的关于自己的信息，一些常用的词，任何形式的计算机中的用户名，在英语字典或者外语字典中的词，地点名称或者一些名词，键盘上的一些词，任何形式的上述词再加上一些数字。

保持口令的安全有以下几点建议。

① 不要将口令写下来。

② 不要将口令存于终端功能键或调制解调器的字符串存储器中。

③ 不要选取显而易见的信息作口令。

④ 不要让别人知道。

⑤ 不要交替使用两个口令。

⑥ 不要在不同系统上使用同一口令。

⑦ 不要让人看见自己在输入口令。

减小口令危险的最有效方法是根本不用常规口令。替代的办法是在系统中安装新的软件或硬件，使用一次性口令。一次性口令就是一个口令只使用一次。一个用户可能收到一个打印输出的口令列表，每次登录使用完一个口令，就将它从列表中划除，或者用户得到一个可以携带的小卡，这个卡每次将显示一个不同的号码，或者可以携带一个小的计算器，当登录时，计算机将会打印出一个不同的号码，用户将这个号码输入这个小小的计算器中，然后输入自己的标志号码，计算器将输出一个口令，用户将这个口令再输入计算机中。

一次性口令系统比传统方式能提供令人惊奇的安全性能。但使用起来方便，它们或者要求安装一些特定的程序，或者需要购买一些硬件，因此现在使用得并不普遍。

在一个网络中，当用户穿过因特网或者其他的网络来访问时，管理员就应该认真地考虑使用一次性口令。否则，攻击者可以窃听、截获用户口令，以后将攻击这些站点。

8.4 无线网络安全

无线局域网（Wireless Local Area Networks，WLAN）是利用无线通信技术在一定的局部范围内建立的网络，是计算机网络与无线通信技术相结合的产物，它以无线多址信道作为传输媒介，提供传统有线局域网 LAN 的功能，能够使用户真正实现随时、随地、随意的宽带网络接入。WLAN 开始是作为有线局域网络的延伸而存在的，各团体、企事业单位广泛地采用了 WLAN 技术来构建其办公网络。

WLAN 应用中，对于家庭用户、公共场景安全性要求不高的用户，使用虚拟局域网（Virtual Local Area Networks，VLAN）隔离、MAC 地址过滤、服务区域认证 ID，ESSID、密码访问控制和无线静态加密协议（Wired Equivalent Privacy，WEP）可以满足其安全性需求。但对于公共场合中安全性要求较高的用户，仍然存在着安全隐患，需要将有线网络中的一些安全机制引进到 WLAN 中，在无线接入点（Access Point，AP）实现复杂的加密、解密算法，通过无线接入控制器 AC，利用 PPPoE 或者 DHCP+Web 认证方式对用户进行第二次合法认证，对用户的业务流实行实时监控。

8.4.1　无线局域网安全技术

常见的无线网络安全技术有以下几种。

1. 服务集标识符（SSID）

通过对多个无线接入点 AP 设置不同的 SSID，并要求无线工作站出示正确的 SSID 才能访问 AP，这样就可以允许不同群组的用户接入，并对资源访问的权限进行区别限制。但是这只是一个简单的口令，所有使用该网络的人都知道该 SSID，很容易泄漏，只能提供较低级别的安全；而且如果配置 AP 向外广播其 SSID，那么安全程度还将下降，因为任何人都可以通过工具得到这个 SSID。

2. 物理地址（MAC）过滤

由于每个无线工作站的网卡都有唯一的物理地址，因此可以在 AP 中手工维护一组允许访问的 MAC 地址列表，实现物理地址过滤。这个方案要求 AP 中的 MAC 地址列表必须随时更新，可扩展性差，无法实现机器在不同 AP 之间的漫游；而且 MAC 地址在理论上可以伪造，因此这也是较低级别的授权认证。

3. 连线对等保密（WEP）

在链路层采用 RC4 对称加密技术，用户的加密密钥必须与 AP 的密钥相同时才能获准存取网络的资源，从而防止非授权用户的监听以及非法用户的访问。WEP 提供了 40 位（有时也称为 64 位）和 128 位长度的密钥机制，但是它仍然存在许多缺陷，如一个服务区内的所有用户都共享同一个密钥，一个用户丢失或者泄露密钥将使整个网络不安全。而且由于 WEP 加密被发现有安全缺陷，可以在几个小时内被破解。

4. 虚拟专用网络（VPN）

VPN 是指在一个公共 IP 网络平台上通过隧道以及加密技术保证专用数据的网络安全性，它不属于 802.11 标准定义；但是用户可以借助 VPN 来抵抗无线网络的不安全因素，同时还可以提供基于 Radius 的用户认证以及计费。

5. 端口访问控制技术（802.1x）

该技术也是用于无线局域网的一种增强性网络安全解决方案。当无线工作站与 AP 关联后，是否可以使用 AP 的服务要取决于 802.1x 的认证结果。如果认证通过，则 AP 为用户打开这个逻辑端口，否则不允许用户上网。802.1x 除提供端口访问控制能力之外，还提供基于用户的认证系统及计费，特别适合于公司的无线接入解决方案。

8.4.2　无线网络的常见攻击

1. 针对 WEP 中弱点的攻击

① 整体设计。在无线环境中，不使用保密措施具有很大风险，但 WEP 协议只是 802.11 设备实现的一个可选项。

② 加密算法。WEP 中的初始化向量（Initialization Vector，IV）由于位数太短和初始化复位设计，容易出现重用现象，从而被人破解密钥。而对用于进行流加密的 RC4 算法，在其头 256 个字节数据中的密钥存在弱点，目前还没有任何一种实现方案修正了这个缺陷。此外用于对明文进行完整性校验的循环冗余校验（Cyclic Redundancy Check，CRC）只能确保数据正确传输，并不能保证其未被修改，因而并不是安全的校验码。

③ 密钥管理。802.11 标准指出，WEP 使用的密钥需要接受一个外部密钥管理系统的控制。通过外部控制可以减少 IV 的冲突数量，使得无线网络难以攻破。但问题在于这个过程形式非常复杂，并且需要手工操作。因而很多网络的部署者更倾向于使用默认的 WEP 密钥，这使黑客为破解密钥所作的工作量大大减少了。另一些高级的解决方案需要使用额外资源，如 RADIUS 和 Cisco 的 LEAP，其花费是很昂贵的。

④ 用户行为。许多用户都不会改变默认的配置选项，这令黑客很容易推断出或猜出密钥。

2. 搜索攻击

NetStumbler 是第一个被广泛用来发现无线网络的软件。据统计，有超过 50%的无线网络是不使用加密功能的。通常即使加密功能处于活动状态，AP 广播信息中仍然包括许多可以用来推断出 WEP 密钥的明文信息，如网络名称、安全集标识符（Secure Set Identify，SSID）等。

3. 窃听、截取和监听

窃听是指偷听流经网络的计算机通信的电子形式。它是以被动和无法觉察的方式入侵检测设备的。即使网络不对外广播网络信息，只要能够发现任何明文信息，攻击者仍然可以使用一些网络工具，如 Ethereal 和 TCPDump 来监听和分析通信量，从而识别出可以破坏的信息。使用虚拟专用网、安全套接字层（Secure Sockets Lave，SSL）和 SSH（Secure Shel1）有助于防止无线拦截。

4. 欺骗和非授权访问

因为 TCP/IP 的设计原因，几乎无法防止 MAC/IP 地址欺骗。只有通过静态定义 MAC 地址表才能防止这种类型的攻击。但是，因为巨大的管理负担，这种方案很少被采用。只有通过智能事件记录和监控日志才可以对付已经出现过的欺骗。当试图连接到网络上的时候，简单地通过让另外一个节点重新向 AP 提交身份验证请求就可以很容易地欺骗无线网身份验证。许多无线设备提供商允许终端用户通过使用设备附带的配置工具，重新定义网卡的 MAC 地址。使用外部双因子身份验证，如 RADIUS 或 SecureID，可以防止非授权用户访问无线网及其连接的资源，并且在实现的时候，应该对需要经过强验证才能访问资源的访问进行严格的限制。

5. 网络接管与篡改

同样因为 TCP/IP 设计的原因，某些技术可供攻击者接管与其他资源建立的网络连接。如果攻击者接管了某个 AP，那么所有来自无线网的通信量都会传到攻击者的机器上，包括其他用户试图访问合法网络主机时需要使用的密码和其他信息。欺诈 AP 可以让攻击者从有线网或无线网进行远程访问，而且这种攻击通常不会引起用户的重视，用户通常是在毫无防范的情况下输入自己的身份验证信息，甚至在接到许多 SSL 错误或其他密钥错误的通知之后，仍像是看待自己机器上的错误一样看待它们，这让攻击者可以继续接管连接，而不必担心被别人发现。

6. 拒绝服务攻击

无线信号传输的特性和专门使用扩频技术，使得无线网络特别容易受到拒绝服务（Denial of Service，DoS）攻击的威胁。拒绝服务是指攻击者恶意占用主机或网络几乎所有的资源，使得合法用户无法获得这些资源。要造成这类的攻击，最简单的办法是通过让不同的设备使用相同的频率，从而造成无线频谱内出现冲突。另一个可能的攻击手段是发送大量非法（或合法）的身份验证请求。第三种手段，如果攻击者接管 AP，并且不把通信量传递到恰当的目的地，那么所有的网络用户都将无法使用网络。为了防止 DoS 攻击，可以做的事情很少。无线攻击者可以利用高性能的方向性天线，从很远的地方攻击无线网。已经获得有线网访问权的攻击者，可以通过发送多达无线 AP 无法处理的通信量来攻击它。此外为了获得与用户的网络配置发生冲突的网络，只要利用 NetStumbler 就可以做到。

7. 恶意软件

凭借技巧定制的应用程序，攻击者可以直接到终端用户上查找访问信息，例如访问用户系统的注册表或其他存储位置，以便获取 WEP 密钥并把它发送回到攻击者的机器上。注意让软件保持更新，并且遏制攻击的可能来源（Web 浏览器、电子邮件、运行不当的服务器服务等），这是唯一可以获得的保护措施。

8. 偷窃用户设备

只要得到了一块无线网网卡，攻击者就可以拥有一个无线网使用的合法 MAC 地址。也就是说，如果终端用户的笔记本电脑被盗，他丢失的不仅是电脑本身，还包括设备上的身份验证信息，如网络的 SSID 及密钥。而对于别有用心的攻击者而言，这些往往比电脑本身更有价值。

8.4.3 无线网络安全设置

面对不同的网络问题，我们总会措手不及，但是如果在平日里加强网络安全管理，这些问题也许能得到一定的解决，这里就为大家介绍一些安全设置。

1. 使用无线加密协议

现在很多的无线路由器都拥有了无线加密功能，这是无线路由器的重要保护措施，通过对无线电波中的数据加密来保证传输数据信息的安全。无线加密协议（WEP）是无线网络上信息加密的一种标准方法，它可以对每一个企图访问无线网络的人的身份进行识别，同时对网络传输内容进行加密。

一般的无线路由器或 AP 都具有 WEP 加密和 WPA 加密功能，WEP 一般包括 64 位和 128 位两种加密类型，只要分别输入 10 个或 26 个 16 进制的字符串作为加密密码就可以保护无线网络。WEP 协议是对在两台设备间无线传输的数据进行加密的方式，用以防止非法用户窃听或侵入无线网络。许多无线设备厂商为了使产品安装简单易行，都把他们产品的出厂配置设置成禁止 WEP 模式，这样做最大的弊端是数据可以被直接从无线网络上读取，因此黑客就能轻而易举地从无线网络中获取想要的信息。另外，WEP 密钥一般是保存在 Flash 中，有些黑客可以利用网络中的漏洞轻松进入。

使用无线加密协议尽管不是完美的方法，但如果能够正确使用 WEP 的全部功能，那么 WEP 仍提供了在一定程度上比较合理的安全措施，对阻止黑客仍然有一定效用。

2. 主动更新

搜索并安装所使用的无线路由器或无线网卡的最新固件或驱动更新，消除以前存在的漏洞。还有下载安装所使用的操作系统在无线功能上的更新等，这样可以更好地支持无线网络的使用和安全，使自己的设备能够具备最新的各项功能。

3. 在合理位置放置天线

使无线接入点保持封闭，首先要正确放置天线，从而限制能够到达天线有效范围的信号量。天线的理想位置是目标覆盖区域的中心，并使泄露到墙外的信号尽可能地少。不过，完全控制无线信号是几乎不可能的，所以还需要同时采取其他一些措施来保证网络安全。

4. 禁用动态主机配置协议

动态主机分配协议（Dynamic Host Configuration Protocol，DHCP）的主要功能是帮助用户随机分配 IP 地址，省去了用户手动设置 IP 地址、子网掩码以及其他所需要的 TCP/IP 参数的麻烦。这本来是方便用户的功能，但却被很多别有用心的人利用。一般的路由器 DHCP 功能是默认开启的，这样所有在信号范围内的无线设备都能自动分配到 IP 地址，这就留下了极大的安全隐患。攻击者可以通过分配的 IP 地址轻易得到很多你的路由器的相关信息，所以禁用 DHCP 功能非常必要。无线网络使用这个策略后，将迫使黑客去破解目标的 IP 地址、子网掩码和其他必需的 TCP/IP 参数。因为即使黑客可以使用无线接入点，但还必须要知道对应的 IP 地址。

5. 禁用或修改 SNMP 设置

如果无线接入点支持简单网络管理协议（SNMP），那么需要禁用它或者修改默认的公共和私有的标识符。不这么做的话，黑客将可以利用 SNMP 获取关于网络的重要信息。

6. IP 过滤和 MAC 地址列表

由于每个网卡的 MAC 地址是唯一的，所以可以通过设置 MAC 地址列表来提高安全性。在启用了 IP 地址过滤功能后，只有 IP 地址在 MAC 列表中的用户才能正常访问无线网络，其他的不在列表中的就自然无法连入网络了。另外需要注意在"过滤规则"中一定要选择"仅允许已设 MAC 地址列表中已生效的 MAC 地址访问无线网络"选项，要不无线路由器就会阻止所有用户连入网络。对于家庭用户来说这个方法非常实用，家中有几台电脑就在列表中添加几台即可，这样既可以避免邻居"蹭网"也可以防止攻击者的入侵。

但是，不是所有的无线接入点都支持这一功能，而且它必须手动输入 MAC 地址过滤标准。支持这项功能的接入点可以利用 TFTP（简单文件传输协议）定期地来下载更新访问列表，从而避免了必须使所有设备上的列表保持同步的巨大的管理工作量。

7. 改变服务集标识符并且禁止 SSID 广播

服务集标识符（SSID）是无线接入的身份标识符，是无线网络用于定位服务的一项功能，用户用它来建立与接入点之间的连接，为了能够进行通信，无线路由器和主机必须使用相同的 SSID。这个身份标识符是由通信设备制造商设置的，并且每个厂商都用自己的默认值。例如，3COM 的设备都用"101"。

在通信过程中，无线路由器首先广播其 SSID，任何在此接收范围内的主机都可以获得 SSID，使用此 SSID 值对自身进行配置后就可以和无线路由器进行通信。在搜索无线网络时，网络的名字也就是 SSID 就会显示在搜索结果中。一旦攻击者利用通用的初始化字符串来连接无线网络，极容易入侵到无线网络中来。

尽管目前大部分无线路由器都已经支持禁用自动广播 SSID 功能，仍需要给每个无线接入点设置一个唯一并且难以推测的 SSID，同时尽可能禁止 SSID 向外广播。这样，无线网络就不能通过广播的方式来吸纳更多用户，这不是说网络不可用，只是它不会出现在可使用网络的名单中。

8.4.4　移动互联网安全

移动互联网与传统互联网相比有着更加复杂的网络架构，更加灵活的接入方式，更加开源的操作系统，更加私密的应用场景，这使得安全保障和服务监管存在着巨大的困难。目前移动互联网正面临着非法攻击、数据丢失、有害信息、垃圾短信、恶意吸费等安全威胁。这些威胁严重阻碍了移动互联网产业的良性发展，具体的安全隐患体现在以下 3 个部分。

1. 移动终端的安全

（1）终端私密性强，与资费紧耦合，攻击危害更大。移动终端往往保存有大量个人/金融等隐私信息，且和资费紧密相连，相比传统电脑病毒，手机病毒直接"套现"的机会大大增加，给非法操作和恶意攻击带来了更大的经济上的驱动力，造成的严重程度也被大大增加。

（2）终端号码广泛公开，更易被恶意锁定。手机号码公开的特性使得移动终端比个人电脑存在更多的窃听和监视风险，受到恶意攻击的概率增大。

（3）手机安全防护体系还不成熟，用户安全意识薄弱。针对手机安全的防护软件和控件刚刚起步，功能和性能还不完善，再加上用户对手机的安全防护意识还比较薄弱，这些主客观因素降低了恶意欺诈、病毒攻击、非法吸费等违法行为的技术门槛。

2. 互联网络的安全

（1）随时随地的移动接入导致监管难。在移动互联网中发布和获取信息将更加隐蔽快捷，信息传播的无中心化和交互性特点更加突出，现有监管技术手段难以覆盖移动互联网端到端的全过程，无法实现对移动互联网的有效管控。

（2）无线频率资源有限导致服务保障难。无论是终端侧还是平台侧，一旦被病毒感染或被恶意控制，都会强制向网络发起大量垃圾流量，而无线空中接口频率资源是有限的，很容易造成通信网络信息堵塞。

（3）空中接口开放式传输导致数据保密难。共享无线传输信道，容易使恶意软件通过破解空中接口接入协议非法访问网络，对空中接口传递的信息进行监听和盗取。

（4）私网地址广泛应用导致溯源难。移动互联网引入了网络地址转换技术，虽然更有效地利用了地址资源，但破坏了互联网端到端的透明性，同时由于目前部分移动上网日志留存信息的环节缺失，使得侦查部门无法精确溯源、落地查人，给不法分子提供了可乘之机。

3. 业务应用的安全

（1）业务涉及环节更多，攻击防护范围更广。移动互联网引入了更多网元及平台，网络架构更加复杂，结点自组织能力更强，业务流程更加复杂，涉及的接口也更多样，使得端到端业务监管更加困难。

（2）应用涉及隐私信息，信息安全风险更大。移动互联网具有个性化，随身化的特点，十分适合社交类、导航类业务，而这些应用往往会产生、调用、上传大量的私密信息和位置信息，因此有可能引发大规模的信息盗取，包括拒绝服务攻击及对于特定群组的敏感信息搜集等。

（3）移动应用商店的监管和审核机制相对缺失。移动应用商店中有的应用为了吸引用户，经常会含有或推送黄色、暴力等不良信息，甚至还内嵌有"恶意广告插件和私自下载软件代码"，严重影响了用户的正常使用，并可能造成恶意吸费、流量电量消耗等问题。针对以上问题，目前还没有有效的监管和审核机制。

（4）应用中的私有协议和加密传输进行交互，使有效监管更难。移动互联网中很多特色应用和移动应用商店都采用私有协议并进行加密传输，但是加密机制在保障用户数据安全的同时，也为违法、有害等信息提供了更为隐蔽的传播渠道，使其逃避监管，破坏社会的和谐健康，给国家信息安全监管带来了极大的挑战。

（5）多种业务信息传播模式，使准确监管更难。与固定互联网相比，移动互联网的恶意信息传播方式更加多样化，具有即时性和群组的精确性，给安全监管带来了极大的困难。

针对以上的安全隐患，要采取以下的措施进行防护：

1. 终端层面的防护

（1）在移动智能终端进网环节加强安全评估。补充完善移动智能终端安全标准中的技术要求和检测要求，尤其针对操作系统、预置应用软件的权限设置和 API 调用等提出安全标准，智能终端进网时需评估其是否满足标准中的"基线安全"要求。

（2）建立完善的终端恶意软件防范体系。基础运营商应部署移动互联网恶意软件监测和研判分析平台，制定恶意代码和终端非法版本描述规范，具备对样本的研判能力，有效评估终端软硬件可信度度量，判别终端操作系统各版本的安全漏洞。

（3）研发终端安全控制客户端软件。屏蔽垃圾短信和骚扰电话，监控异常流量，同时通过黑白名单配合情景的模式使用，还可以处理各式各样陌生来电、短信等。另外，软件还应提供资料备份、删除功能，当用户的手机丢失时可通过发送短信或其他手段远程锁定手机或者远程删除通信录、手机内存卡文件等资料，从而最大限度地避免手机用户的隐私泄露。

（4）提供方便快捷的售后安全防护服务，加大智能终端安全宣传力度。借鉴目前定期发布 PC 操作系统漏洞的做法，由指定研究机构跟踪国内外的智能终端操作系统漏洞发布信息，定期发布官方的智能终端漏洞信息，建设官方智能终端漏洞库，及时向用户提供操作系统漏洞修复和版本升级服务。

2. 无线接入层面的防护

无线接入网络主要提供数据安全性和接入控制保护，确保合法用户可以正常使用，防止业务被盗用、冒名使用等，相关设备也应加装防火墙和杀毒系统实现更严格的访问控制，以防止非法侵入。针对需要重点防护的用户，还可以采用 VPN 或专用加密等方式，确保实现双向鉴权、密钥动态地实时分发以及及时销毁，进一步增强数据信息在空中接口传输的安全性。

3. 有线传送层面的防护

（1）实施分域安全管理机制。根据业务流程、网络功能、协议类型将移动互联网划分成多个关键网络环节，每个环节为独立的安全区域，在各安全区域边界内部实施不同的安全策略和安防系统来完成相应的安全加固。

（2）在关键安全域内部署入侵检测和防御系统，监视和记录用户出入网络的相关操作，判别非法进入网络和破坏系统运行的恶意行为，提供主动化的信息安全保障。在发现违规模式和未授权访问等恶意操作时，系统会及时做出响应，包括断开网络连接、记录用户标识和报警等。

（3）提高网络感知能力。在组成端到端网络的重要部位部署探测采集和感知设备，从而将网络流量可视化，有效判别网络中的业务流量和非法业务流量，实时监听网络数据流，关联用户身份，细分流量和业务。

（4）提高网络智能决策能力。在感知的基础上，利用智能管道技术，实现高精度流量控制，对有限资源进行合理分配，有效抑制异常流量（信令风暴、DDoS、手机病毒、手机垃圾彩信、垃圾邮件等），对重点业务和重点用户的网络资源提供可靠保障，从而提升用户体验。

（5）加强网络和设备管理，在各网络节点安装防火墙和杀毒系统实现更严格的访问控制，以防止非法侵入，针对关键设备和关键路由采用设置 4 A 鉴权、ACL 保护等加固措施。

4. 业务应用层面的防护

（1）提高业务应用系统鉴权认证能力。业务系统应可实现对业务资源的统一管理和权限分配，能够实现用户账号的分级管理和分级授权。针对业务安全要求较高的应用，应提供业务层的安全认证方式，如双因素身份认证，通过动态口令和静态口令结合等方式提升网络资源的安全等级，防止机密数据、核心资源被非法访问。

（2）健全业务应用系统安全审计能力。业务系统应部署安全审计模块，对相关业务管理、网络传输、数据库操作等处理行为进行分析和记录，实施安全设计策略，并提供事后行为回放和多种审计统计报表。

（3）加强应用系统漏洞扫描能力。在业务系统中部署漏洞扫描和防病毒系统，定期对主机、服务器、操作系统、应用控件进行漏洞扫描和安全评估，确保拦截来自各方的攻击，保证业务系统的可靠运行。

（4）加强对移动应用商店的安全监管。研究制定行业内统一的移动应用商店及应用软件安全要求和检测要求，规范应用的安全审核尺度，研发高效的应用软件安全性评估工具，对应用软件信息内容、API 调用、应用软件漏洞、恶意代码和应用开发者资质等进行严格评估；并建立应用软件上线后的安全监控和处置机制。

8.5 网络监听

网络监听是一种监视网络状态、数据流动情况以及网络上信息传输的管理工具。它可以将网络界面设定成监听模式，并且可以截获网络上所传输的信息。网络监听也是黑客们常用的工具。当信息以明文的形式在网络上传输时，便可以使用网络监听的方式进行攻击。将网络接口设置在监听模式便可以源源不断地将网上的信息截获。网络监听可以在网上的任何一个位置实施，如局域网中的一台主机、网关上或远程网的调制解调器之间等。

黑客们用得最多的是截获用户的口令。也就是说，当黑客登录网络主机并取得超级用户权限后，若要登录其他主机，使用网络监听便可以有效地截获网络上的数据，这是黑客使用最好的方法。但是网络监听只能应用于连接同一网段的主机，通常被用来获取用户密码等。

8.5.1　监听的原理

网络监听技术本来是提供给网络安全管理人员进行管理的工具，可以用来监视网络的状态、数据流动情况以及网络上传输的信息等。当信息以明文的形式在网络上传输时，使用监听技术进行攻击并不是一件难事，只要将网络接口设置成监听模式，便可以源源不断地将网上传输的信息截获。网络监听可以在网上的任何一个位置实施，如局域网中的一台主机、网关上或远程网的调制解调器之间等。在网络上，监听效果最好的地方是在网关、路由器和防火墙一类的设备处，通常由网络管理员来操作。使用监听最方便的地方是在一个以太网中的任何一台连网的主机上，这是大多数黑客的做法。

不同数据链路上传输的信息被监听的可能性如下。

（1）Ethernet

Ethernet 网是一个广播型的网络，其工作方式是：将要发送的数据包发往连接在一起的所有主机，包中包含着应该接收数据包主机的正确地址，只有与数据包中目标地址一致的那台主机才能接收。但是，当主机工作监听模式下，无论数据包中的目标地址是什么，主机都将接收。

（2）FDDI、Token-ring

尽管令牌网并不是一个广播型网络，但带有令牌的那些包在传输过程中，平均要经过网络上一半的计算机。高的数据传输率使监听变得比较困难。

（3）电话线

电话线可以被一些电话公司协作人或者一些有机会在物理上访问到线路的人搭线窃听。在微波线路上的信息也会被截获。在实际中，高速的调制解调器将比低速的调制解调器搭线窃听困难一些，因为高速调制解调器中引入了许多频率。

（4）IP 通过有线电视信道

许多已经开发出来的，使用有线电视信道发送 IP 数据包的系统依靠 RF 调制解调器。RF 使用一个 TV 通道用于上行和下行。在这些线路上传输的信息没有加密，因此，可以被一些从物理上访问到 TV 电缆的用户截获。

（5）微波和无线电

无线电本来就是一个广播型的传输媒介。任何有一个无线电接收机的人都可以截获那些传输的信息。

8.5.2　监听的工具

监听的关键就在于网卡被设置为混杂模式的状态，目前有很多的工具可以做到这一点。自从网络监听这一技术诞生以来，产生了大量的可工作在各种平台上相关软硬件工具，其中有商用的，也有开源软件。在 Google 上用 sniffer tools 作为关键字，可以找到非常多的搜索结果。

（1）NetXray

NetXray 是一款极好的网络监听工具，其功能强大而繁多，它能够监多个网段，并且允许在多监控实例同时捕获到你想要捕获的任何类型的报文。它还可以查 QICQ 用户的 IP，能够在线破解

E-mail 等。

（2）SmartSniff

SmartSniff 是一个对 IP 监听的工具，支持 TCP/IP、POP3、FTP、UDP、ICMP，提供 ASCII 和 hex dump 两种查看方式。SmartSniff 支持 IP 过滤设置，可以不显示自己的和认为不需要显示出来的 IP。初次运行时需要指定网卡。基本不需要改写系统注册表，是个绿色的免费工具。

（3）SnifferPro

SnifferPro 是 NAI 公司出品的一款网络抓包工具。它拥有强大的网络抓包和协议分析能力。使用这种工具，可以监视网络的状态、数据流动情况以及网络上传输的信息。当信息以明文的形式在网络上传输时，便可以使用网络监听的方式来进行攻击。将网络接口设置在监听模式，便可以将网上传输的源源不断的信息截获。

（4）Snort

Snort 是一个网络入侵检测系统，它可以分析网络上的数据包，用以决定一个系统是否被远程攻击了。多数 Linux 发行版本都有 Snort 程序，因此通过 urpmi、apt-get、yum 等安装 Snort 是一件很轻松的事情。Snort 可以将其收集的信息写到多种不同的存储位置以便于日后的分析。此外，Snort 可被用作一个简单的数据包记录器、嗅探器，当然它主要是一个成熟的 IDIS（网络入侵检测系统）。

（5）Windump

Windump 是 Windows 环境下一款经典的网络协议分析软件，其 Unix 版本名称为 Tcpdump。它可以捕捉网络上两台电脑之间所有的数据包，供网络管理员做进一步流量分析和入侵检测。

8.5.3 监听的实现

对于一个进行网络攻击的黑客来说，能攻破网关、路由器和防火墙的情况极为少见，完全可以由安全管理员安装一些设备，对网络进行监控，或者使用一些专门设备，运行专门的监听软件，并防止任何非法访问。然而，潜入一台不引人注意的计算机，悄悄地安装一个监听程序，黑客是完全可以做到的。监听非常消耗 CPU 资源，在一个担负繁忙任务的计算机中进行监听，可以立即被管理员发现，因为他会发现计算机的响应速度非常慢。

对于一台连网的计算机，最方便的是在以太网中进行监听，只需安装一个监听软件，然后就可以坐在机器旁浏览监听到的信息了。

在以太网中，数据包的发送是以广播的方式进行传送，联网的所有主机都能接收到发送的数据包，但是真正接受这个数据包计算机的物理地址必须与发送的数据包中所包含的物理地址一致。因此，只有与数据包中目标地址一致的那台主机才能接收数据包。但是，当主机工作在监听模式下，无论数据包中的目标物理地址是什么，主机都将接收。

在因特网上，有许多这样的局域网。几台甚至几十台主机通过一条电缆，一个集线器连在一起。在协议的高层或用户看来，当同一网络中的两台主机通信时，源主机将写有目的主机 IP 地址的数据包直接发向目的主机。或者当网络中的一台主机同外界的主机通信时，源主机将写有目的主机 IP 地址的数据包发向网关。但是，这种数据包并不能在协议栈的高层直接发送出去。要发送的数据包必须从 TCP/IP 的 IP 层交给网络接口，即数据链路层。

网络接口不能识别 IP 地址。在网络接口，由 IP 层来的带有 IP 地址的数据包又增加了一部分信息：以太帧的帧头。在帧头中，有两个域分别为只有网络接口才能识别的源主机和目的主机的物理地址，这是一个 48 位的地址。这个 48 位的地址是与 IP 地址对应的，也就是说，一个 IP 地址，必然对应一个物理地址。对于作为网关的主机。由于它连接了多个网络，因此它同时具有多个 IP 地址，在每个网络中，它都有一个发向局域网之外的帧中携带的网关的物理地址。

在以太网中，填写了物理地址的帧从网络接口也就是从网卡中发送出去，传送到物理的线路上。如果局域网是由数字信号在电线上传输，信号能够到达线路上的每一台主机。当使用集线器时，发送出去的信号到达集线器，由集线器再发向连接在集线器上的每一条线路。于是，在物理线路传输的数字信号也能到达连接在集线器上的每一主机。

数字信号到达一台主机的网络接口时，在正常情况下，网络接口读入数据帧，然后进行检查，如果数据帧中携带的物理地址是自己的，或者物理地址是广播地址，将由数据帧交给上层协议软件，也就是 IP 层软件，否则就将这个帧丢弃。对于每一个到达网络接口的数据帧，都要进行这个过程。然而，当主机工作在监听模式下，则所有的数据帧都将交给上层协议软件处理。

当连接在同一条电缆或集线器上的主机被逻辑地分为几个子网时，如果主机处于监听模式下，它还能接收到发向与自己不在同一子网（使用了不同的掩码，IP 地址和网关）的主机的那些信息包。也就是说，在同一条物理信道上传输的所有信息都可以被接收到。但不能监听不在同一个网段的计算机传输的信息。一台计算机只能监听经过自己网络接口的那些信息包。

要使主机工作在监听模式下，需要向网络接口发送 I/O 控制命令，将其设置为监听模式。在 Unix 操作系统中，发送这些命令需要超级用户的权限。在 Unix 操作系统中普通用户是不能进行网络监听的。但是，在 Microsoft Windows 系列操作系统中，则没有这个限制。只要运行这一类的监听软件即可。同时，在计算机上运行的这类软件具有操作方便，对监听到信息的综合能力强的特点。

需要说明的是，因特网中使用的大部分协议都是很早设计的，许多协议的实现都是建立在一种非常友好的，通信的双方充分信任的基础之上。在通常的网络环境下，用户的所有信息，包括户头和口令信息都是以明文的方式在网上传输。因此，获得用户的各种信息并不是一件很困难的事。只要具有初步的网络和 TCP/IP 知识，便能轻易地从监听到的信息中提取出感兴趣的部分。

网络监听常常要保存大量的信息，因此，正在进行监听的机器对用户的请求响应很慢。

网络监听软件通常都是将监听到的包存放在文件中，待以后再分析。在监听到的结果中，必然会夹杂许多其他主机交互的数据包。监听软件将同一 TCP 会话的包整理到一起，根据协议对包进行大量的分析。

8.5.4　监听的检测与防范

网络监听本来是为了管理网络，监视网络的状态和数据流动情况。但是由于它能有效地截获网上的数据，因此也成了网上黑客使用得最多的方法。监听只能是同一网段的主机。这里同一网段是指物理上的连接，因为不是同一网段的数据包，在网关就被滤掉，传不到该网段来。否则一个因特网上的一台主机，便可以监视整个因特网了。

网络监听最有用的是获得用户口令。当前，网上的数据绝大多数是以明文的形式传输。而且口令通常很短且容易辨认。当口令被截获后，则可以非常容易地登上另一台主机。

1. 监听的检测方法

网络监听是很难被发现的。因为运行网络监听的主机只是被动地接收在局域网上传输的信息，并没有主动的行动，也不能修改在网上传输的信息包。当某一危险用户运行网络监听软件时，可以通过 ps-ef 或 ps-aux 命令来发现它。能够运行网络监听软件，说明该用户已经具有了超级用户的权限，他可以修改任何系统命令文件，来掩盖自己的行踪。其实修改 ps 命令只需短短数条 Shell 命令，就可将监听软件的名字过滤掉。

另外，当系统运行网络监听软件时，系统因为负荷过重，会对外界的响应很慢。但也不能因为一个系统响应过慢而怀疑其正在运行网络监听软件，有以下几种方法可以检测系统是否在运行网络监听软件。

（1）方法一

对于怀疑运行监听程序的机器，用正确的 IP 地址和错误的物理地址去 ping，运行监听程序的机器会有响应。这是因为正常的机器不接收错误的物理地址，处于监听状态的机器能接收。如果它的 IP stack 不再次反向检查的话，就会响应。这种方法依赖于系统的 IP stack，对一些系统可能行不通。

（2）方法二

向怀疑有网络监听行为的网络发送大量垃圾数据包，根据各个主机回应的情况进行判断，正常的系统回应的时间应该没有太明显的变化，而处于混杂模式的系统由于对大量的垃圾信息照单全收，所以很有可能回应时间会发生较大的变化。

如果伪造出一种 ICMP 数据包，硬件地址是不与局域网内任何一台主机相同，但目的地址是局域网内的 IP 地址。任何正常的主机会检查这个数据包，比较数据包的硬件地址，和自己的不同，于是不会理会这个数据包。而处于网络监听模式的主机，由于它的网卡现在是在混杂模式的，所以它不会去对比这个数据包的硬件地址，而是将这个数据包直接传到上层，上层检查数据包的 IP 地址，符合自己的 IP，于是会对这个 ping 的包做出回应。这样，一台处于网络监听模式的主机就被发现了。

（3）方法三

许多的网络监听软件都会尝试进行地址反向解析，在怀疑有网络监听发生时可以在 DNS 系统上观测有没有明显增多的解析请求。

（4）方法四

搜索监听程序。入侵者很可能使用的是一个免费软件，管理员就可以检查目录，找出监听程序，但这比较困难而且很费时间。在 Unix 操作系统上，可以自己编写一个搜索程序进行搜索。

击败监听程序的攻击，用户有多种选择。而最终采用哪一种要取决于用户真正想做什么和运行时的开销。

对发生在局域网的其他主机上的监听，一直以来，都缺乏很好的检测方法。这是由于产生网络监听行为的主机在工作时总是不做声的收集数据包，几乎不会主动发出任何信息。但目前业内已经有了一些解决这个问题的思路和产品。

2. 监听的防范措施

（1）从逻辑或物理上对网络分段

网络分段通常被认为是控制网络广播风暴的一种基本手段，但其实也是保证网络安全的一项措施。其目的是将非法用户与敏感的网络资源相互隔离，从而防止可能的非法监听。

（2）以交换式集线器代替共享式集线器

对局域网的中心交换机进行网络分段后，局域网监听的危险仍然存在。这是因为网络最终用户的接入往往是通过分支集线器而不是中心交换机，而使用最广泛的分支集线器通常是共享式集线器。

这样，当用户与主机进行数据通信时，两台机器之间的数据包（称为单播包 Unicast Packet）还是会被同一台集线器上的其他用户所监听。

因此，应该以交换式集线器代替共享式集线器，使单播包仅在两个节点之间传送，从而防止非法监听。当然，交换式集线器只能控制单播包而无法控制广播包（Broadcast Packet）和多播包（Multicast Packet）。但广播包和多播包内的关键信息，要远远少于单播包。

（3）使用加密技术

数据经过加密后，通过监听仍然可以得到传送的信息，但显示的是乱码。使用加密技术的缺点是影响数据传输速度以及使用一个弱加密术比较容易被攻破。系统管理员和用户需要在网络速度和安全性上进行折中。

（4）划分 VLAN

运用 VLAN（虚拟局域网）技术，将以太网通信变为点到点通信，可以防止大部分基于网络监听的入侵。

（5）使用管理工具

网络监听是网络管理很重要的一个环节，同时也是黑客们常用的一种方法。事实上，网络监听的原理和方法是广义的。例如，路由器也是将传输中的包截获，进行分析并重新发送出去。许多的网络管理软件都少不了监听这一环节，而网络监听工具只是这一大类应用中的一个小的方面。

8.6　扫描器

扫描器是一种自动检测远程或本地主机安全脆弱点的程序。通过使用扫描器可以不留痕迹地发现远程服务器的各种 TCP 端口的分配及提供的服务和它们的软件版本，这就可以间接地或直观地了解到远程主机所存在的安全问题。

8.6.1　什么是扫描器

扫描器采用模拟攻击的形式对目标可能存在的已知安全漏洞进行逐项检查。目标可以是工作站、服务器、交换机、数据库应用等各种对象。然后根据扫描结果向系统管理员提供周密可靠的安全性分析报告，为提高网络安全整体水平产生重要依据。在网络安全体系的建设中，安全扫描工具花费低、效果好、见效快、与网络的运行相对对立、安装运行简单，可以大规模减少安全管理员的手工劳动，有利于保持全网安全政策的统一和稳定。

扫描器并不是一个直接的攻击网络漏洞的程序，它仅仅能帮助我们发现目标机的某些存在的弱点。一个好的扫描器能对它得到的数据进行分析，帮助我们查找目标主机的漏洞。但它不会提供进入一个系统的详细步骤。

扫描器应该有 3 项功能：发现一个主机和网络的能力，发现在这台主机上运行什么服务的能力，以及发现这台主机漏洞的能力。

扫描器对因特网安全很重要，因为它能揭示一个网络的脆弱点。在任何一个现有的平台上都有几百个熟知的安全脆弱点。多数情况下，这些脆弱点都是唯一的，仅影响一个网络服务。人工测试单台主机的脆弱点是一项极其繁琐的工作，而扫描程序能轻易地解决这些问题。扫描程序开发者利用可得到的常用攻击方法并把它们集成到整个扫描中，这样使用者就可以通过分析输出的结果发现系统的漏洞。

常用的扫描器是 TCP 端口扫描器，扫描器可以搜集到有关目标主机的有用信息（例如，一个匿名用户是否可以登录等）。扫描器能够发现目标主机某些内在的弱点，这些弱点可能是破坏目标主机安全性的关键性因素。但是，要做到这一点，就必须了解如何识别漏洞。许多扫描器没有提供多少指南手册和指令，因此，数据的解释非常重要。

编写一个扫描器需要具备 TCP/IP，例行测试以及 C 语言、Perl 语言，一种或多种外壳语言的丰富知识，还需要了解一下 Socket 编程的知识，它用于开发客户/服务器应用程序。

扫描器是当今入侵者最常使用的应用程序。这些能自动检测服务器安全结构弱点的程序快速、准确而且万能。更重要的是，它们可以在因特网上免费得到。由于这些原因，许多人坚持认为扫描器是入侵工具中最危险的工具。

8.6.2 端口扫描

1. 端口

端口是由计算机的通信协议 TCP/IP 协议定义的。其中规定，用 IP 地址和端口作为套接字，它代表 TCP 连接的一个连接端，一般称为 Socket。具体来说，就是用 IP 地址和端口号来定位一台主机中的进程。可以做这样的比喻，端口相当于两台计算机进程间的大门，可以随便定义，其目的只是为了让两台计算机能够找到对方的进程。计算机就像一座大楼，这座大楼有好多入口（端口），进到不同的入口中就可以找到不同的公司（进程）。可见，端口与进程是一一对应的，如果某个进程正在等待连接，称为该进程正在监听，那么就会出现与它相对应的端口。由此可见，入侵者通过扫描端口，便可以判断出目标计算机有哪些通信进程正在等待连接。

在因特网的服务器上都有数千个端口，为了简便和高效，为每个指定端口都设计了一个标准的数据帧。换句话说，尽管系统管理员可以把服务绑定（Bind）到他选定的端口上，但服务一般都被绑定到指定的端口上，它们被称为公认端口。

2. 端口扫描技术

编写扫描器程序必须要很多 TCP/IP 程序编写和 C，Perl 或 Shell 语言的知识。需要一些 Socket 编程的背景和开发客户/服务应用程序的技术。下面对常用的端口扫描技术做一个介绍。

（1）TCP connect()扫描

这是最基本的 TCP 扫描。操作系统提供的 connect()系统调用，用来与每一个感兴趣的目标计算机的端口进行连接。如果端口处于侦听状态，那么 connect()就能成功。否则，这个端口是不能用的，即没有提供服务。这个技术的最大优点是，不需要任何权限，系统中的任何用户都有权利使用这个调用。另一个优势就是速度。如果对每个目标端口以线性的方式，使用单独的 connect()调用，那么花费的时间就相当长。可以通过同时打开多个套接字，从而加速扫描。使用非阻塞 I/O 允许用户设置一个低的时间用尽周期，同时观察多个套接字。但这种方法的缺点是很容易被发觉，并且被过滤掉。目标计算机的 logs 文件会显示一连串的连接和连接是出错的服务消息，并且能很快地使它关闭。

（2）TCP SYN 扫描

这种技术通常认为是"半开放"扫描，这是因为扫描程序不必要打开一个完全的 TCP 连接。扫描程序发送的是一个 SYN 数据包，好像准备打开一个实际的连接并等待反应一样（与 TCP 的 3 次握

手建立一个 TCP 连接的过程类似）。一个 SYN|ACK 的返回信息表示端口处于侦听状态。一个 RST 返回，表示端口没有处于侦听态。如果收到一个 SYN|ACK，则扫描程序必须再发送一个 RST 信号，来关闭这个连接过程。这种扫描技术的优点在于一般不会在目标计算机上留下记录。但这种方法的一个缺点是，必须要有 root 权限才能建立自己的 SYN 数据包。

（3）TCP FIN 扫描

有的时候有可能 SYN 扫描都不够秘密。一些防火墙和包过滤器会对一些指定的端口进行监视，有的程序能检测到这些扫描。相反，FIN 数据包可能会没有任何麻烦地通过。这种扫描方法的思想是关闭的端口会用适当的 RST 来回复 FIN 数据包。另一方面，打开的端口会忽略对 FIN 数据包的回复。这种方法和系统的实现有一定的关系。有的系统不管端口是否打开，都回复 RST，这样，这种扫描方法就不适用了。并且这种方法在区分 Unix 和 NT 时，是十分有用的。

（4）IP 段扫描

这种方法不直接发送 TCP 探测数据包，是将数据包分成两个较小的 IP 段。这样就将一个 TCP 头分成好几个数据包，从而过滤器就很难探测到，但必须小心，一些程序在处理这些小数据包时会有些麻烦。

（5）TCP 反向 ident 扫描

ident 协议允许使用者看到通过 TCP 连接的计算机的用户名，即使这个连接不是由这个进程开始的。例如，连接到 http 端口，然后用 ident 来发现服务器是否正在以 root 权限运行。这种方法只能在和目标端口建立了一个完整的 TCP 连接后才能看到。

（6）FTP 返回攻击

FTP 协议的一个有趣的特点是它支持代理（Proxy）FTP 连接。即入侵者可以从自己的计算机和目标主机之间建立一个 FTP 的连接，然后请求这个连接激活一个有效的数据传输进程来给因特网上任何地方发送文件。利用这种方法是从一个代理的 FTP 服务器来扫描 TCP 端口。这样就能在一个防火墙后面连接到一个 FTP 服务器，然后扫描端口。如果 FTP 服务器允许从一个目录读写数据的话，使用者就能发送任意的数据到发现的打开的端口。

（7）UDP ICMP 端口不能到达扫描

这种方法与上面几种方法的不同之处在于使用的是 UDP 协议。由于这个协议很简单，所以扫描变得相对比较困难。这是由于打开的端口对扫描探测并不发送一个确认，关闭的端口也并不需要发送一个错误数据包。因特网上许多主机在接收到一个未打开的 UDP 端口发送一个数据包时，就会返回一个 ICMP_PORT_UNREACH 错误。这样就能发现哪个端口是关闭的。UDP 和 ICMP 错误都不保证能到达，因此这种扫描器必须还实现在一个包看上去是丢失的时候能重新传输。这种扫描方法是很慢的并且这种扫描方法需要具有 root 权限。

（8）UDP recvfrom() 和 write() 扫描

当非 root 用户不能直接读到端口不能到达错误时，Linux 能间接地在它们到达时通知用户。例如，对一个关闭的端口的第二个 write() 调用将失败。在非阻塞的 UDP 套接字上调用 recvfrom() 时，如果 ICMP 出错还没有到达时会返回 EAGAIN-重试。如果 ICMP 到达时，返回 ECONNREFUSED-连接被拒绝。这就是用来查看端口是否打开的技术。

（9）ICMP echo 扫描

这并不是真正意义上的扫描。但有时通过 ping，在判断在一个网络上主机是否开机时非常有用。

8.6.3 扫描工具

在 Unix 操作系统中，使用端口扫描程序不需要超级用户权限，任何用户都可以使用，而且，简单的端口扫描程序非常容易编写。掌握了初步的 socket 编程知识，便可以轻而易举地编写出能够在 Unix 和 Windows 下运行的端口扫描程序。如果利用端口扫描程序扫描网络上的一台主机，这台主机运行的是什么操作系统，该主机提供了哪些服务，便一目了然。

一般情况下运行 Unix 操作系统的主机，在小于 1 024 的端口提供了非常多的服务，有许多服务是特有的，如在 7（echo）、9（discard）、13（daytime）、19（chargen）等端口。因特网中常用的端口及对应的应用程序如表 8-1 所示。

表 8-1　公共端口及其对应服务或应用程序

服务或应用程序	FTP	SMTP	Telnet	Gopher	Finger	HTTP	NNTP
端口	21	25	23	70	79	80	119

端口扫描程序对于系统管理人员，是一个非常简便实用的工具。端口扫描程序可以帮助系统管理员更好地管理系统与外界的交互。下面介绍一些常用的端口扫描工具。

1. SATAN 工具

SATAN 是一个分析网络的安全管理和测试、报告工具。用它可收集网络上的主机的许多信息，并可以识别组的报告与网络相关的安全问题。对所发现的每种问题类型，SATAN 都提供对这个问题的解释以及它可能对系统和网络安全造成的影响的程度。通过所附的资料，它还解释如何处理这些问题。

SATAN 是为 Unix 操作系统设计的，主要是用 C 和 Perl 语言编写，为了用户界面的友好性，还用了一些 HTML 技术。运行时，除了命令行方式，还可以通过浏览器来操作。它能在许多 Unix 平台上运行，有时根本不需要改变代码，而在其他非 Unix 平台上也只是略作移植即可。

SATAN 用于扫描目标主机的许多已知安全漏洞。下面是 SATAN 扫描的一些系统漏洞和具体扫描的内容。

① FTPD 脆弱性。

② NFS 脆弱性。

③ NIS 脆弱性，NIS 口令文件可被任何主机访问。

④ RSH 脆弱性。

⑤ Sendmail 服务器脆弱性。

⑥ X 服务器访问控制无效。

⑦ 借助 TFTP 对任意文件的访问。

⑧ 对写匿名 FTP 根目录可进行写操作。

使用这个工具需要安装一套 Perl 5.0 以上的脚本解释程序，另外，还需要一个浏览器。SATAN 功能强大，能自动地扫描整个子网，且操作方便，很适合于管理较大规模网络的管理员使用。在构筑或重新配置完网络之后，使用 SATAN 来检查一下整个网络是否存在安全漏洞显得非常必要。

2. 网络安全扫描器 NSS

网络安全扫描器是一个非常隐蔽的扫描器。NSS 是用 Perl 语言编写的，Perl 语言在 CGI 编程方面使用广泛。多数用户都可以访问 Perl，这就使得 NSS 成为一种流行的选择。

NSS 一般在 Sun OS 4.1.3 和 IRIX 5.2 上工作。NSS 运行速度非常快，可以执行下列常规检查。

① Sendmail。

② 匿名 FTP。

③ NFS 出口。

④ TFTP。

⑤ Hosts.equiv。

⑥ Xhost。

通常 NSS 是一个 G 压缩文件。换句话说，它用 gzip.exe 进行过压缩。gzip.exe 是类似 pkzip.exe 的常用压缩工具，利用它，用户可以获取更强大的功能。

3. X–Port 扫描工具

（1）功能简介

多线程方式扫描目标主机开放端口，扫描过程中根据 TCP/IP 堆栈特征被动识别操作系统类型，若没有匹配记录，尝试通过 NetBIOS 判断是否为 Windows 系列操作系统并尝试获取系统版本信息。

该工具提供了两种端口扫描方式供选择：① 标准 TCP 连接扫描；② SYN 方式扫描。

其中"SYN 扫描"和"被动识别操作系统"功能实现均使用"Raw Socket"构造数据包，不需要安装额外驱动程序，但必须运行于 Windows 2000 系统之上。

（2）使用方法

从网上下载并运行该程序，如图 8-2 和图 8-3 所示。

图 8-2　运行 xport 程序

4. SuperScan 工具

（1）功能简介

SuperScan 是一个集"端口扫描""ping""主机名解析"于一体的扫描器。该工具可以完成：检测主机是否在线、IP 和主机名之间的相互转换、通过 TCP 连接试探目标主机运行的服务和扫描指定范围的主机端口等功能。

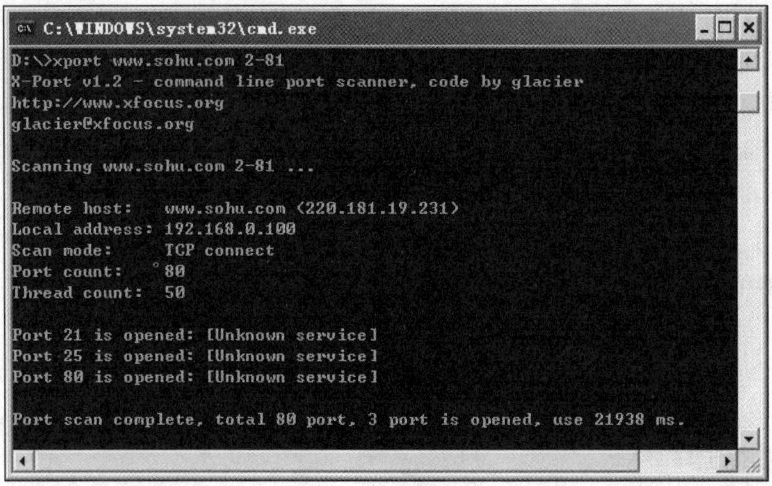

图8-3　扫描结果

（2）使用说明

在"开始"栏中填入目标网段起始 IP，在"结束"栏中填入目标网段结束 IP。然后单击"开始"按钮，就可以进行扫描了，具体如图 8-4 所示。

图8-4　扫描结果

8.7　E-mail 的安全

E-mail 十分脆弱，从浏览器向因特网上的另一个人发送 E-mail 时，不仅信件像明信片一样是公开的，而且也无法知道在到达其最终目的之前，信件经过了多少机器。因特网像一个蜘蛛网，E-mail 到达收件人之前，会经过大学、政府机构和服务提供商。因为邮件服务器可接收来自任意地点的任意数据，所以，任何人，只要可以访问这些服务器，或访问 E-mail 经过的路径，就可以阅读这些信息。唯一的安全性取决于人们对邮件有多大兴趣。当然，在整个过程中，具备多少阅读这些信件的技术，了解多少访问服务器的方法，会产生不同的结果。

8.7.1　E-mail 工作原理及安全漏洞

邮件系统的传输包含了用户代理（User Agent）、传输代理（Transfer Agent）及接受代理（Delivery Agent）3 部分。用户代理是一个用户端发信和收信的程序，负责将信按照一定的标准包装，然后送至邮件服务器，将信件发出或由邮件服务器收回。传输代理则负责信件的交换和传输，将信件传送至适当的邮件主机，再由接受代理将信件分发至不同的邮件信箱。传输代理必须能够接受用户邮件程序送来的信件，解读收信人的地址，根据简单邮件传输协议（Simple Mail Transport Protocol，SMTP）将它正确无误地传递到目的地。现在一般的传输代理已采用 Sendmail 程序完成工作，到达邮件主机后经接收代理程序使用邮局协议（Post Office Protocol，POP）将邮件下载到自己的主机上。

E-mail 在因特网上传送时，会经过很多点，如果中途没有什么阻止它，最终会到达目的地。信息在传送过程中通常会做几次短暂停留。因为其他的 E-mail 服务器会查看信头，以确定该信息是否发往自己，如果不是，服务器会将其转送到下一个最可能的地址。

E-mail 服务器有一个"路由表"，在那里列出了其他 E-mail 服务器的目的地的地址。当服务器读完信头，意识到信息不是发给自己时，它会迅速将信息送到目的地服务器或离目的地最近的服务器。

E-mail 服务器向全球开放，它们很容易受到黑客的袭击。信息中可能携带会损害服务器的指令。例如，Morris bug 内有一种会损坏 Sendmail 的指令，这个指令可使其执行黑客发出的命令。

Web 提供的阅读器更容易受到这类侵扰。因为，与标准的基于文本的因特网邮件不同，Web 上的图形接口需要执行脚本或 Applet 才能显示信息。

防火墙不可能识别所有恶意的 Applet 和脚本。最多，也只能滤去邮件地址中有风险的字符，这些字符还应是防火墙识别得出来的。

8.7.2　匿名转发

在正常的情况下，发送电子邮件会尽量将发送者的名字和地址包括进邮件的附加信息中。但是，有时候，发送者希望将邮件发送出去而不希望收件者知道是谁发的。这种发送邮件的方法被称为匿名邮件。

实现匿名的一种最简单的方法，是简单地改变电子邮件软件里的发送者的名字。但这是一种表面现象，因为通过信息表头中的其他信息。仍能够跟踪发送者。而让自己的地址完全不出现在邮件中的唯一方法是让其他人发送这个邮件，邮件中的发信地址就变成了转发者的地址了。

现在因特网上有大量的匿名转发者（或称为匿名服务器），发送者将邮件发送给匿名转发者，并告诉这个邮件希望发送给谁。该匿名转发者删去所有的返回地址信息，再邮发给真正的收件者，并将自己的地址作为返回地址插入邮件中。

从安全的角度考虑，匿名转发也是有用的。例如，发送敏感信息，隐藏发送者的信息可以使窥窃者不知道这一信息是否有用。

8.7.3　E-mail 欺骗

E-mail 欺骗行为表现形式可能各异，但原理相同，通常是欺骗用户完成一个毁坏性操作或暴露敏感信息（如口令）的操作。

欺骗性 E-mail 会制造安全漏洞。E-mail 欺骗行为的一些迹象是：E-mail 假称来自系统管理员，要求用户将他们的口令改变为特定的字串，并威胁如果用户不照此办理，将关闭用户的账户。

由于简单邮件传输协议（SMTP）没有验证系统，伪造 E-mail 十分方便。如果站点允许与 SMTP 端口联系，任何人都可以与该端口联系，并以虚构的名义发出 E-mail。

应花时间查看 E-mail 错误信息，其中经常会有闯入者的线索。

查看 E-mail 信息的表头，它们通常会记录 E-mail 到达目的地前经过的所有"跳跃"或暂停地。注意表头中诸如"接到"和"信息-ID"的信息，并与 E-mail 的发出/收到记录比较，看它们是否吻合。

有时，E-mail 阅读器不允许用户看到这些表头。此时，可查看包含原始信息的 ASCII 文件，但小心这些表头也被伪造了。如果闯入者直接与系统的 SMTP 端口连接，系统甚至无法分辨闯入者的来源。

例如，用户收到一封 E-mail，无正文，附件为 soft.exe、card.exe 或 picture.exe。双击后无任何反应。此类文件是著名的"特洛伊木马"，属有害程序，其中最常见的是 BO（Back Orifice）黑客程序，它会在用户连入因特网后被远端黑客控制，将密码及文件盗走，破坏硬盘等。如果想手工确定是否被 BO 侵入，应检查 Windows 目录中是否有 note.exe，解决办法是手工删除该文件，并将 win.ini 中 RUN=NOTES.EXE 删除，然后重新启动计算机。所以，凡是 E-mail 附件是可执行文件（.exe、.com）及 Word/Excel 文档（包括.do？和.xl？等），切不可随便打开或运行，除非非常确定它不是恶意程序。

8.7.4 E-mail 轰炸和炸弹

1. E-mail 轰炸

E-mail 轰炸可被描述为不停地接到大量同一内容的 E-mail。E-mail Spamming 与 E-mail 轰炸类似。这里，一条信息被传给成千上万的不断扩大的用户。如果一个人回复了 E-mail spamming，那么表头里所有的用户都会收到这封回信。

这里，主要的风险来自 E-mail 服务器。如果服务器接到很多的 E-mail，服务器就会脱网，系统甚至可能崩溃。不能服务，可由不同原因引起，可能由于网络连接超载，也可能由于缺少系统资源。因此，如果系统突然变得迟钝，或 E-mail 速度大幅减慢，或不能收发 E-mail，就应该小心。E-mail 服务器可能正忙于处理极大数量的信息。

如果感到站点正受侵袭，试着找出轰炸或 Spamming 的来源，然后设置防火墙或路由器，滤去来自那个地址的邮包。

防止 E-mail 的轰炸的办法是使用防火墙。防火墙可以阻止恶意信息的产生，可以确保所有外部的 SMTP 都只连接到 E-mail 服务器上，而不连接到站点的其他系统。这样做的目的不能阻止入侵，但可以将 E-mail 轰炸的影响减到最少。

2. E-mail 炸弹

UP Yours 是最流行的炸弹程序，它使用最少的资源，做了超量的工作，有简单的用户界面以及尝试着去隐蔽攻击者的地址源头。

KaBoom 与 UP Yours 有着明显的不同。其中一点，就是 KaBoom 增强了功能。例如，从开始界面到主程序可以发现一个用来链接列表的工具。使用这个功能，就可以把目标加入到上百个 E-mail 列表中去。

防止 E-mail 炸弹的办法是删除文件或进入一种排斥模式。排斥模式需要检查收到的邮件的源地址并读取 Mail 中的信息。

另一种防止 E-mail 炸弹的办法方法是在路由的层次上，限制网络的传输。或者编写一个 Script 程序，每当 E-mail 连接到自己的邮件服务器的时候，它就"捕捉到"E-mail 的地址。对于邮件炸弹的每一次连接，它都自动终止连接并且回复一个长达 10 页的声明，指出这种攻击行为违反了公认的准则，触犯法律。当进行攻击的黑客收到 1 000 页或更多的回复时，原先并不在意的提供商就会对使用邮件炸弹的人进行训斥甚至惩罚。要想使这个方法更加有效，在发送每个自动答复的消息时，也给那个节点的管理员一份。

这些方法只有在受到邮件炸弹攻击的情况下才是有效的，对于被连接到邮件列表的情况是不起作用的。因为在这种情况下，攻击者的真实地址被隐去了。

8.7.5 保护 E-mail

最有效的保护 E-mail 的方法是使用加密签字，如"Pretty Good Privacy（PGP）"，来验证 E-mail 信息。通过验证 E-mail 信息，可以保证信息确实来自发信人，并保证在传送过程中信息没有被修改。

PGP 运用了复杂的算法，操作结果产生了高水平的加密，系统采用公钥/私钥配合方案，在这种方案中，每个报文只有在用户提供了一个密码后才被加密。

原本为 DOS 编制的 PGP，是在行命令接口或 DOS 提示符下进行操作的。在这种状态下它本身没有安全问题，可问题是许多人发现这样用很不方便，于是他们使用一个前台程序或基于 Microsoft Windows 的应用程序，通过它们访问 PGP 程序。当用户利用这类前台程序时，密码将被写进一个 Windows 的 Swap 文件中。如果这个 Swap 文件长久保存，用功能相当强大的机器就可以找到其中的密码。

该工具的加密、解密和数字签名都是对当前剪贴板上的信息进行的。另外，该工具也可以很方便地与 Outlook 等结合起来。

加密的密文可用电子邮件发送给具有相应私钥的收信人，也可以作为文件，存储在本地主机中。用公钥加密后的信息，没有相应的私钥，即使是加密者本人，也不能从密文得到明文。另外，还要配置电子邮件服务器，不允许 SMTP 端口的直接连接，并防止来自其他站点的假邮件。如果配置防火墙，使它将外来的邮件定向到邮件服务器，就可以对邮件进行集中记录，便于跟踪和检测异常邮件活动。对于返回来的电子邮件错误信息应注意研究，它经常能提供许多抓住入侵者的有用线索。检查电子邮件的头信息，这里往往包含了邮件被传送的轨迹，头信息中的"Received"或"Message-ID"信息以及电子邮件中的 sent/reveived 日志都是很有用的信息，要看它们是否匹配。有时，电子邮件用户不允许查看头信息，可检查包含原始信息的 ASCII 文件，因为头信息也可能是假冒的。如果入侵者直接和系统的 SMTP 端口连接，其源头甚至可能找不到。

应设置邮件传送 daemon，阻止 SMTP 端口的直接连接，避免收发欺骗性的 E-mail。设置一个防火墙，公司外部的 SMTP 连接到一个 E-mail 服务器上，以使站点只有一个 E-mail 入口。这样，就会有一个集中的登录地点，便于追踪不正常的 E-mail 活动。

8.8   IP 电子欺骗

IP 电子欺骗（IP Spoof）攻击是指利用 TCP/IP 本身的缺陷进行的入侵，即用一台主机设备冒充另外一台主机的 IP 地址，与其他设备通信，从而达到某种目的的过程。它不是进攻的结果而是进攻的手段。

8.8.1   IP 电子欺骗的实现原理

所谓 IP 电子欺骗，就是伪造某台主机的 IP 地址的技术。其实质就是让一台机器来扮演另一台机器，以达到蒙混过关的目的。被伪造的主机往往具有某种特权或者被另外的主机所信任。IP 欺骗通常都要用编写的程序实现。IP 欺骗者通过使用 RAW Socket 编程，发送带有假冒的源 IP 地址的 IP 数据包，来达到自己的目的。另外，在现在的网上，也有大量的可以发送伪造的 IP 地址的工具可用，使用它可以任意指定源 IP 地址，以免留下自己的痕迹。

IP 是网络层的一个面向无连接的协议，IP 数据包的主要内容由源 IP 地址，目地 IP 地址和所传数据构成，IP 的任务就是根据每个数据报文的目的地址，路由完成报文从源地址到目的地址的传送。至于报文在传送过程中是否丢失或出现差错，IP 不会考虑。对 IP 来讲，源设备与目的设备没有什么关系，它们是相互独立的。IP 包只是根据数据报文中的目的地址发送，因此借助高层协议的应用程序来伪造 IP 地址是比较容易实现的。

TCP 作为两台通信设备之间保证数据顺序传输的协议，是面向连接的，它需要连接双方都同意才能进行通信。TCP 传输双方传送的每一个字节都伴随着一个序列号（SEQ），它期待对方在接收后产生一个应答（ACK），应答一方面通知对方数据成功收到，另一方面告知对方希望接收下一个字节。同时，任何两台设备之间欲建立 TCP 连接都需要一个两方确认的起始过程，称三次握手。

对于 IP 电子欺骗的状态下，3 次握手会是下面这种情况。

第一步：黑客假冒 A 主机 IP 向服务方 B 主机发送 SYN，告诉 B 主机是它所信任的 A 主机想发起一次 TCP 连接，序列号为数值 X，这一步实现比较简单，黑客将 IP 包的源地址伪造为 A 主机 IP 地址即可。

要注意的是，在攻击的整个过程中，必须使 A 主机与网络的正常连接中断。因为 SYN 请求中 IP 包源地址是 A 主机的，当 B 收到 SYN 请求时，将根据 IP 包中源地址反馈 ACK SYN 给 A 主机，但事实上 A 并未向 B 发送 SYN 请求，所以 A 收到后会认为这是一次错误的连接，从而向 B 回送 RST，中断连接。为了解决这个问题，在整个攻击过程中我们需要设法停止 A 主机的网络功能，使之拒绝服务即可。

第二步：服务方 B 产生 SYN ACK 响应，并向请求方 A 主机（注意：是 A，不是黑客，因为 B 收到的 IP 包的源地址是 A）发送 ACK，ACK 的值为 X+1，表示数据成功接收到，且告知下一次希望接收到字节的 SEQ 是 X+1。同时，B 向请求方 A 发送自己的 SEQ，注意，这个数值对黑客是不可见的。

第三步：黑客再次向服务方发送 ACK，表示接收到服务方的回应——虽然实际上他并没有收到服务方 B 的 SYN ACK 响应。这次它的 SEQ 值为 X+1，同时它必须猜出 ACK 的值，并加 1 后回馈给 B 主机。

如果黑客能成功地猜出 B 的 ACK 值，那么 TCP 的三次握手就宣告成功，B 会将黑客看作 A 主机。黑客主机这种连接是"盲人"式的，黑客永远不会收到来自 B 的包，因为这些反馈包都被路由到 A 主机那里了。

由上我们可以看出，IP 电子欺骗的关键在于猜出在第二步服务方所回应的 SEQ 值，有了这个值，TCP 连接方可成功地建立。在早期，这是个令人头疼的问题，但随着 IP 电子欺骗攻击手段的研究日益深入，一些专用的算法在技术得到应用，并产生了一些专用的 C 程序，如 SEQ-scan、yaas 等。当黑客得到这些 C 程序时，一切问题都将迎刃而解。

在现实中投入应用的 IP 电子欺骗一般被用于有信任关系的服务器之间的欺骗。假设网上有 A，B，C 3 台主机，A 为我们打算愚弄的主机，B 和 A 有基于 IP 地址的信任关系，也就是说拥有 B 主机 IP 地址的设备上的用户不需要账号及密码即可进入 A。我们就可以在 C 上做手脚假冒 B 主机 IP 地址从而骗取 A 的信任。

8.8.2　IP 电子欺骗的方式和特征

使用计算机和上网的人们都知道，每个机器用户都要经过身份验证，这种验证一般发生在用户连接到网络上，去使用某种资源或服务的时候。这个网络可以连接用户的家、办公室或外面的因特网。一般来说，身份验证往往发生在应用层，典型情况如用户在使用 FTP 进行文件传输或 Telnet 进行远程登录时，用户需要输入用户名和口令。只有用户名和口令字相符合时认证才通过。这种认证我们是知道的。

在因特网上，应用层的认证路由是很少见的，而且，对于用户来说认证路由完全是不可见的。在应用层认证中，机器向用户提出问题，要求用户来确认自己。在非应用层认证路由中则相反，它仅发生于计算机之间。一台主机向另一台主机要求某种形式的确认，这种计算机之间的对话通常是自动发生的，不需要人的参与。在 IP 电子欺骗攻击中，入侵者便是试图控制机器之间的这种自动对话以达到自己的目的。

入侵者可以利用 IP 欺骗技术获得对主机未授权的访问，因为他可以发出这样的来自内部地址的 IP 包。当目标主机利用基于 IP 地址的验证来控制对目标系统中的用户访问时，这些小诡计甚至可以获得特权或普通用户的权限。即使设置了防火墙，如果没有配置对本地区域中资源 IP 包地址的过滤，这种欺骗技术依然可以奏效。

当进入系统后，黑客会绕过口令以及身份验证，来专门守候，直到有合法用户连接登录到远程站点。一旦合法用户完成其身份验证，黑客就可控制该连接。这样，远程站点的安全就被破坏了。

关于 IP 欺骗技术有以下 3 个特征。

（1）只有少数平台能够被这种技术攻击，也就是说很多平台都不具有这方面的缺陷。

（2）这种技术出现的可能性比较小，因为这种技术不好理解，也不好操作，只有一些真正的网络高手才能做到这点。

（3）很容易防备这种攻击方法，如可以使用防火墙等。

在因特网上，应用层的认证路由是很少见的。而且，对于用户来说认证路由完全是不可见的。在应用层认证中，机器向用户提出问题，要求用户来确认自己，在非应用层认证路由中则相反，它仅发生于计算机之间。

8.8.3 IP 欺骗的对象及实施

1. IP 欺骗的对象

IP 欺骗只能攻击那些运行真正的 TCP/IP 的机器，真正的 TCP/IP 指的是完全实现了 TCP/IP，包括所有的端口和服务。下面一些是肯定可以被攻击的。

① 运行 SUN RPC 的机器。SUN RPC 指的是远程过程调用的 SUN Micro System 公司的标准，它规定了在网络上透明地执行命令的标准方法。

② 基于 IP 地址认证的网络服务。IP 地址认证是指目标机器通过检测请求机器的 IP 地址来决定是否允许本机和请求机器间的连接。有很多种形式的 IP 认证，它们中的大部分都可以被 IP 欺骗攻击。

③ 提供 r 系列服务的机器，如提供 rlogin、rsh、rcp 等服务。

在 Unix 环境下，r 服务指的是 rlogin 和 rsh，r 表示远程的意思。这两个服务使得用户可以不使用口令而远程访问网络上的其他机器，虽然有类似于它们的远程登录工具如 Telnet，但是这两个服务具有下面的独特性质。

① rlogin 提供了一种远程登录主机的手段，在这一点上它与 Telnet 有点相似。rlogin 一般被限制为只能在本地使用，极少有网络支持长距离的远程登录服务，因为 rlogin 存在着严重的安全性问题。

② rsh 允许在远程机器上启动一个 shell，这使得它可以远程执行一个命令。rsh 存在非常大的安全性漏洞，一般情况下，应关闭这种服务。

2. IP 欺骗的实施

IP 欺骗不同于其他的用于确定机器漏洞的攻击技术，如端口扫描或类似技术。要使用这种技术，攻击者事先应当清醒地认识到目标机器的漏洞，否则无法进行攻击。

几乎所有的欺骗都是基于某些机器之间的相互信任的，这种信任有别于用户间的信任和应用层的信任。

黑客可以通过很多命令或端口扫描技术、监听技术确定机器之间的信任关系，例如，一台提供服务的机器很容易被端口扫描出来，使用端口扫描技术同样可以非常方便地确定一个局部网络内机器之间的相互关系。

假定一个局域网内部存在某些信任关系。例如，主机 A 信任主机 B、主机 B 信任主机 C，则为了侵入该网络，黑客可以采用下面两种方式。

① 通过假冒机器 B 来欺骗机器 A 和 C。

② 通过假冒机器 A 或 C 来欺骗机器 B。

为了假冒机器 C 去欺骗机器 B，首要的任务是攻击原来的 C，使得 C 发生瘫痪。这是一种拒绝服务的攻击方式。

并不总是要使得被假冒的机器瘫痪，但是在 Ethernet 网络上攻击者必须这么做，否则会引起网络挂起。

8.8.4 IP 欺骗攻击的防备

1. 防备网络外部的欺骗

对于来自网络外部的欺骗来说，阻止这种攻击的方法是很简单的，在局部网络的对外路由器上加一个限制条件，只要在路由器内部设置不允许声称来自于内部网络的外来包通过就行了。尽管路由器可以通过分析测试源地址来解决电子欺骗中的一般问题，但是，如果网络还存在外部的可信任主机，那么路由器就无法防止别人冒充这些主机而进行的 IP 欺骗。

2. 监视网络

通过对信息包的监控来检查 IP 欺骗攻击将是非常有效的方法。使用 NETLOG 等信息包检查工具对信息的源地址和目的地址进行严整，如果发现了信息包来自两个以上不同地址，则说明系统有可能受到了 IP 欺骗攻击，防火墙外面正有黑客试图入侵系统。

另外，应该注意与外部网络相连的路由器，看它是否支持内部接口。如果路由器有支持内部网络子网的两个接口，则必须警惕，因为很容易受到 IP 欺骗。这也是为什么说将 Web 服务器放在防火墙外面有时会更安全的原因。

3. 安装过滤路由器

检测和保护站点免受 IP 欺骗的最好方法就是安装一个过滤路由器，来限制对外部接口的访问，禁止带有内部网资源地址包的通过。当然也应禁止（过滤）带有不同内部资源地址的内部包通过路由器到别的网上去，这就防止内部的用户对别的站点进行 IP 欺骗。

8.9 DNS 的安全

域名系统（DNS）是一种用于 TCP/IP 应用程序的分布式数据库，它提供主机名字和地址之间的转换信息。通常，网络用户通过 UDP 与 DNS 服务器进行通信，而服务器在特定的 53 端口监听，并返回用户所需的相关信息，这是"正向域名解析"的过程。"反向域名解析"也是一个查询 DNS 的过程。当客户向一台服务器请求服务时，服务器方一般会根据客户的 IP 反向解析出该 IP 对应的域名。

8.9.1 目前 DNS 存在的安全威胁

1. DNS 的安全隐患

① 防火墙一般不会限制对 DNS 的访问。

② DNS 可以泄露内部的网络拓扑结构。

③ DNS 存在许多简单有效的远程缓冲溢出攻击。

④ 几乎所有的网站都需要 DNS。

⑤ DNS 的本身性能问题是关系到整个应用的关键。

2. DNS 的安全威胁

① 拒绝服务攻击。

② 设置不当的 DNS 会泄露过多的网络拓扑结构。如果 DNS 服务器允许对任何人都进行区域传输的话，那么整个网络架构中的主机名、主机 IP 列表、路由器名、路由器 IP 列表，甚至包括计算机所在的位置等都可以被轻易窃取。

③ 利用被控制的 DNS 服务器入侵整个网络，破坏整个网络的安全完整性。当一个入侵者控制了 DNS 服务器后，他就可以随意篡改 DNS 的记录信息，甚至使用这些被篡改的记录信息来达到进一步入侵整个网络的目的。例如，将现有的 DNS 记录中的主机信息修改成被攻击者自己控制的主机，

这样所有到达原来目的地的数据包将被重定位到入侵者手中。在国外，这种攻击方法有一个很形象的名称，被称为 DNS 毒药，因为 DNS 带来的威胁会使整个网络系统中毒，破坏完整性。

④ 利用被控制的 DNS 服务器，绕过防火墙等其他安全设备的控制。现在一般的网站都设置有防火墙，但是由于 DNS 服务的特殊性，在 UNIX 机器上，DNS 需要的端口是 UDP 53 和 TCP 53，它们都是需要使用 root 执行权限的。这样防火墙很难控制对这些端口的访问，入侵者可以利用 DNS 的诸多漏洞获取到 DNS 服务器的管理员权限。

如果内部网络的设置不合理，例如，DNS 服务器上的管理员密码和内部主机管理员密码一致，那么，DNS 服务器和内部其他主机就处于同一个网段，DNS 服务器也就处于防火墙的可信任区域内，这就相当于给入侵者提供了一个打开系统大门的捷径。

8.9.2　Windows 下的 DNS 欺骗

1. DNS 欺骗的原理

在 DNS 数据报头部的 ID（标识）是用来匹配响应和请求数据报的。在域名解析的整个过程中客户端首先以特定的标识向 DNS 服务器发送域名查询数据报，在 DNS 服务器查询之后以相同的 ID 号给客户端发送域名响应数据报。这时客户端会将收到的 DNS 响应数据报的 ID 和自己发送的查询数据报 ID 相比较，如果匹配则表明接收到的正是自己等待的数据报，如果不匹配则丢弃之。

假如黑客伪装 DNS 服务器提前向客户端发送响应数据报，那么客户端的 DNS 缓存里域名所对应的 IP 就是他们自定义的 IP 了，同时客户端也就被带到了黑客希望的网站。条件只有一个，那就是发送的 ID 匹配的 DNS 响应数据报在 DNS 服务器发送的响应数据报之前到达客户端。这就是著名的 DNS ID 欺骗（DNS Spoofing）。

2. DNS 欺骗的实现

现在我们知道了 DNS ID 欺骗的实质了，那么如何才能实现呢？这要分以下两种情况。

① 本地主机与 DNS 服务器，本地主机与客户端主机均不在同一个局域网内，方法有以下几种：向客户端主机随机发送大量 DNS 响应数据报；向 DNS 服务器发起拒绝服务攻击和 BIND（Berkeley Internet Name Domain）漏洞。

② 本地主机至少与 DNS 服务器或客户端主机中的某一台处在同一个局域网内，可以通过 ARP 欺骗来实现可靠而稳定的 DNS ID 欺骗，下面将详细讨论这种情况。

首先，要进行 DNS ID 欺骗的基础是 ARP 欺骗，也就是在局域网内同时欺骗网关和客户端主机（也可能是欺骗网关和 DNS 服务器，或欺骗 DNS 服务器和客户端主机）。我们以客户端的名义向网关发送 ARP 响应数据报，不过其中将源 MAC 地址改为自己主机的 MAC 地址；同时以网关的名义向客户端主机发送 ARP 响应数据报，同样将源 MAC 地址改为自己主机的 MAC 地址。这样一来，网关看到的客户端的 MAC 地址就是我们主机的 MAC 地址；客户端也认为网关的 MAC 地址是我们主机的 MAC 地址。由于在局域网内数据报的传送是建立在 MAC 地址之上的，因此，网关和客户端之间的数据流通必须先通过本地主机。

在监视网关和客户端主机之间的数据报时，如果发现了客户端发送的 DNS 查询数据报（目的端口为 53），就可以提前将自己构造的 DNS 响应数据报发送到客户端。注意，我们必须提取由客户端发送来的 DNS 查询数据报的 ID 信息，因为客户端是通过它来进行匹配认证的，这就是一个可以利用的 DNS 漏洞。这样客户端会先收到我们发送的 DNS 响应数据报并访问我们自定义的网站，虽然客户端也会收到 DNS 服务器的响应报文，不过已经来不及了。

如果遇到了 DNS 欺骗，先禁用本地连接，然后启用本地连接就可以清除 DNS 缓存。不过也有一些例外情况，如果 IE 中使用代理服务器，那么欺骗就不能进行，因为这时客户端并不会在本地进行域名请求；如果访问的不是网站主页，而是相关子目录的文件，这样在自定义的网站上不会找到相关的文件，登录会以失败告终。

8.10　云计算安全

云计算是传统计算机技术和网络技术发展融合的产物。它旨在通过网络把多个成本相对较低的计算实体整合成一个具有强大计算能力的系统。云计算的核心理念就是通过不断提高"云"的处理能力，进而减少用户终端的处理负担，最终使用户终端简化成一个单纯的输入输出设备，并能按需享受"云"的强大计算处理能力。云计算是基于互联网相关服务的增加、使用和交付模式的。云计算的安全问题主要涉及 3 个层面。

（1）云计算服务用户的数据和应用。用户数据和应用托管在云计算平台，面临着安全与隐私的双重风险，主要包括多租户环境下的来自云计算服务商和其他用户的未授权访问、数据访问控制、隐私保护、内容安全管理、用户认证和身份管理问题。

（2）云计算服务平台自身。随着云计算服务的业务规模扩大和用户增多，云计算平台本身易成为黑客攻击的目标。虚拟化计算和存储方式的技术架构使得云平台本身的安全性问题尤为突出，但目前尚未建立计算安全风险评估体系以及第三方的云平台安全评估机制。

（3）云计算平台提供服务的滥用。云计算所提供的可弹性扩展的资源有可能被当作恶意的网络攻击工具，或被当作垃圾和不良信息的传播渠道，但目前尚没有针对云计算服务水平和合法性的监督管理机制。

8.10.1　云计算安全参考模型

云计算安全主要包括云计算平台自身安全、用户数据的安全和云计算资源的安全等。云计算要对用户的所有个人信息进行加密处理，提高信息数据的安全性，保护用户的合法权益；提高数据信息在传输过程中的安全，具有数据备份和恢复的能力。

美国国家标准与技术研究院（NIST）给出了云计算安全参考模型，如图 8-5 所示。简要地说，云计算安全模型可以解读为 1 个平台、两个支付方案（按使用量收费和按服务收费）、3 个交付模式（基础设施即服务、平台即服务、软件即服务）、4 个部署模式（私用云、公用云、社区云、混合云）、5 个关键特征（基础资源租用、按需弹性使用、透明资源访问、自助业务部署、开放公众服务）。

1. **云计算的部署模式**

（1）公用云（Public Cloud）。通过云计算服务商来提供公用资源来实现。这些资源同其他云计算用户共享，没有私用专有的云计算资源。

（2）私用云（Private Cloud）。可以通过内部的 IT 部门以动态数据中心的方式来运行，或者由云计算服务提供商来提供专用资源来运行。但这些专用资源不与其他云计算用户共享。

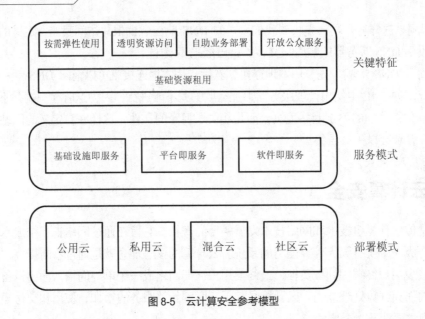

图 8-5　云计算安全参考模型

（3）混合云（Hybrid Cloud）。可以通过公用云和私用云的组合来实现，或者是基于社区、特定行业、特定企业联盟来实现。

（4）社区云（Community）。社区云的特点在于区域性和行业性、资源高效共享、有限的特色应用以及成员的高度参与性，部署门槛较混合云更低而适应性更强。

2．云计算的交付模式

（1）基础设施即服务（Infrastructure as a Service，IaaS）。IaaS 涵盖了从机房设备到硬件平台等所有的基础设施资源层面。用户将部署处理器、存储系统、网络及其他基本的计算资源，并按自己的意志运行操作系统和应用程序等软件。

（2）平台即服务（Platform as a Service，PaaS）。PaaS 位于 IaaS 之上，增加了一个层面用以与应用开发、中间件能力以及数据库、消息和队列等功能集成。用户采用提供商支持的编程语言和工具编写好应用程序，然后放到云计算平台上运行。虽然 PaaS 内置的安全能力不够完备，但是用户却拥有更多的灵活性去保证安全。

（3）软件即服务（Software as a Service，SaaS）。SaaS 位于底层的 IaaS 和 PaaS 之上，能够提供独立的运行环境，用以交付完整的用户体验，包括内容、展现、应用和管理能力。提供商在云计算设施上运行程序，用户通过各种客户端设备的瘦客户界面（如网页浏览器、基于网页的电子邮件）使用这些应用程序。

3．云计算的使用模式

（1）基础资源租用。云计算服务提供对计算、存储、网络、软件等多种 IT 基础设施资源租用的服务。云计算服务的用户不需要自己拥有和维护这些资源。

（2）按需弹性使用。云计算服务的用户能够按需获得和使用资源，也能够按需撤销和缩减资源。云计算平台可以按用户的需求快速部署和提供资源。云计算服务的付费服务应该按资源的使用量计费。

（3）透明资源访问。云计算服务的用户不需要了解资源的物理位置和配置等信息。

（4）自助业务部署。云计算服务的用户利用服务提供商提供的接口，通过网络将自己的数据和应用程序部署于云计算平台的后端数据中心，而无需服务商的人工配合。

（5）开放公众服务。云计算服务用户所部署的数据和应用可以通过互联网发布给其他用户共享使用，即提供公众服务。

8.10.2 云计算安全技术

云计算作为新的服务模式，在带来了诸多好处的同时也面临着巨大的安全挑战。在云环境下，传统的安全机制将面临云架构的挑战。弹性资源分配、多租户、新的物理和逻辑架构、数据在外部甚至公众的环境中传输都需要新的安全策略。

1. 数据安全技术

云计算环境下，用户的所有数据直接存储在云中，在需要的时候直接从云端下载使用。用户使用的软件由服务商统一部署在云端运行，软件维护由服务商来完成，当终端出现故障时，不会对用户造成影响，用户只需要更换终端，接入云服务就可以获得数据。实现上述描述的前提是云服务商需要具备完善的数据安全机制。一般来说，保护云数据的安全，需要如下技术。

（1）增强加密技术。增强加密是云计算系统保护数据的一种核心机制。加密提供了资源保护功能，同时密钥管理则提供了对受保护资源的访问控制。云服务商需要同时对网络中传输的数据及云系统中的静态数据进行加密，后者尤为关键。加密磁盘上的数据或生产数据库中的数据可以用来防止恶意的云服务提供商、恶意的邻居"租户"及某些类型应用的滥用。此外，一些用户可能会有如下需求：首先，加密自己的数据；其次，将密文发送给云服务商，客户控制并保存密钥，在需要的情况下解密数据。

（2）密钥管理技术。对云服务商而言，密钥必须像其他敏感数据一样进行保护。在存储、传输和备份过程中都必须保护密钥的安全，较差的密钥存储方案可能对加密的数据产生严重威胁。同时云服务商还需要相关策略来管理密钥的存储，如利用角色分离进行访问控制，针对某一密钥，使用实体不能是存储该密钥的实体。丢失密钥意味着被此密钥所保护的数据面临严重安全风险，运营商必须向用户提供安全备份和安全恢复的解决方案。

（3）数据隔离技术。在多租户环境下，不同用户的数据可能会混合存储。虽然云计算应用在设计时采用多种技术标注数据存储空间，防止非法访问混合数据，但是通过应用程序的漏洞，非法访问还是会发生，例如，Gmail 系统曾经出现过类似问题，某些用户可以非法获得其他用户的邮件。虽然云服务提供商会使用安全机制降低此类安全事件发生的概率，但从本质上看，如果无法实现单租户专用数据平台，这种安全威胁将无法彻底根除。

（4）数据残留技术。是数据在被以某种形式擦除后所残留的物理表现，存储介质被擦除后可能留有一些物理特性使数据能够被重建。由于云计算的动态分配、资源可扩展特性，某一块存储空间在短时间内可分配给多个用户，如果云服务商不能彻底清除之前用户的历史数据，则后来用户可能通过残留的数据，获取其他用户的敏感信息。因此，云服务提供商需具备相应的安全能力，无论用户的信息存放在硬盘上还是在内存中，应保证在二次分配之前彻底清除当前用户的信息，保证系统内的文件、目录和数据库记录等资源所在的存储空间被释放，或在重新分配给其他云用户前完全被清除。

2. 应用安全技术

由于云环境的灵活性、开放性以及公众可用性等特性给应用安全带来了很大的风险，对使用云服务的用户而言，应提高安全意识，采取必要措施，保证云终端的安全。云用户可以在处理敏感数据的应用程序服务器之间通信时采用加密技术，以确保其机密性。云用户应定期自动更新，及时为使用云服务的应用打补丁或更新版本。对云服务的提供者来说，在部署应用程序时应当充分考虑未来可能引发的安全风险，具体可采取如下措施。

（1）用户可信访问认证。云计算需要利用非传统的访问认证方式对用户的访问进行有效合理的控制，目前使用最多的是加密与转加密法实现用户访问认证，采用生成密钥实施可信访问认证法、基于用户属性实施加密算法以及对用户的密钥嵌入密文实施访问认证控制等。云环境可以设置用户密钥的有效时间，在一定的时间内更新用户的密钥，确保用户密钥的随机性和不稳定性，提高用户访问认证机制的安全性和可信度。

（2）云计算资源访问控制。云计算平台中具有多个资源管理域，不同的应用属于不同的资源管理域，各个资源域管理者管理相应的用户及其数据，当用户访问信息资源时，需要对用户的资源访问权限进行验证，验证通过时才能够对本域的资源进行访问。每个域具有自己的访问限制策略，用户跨域进行访问时，需要遵守相应资源域的访问限制策略。在资源共享和资源保护的过程中都需要制定访问限制策略，以确保资源数据的安全和准确。

3. 虚拟化安全技术

虚拟化是云计算的重要特色，虚拟化技术有效加强了基础设施、平台、软件层面的扩展能力，但虚拟化技术的应用使得传统物理安全边界缺失，传统的基于安全域/安全边界的防护机制难以满足虚拟化下的多租户应用模式，用户信息安全使用户信息隔离问题在共享物理资源环境下的保护更为迫切。

虚拟化软件直接部署于裸机之上，提供能够创建、运行和销毁虚拟服务器的能力。虚拟化软件层是保证客户的虚拟机在多租户环境下相互隔离的重要层次，可以使客户在一台计算机上安全地同时运行多个操作系统，所以必须严格限制任何未经授权的用户访问虚拟化软件层。在使用虚拟化环境时，云系统会面临以下风险。

（1）如果主机受到破坏，那么主要的主机所管理的客户端服务器有可能面临被攻克的风险。

（2）如果虚拟网络受到破坏，那么客户端也会受到损害。需要保障客户端共享和主机共享的安全，因为这些共享有可能被非法攻击者利用。

（3）如果主机有问题，那么所有的虚拟机都会产生问题。

目前使用的虚拟化安全措施包括虚拟机隔离、虚拟机信息流控制、虚拟网络、虚拟机监控等。

（1）虚拟机隔离机制。在虚拟化环境中，虚拟机之间隔离的有效性标志着虚拟化平台的安全性。虚拟机的隔离机制目的是保障各虚拟机独立运行、互不干扰，因此，若隔离机制不能达到预期效果，当一个虚拟机出现性能下降或发生错误时，就会影响到其他虚拟机的服务性能，甚至会导致整个系统的瘫痪。

（2）虚拟机信息流控制。信息流是指信息在系统内部和系统之间的传播和流动，信息流控制是指以相应的信息流策略控制信息的流向。信息流控制策略一般包括数据机密性策略和完整性策略，机密性策略是防止信息流向未授权获取该信息的主体，完整性策略是防止信息流向完整性高的主体或数据。信息流控制机制实现的核心思想是将标签附着在数据上，标签随着数据在整个系统中传播，并使用这些标签来限制程序间的数据流向。机密性标签可以保护敏感数据不被非法或恶意用户读取，而完整性标签可以保护重要信息或存储单元免受不可信或恶意用户的破坏。

（3）虚拟网络。虚拟网络映射问题是网络虚拟化技术研究中的核心问题之一，它的主要研究目标是在满足节点和链路约束条件的基础上，将虚拟网络请求映射到基础网络设施上，利用已有的物理网络资源获得尽可能多的业务收益。虚拟网络映射分为节点映射和链路映射两个部分。节点映射是将虚拟网络请求中的节点映射到物理网络中的节点上，而链路映射是指在节点映射阶段完成后，将虚拟网络请求中的链路映射到所选物理节点之间的物理路径上。

（4）虚拟机监控。基于虚拟机的安全监控技术有不同于传统安全监控技术的特点及优点。首先，基于虚拟机的安全监控是通过在母盘操作系统中部署安全监控系统来达到监控各个虚拟子系统的目的，并不需要在每个子系统中都部署单独的监控系统，系统部署较为方便，系统本身也不易受到黑客的直接攻击。此外，基于虚拟机的安全监控不需要对被监控系统进行修改，保证了虚拟子系统运行环境的稳定。虚拟机监控可分为进程监控、文件监控和网络监控。进程可以描述计算机系统中的所有活动，通过对进程进行监控能够对可疑的活动进行及时的发现和终止；文件是操作系统中必不可少的部分，操作系统中的所有数据都以文件的方式存放，特别是系统文件在遭到恶意修改后会带来不可逆转的破坏，因此有必要对文件系统进行监控；网络是计算机和外部通信的媒介，也是黑客进行破坏的有效途径，如果对网络数据做到全方位的监控，必然能对整个虚拟机环境提供有效的保护。

8.11　小结

1. 因特网的安全

因特网服务的安全隐患主要包括在：电子邮件、文件传输协议（FTP）、远程登录（Telnet）、用户新闻（UsenetNews）和万维网（WWW）等服务中。

因特网许多事故的原因是使用了薄弱的、静态的口令。因特网上的口令可以通过许多方法破译。其中最常用的两种方法是把加密的口令解密和通过监视信道窃取口令。

导致这些问题的原因主要有：认证环节薄弱性，系统易被监视性、易被欺骗性，有缺陷的局域网服务，复杂的设备控制以及主机的安全性无法估计。

2. Web 站点安全

为了保护站点的安全，应做到：安全策略制定原则、配置 Web 服务器的安全特性、排除站点中的安全漏洞以及监视控制 Web 站点出入情况。

3. 口令安全

通过口令进行攻击是多数黑客常用的方法。作为系统管理员，应该定期检查系统是否存在无口令的用户，其次应定期运行口令破译程序以检查系统中是否存在弱口令，这些措施可以显著地减少系统面临的通过口令入侵的威胁。

4. 无线网络安全

无线局域网（WLAN）是利用无线通信技术在一定的局部范围内建立的网络，是计算机网络与无线通信技术相结合的产物，它以无线多址信道作为传输媒介，提供传统有线局域网（LAN）的功能，能够使用户真正实现随时、随地、随意的宽带网络接入。

常见的无线网络安全技术有以下几种。

服务集标识符（SSID）技术，物理地址（MAC）过滤技术，连线对等保密（WEP）技术，虚拟专用网络（VPN）技术，端口访问控制技术（802.1x）。

无线网络的常见攻击：针对 WEP 弱点的攻击，搜索攻击，窃听、截取和监听，欺骗和非授权访问，网络接管与篡改，拒绝服务攻击，恶意软件，偷窃用户设备。

无线网络安全设置：使用无线加密协议，主动更新驱动，在合理位置放置天线，禁用动态主机配置协议，禁用或修改 SNMP 设置，IP 过滤和 MAC 地址列表，改变服务集标识符并且禁止 SSID 广播。

5. 网络监听

网络监听工具是提供给管理员的一类管理工具。使用这种工具，可以监视网络的状态、数据流动情况以及网络上传输的信息。

6. 扫描器

扫描器是自动检测远程或本地主机安全性弱点的程序。通过使用扫描器可以不留痕迹地发现远程服务器的各种 TCP 端口的分配、提供的服务和软件版本。

7. E-mail 的安全

E-mail 十分脆弱，从浏览器向因特网上的另一人发送 E-mail 时，不仅信件像明信片一样是公开的，而且也无法知道在到达其最终目的之前，信件经过了多少机器。E-mail 服务器向全球开放，它们很容易受到黑客的袭击。信息中可能携带损坏服务器的指令。

8. IP 电子欺骗

所谓 IP 电子欺骗，就是伪造某台主机的 IP 地址的技术。其实质就是让一台机器来扮演另一台机器，以达到蒙混过关的目的。

IP 欺骗技术有以下 3 个特征。

① 只有少数平台能够被这种技术攻击，也就是说很多平台都不具有这方面的缺陷。

② 这种技术出现的可能性比较小，因为这种技术不好理解，也不好操作，只有一些真正的网络高手才能做到这点。

③ 很容易防备这种攻击方法，如可以使用防火墙等。

9. DNS 欺骗

黑客伪装 DNS 服务器提前向客户端发送响应数据报，那么客户端的 DNS 缓存里域名所对应的 IP 就是他们自定义的 IP 了，同时客户端也就被带到了黑客希望的网站。

如果遇到了 DNS 欺骗，先禁用本地连接，然后启用本地连接就可以清除 DNS 欺骗了。

10. 云计算安全

云计算的安全主要涉及云计算服务用户的数据和应用、云计算服务平台自身和云计算平台提供服务的滥用三方面的安全。

计算安全模型可以解读为 1 个平台、两个支付方案（按使用量收费和按服务收费）、3 个交付模式（IaaS、PaaS、SaaS）、4 个部署模式（私用云、公用云、社区云、混合云）、5 个关键特征（基础资源租用、按需弹性使用、透明资源访问、自助业务部署、开放公众服务）。

云计算的安全技术可分为：数据安全技术、应用安全技术和虚拟化安全技术。

习　　题

1. 总结因特网上不安全的因素。
2. 简述无线局域网的安全漏洞及应对措施。
3. 从网上查找监控工具、Web 统计工具，简要记录其功能。
4. 从网上下载一款流行的网络监听工具，并简单介绍一下使用方法。
5. 利用端口扫描程序，查看网络上的一台主机，弄清这台主机运行的是什么操作系统，以及该主机提供了哪些服务？
6. 查找网上 FTP 站点的漏洞。
7. 简述 IP 欺骗技术。
8. 简述黑客是如何攻击一个网站的。
9. 说明电子邮件匿名转发的常用手段。
10. 撰写一篇有关计算机网络安全的论文。

09 第9章　实验及综合练习题

　　本章分专题设计了网络安全常见加解密实验、网络安全威胁及对策实验和网络扫描实验。为了复习教材所讲述的内容，最后安排网络安全综合练习题及答案。通过对该练习题的训练，学生可以更加牢固地掌握教材中所讲述的基本知识点，达到有效学习的目的。

9.1 网络安全实验指导书

实验一 网络分析器的练习与使用

一、实验要求与目的

1. Ethereal 网络分析器的操作。
2. 使用 Ethereal 网络分析器对局域网的数据包进行识别、分析。
3. Sniffer Pro 网络分析器的操作。
4. 使用 Sniffer Pro 网络分析器对局域网的数据包进行识别、分析。

二、实验内容

1. 安装 Ethereal 网络分析器

首先从网上下载 Ethereal，然后安装并在需要的地方填写简单的用户信息即可。安装结束后，在桌面双击运行 Ethereal，出现图 9-1 所示的界面。

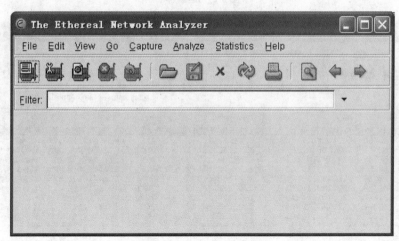

图 9-1 Ethereal 运行界面

选择菜单 Capture\Options，出现图 9-2 所示的界面。在此界面上选择自己计算机上的网卡后，单击"Start"按钮就可以进行抓包了。

2. 查看 IP 数据包

抓包结束后，单击"Stop"按钮后出现图 9-3 的画面，在此画面上对赚取的数据包进行分析。

3. 安装 Sniffer Pro 网络分析器

首先从网上下载 Sniffer Pro 4.7，然后进行安装，并在需要的地方填写简单的用户信息即可。安装成功后，熟悉 Sniffer Pro 4.7 的菜单项：File、Monitor、Capture、Display 和 Tools。

4. 查看 IP 数据包

假设本地机的 IP 地址为：192.168.1.103，要访问的 FTP 服务器的 IP 地址为：192.168.1.105，整个操作过程如下。

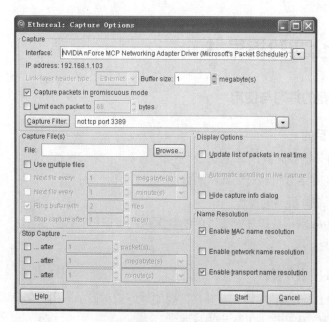

图 9-2　设置界面

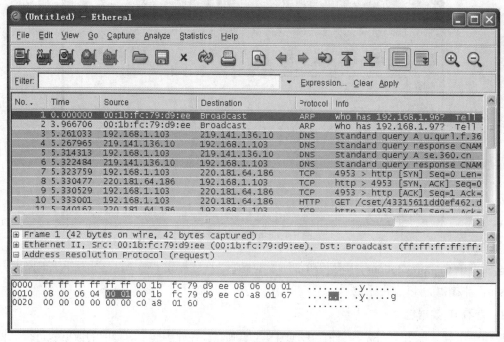

图 9-3　抓包分析界面

（1）选择主菜单"Capture"下的"Define Filter"命令，出现抓包过滤器窗口。

（2）在抓包过滤器窗口中选择"Address"选项卡。在"Address"下拉列表中，选择抓包的类型是 IP，在"Station1"下面输入主机的 IP 地址，如 192.168.1.103；在与之对应的"Station2"下面输入与之对应的通信主机的 IP 地址，如 192.168.1.105。

（3）单击该窗口的"Advanced"选项卡，拖动滚动条找到 IP 项，然后将其中 TCP 下的 FTP 选中。然后单击"确定"按钮，这样 Sniffer 的抓包过滤器就设置完毕了。

（4）选择菜单栏"Capture"下"Start"命令，启动抓包以后，在主机的 IE 窗口中打开 ftp:// 192.168.1.105，上传或下载数据后退出。

（5）单击工具栏上的"停止"按钮和"分析"按钮，在出现的窗口选择"Decode"选项卡，可以看到数据包在两台计算机间的传递过程。

实验二　RSA 源代码分析

一、实验要求与目的

1. 掌握非对称密钥密码技术。

2. 熟悉 RSA 加密算法的实现过程。

3. 掌握 RSA 中素数的产生、公钥和私钥对的产生、模的产生原理以及加密和解密的原理及实现等关键步骤。

二、实验内容

1. 在 VC++ 下完成实验。

2. 在给定的程序中详细标出在 RSA 实现过程中的关键步骤并在实验报告中体现。

3. 写出详尽的实验报告和体会。

实验三　实现加解密程序

一、实验要求与目的

1. 熟悉加密、解密的算法；懂得加密在通信中的重要作用。

2. 熟悉密码工作模式。

3. 使用高级语言实现一个加密、解密程序。

二、实验内容

1. 详细描述加密、解密算法。可选算法包括 DES、AES。

2. 编写维吉尼亚表，文件加密、解密程序。

3. 调试并通过该程序。

实验四　Hash 算法 MD5

一、实验要求与目的

通过实际编程了解 MD5 算法的加密和解密过程，加深对 Hash 算法的认识。

二、实验原理

哈希（Hash）函数是将任意长的数字串转换成一个较短的定长输出数字串的函数，输出的结果称为哈希值。哈希函数具有如下特点。

1. 快速性：对于任意一个输入值 x，由哈希函数 H，计算哈希值 y，即 $y=H(x)$ 是非常容易的。

2. 单向性：对于任意一个输出值 y，希望反向推出输入值 x，使得 $y=H(x)$，是非常困难的。

3. 无碰撞性：对任意给定的数据块 x，希望找到一个 y，满足 $H(x)=H(y)$，且 $x \neq y$，具有计算不可行性。

哈希函数可用于数字签名、消息的完整性检测、消息的起源认证检测等。现在常用的哈希算法有 MD5、SHA 等。我们下面从 MD5 入手来介绍 Hash 算法的实现机制。

MD 系列单向散列函数是由 Ron Rivest 设计，MD5 算法对任意长度的输入值处理后产生 128 位的输出值。MD5 算法的实现步骤如图 9-4 所示。

在 MD5 算法中，首先需要对信息进行填充，使其字节长度与 448 模 512 同余。即使信息的字节长度扩展至 $n*512+448$，为一个正整数。填充的方法如下，在信息的后面填充第一位为 1，其余各位均为 0，直到满足上面的条件时才停止用 0 对信息的填充。然后，在这个结果后面附加一个以 64 位二进制表示的填充前信息长度。经过这两步的处理，现在的信息字节长度为

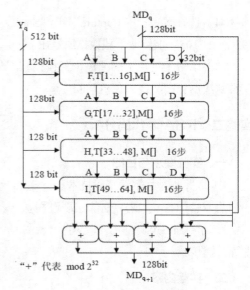

图 9-4　MD5 算法的实现步骤

$n*512+448+64=(n+1)*512$，即长度恰好是 512 的整数倍，这样做的原因是为满足后面处理中对信息长度的要求。n 个分组中第 q 个分组表示为 Ynq。

MD5 中有 A、B、C、D 4 个 32 位被称作链接变量的整数参数，它们的初始值分别为：

$$A=01234567, B=89abcdef, C=fedcba98, D=76543210$$

当设置好这 4 个链接变量后，就开始进入算法的四轮循环运算。循环的次数是信息中 512 位信息分组的数目。

首先将上面 4 个链接变量复制到另外 4 个变量中：A 到 AA，B 到 BB，C 到 CC，D 到 DD，以备后面进行的处理。

然后进入主循环，主循环有四轮，每轮循环都很相似。第一轮进行 16 次操作。每次操作对 A、B、C 和 D 中的其中 3 个作一次非线性函数运算，然后将所得结果加上第 4 个变量，文本的一个子分组和一个常数，再将所得结果向左循环移 S 位，并加上 A、B、C 或 D 中之一，最后用该结果取代 A、B、C 或 D 中之一。

以下是每次操作中用到的 4 个非线性函数（每轮一个）。

$F(B,C,D) =(B \wedge C) \vee (/B \wedge D)$

$G(B,C,D)= (B \wedge D) \vee (C \wedge /D)$

$H(B,C,D)=B \oplus C \oplus D$

$I(B,C,D)=C \oplus (B \vee /D)$

（$\wedge$是与，$\vee$是或，$/$是非，$\oplus$是异或）

下面为每一轮 16 步操作中的 4 次操作，16 步操作按照一定次序顺序进行。表示：

$FF(A,B,C,D,M[j],S,T[i])$表示 $a=b+((a+(F(B,C,D)+M[j]+T[i])<<<S)$

$GG(A,B,C,D,M[j],S,T[i])$表示 $a=b+((a+(G(B,C,D)+M[j]+T[i])<<<S)$

$HH(A,B,C,D,M[j],S,T[i])$表示 $a=b+((a+(H(B,C,D)+M[j]+T[i])<<<S)$

$II(A,B,C,D,M[j],S,T[i])$表示 $a=b+((a+(I(B,C,D)+M[j]+T[i])<<<S)$

（注："＋"定义为 mod 232 的模运算。）

$M[j]$ 表示在第 q 个 512 位数据块中的第 j 个 32 位子分组，$0 \leqslant j \leqslant 15$。

常数 $T[i]$ 可以如下选择，在第 i 步中，$T[i]$ 是 4294967296*abs(sin(i)) 的整数部分（注：4294967296= 2^{32}），i 的单位是弧度。在这里，$T[i]$ 是 32bit 的随机数源，它消除了输入数据中任何规律性的特征。

四轮主循环中每轮的详细操作步骤如下。

第一轮		第二轮	
	FF(A,B,C,D,M[0],7,0xd76aa478)		GG(A,B,C,D,M[1],5,0xf61e2562)
	FF(D,A,B,D,M[1],12,0xe8c7b756)		GG(D,A,B,C,M[6],9,0xc040b340)
	FF(C,D,A,B,M[2],17,0x242070db)		GG(C,D,A,B,M[11],14,0x265e5a51)
	FF(B,C,D,A,M[3],22,0xc1bdceee)		GG(B,C,D,A,M[0],20,0xe9b6c7aa)
	FF(A,B,C,D,M[4],7,0xf57c0faf)		GG(A,B,C,D,M[5],5,0xd62f105d)
	FF(D,A,B,C,M[5],12,0x4787c62a)		GG(D,A,B,C,M[10],9,0x02441453)
	FF(C,D,A,B,M[6],17,0xa8304613)		GG(C,D,A,B,M[15],14,0xd8a1e681)
	FF(B,C,D,A,M[7],22,0xfd469501)		GG(B,C,D,A,M[4],20,0xe7d3fbc8)
	FF(A,B,C,D,M[8],7,0x698098d8)		GG(A,B,C,D,M[9],5,0x21e1cde6)
	FF(D,A,B,C,M[9],12,0x8b44f7af)		GG(D,A,B,C,M[14],9,0xc33707d6)
	FF(C,D,A,B,M[10],17,0xffff5bb1)		GG(C,D,A,B,M[3],14,0xf4d50d87)
	FF(B,C,D,A,M[11],22,0x895cd7be)		GG(B,C,D,A,M[8],20,0x455a14ed)
	FF(A,B,C,D,M[12],7,0x6b901122)		GG(A,B,C,D,M[13],5,0xa9e3e905)
	FF(D,A,B,C,M[13],12,0xfd987193)		GG(D,A,B,C,M[2],9,0xfcefa3f8)
	FF(C,D,A,B,M[14],17,0xa679438e)		GG(C,D,A,B,M[7],14,0x676f02d9)
	FF(B,C,D,A,M[15],22,0x49b40821)		GG(B,C,D,A,M[12],20,0x8d2a4c8a)
第三轮		第四轮	
	HH(A,B,C,D,M[5],4,0xfffa3942)		II(A,B,C,D,M[0],6,0xf4292244)
	HH(D,A,B,C,M[8],11,0x8771f681)		II(D,A,B,C,M[7],10,0x432aff97)
	HH(C,D,A,B,M[11],16,0x6d9d6122)		II(C,D,A,B,M[14],15,0xab9423a7)
	HH(B,C,D,A,M[14],23,0xfde5380c)		II(B,C,D,A,M[5],21,0xfc93a039)
	HH(A,B,C,D,M[1],4,0xa4beea44)		II(A,B,C,D,M[12],6,0x655b59c3)
	HH(D,A,B,C,M[4],11,0x4bdecfa9)		II(D,A,B,C,M[3],10,0x8f0ccc92)
	HH(C,D,A,B,M[7],16,0xf6bb4b60)		II(C,D,A,B,M[10],15,0xffeff47d)
	HH(B,C,D,A,M[10],23,0xbebfbc70)		II(B,C,D,A,M[1],21,0x85845dd1)
	HH(A,B,C,D,M[13],4,0x289b7ec6)		II(A,B,C,D,M[8],6,0x6fa87e4f)
	HH(D,A,B,C,M[0],11,0xeaa127fa)		II(D,A,B,C,M[15],10,0xfe2ce6e0)
	HH(C,D,A,B,M[3],16,0xd4ef3085)		II(C,D,A,B,M[6],15,0xa3014314)
	HH(B,C,D,A,M[6],23,0x04881d05)		II(B,C,D,A,M[13],21,0x4e0811a1)
	HH(A,B,C,D,M[9],4,0xd9d4d039)		II(A,B,C,D,M[4],6,0xf7537e82)
	HH(D,A,B,C,M[12],11,0xe6db99e5)		II(D,A,B,C,M[11],10,0xbd3af235)
	HH(C,D,A,B,M[15],16,0x1fa27cf8)		II(C,D,A,B,M[2],15,0x2ad7d2bb)
	HH(B,C,D,A,M[2],23,0xc4ac5665)		II(B,C,D,A,M[9],21,0xeb86d391)

所有这些完成之后，将 A、B、C、D 分别加上 AA、BB、CC、DD。然后用下一分组数据继续运行算法，最后的输出是 A、B、C 和 D 的级联。

三、实验内容

1. 在 VC++ 下完成实验。

2. 在给定的程序中详细标出在 MD5 实现过程中的关键步骤并在实验报告中体现。

3. 利用给出的 MD5 程序对一个文件进行处理，计算它的 Hash 值，提交程序代码和运算结果。

4. 微软的系统软件都有 MD5 验证，尝试查找软件的 MD5 值。同时，在 Windows 操作系统中，通过开始→运行→sigverif 命令，利用数字签名查找验证非 Windows 的系统软件。

5. 写出详尽的实验报告和体会。

实验五　剖析特洛伊木马

一、实验要求与目的

1. 了解远程控制的基本原理。

2. 熟悉远程控制软件的使用。

3. 编写一个简单的远程控制程序。

二、实验内容

1. 熟悉冰河的以下功能。

（1）自动跟踪目标机屏幕变化，同时可以完全模拟键盘及鼠标输入，即在同步被控端屏幕变化的同时，监控端的一切键盘及鼠标操作将反映在被控端屏幕（局域网适用）。

（2）记录各种口令信息：包括开机口令、屏保口令、各种共享资源口令及绝大多数在对话框中出现过的口令信息。

（3）获取系统信息：包括计算机名、注册公司、当前用户、系统路径、操作系统版本、当前显示分辨率、物理及逻辑磁盘信息等多项系统数据。

（4）限制系统功能：包括远程关机、远程重启计算机、锁定鼠标、锁定系统热键及锁定注册表等多项功能限制。

（5）远程文件操作：包括创建、上传、下载、复制、删除文件或目录、文件压缩、快速浏览文本文件、远程打开文件（提供了 4 种不同的打开方式——正常方式、最大化、最小化和隐藏方式）等多项文件操作功能。

（6）注册表操作：包括对主键的浏览、增删、复制、重命名和对键值的读写等所有注册表操作功能。

（7）发送信息：以 4 种常用图标向被控端发送简短信息。

（8）点对点通信：以聊天室形式同被控端进行在线交谈。

2. 使用 Windows socket 编写 C/S 程序，具有简单的远程控制功能。

实验六　使用 PGP 实现电子邮件安全

一、实验要求与目的

1. 熟悉公开密钥密码体制，了解证书的基本原理，熟悉数字签名。

2. 熟练使用 PGP 的基本操作。

二、实验内容

1. 创建一私钥和公钥对

使用 PGPtray 之前，需要用 PGPkeys 生成一对密钥，包括私有密钥（只有自身可以访问）和一个公有密钥（可以让交换 E-mail 的人自由使用）。

2. 与别人交换公钥

创建了密钥对之后，就可以同其他 PGP 用户进行通信。要想使用加密通信，那么需要有他们的公钥。而且如果他们想同你通信他们也将需要你的公钥。公钥是一个信息块，发布公钥：可以将公钥放到密钥服务器上，也可以将公钥贴到文件或 E-mail 中发给想与之交换 E-mail 的人。

3. 对公钥进行验证并使之有效

当获取某人的公钥时，将它添加到公开密钥环中。首先，确定公钥的准确性。当确定这是个有效的公钥时，可以签名来表明自己认为这个密钥可以安全使用。其次，还可以给这个公钥的拥有者一定的信任度。

4.　对 E-mail 进行加密和数字签名

当生成密钥对而且已经交换了密钥之后，就可以对 E-mail 信息和文件进行加密和数字签名。如果使用的 E-mail 应用程序支持 plug_ins，选择适当的选项进行加密；如果 E-mail 应用程序不支持 plug_ins，就可以将 E-mail 信息发送到剪贴板上从那儿进行加密。若还想包括一些文件，可以从 Windows Exporer 上进行加密和数字签名，然后挂到 E-mail 上进行发送。

5.　对 E-mail 进行解密和验证

当他人给你发送加密的 E-mail 时，将内容进行分解，同时验证附加的签名来确定数据是从确定的发送者发送过来的并且没有被修改。如果使用的 E-mail 应用程序支持 plug_ins，选择适当的选项进行加密；如果 E-mail 应用程序不支持 plug_ins，就可以将 E-mail 信息发送到剪贴板上进行加密，将信息复制到剪贴板上，并进行解密工作。若还想包括一些文件，可以从 Windows Explorer 上进行解密。

实验七　使用 X-SCANNER 扫描工具

一、实验要求与目的

1.　熟悉对计算机的端口进行扫描的原理。
2.　熟练使用 X-SCANNER 扫描工具对计算机的端口进行扫描。

二、实验内容

1.　熟练 X-SCANNER 扫描工具的界面

打开 X-SCANNER，在主界面上会看到 4 个选项，第一项是"扫描设置"，第二项是"其他设置"，第三项是"CGI 列表维护"，第四项是"X-SCANNER 的版本信息"。选择"扫描设置"选项卡，在里面的扫描项目下选取扫描所有项目，在主界面右上方运行参数内的扫描范围内填入需要进行扫描的 IP 段，填入 IP 段的格式是填入一个起始 IP，中间加一个分隔符，再加上结束的 IP 地址，如 202.204.125.0-202.204.125.255。然后按下方的"开始扫描"按钮，这时会弹出一个 DOS 窗口，当扫描结束时，DOS 窗口会自动关闭。

2.　查看端口信息

X-SCANNER 目录下的 LOG 目录中存放着扫描的结果。打开扫描结果就可以看到是否有可以入侵的带共享资源的机器。我们主要检查端口 21、23、139 和 3389 是否开放等内容。

3.　发现系统漏洞

发现目标系统的 CGI 漏洞、IIS 漏洞、RPC 信息、SQL Server 漏洞和 FTP 弱口令漏洞等。

实验八　用 SSL 协议实现安全的 FTP 数据传输

一、实验要求与目的

信息一般以明文的形式在网络中传输，使用抓包软件可以成功地监听一次 FTP 登录的所有数据包，其中可以看到明文的用户名和密码。有时需要一个安全的 FTP 访问。为此，一种通用的办法是加密 FTP 服务器和用户之间传送的数据，本实验采用 SSL 安全协议来实现安全数据传输的目的。

二、实验原理

SSL 安全协议工作在传输层上，应用层下，如图 9-5 所示。在发送方：负责加密来自应用层的数据；在接收方：负责解密来自传输层的数据。这样在网络上我们就无法看到明文的应用层数据。

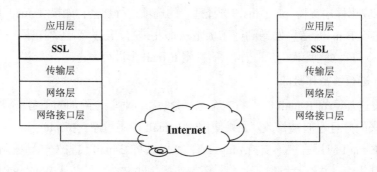

图 9-5　SSL 协议的层次

三、实验内容

（1）首先在虚拟机上安装 FTP 服务器软件，如 server-U。

（2）在本主机上安装抓包软件 Ethereal，然后使其运行起来。

（3）使用客户端浏览器，如 IE 来访问虚拟机中的 FTP 服务器，然后用抓包软件进行查看登录过程。

（4）我们再把本主机配置成支持 SSL 的客户端，另一方配置成支持 SSL 的 FTP 服务器，然后用抓包软件进行查看登录过程。

（5）写出详尽的实验报告和体会。

9.2　综合练习题

9.2.1　填空题

1．数据包过滤用在_____和_____之间，过滤系统一般是一台路由器或是一台主机。

2．用于过滤数据包的路由器被称为_____，和传统的路由器不同，所以人们也称它为_____。

3．代理服务是运行在防火墙上的_____，防火墙的主机可以是一个具有两个网络接口的_____，也可以是一个堡垒主机。

4．代理服务器运行在_____层，它又被称为_____。

5．目前市场上有一些代理构造工具包，如_____和_____工具箱。

6．在周边网上可以放置一些信息服务器，如 WWW 和 FTP 服务器，这些服务器可能会受到攻击，因为它们是_____。

7．内部路由器又称为_____，它位于_____和_____之间。

8．UDP 的返回包的特点是：目标端口是请求包的_____；目标地址是请求包的_____；源端口是请求包的_____；源地址是请求包的_____。

9. FTP 传输需要建立两个 TCP 连接：一个是_____；另一个_____。

10. 屏蔽路由器是一种根据过滤规则对数据包进行_____的路由器。

11. 代理服务器是一种代表客户和_____通信的程序。

12. ICMP 建立在 IP 层上，用于主机之间或_____之间传输差错与控制报文。

13. 防火墙有多重宿主主机型、被屏蔽_____型和被屏蔽_____型等多种结构。

14. 在 TCP/IP 的四层模型中，NNTP 是属于_____层的协议，而 FDDI 属于_____层。

15. 一个主机的 IP 地址为 162.168.1.2，子网掩码为 255.255.255.0，则可得子网号为_____。

16. 一般情况下，机密性机构的可见性要比公益性机构的可见性_____（填高或低）。

17. 屏蔽路由器称为_____网关；代理服务器称为_____网关。

18. 双重宿主主机应禁止_____。

19. 双重宿主主机有两个连接到不同网络上的_____。

20. 域名系统 DNS 用于_____之间的解析。

21. 防火墙把出站的数据包的源地址都改写成防火墙的 IP 地址的方式叫作_____。

22. 安全网络和不安全网络的边界称为_____。

23. 网络文件系统 NFS 向用户提供了一种_____访问其他机器上文件的方式。

24. SNMP 是基于_____，_____网络管理协议。

25. 在逻辑上，防火墙是_____、_____和_____。

26. DDoS 攻击是一种特殊形式的拒绝服务攻击，它采用一种_____和_____的大规模攻击方式。

27. 数据完整性包括的两种形式是_____和_____。

28. 计算机网络安全受到的威胁主要有：_____、_____和_____。

29. 对一个用户的认证，其认证方式可分为三类：_____、_____和_____。

30. 恢复技术大致分为：纯以备份为基础的恢复技术，_____和基于多备份的恢复技术 3 种。

31. 对数据库构成的威胁主要有：篡改、损坏和_____。

32. 检测计算机病毒中，检测的原理主要是基于 4 种方法：比较法、_____、计算机病毒特征字的识别法和_____。

33. _____是判断是不是计算机病毒的最重要的依据。

34. 用某种方法伪装消息以隐藏它的内容的过程称为_____。

35. 证书有两种常用的方法：CA 的分级系统和_____。

36. 设计和建立堡垒主机的基本原则有两条：_____和_____。

37. 将一台具有两个以上网络接口的机器配置成在这两个接口间无路由的功能，需进行两个操作：_____、_____。

38. 依靠伪装发动攻击的技术有两种：源地址伪装和_____。

39. 一个邮件系统的传输包含了：_____、_____、_____。

40. 防火墙就是位于_____或 Web 站点与因特网之间的一个_____或一台主机，典型的防火墙建立在一个服务器或主机的机器上，也称为_____。

41. _____是运行在防火墙上的一些特定的应用程序或者服务程序。

42. ICMP 建立在 IP 层上，用于主机之间或主机与路由器之间_____。

43. 防火墙有_____、主机过滤和子网过滤 3 种体系结构。

44. 包过滤路由器依据路由器中的_____做出是否引导该数据包的决定。

45. 双重宿主主机通过_____连接到内部网络和外部网络上。

46. 回路级代理能够为各种不同的协议提供服务，不能解释应用协议，所以只能使用修改的_____。

47. 《中华人民共和国计算机信息安全保护条例》中定义的"编制或者在计算机程序中插入的破坏计算机功能或者毁坏数据，影响计算机使用，并能自我复制的一组计算机指令或者程序代码"是指_____。

48. Unix 和 Windows NT 操作系统能够达到_____安全级别。

49. 根据过滤规则决定对数据包是否发送的网络设备是_____。

50. 容错是指当系统出现_____时，系统仍能执行规定的一组程序。

9.2.2 单项选择题

1. 计算机网络开放系统互连_____，是世界标准化组织 ISO 于 1978 年组织定义的一个协议标准。

    A. 七层物理结构   B. 参考模型   C. 七层参考模型   D. 七层协议

2. TCP/IP 的层次模型只有_____层。

    A. 三   B. 四   C. 七   D. 五

3. IP 位于_____层。

    A. 网络层   B. 传输层   C. 数据链路层   D. 物理层

4. TCP 位于_____层。

    A. 网络层   B. 传输层   C. 数据链路层   D. 表示层

5. 大部分网络接口有一个硬件地址，如以太网的硬件地址是一个_____位的十六进制数。

    A. 32   B. 48   C. 24   D. 64

6. IP 地址的主要类型有 4 种，每类地址都是由_____组成。

    A. 48 位 6 字节   B. 48 位 8 字节   C. 32 位 8 字节   D. 32 位 4 字节

7. 硬件地址是_____层的概念。

    A. 物理层   B. 网络层   C. 应用层   D. 数据链路层

8. TCP 一般用于_____网，向用户提供一种传输可靠的服务。

    A. 局域网   B. 以太网

    C. 广域网   D. LONWORKS 网

9. UDP 提供了一种传输不可靠服务，是一种_____服务。

    A. 有连接   B. 无连接   C. 广域   D. 局域

10. HTTP 是_____协议。

    A. WWW   B. 文件传输   C. 信息浏览   D. 超文本传输

11. TCP 在一般情况下源端口号为_____。

    A. 大于 1 023 小于 65 535 的数   B. 小于 1 023 大于 65 536 的数

    C. 小于 65 536 的数   D. 任意值

12. 逻辑上防火墙是_____。

    A. 过滤器、限制器、分析器　　　　　　　　B. 堡垒主机

    C. 硬件与软件的配合　　　　　　　　　　　D. 隔离带

13. 在被屏蔽主机的体系结构中，堡垒主机位于_____，所有的外部连接都由过滤路由器路由到它上面去。

    A. 内部网络　　　　　　B. 周边网络　　　　　　C. 外部网络　　　　　　D. 自由连接

14. 在屏蔽的子网体系结构中，堡垒主机被放置在_____上，它可以被认为是应用网关，是这种防御体系的核心。

    A. 内部网络　　　　　　　　　　　　　　　B. 外部网络

    C. 周边网络　　　　　　　　　　　　　　　D. 内部路由器后边

15. 外部路由器和内部路由器一般应用_____规则。

    A. 不相同　　　　　　　B. 相同　　　　　　　C. 最小特权　　　　　　D. 过滤

16. 外部数据包过滤路由器只能阻止一种类型的 IP 欺骗，即_____，而不能阻止 DNS 欺骗。

    A. 内部主机伪装成外部主机的 IP　　　　　B. 内部主机伪装成内部主机的 IP

    C. 外部主机伪装成外部主机的 IP　　　　　D. 外部主机伪装成内部主机的 IP

17. 最简单的数据包过滤方式是按照_____进行过滤。

    A. 目标地址　　　　　　B. 源地址　　　　　　C. 服务　　　　　　　D. ACK

18. ACK 位在数据包过滤中起的作用_____。

    A. 不重要　　　　　　　B. 很重要　　　　　　C. 可有可无　　　　　　D. 不必考虑

19. 一些所谓的"存储转发"服务，如 SMTP、NNTP 等本身就有代理的特性，所以它们的代理服务极易实现，所以称为_____。

    A. 没有代理服务器的代理　　　　　　　　　B. 客户代理

    C. 服务器代理　　　　　　　　　　　　　　D. 客户与服务器代理

20. DES 是对称密钥加密算法，_____是非对称公开密钥密码算法。

    A. RAS　　　　　　　　B. IDEA　　　　　　　C. Hash　　　　　　　D. MD5

21. 在 3 种情况下应对防火墙进行测试：在安装之后；_____；周期性地对防火墙进行测试，确保其继续正常工作。

    A. 在网络发生重大变更后　　　　　　　　　B. 在堡垒主机备份后

    C. 在安装新软件之后　　　　　　　　　　　D. 在对文件删除后

22. 在堡垒主机建立一个域名服务器，这个服务器可以提供名字解析服务，但不会提供_____信息。

    A. IP 地址的主机解析　　　　　　　　　　B. MX 记录

    C. TXT　　　　　　　　　　　　　　　　　D. HINFO 和 TXT

23. 顶级域名是 INT 的网站是_____。

    A. 英特尔公司　　　　　B. 地域组织　　　　　C. 商业机构　　　　　　D. 国际组织

24. 顶级域名是 CN 的代表_____。

    A. 地域　　　　　　　　B. 中国　　　　　　　C. 商业机构　　　　　　D. 联合国

25. DNS 的网络活动有两种，一种是_____；另一种是 Zone Transfer（区域传输）。

A. IP 地址对主机的解析　　　　　　　　　　B. 主机对 IP 地址的解析

C. LOOKUP（查询）　　　　　　　　　　　　D. LOOLAT（查找）

26. WWW 服务的端口号是_____。

　　A. 21　　　　　　　　B. 80　　　　　　　　C. 88　　　　　　　　D. 20

27. Internet 上每一台计算机都至少拥有_____个 IP 地址。

　　A. 一　　　　　　　　　　　　　　　　　　B. 随机若干

　　C. 两　　　　　　　　　　　　　　　　　　D. 随系统不同而异

28. TCP 连接的建立使用_____握手协议，在此过程中双方要互报自己的初始序号。

　　A. 三次　　　　　　　　B. 两次　　　　　　　　C. 连接　　　　　　　　D. ACK

29. 不同的防火墙的配置方法也不同，这取决于_____、预算及全面规划。

　　A. 防火墙的位置　　　　B. 防火墙的结构　　　　C. 安全策略　　　　D. 防火墙的技术

30. 堡垒主机构造的原则是_____；随时作好准备，修复受损害的堡垒主机。

　　A. 使主机尽可能的简单　　　　B. 使用 Unix 操作系统

　　C. 除去无盘工作站的起动　　　D. 关闭路由功能

31. 加密算法若按照密钥的类型划分可以分为_____两种。

　　A. 公开密钥加密算法和对称密钥加密算法

　　B. 公开密钥加密算法和算法分组密码

　　C. 序列密码和分组密码

　　D. 序列密码和公开密钥加密算法

32. 计算机网络的基本特点是实现整个网络的资源共享。这里的资源是指_____。

　　A. 数据　　　　　　　　B. 硬件和软件　　　　C. 图片　　　　　　　　D. 影音资料

33. 因特网采用的安全技术有加密技术、数字签名技术和_____技术。

　　A. 防火墙　　　　　　　B. 网络　　　　　　　　C. 模型　　　　　　　　D. 保护

34. 网络权限控制是针对网络非法操作所提出的一种安全保护措施，通常可以将用户划分为_____类。

　　A. 5　　　　　　　　　B. 3　　　　　　　　　C. 4　　　　　　　　　D. 2

35. PGP 是一个电子邮件加密软件。其中用来完成身份验证技术的算法是 RSA；加密信函内容的算法是_____。

　　A. 非对称加密算法 MD5　　　　　　　　　　B. 对称加密算法 MD5

　　C. 非对称加密算法 IDEA　　　　　　　　　　D. 对称加密算法 IDEA

36. 下面的三级域名中只有_____符合《中国互联网域名注册暂行管理办法》中的命名原则。

　　A. WWW.AT&T.BJ.CN　　　　　　　　　　B. WWW.C++_SOURCE.COM.CN

　　C. WWW.JP.BJ.CN　　　　　　　　　　　　D. WWW.SHENG001.NET.CN

37. 代理服务器与数据包过滤路由器的不同是_____。

　　A. 代理服务器在网络层筛选，而路由器在应用层筛选

　　B. 代理服务器在应用层筛选，而路由器在网络层筛选

　　C. 配置不合适时，路由器有安全性危险

　　D. 配置不合适时，代理服务器有安全性危险

38. 关于防火墙的描述不正确的是_____。
    A. 防火墙不能防止内部攻击
    B. 如果一个公司信息安全制度不明确，拥有再好的防火墙也没有用
    C. 防火墙可以防止伪装成外部信任主机的 IP 地址欺骗
    D. 防火墙可以防止伪装成内部信任主机的 IP 地址欺骗

39. 关于以太网的硬件地址和 IP 地址的描述，不正确的是_____。
    A. 硬件地址是一个 48 位的二进制数，IP 地址是一个 32 位的二进制数
    B. 硬件地址是数据链路层概念，IP 地址是网络层概念
    C. 数据传输过程中，目标硬件地址不变，目标 IP 地址随网段不同而改变
    D. 硬件地址用于真正的数据传输，IP 地址用于网络层上对不同的硬件地址类型进行统一

40. 关于被屏蔽子网中内部路由器和外部路由器的描述，不正确的是_____。
    A. 内部路由器位于内部网和周边网络之间，外部路由器和外部网直接相连
    B. 外部路由器和内部路由器都可以防止声称来自周边网的 IP 地址欺骗
    C. 外部路由器的主要功能是保护周边网上的主机，内部路由器用于保护内部网络不受周边网和外部网络的侵害
    D. 内部路由器可以阻止内部网络的广播消息流入周边网，外部路由器可以禁止外部网络一些服务的入站连接

41. 目前，中国互联网络二级域名中的"类别域名"共有_____个。
    A. 5　　　　　　　　B. 6　　　　　　　　C. 34　　　　　　　　D. 40

42. 关于堡垒主机的配置，叙述不正确的是_____。
    A. 堡垒主机上应保留尽可能少的用户账户
    B. 堡垒主机的操作系统可选用 Unix 操作系统
    C. 堡垒主机的磁盘空间应尽可能大
    D. 堡垒主机的速度应尽可能快

43. 有关电子邮件代理，描述不正确的是_____。
    A. SMTP 是一种"存储转发"协议，适合于代理
    B. SMTP 代理可以运行在堡垒主机上
    C. 内部邮件服务器通过 SMTP 服务，可直接访问外部因特网邮件服务器，而不必经过堡垒主机
    D. 在堡垒主机上运行代理服务器时，将所有发往这个域的内部主机的邮件先引导到堡垒主机上

44. _____是一款运行于 Windows 2000 操作系统的个人防火墙软件。
    A. 绿色警戒 1.1 版　　B. 冰河 2.2 版　　　C. Sendmail　　　D. Portscan2000

45. 美国国防部在他们公布的可信计算机系统评价标准中，将计算机系统的安全级别分为 4 类 7 个安全级别，其中描述不正确的是_____。
    A. A 类的安全级别比 B 类高
    B. C1 类的安全级别比 C2 类要高
    C. 随着安全级别的提高，系统的可恢复性就越高

D．随着安全级别的提高，系统的可信度就越高

46．利用强行搜索法搜索一个 8 位的口令要比搜索一个 6 位口令平均多用大约_____倍的时间，这里假设口令所选字库是常用的 95 个可打印字符。

    A．10   B．100   C．10 000   D．100 000

47．不属于代理服务器缺点的是_____。

    A．某些服务同时用到 TCP 和 UDP，很难代理

    B．不能防止数据驱动侵袭

    C．一般来说，对于新的服务难以找到可靠的代理版本

    D．一般无法提供日志

48．关于堡垒主机上伪域名服务器不正确的配置是_____。

    A．可设置成主域名服务器

    B．可设置成辅助域名服务器

    C．内部域名服务器向它查询外部主机信息时，它可以进一步向外部其他域名服务器查询

    D．可使因特网上的任意机器查询内部主机信息

49．口令管理过程中，应该_____。

    A．选用 5 个字母以下的口令

    B．设置口令有效期，以此来强迫用户更换口令

    C．把明口令直接存放在计算机的某个文件中

    D．利用容易记住的单词作为口令

50．关于摘要函数叙述不正确的是_____。

    A．输入任意长的消息，输出长度固定

    B．输入的数据有很小的变动时，输出则截然不同

    C．逆向恢复容易

    D．可防止信息被改动

51．回路级网关没有_____的功能。

    A．在两个通信站点之间转接数据包   B．对不同协议提供服务

    C．对外像代理，对内像过滤路由器   D．对应用层协议做出解释

52．WWW 服务中，_____。

    A．CGI 程序和 Java Applet 程序都可对服务器端和客户端产生安全隐患

    B．CGI 程序可对服务器端产生安全隐患，Java Applet 程序可对客户端产生安全隐患

    C．CGI 程序和 Java Applet 程序都不能对服务器端和客户端产生安全隐患

    D．Java Applet 程序可对服务器端产生安全隐患，CGI 程序可对客户端产生安全隐患

53．ICMP 数据包的过滤主要基于_____。

    A．目标端口   B．源端口   C．消息类型代码   D．ACK 位

54．屏蔽路由器能_____。

    A．防止 DNS 欺骗

    B．防止外部主机伪装成其他外部可信任主机的 IP 欺骗

    C．不支持有效的用户认证

D. 根据 IP 地址、端口号阻塞数据通过

55. DNS 服务器到服务器的询问和应答_____。

    A. 使用 UDP 时，用的都是端口 53

    B. 使用 TCP 时，用的都是端口 53

    C. 使用 UDP 时，询问端端口大于 1 023，服务器端端口为 53

    D. 使用 TCP 时，用的端口都大于 1 023

56. 提供不同体系间的互连接口的网络互连设备是_____。

    A. 中继器   B. 网桥   C. Hub   D. 网关

57. 下列不属于流行局域网的是_____。

    A. 以太网   B. 令牌环网   C. FDDI   D. ATM

58. 网络安全的特征应具有保密性、完整性、_____4 个方面的特征。

    A. 可用性和可靠性   B. 可用性和合法性

    C. 可用性和有效性   D. 可用性和可控性

59. _____负责整个消息从信源到信宿的传递过程，同时保证整个消息的无差错，按顺序地到达目的地，并在信源和信宿的层次上进行差错控制和流量控制。

    A. 网络层   B. 传输层   C. 会话层   D. 表示层

60. 在网络信息安全模型中，_____是安全的基石，它是建立安全管理的标准和方法。

    A. 政策、法律、法规   B. 授权   C. 加密   D. 审计与监控

61. 下列操作系统能达到 C2 级的是_____。

    A. DOS   B. Windows 98

    C. Windows NT   D. Apple 的 Macintosh System 7.1

62. 在建立口令时最好不要遵循的规则是_____。

    A. 不要使用英文单词   B. 不要选择记不住的口令

    C. 使用名字，自己的名字和家人的名字   D. 尽量选择长的口令

63. 网络信息安全中，_____包括访问控制、授权、认证、加密及内容安全。

    A. 基本安全类   B. 管理与记账类   C. 网络互连设备安全类 D. 连接控制

64. 关于前像和后像描述不正确的是_____。

    A. 前像是指数据库被一个事务更新时，所涉及的物理块更新后的影像

    B. 后像是当数据库被某一事务更新时，所涉及的物理块更新前的影像

    C. 前像和后像物理块单位都是块

    D. 前像在恢复中所起的作用是帮助数据库恢复更新后的状态，即重做

65. 检测病毒的主要方法有比较法、扫描法、特征字识别法和_____法。

    A. 学习   B. 比较   C. 分析   D. 利用

66. _____总是含有对文档读写操作的宏命令；在.doc 文档和.dot 模板中以.BFF（二进制文件格式）存放。

    A. 引导区病毒   B. 异形病毒   C. 宏病毒   D. 文件病毒

67. 属于加密软件的是_____。

    A. CA   B. RSA   C. PGP   D. DES

68. 在 DES 和 RSA 标准中，下列描述不正确的是_____。

    A. DES 的加密钥＝解密钥   B. RSA 的加密钥公开，解密钥秘密

    C. DES 算法公开   D. RSA 算法不公开

69. 用维吉尼亚法加密下段文字：HOWAREYOU 以 KEY 为密钥，则密文为：_____。

    A. RSUKVCISS   B. STVLWDJTT

    C. QRTJUBHRR   D. 以上都不对

70. 防火墙工作在 OSI 模型的_____。

    A. 应用层   B. 网络层和传输层

    C. 表示层   D. 会话层

71. 在选购防火墙软件时，不应考虑的是：一个好的防火墙应该_____。

    A. 是一个整体网络的保护者   B. 为使用者提供唯一的平台

    C. 弥补其他操作系统的不足   D. 向使用者提供完善的售后服务

72. 包过滤工作在 OSI 模型的_____。

    A. 应用层   B. 网络层和传输层   C. 表示层   D. 会话层

73. 与电子邮件有关的两个协议是_____。

    A. SMTP 和 POP   B. FTP 和 Telnet   C. WWW 和 HTTP   D. FTP 和 NNTP

74. 网络上为了监听效果最好，监听设备不应放在_____。

    A. 网关   B. 路由器   C. 中继器   D. 防火墙

75. 下列不属于扫描工具的是_____。

    A. SATAN   B. NSS   C. Strobe   D. TCP

76. 盗用 IP 地址并能正常工作，只能盗用_____的 IP。

    A. 网段间   B. 本网段内   C. 外部网络   D. 防火墙外

77. 如果路由器有支持内部网络子网的两个接口，很容易受到 IP 欺骗，从这个意义上讲，将 Web 服务器放在防火墙_____有时更安全一些。

    A. 外面   B. 内   C. 一样   D. 不一定

78. 关于 Linux 特点描述不正确的是_____。

    A. 高度的稳定性和可靠性   B. 完全开放源代码，价格低廉

    C. 与 UNIX 高度兼容   D. 系统留有后门

79. 采用公用/私有密钥加密技术，_____。

    A. 私有密钥加密的文件不能用公用密钥解密

    B. 公用密钥加密的文件不能用私有密钥解密

    C. 公用密钥和私有密钥相互关联

    D. 公用密钥和私有密钥不相互关联

80. 建立口令不正确的方法是_____。

    A. 选择 5 个字符串长度的口令   B. 选择 7 个字符串长度的口令

    C. 选择相同的口令访问不同的系统   D. 选择不同的口令访问不同的系统

81. 包过滤系统_____。

    A. 既能识别数据包中的用户信息，也能识别数据包中的文件信息

B. 既不能识别数据包中的用户信息，也不能识别数据包中的文件信息

C. 只能识别数据包中的用户信息，不能识别数据包中的文件信息

D. 不能识别数据包中的用户信息，只能识别数据包中的文件信息

82. 关于堡垒主机的配置，叙述正确的是＿＿＿＿。

A. 堡垒主机上禁止使用用户账户　　　　B. 堡垒主机上应设置丰富的服务软件

C. 堡垒主机上不能运行代理　　　　　　D. 堡垒主机应具有较高的运算速度

83. 对于包过滤系统，描述不正确的是＿＿＿＿。

A. 允许任何用户使用 SMTP 向内部网络发送电子邮件

B. 允许指定用户使用 SMTP 向内部网络发送电子邮件

C. 允许指定用户使用 NNTP 向内部网络发送新闻

D. 不允许任何用户使用 Telnet 从外部网络登录

84. 对于数据完整性，描述正确的是＿＿＿＿。

A. 正确性、有效性、一致性　　　　　　B. 正确性、容错性、一致性

C. 正确性、有效性、容错性　　　　　　D. 容错性、有效性、一致性

85. 逻辑上，防火墙是＿＿＿＿。

A. 过滤器　　　　B. 限制器　　　　C. 分析器　　　　D. 以上皆对

86. 按照密钥类型，加密算法可以分为＿＿＿＿。

A. 序列算法和分组算法　　　　　　　　B. 序列算法和公用密钥算法

C. 公用密钥算法和分组算法　　　　　　D. 公用密钥算法和对称密钥算法

87. 关于堡垒主机上的域名服务，不正确的描述是＿＿＿＿。

A. 关闭内部网上的全部服务　　　　　　B. 将主机名翻译成 IP 地址

C. 提供其他有关站点的零散信息　　　　D. 提供其他有关主机的零散信息

88. 关于摘要函数，叙述不正确的是＿＿＿＿。

A. 输入任意大小的消息，输出是一个长度固定的摘要

B. 输入消息中的任何变动都会对输出摘要产生影响

C. 输入消息中的任何变动都不会对输出摘要产生影响

D. 可以防止消息被改动

89. 对于回路级代理描述不正确的是＿＿＿＿。

A. 在客户端与服务器之间建立连接回路

B. 回路级代理服务器也是公共代理服务器

C. 为源地址和目的地址提供连接

D. 不为源地址和目的地址提供连接

90. 关于加密密钥算法，描述不正确的是＿＿＿＿。

A. 通常是不公开的，只有少数几种加密算法

B. 通常是公开的，只有少数几种加密算法

C. DES 是公开的加密算法

D. IDEA 是公开的加密算法

9.2.3 参考答案

一、填空题

1. 内部主机 外部主机
2. 屏蔽路由器 包过滤网关
3. 一种服务程序 双重宿主主机
4. 应用 应用级网关
5. SOCKS TIS
6. 牺牲主机
7. 阻塞路由器 内部网络 周边网络
8. 源端口 源地址 目标端口 目标地址
9. 命令通道 数据通道
10. 阻塞和转发
11. 真正服务器
12. 主机与路由器
13. 主机 子网
14. 应用 网络
15. 1
16. 高
17. 包过滤 应用级
18. 网络层的路由功能
19. 网络接口
20. IP 地址和主机
21. 网络地址转换或 NAT
22. 安全边界
23. 透明地
24. UDP 简单的
25. 过滤器 限制器 分析器
26. 分布 协作
27. 数据单元或域的完整性 数据单元或域的序列的完整性
28. 黑客的攻击 计算机病毒 拒绝服务访问攻击
29. 用生物识别技术进行鉴别 用所知道的事进行鉴别 使用用户拥有的物品进行鉴别
30. 以备份和运行日志为基础的恢复技术
31. 窃取
32. 搜索法 分析法
33. 再生机制（或者自我复制机制）
34. 加密
35. 信任网
36. 最简化原则 预防原则
37. 关闭所有可能使该机器成为路由器的程序 关闭 IP 向导
38. 途中人的攻击
39. 用户代理 传输代理 接受代理
40. 内部网 路由器 堡垒主机
41. 代理服务
42. 处理差错与控制信息
43. 双重宿主主机
44. 包过滤规则
45. 两个网络接口
46. 客户程序
47. 计算机病毒
48. C2
49. 过滤路由器
50. 某些指定的硬件或软件错误

二、单项选择题

1. C	2. B	3. A	4. B	5. B	6. D	7. D	8. C	9. B
10. D	11. A	12. A	13. A	14. C	15. B	16. D	17. B	18. B
19. A	20. A	21. A	22. D	23. D	24. B	25. C	26. B	27. A
28. A	29. C	30. A	31. A	32. B	33. A	34. B	35. D	36. D

37. B	38. C	39. C	40. B	41. B	42. D	43. C	44. A	45. B
46. C	47. D	48. D	49. B	50. C	51. D	52. B	53. C	54. D
55. A	56. D	57. D	58. D	59. B	60. A	61. C	62. C	63. A
64. D	65. C	66. C	67. C	68. D	69. A	70. A	71. B	72. B
73. A	74. C	75. D	76. B	77. A	78. D	79. C	80. C	81. B
82. A	83. B	84. A	85. D	86. D	87. A	88. C	89. D	90. A

附录一 优秀网络安全站点

由于网上的安全站点众多，所以这里只列举了其中比较著名的一些网站，如果读者需要更多的网络安全站点信息，可到搜索引擎查找。

1. 系统安全

Unix 系统安全服务

网址：www.alw.nih.gov

提供下载用于 Unix 系统的安全防护软件，其中一些也可以在其他系统平台上运行。这些软件包括 COPS、Crack、Npasswd、passwd、PGP、Socks、Tripwire 等。

2. 加密技术

（1）密码（Ciphers）

网址：www.achiever.com/crypto.html

如果要发一封秘密的信件，而没有时间去创建一个密码，那么可以上网查到这种密码。虽然这种密码并不完全是加密的，但它们完全可以使用。也许你会幸运地碰见一个还没有见到过的密码。

（2）加密技术及标准

网址：www.rsa.com

目前已有超过 10 亿种使用 RSA 加密和可靠性技术的产品遍布在全球各地使用。

（3）密码档案

网址：www.austinlinks.com/crypto

这里有一个对网上各处的密码信息有序而又完备的汇总列表。如果你非常喜欢这些信息，那么它对你是非常有用的。

（4）密码软件

网址：crpto.swdev.co.nz

如果需要一些密码软件，这里有一些可免费下载和使用的程序：PPK、TEA、PGP、Tiny、IDEA 和 SPC。这些程序都非常安全，可以一试。

（5）AT&T 公司的安全加密产品

网址：www.att.com/secure_software

AT&T 公司提供 state-of-the-art，standards-complaint data 安全软件和工具包，包括 SecretAgent（秘密代理）、Dsa Signature Software（Dsa 签字软件）、Cryptographic Development Kits（密码生成工具）。

3. 黑客防范

（1）福建省海峡科技信息中心

网址：www.netpower.com.cn

提供"黑客"入侵防范软件——SECTOOL。

（2）北京北信源自动化技术有限公司

网址：www.vrv.com.cn

提供 Novell 安全防御系统 AntiHack 1.10。

4. 计算机安全组织、厂商

（1）国际计算机安全联合会

网址：www.icsa.net

对 Internet 的安全问题感兴趣的用户，可以访问美国计算机安全联合会（NCSA）的站点。这里会看到很多关于美国计算机安全联合会各种活动的信息，包括会议、培训、产品认证和安全警告等。从这里可以连到网上与 Internet 安全问题有关的站点上去。

（2）美国网络联盟全球网站

网址：www.nai.com

其中包含了最新的媒体新闻及报道、主要部门构架、职能与联系方法、产品信息、支持服务、免费软件下载、升级和数据更新、网上订货、市场策略、合作伙伴等大量相关信息。

（3）Secure Computing Corporation

网址：www.sctc.com

网络安全公司之一。产品包括：防火墙因特网信息监视及过滤、身份验证、授权、审计以及加密技术。

（4）世纪互联通讯技术有限公司

网址：nst.cenpok.net

世纪互联通讯技术有限公司是美国 KyberPASS 公司中国区业务发展合作伙伴，进行 KyberPASS 安全产品在中国的销售工作。KyberPASS 在美国是专业从事网络安全产品开发的公司，其代表产品为智能化企业 VPN（Virtual Private Networking）系统。该产品在网络办公方面得到广泛应用，有力地保证了网络电子商务的信息安全与加密。

（5）ActiveCard

网址：www.activecard.com

ActiveCard 是一所专门提供网络金融产品的公司，在综合鉴定和电子鉴别技术的方面犹为突出，该公司提供软件和便携式、手提式的网络系统装置。在网络安全性方面，专门提供了适用于网上在线银行业、本地/异地存取的安全产品。

（6）Aladdin

网址：www.aks.com

Aladdin 知识系统是世界最主要的安全系统的软件开发商之一。该公司的网络安全解决方案包括 eSafe、eToken、ASE 等。其中 eSafe 方案提供"从桌面到网关"的抗网络病毒和防"VANDALS"（活跃的恶意程序）的解决方案，从而避免数据的破坏或重要信息（如密码、信用卡详细资料等）的丢失。

（7）MCI WorldCom

网址：www.mciworldcom.com/services_for_bussiness

MCI WorldCom 是一个生产先进网络安全软件的公司，它的主要网络安全产品包括面向 Microsoft Windows 和 NT 系统的 Internet-VPN 服务。鉴于 MCI WorldCom 公司在数字通信会晤方向独占鳌头，相信他们所提供的全面、系统的 Internet、Intranet、VPN、主机和电子商务的解决方案，会令每一个依赖于全球互联网应用的大型产业团体感到满意。

（8）Argus

网址：argus.cu-online.com

Argus 提供面向 Unix 操作系统的安全产品及服务。该公司的安全产品主要包括 Decafe、Solaris 安全模式和高可信度的防火墙。

（9）Arthur Andersen

网址：www.arthurandersen.com

该公司的计算机风险管理（CRM）帮助客户审核系统信息、把握风险、进行部安全生产服务，从而处理安全问题和信息控制问题。CRM 服务帮助客户推定和管理与应用技术相关的商业风险，并帮助客户评估、发展和应用商业体系的鉴定任务。

（10）Atlantic

网址：www.atlantic.com

这家计算机技术集团公司是一家 Internet 咨询公司，专门从事 Internet 安全和网络审计。该公司提供安全解决方案、管理网络和防火墙服务，提供审计和针对网络冗余的外部路由选择支持。Atlantic 支持多种品牌的防火墙，包括适用于各种 Unix 和 Windows NT 结构的防火墙，具体报价可在该网站查到。Atlantic 也提供防火墙管理服务，其中最新的产品有：Atlantic VPN 和 Firewall-1。

5．计算机安全产品

（1）Unix 系统监视工具

网址：ciac.llnl.gov/ciac

网上用的大部分机器都是基于 Unix 系统的。因此，Unix 系统的安全问题是非常重要的。这个站点上有能自由下载的用于监视 Unix 系统安全性的免费软件。如果你的 Unix 系统不太安全的时候，试试这些软件。

（2）计算机病毒（Computer Viruses）

网址：pages.prodigg.com

www.cadvision.com/reinwarw

www.kumite.com/mgths

www.webworlds.com.uk

对计算机用户来说，病毒真的是一个重大的问题吗？这个问题的回答大概要体现在当你的系统被病毒感染的时候。在以上这些网站上有很多有关病毒的信息和软件等着你去学习。

（3）ELIASHIM

网址：www.eliashim.com

计算机安全、反病毒产品及免费软件下载。

（4）TIS 网络安全公司

网址：www.tis.com

提供网络安全解决方案及产品，包括策略、管理、认证及培训。

（5）Abirnet

网址：www.abrinet.com

该网站包括对新一代网络安全产品的介绍、产品的最新消息、产品质量认证等，尤其详细介绍了由 MEMCO 软件公司出品的防火墙"Sessionwall-3"和"Firewall-1"。其中，Sessionwall-3 采用新一代 Internet 和 Intranet 的保护技术，提供空前水平的网络应用智能技术、执行技术、适应性技术和易于操作等技术。

6. 计算机网络安全知识

（1）Windows NT 安全问题

网址：www.nesecwrit

如果你正在使用 winows NT 服务器或管理 NT 机器，你需要了解安全问题。虽然 Window NT 是一个强有力的操作系统，但所有的操作系统都有安全漏洞，Windows NT 也不例外。这个站点可以找到问题的解决办法，此外还能随时了解许多新闻。

（2）计算机安全常见问题

网址：www.iss.net

保证计算机系统安全的有效性，要求你有很多不同领域的知识和技术。这里有一个 FAQ（常见问题列表），这个问题是关于计算机安全的重要问题。建议花一些时间来看看这些常见问题，阅读一下每一个有关的 FAQ。

（3）计算机安全术语

网址：www.issc.gmu.edu/merged.glossary.html

在计算机安全领域有很多技术术语，其中有一些很让人感到费解。当遇到不认识的词语时，只要到这个计算机汇表中查查就行了。

（4）Java 安全性问题

网址：www.cs.princeton.edu/sip

很多有关 Java 安全问题的信息。如果想讨论有关 Java 安全的问题，可以加 Java 讨论小组。

7. 安全漏洞及补丁程序

（1）Unix 安全漏洞

网址：infosec.cei.gov.cn/unixappa.html

该网站是专门讨论 Unix 系统安全漏洞的。重点放在对 Unix 系统安全漏洞问题的定义和确认上，并且讨论如何才能防止系统潜在的破坏性。这个站点上还有 Unix 系统安全的文档。

（2）安全漏洞库

网址：www.iss.net/nt-vulnerabilities.html

该网站提供的服务器程序如何限制它人的访问范围，保护隐私不被窥探。

（3）计算机安全补丁

网址：www.iss.net/VulnsPRC_Statd.html

补丁程序是一个对于某种程序的修改，通常是改正程序中的错误。目前那些最常用的操作系统都存在很多的安全问题。对于其中的大部分问题，这里都有可以下载的补丁软件，这些软件可以直接用于操作系统。如果对多用户系统的安全问题感兴趣，可以花一些时间看看与操作系统有关的补丁表。

8. 其他站点

上锋科技：http://www.chinasafe.com.cn

中国互联网信息中心：http://www.cnnic.net.cn

网络安全技术与应用杂志：http://www.nstap.com.cn

东方趋势：http://www.ncsa.com.cn

安络科技：http://www.cnns.net

网络工程师联盟：http://www.ccnu.com

北京信息安全测评中心：http://www.bjtec.org.cn

中国公共安全网：http://www.cnpsm.com

中华网络安全联盟：http://www.xren.net

信息安全国家重点实验室：http://home.is.ac.cn

国家计算机病毒应急处理中心：http://www.antivirus-china.org.cn

北京邮电大学信息安全中心：http://www.isstc.org.cn

绿盟科技：http://www.nsfocus.com

中国计算机安全：http://www.infosec.org.cn

天网防火墙：http://www.sky.net.cn

黑客基地：http://www.hackbase.com

安全焦点：http://www.xfocus.net

诺亚安全：http://www.nuoya.org

反黑安全第八军团：http://www.juntuan.net

20CN 网络安全小组：http://www.20cn.net

互联安全网：http://www.sec120.com

黑客风云：http://www.05112.com

木马基地：http://www.hack169.com

315 安全网：http://www.315safe.com/index.shtml

中华隐士黑客：http://hack86.com/index.asp

华夏黑客同盟：http://www.77169.com

服务中国：http://www.chinaser.net

海岸线网络安全资讯站：http://www.thysea.com

中华补天网：http://www.patching.net

附录二 英文缩写词

ABM	Asynchronous Balance Mode	异步平衡模式
ACK	acknowledgement	确认
ANSI	American National Standards Institute	美国国家标准协会
API	Application Programming Interface	应用程序接口
ARP	Address Resolution Protocol	地址分辨/转换协议
ARM	Asynchronous Response Mode	异步应答模式
ARPANET	Advanced Research Projects Agency Network	（美国国防部）高级研究计划局研制的网络
AS	Autonomous System	自治系统
ASCII	American Standard Code for Information Interchange	美国信息交换标准码
ASPI	Advanced SCSI Program Interface	高级 SCSI 编程接口
ATM	Asynchronous Transmission Mode	异步传输方式
BECN	Backward Explicit Congestion Notification	向后阻塞通知
BGP	Border Gateway Protocol	边缘网关协议
CCITT	Consultative Committee for International Telegraph and Telephone	国际电报电话咨询委员会，现为国际电信联盟 ITU
CMIP	Common Management Information Protocol	公共管理信息协议
CMIS	Common Management Information Services	公共管理信息服务
CMOT	Common Management Information Services and Protocol over TCP/IP	基于 TCP/IP 的公共管理信息服务和协议
CRC	Cyclic Redundancy Check	循环冗余校验
CSMA/CD	Carrier Sense Multiple Access with Collision Detection	载波侦听/冲突检测
DARPA	Defense Advanced Research Projects Agency	美国国防部高级研究计划局
DBMS	Data Base Management System	数据库管理系统
DCE	Distributed Computing Environment	分布式计算环境
DDN	Digital Data Network	数字数据网络
DEC	Digital Equipment Corporation	数字设备公司
DES	US Federal Data Encryption Standard	数据加密标准
DIX	Digital, Intel and Xerox Ethernet Protocol	Digital，Intel 和 Xerox 以太网协议
BLCI	Data Link Connection Identifier	数据链路连接标识
DMZ	De-Militaried Zone	非军事区
DNS	Domain Name System	域名系统
DSAP	Destination Service Access Point	目的服务访问点
DTE	Data Terminal Equipment	数据终端设备
DVMRP	Distance Vector Multicast Routing Protocol	远距离向量多路广播路由协议
EGP	External Gateway Protocol	外部网关协议
FCS	Frame Check Sequence	帧校验序列
FDDI	Fiber Distributed Data Interface	光纤分布式数字接口
FECN	Forward Exphcit Congestion Notification	向前阻塞通知

续表

FTAM	File Transfer, Access and Management	文件传输、访问和管理
FTP	File Transfer Protocol	文件传输协议
GFI	General Format Identifier	通用格式标识
HDLC	High Level Data Link Control Protocol	高级数据链路控制协议
HTML	Hyper Text Markup Language	超文本标注语言
HTTP	Hyper Text Transfer Protocol	超文本传输协议
IAB	Internet Architecture Board(also known as Internet Activities Board)	因特网结构委员会，有时也称为因特网活动委员会
ICMP	Internet Control Message Protocol	因特网控制报文协议
ID	Identifier	标识符
IDEA	International Data Encryption Algorithm	国际数据加密算法
IEEE	Institute of Electrical and Electronics Engineers	国际电气电子工程师协会
IESG	Internet Engineering Steering Group	因特网工程指导小组
IETF	Internet Engineering Task Force	因特网工程任务组
IGMP	Internet Group Management Protocol	因特网组管理协议
IGP	Interior Gateway Protocol	内部网关协议
IP	Internet Protocol	因特网协议
IPX	Internet Protocol eXchange	网间分组交换协议
IPSP	IP Security Protocol	IP 安全协议
IRTF	Internet Research Task Force	因特网研究任务组
ISDN	Integrated Services Digital Network	综合业务数字网
ISO	International Standardization Organization	国际标准化组织
ITU	International Telecommunication Union	国际电信联盟，前身是 CCITT
LAN	Local Area Network	局域网
LAPB	Link Access Procedures Balanced	平衡式链路接入过程
LAPD	Link Access Protocol on the D Channel	D 通道链路接入协议
LCP	Link Control Protocol	链路控制协议
LCI	Logical Channel Identifier	逻辑通道标识
LLC	Logical Link Control	逻辑链路控制
LMI	Local Management Interface	本地管理接口
MAC	Media Access Control	介质访问控制
MAN	Metropolitan Area Network	城域网
MSAU	Multi Station Access Unit	多站访问部件
MTA	Message Transfer Agent	报文传输代理
MTU	Maximum Transfer Unit	最大传送单元
NetBIOS	Network Basic Input Output System	网络基本输入输出系统
NIC	Network Interface Card	网络接口卡
NNTP	Network News Transfer Protocol	网络新闻传输协议
NSAP	Network Service Access Point	网络服务程序访问点

NSFNet	National Science Foundation Network	美国国家科学基金会网络
NVT	Network Virtual Terminal	网络虚拟终端
OSI/RM	Reference Model for Open Systems Interconnection	开放系统互连参考模型
OSPF	Open Shortest Path First Protocol	开放最短路径优先协议
PDU	Protocol Data Unit	协议数据单元
PI	Protocol Interpreter	协议解释器
POP	Post Office Protocol	邮局协议
PPP	Point to Point Protocol	点到点协议
PTI	Packet Type Identifier	分组类型标识
PVC	Permanent Virtual Channel	永久虚通路
QoS	Quality of Service	服务质量
RARP	Reverse Address Resolution Protocol	逆向地址分辨/转换协议
RFC	Request For Comment	请求说明
RIP	Routing Information Protocol	路由选择信息协议
RPC	Remote Procedure Call	远程过程调用
SDLC	Synchronous Data Link Communication	同步数据链路通信
SID	Security Identifier	安全性标识符
SLIP	Serial Line Interface Protocol	串行线路接口协议
SMTP	Simple Mail Transfer Protocol	简单邮件传输协议
SNA	Systems Network Architecture	IBM 系统网络结构
SNMP	Simple Network Management Protocol	简单网络管理协议
SONET	Synchronous Optical Network	同步光纤网
SPF	Shortest Path First	最短路径优先
SPX	Sequence Protocol eXchange	顺序分组交换协议
SSAP	Source Service Access Point	源服务访问点
SSCP	System Service Control Protocol	系统服务控制协议
SSL	Secure Socket Layer	安全套接层
SVC	Switched Virtual Channel	交换虚通路
SYN	Synchronizing Segment	同步段
TCB	Transmission Control Block	传输控制块
TCP	Transmission Control Protocol	传输控制协议
TFTP	Trivial File Transfer Protocol	普通文件传输协议
TLI	Transport Layer Interface	传输层接口
TSAP	Transport Service Access Point	传输服务访问点
TTL	Time to Live	生存期
UA	User Agent	用户代理
UDP	User Datagram Protocol	用户数据报协议
URL	Uniform Resource Location	统一资源定位器

VMTP	Versatile Message Transport Protocol	多功能消息传送协议
VPN	Virtual Private Network	虚拟专用网络
VRRP	Virtual Router Redundancy Protocol	虚拟路由冗余协议
VTP	Virtual Tunneling Protocol	虚拟隧道协议
WAIS	Wide Area Information Service	广域信息服务
WAN	Wide Area Network	广域网
WWW	World Wide Web	万维网
XDR	eXternal Data Representation	外部数据表示

参 考 文 献

1. （美）Bruce Schneier. 应用密码学[M]. 北京：机械工业出版社，2000.

2. （美）Douglas Jacobson. 网络安全基础[M]. 北京：电子工业出版社，2011.

3. （美）William Stallings. 网络安全基础（应用与标准）（第 4 版）[M]. 北京：清华大学出版社，2011.

4. 程庆梅等. 网络安全管理员[M]. 北京：机械工业出版社，2012.

5. 程庆梅等. 网络安全高级工程师[M]. 北京：机械工业出版社，2012.

6. 杜文才等. 计算机网络安全基础[M]. 北京：清华大学出版社，2016.

7. 段云所. 信息安全概论[M]. 北京：高等教育出版社，2003.

8. 胡道元等. 网络安全[M]. 北京：清华大学出版社，2004.

9. 胡建伟. 网络安全与保密[M]. 西安：西安电子科技大学出版社，2003.

10. 李俊民. 网络安全与黑客攻防宝典（第 3 版）[M]. 北京：电子工业出版社，2011.

11. 刘远生等. 计算机网络安全（第 2 版）[M]. 北京：清华大学出版社，2009.

12. 刘宗田. Web 站点安全与防火墙技术[M]. 北京：机械工业出版社，1998.

13. 刘文涛. 网络安全编程技术与实例[M]. 北京：机械工业出版社，2008.

14. 刘占全. 网络管理与防火墙技术[M]. 北京：人民邮电出版社，2000.

15. 石志国等. 计算机网络安全教程（第 2 版）[M]. 北京：清华大学出版社，2011.

16. 王建锋等. 计算机病毒分析与防范大全（第 3 版）[M]. 北京：电子工业出版社，2011.

17. 王雪等. 高等计算机网络与安全[M]. 北京：清华大学出版社，2010.

18. 吴功宜. 计算机网络（第 3 版）[M]. 北京：清华大学出版社，2003.

19. 吴礼发等. 网络攻防原理[M]. 北京：机械工业出版社，2012.

20. 谢希仁. 计算机网络（第 6 版）[M]. 北京：电子工业出版社，2013.

21. 徐明等. 网络信息安全[M]. 西安：西安电子科技大学出版社，2006.

22. 谢东青等. 计算机网络安全技术教程[M]. 北京：机械工业出版社，2007.

23. 徐超汉. 计算机网络安全与数据完整性技术[M]. 北京：电子工业出版社，1999.

24. 杨哲. 无线网络安全攻防实战进阶[M]. 北京：电子工业出版社，2011.

25. 袁家政. 计算机网络安全与应用技术[M]. 北京：清华大学出版社，2002.

26. 袁津生. 计算机网络与安全实用编程[M]. 北京：人民邮电出版社，2005.

27. 袁津生等. 计算机网络安全基础（第 4 版）[M]. 北京：人民邮电出版社，2013.

28. 袁津生等. 计算机网络与应用技术[M]. 北京：清华大学出版社，2012.

29. 郑斌. 黑客攻防入门与进阶[M]. 北京：清华大学出版社，2010.

30. 杨泉清. 浅谈计算机网络取证技术[J]. 福州：海峡科学，2010（10）.

31. 王鹏宇. 浅谈网络安全风险的评估方法[J]. 科技天地，2010（21）.

32. 江健. 浅议计算机网络安全工程[J]. 北京：邮电设计技术，2002（3）.

33. 丁丽萍. 网络取证及计算机取证的理论研究[J]. 北京：信息网络安全，2010（12）.